城市水务管理研究

李长兴 著

黄河水利出版社

·郑州·

图书在版编目(CIP)数据

城市水务管理研究/李长兴著. —郑州:黄河水
利出版社,2022.4
ISBN 978-7-5509-3266-1

Ⅰ.①城… Ⅱ.①李… Ⅲ.①城市用水-水资源管理
-研究 Ⅳ.①TU991.31

中国版本图书馆 CIP 数据核字(2022)第 065716 号

审稿:席红兵   14959393@qq.com

出 版 社:黄河水利出版社
    地址:河南省郑州市顺河路黄委会综合楼 14 层   邮政编码:450003
发行单位:黄河水利出版社
    发行部电话:0371-66026940、66020550、66028024、66022620(传真)
    E-mail:hhslcbs@163.com
承印单位:河南匠之心印刷有限公司
开本:787 mm×1 092 mm   1/16
印张:18
字数:420 千字   印数:1—1 500
版次:2022 年 4 月第 1 版   印次:2022 年 4 月第 1 次印刷

定价:86.00 元

改革　创新　感悟
——自序

　　"水务"二字的由来完全是由于实际工作的需要。深圳1992年大旱,1993年大水,民间戏称"火热水深"。为了保护市民的生命财产安全,维护社会经济的稳定发展,深圳市政府于1993年及时组建了新的水行政主管部门,称为水务局。后来历经政府多次机构改革,特别是大部制改革,水务局一直保留至今。经过近三十年的不断改革、探索和创新,深圳已经基本将传统水利转型为城市水务。城市涉水事务的一体化管理,成为水务管理体制的真正内涵。

　　体制改革是党中央、国务院非常重视的一项工作。实行水务管理是深圳水管理体制改革的引领,涉及政府管理的总体架构,涉及城市公共服务板块的局部架构,需要多个部门的综合协调,需要多方权力、责任和利益的平衡,其目的是整合资源、强化服务、提高效益,使水管理体制不断适应城市化发展的需求。其实,政府各职能部门的工作目标是一致的,就是共同为社会和公众提供公共服务,体制改革是为了使这种服务更加优质高效,是政府内部自我管理的一种有效途径。

　　水务规划管理是水务发展的基础,在整个行业起龙头地位和调控作用,反映城市水务行业发展的品质及核心竞争力。水务规划受国民经济发展规划的指引,受各种资源规划特别是土地资源规划的约束,需要同其他行业或专业规划进行协调和同步。由于城市的快速发展和非顶层规划的原因,水务规划执行是一项非常艰巨的任务,常常和城市其他公共服务设施规划的实施相冲突,既需要不断协调和优化,也需要得到城市总体规划和其他专业规划的配合和支持。

　　水务建设项目管理是一项复杂且很具操作性的工作,涉及多个阶段、多个环节。从立项到规划许可,从前期工作到施工管理,从环境影响评价到水土保持方案,从质量安全监督到环境监理,等等;涉及多学科、多专业的知识,涉及懂专业和会管理的有机结合。在生态文明建设的今天,保护优先的理念必须首先得到贯彻,必须正确处理好建设与保护、发展与保护的关系。环境影响评价及监理、防止水土流失是贯彻建设项目环境生态保护理念的重要工作。有时,即使是经济合理的方案同环境保护利益一致,但由于政策执行的覆盖性,也不得不优先服从环境保护的要求。水务建设项目招标投标管理是一项政策性、技术性很强的工作,必须坚决执行国家的招标投标法及各级政府的招标投标条例,坚持公开、公平、公正的"三公"原则,坚持价格合理、技术最强的择优原则。在招标与投标双方,建立起新型的互信与合作关系。"重建轻管"是政府投资类项目的通病,必须重视效益,在建管并重的基础上坚持长效管理。

深圳是一座本地水资源短缺的城市,水资源管理在开源节流及"三条红线"控制的原则下,开源成为首要任务。雨洪资源开发利用、地下水利用是最可靠的可开之源,再生水利用、海水利用是最有潜力的可开之源。雨洪资源利用须结合深圳的地貌特点,建设小型化、分散型且互联互通的滞蓄洪工程和多目标调度系统;深圳的水文地质比较复杂且濒临海边,地下水开采必须将防止海水入侵放在首位,保护优先。再生水利用须在低碳排放、低维护及用水安全三大技术方面继续创新和突破。海水是最具潜力的淡化开发及应急之源,目前国内外在热法及膜法两大技术体系的研发方面齐头并进,成本效益已同地表原水的自来水生产相接近,深圳应继续跟进技术的进步并在应急开发的技术方面有所储备。以可持续利用为目标的水资源管理能力建设,是一项长期的任务。

治理深圳河工程留下许多宝贵的资料和成功经验,值得开发。在亚热带、浅山丘陵地区的工程水文计算方面,在感潮河段的水动力学计算方面,在环境监察与审核特别是生态保护方面,在水文泥沙及环境生态的监测方面,在工地安全生产及质量监督方面,都有许多值得总结的地方。治理深圳河工程在建设项目环境监察与审核、在生态环境补偿方面开国内先河。在研究应用真空预压技术处理深厚淤泥地基方面、在土工合成材料的应用方面、在感潮河段潮汐动力特性的分析计算方面等,均取得丰富的科研成果,成为工程建设有力的科技支撑。

城市供水直接面对每家每户,关乎每个用户特别是每户居民的生活,关乎市民的用水安全和社会稳定,是水务管理的核心工作。做好服务是供水行业监管的唯一宗旨,服务的质量包括服务的态度和水平,是监管的重点。由联合国教科文组织援助的水质督察试点工作,奠定了深圳城市供水水质督察的基础。深圳市水质发展规划的制定并发布,直接瞄准当时国内外最先进水平,在深圳供水历史上具有里程碑式意义,在国内具有示范意义。不断完善向公众开放,加强社会监督,下大力气保障用户水龙头水质安全,是深圳城市供水的最大亮点。

节水是城市水务管理的重中之重,须优先保障居民生活用水。利用具有地方立法权的优势,制定并颁布节约用水条例。建立专门的节水管理机构,加强用水管理,实行计划用水,开展水量平衡测试,对规模以上用水企业实行节水"三同时"制度。实行阶梯式水价,对特殊行业用水实行水价杠杆调节。鼓励以冷却为主的高耗水企业加强循环用水等,构建了深圳成为国家节水型城市、建设节水型社会的基础。大力发展节水型产业、利用高新技术改造传统产业,形成节水型产业结构是深圳节水的突出亮点。积极推行再生水利用、大力发展海水利用是深圳最具潜力的节水措施。

因城市开发建设而造成的水土流失曾经是深圳城市水务管理的痛点，城市水土保持工作应运而生。深圳是国家城市水土保持工作的发起之城和技术创新之城，废弃土石场即裸露山体缺口治理，开启了土石资源开采后遗留边坡、矿坑的工程治理及生态修复先例。建设项目水土流失监测、水土保持方案编制及实施，已成为深圳城市水土保持管理的日常工作。城市水土保持科学研究属于环境保护的分支学科，具有水土保持、植被保护、生态修复、景观及休闲建设等多种复合功能，是水生态文明建设的重要内容。

水环境治理是一项长期而艰巨的任务，深圳最新的治理成果是以茅洲河为代表的全流域综合治理案例。深圳推行 EPC/EPCO 总承包模式，引进以央企为代表的实力专业团队进行系统规划和设计，实行央企+地方的施工建设模式，大兵团作战，系统化、协同化、精细化治理方案，水污染治理、水科技创新、水生态修复、水景观建设及水文化发展紧密结合，取得具有说服力的水环境治理成效。治理深圳河工程引进的环境监察与审核制度，对建设项目施工过程的环境生态保护十分有益，已按环境监理的模式形成制度。大规模的水环境综合治理工程完成以后，长效管理应当尽快提上日程。

水生态文明建设是一个大课题。在自然生命共同体的理念下，实行水资源、水环境的安全生态保护，以水资源的可持续利用推动社会经济的可持续发展，造福子孙后代。城市开发建设项目应坚持生态保护优先，尽量减少对动植物生境的干扰和破坏；应采取生态补偿措施，及时舒缓或修复湿地等生态环境损失。城市水土保持已赋予生态修复和景观建设的内涵，植被和土壤是陆地生态系统中最大的碳汇库，未来城市水土保持将在双碳战略中发挥重要作用。低影响开发、海绵城市建设等均是坚持保护优先的具体措施，是水生态文明建设的重要内容。应积极推动人与自然、人与水的和谐共生，坚持走中国特色社会主义的绿色发展之路。

水务科技研究在城市水务管理中是一项应用性和实践性很强的工作。一切从解决深圳的实际水问题出发，紧密结合当地水文情势，以政产学研密切合作方式，推行市场化管理，企业成为科技投入和研发的主力等，是深圳水务科技发展研究的特点。未来深圳水务科技将继续以创新为引领，继续践行保护优先、生态优先理念，以"双碳"战略目标为指引，以保供水安全、保防洪安全、保水环境生态安全为目标，在巩固和提升植被土壤系统的碳汇能力方面，在为公众提供以低水耗、低能耗、低污染、低碳排放为特征的生态水务产品等方面，取得更大的科技进步。

同水务科技研究相比，水务信息化更加重视应用、实用、能用，强调对工作条件的改善和工作效率、效益的提升。重视面向用户服务，重视信息资源共享，重视网络安全，反对重复投资。未来水务信息化的发展，应紧紧围绕新一轮科技革命和产业变革，推动互联网、大数据、人工智能、第五代移动通信（5G）等新兴技术在水务领域的应用，提高水生态系统的碳汇能力，推动绿色水产业的发展。

管理很重要。管理是一门科学，跨自然科学和人文科学，融系统管理、运营管理、控制论、心理学和经济学等学科知识。管理是劳动，一种协调生产力和生产关系的具体劳动。管理是服务，一种对个人、组织和社会的多层次服务，以期实现个人发展、组织目标和社会责任的有机统一。管理的实践性很强，只有实践才能体现出管理效率和效益。管理是一种责任和担当，没有责任和担当的管理很难取得成效。管理需要创新，需要将科学知识、社会知识和人文情怀融为一体，才能取得卓有成效的管理目标。管理是一门艺术，需要灵活协调、巧妙平衡各方利益，以达到管理目标的最大化。管理是一种兴趣，当管理的目标得以实现时，管理者的心里才会有一种满足感和成就感。

城市水务管理的专业性很强，懂专业、会管理是人们对水务管理者的要求和期待。

笔者有幸亲历了迄今为止深圳水务改革发展的大部分过程，积累了诸多研究成果、工作经验和感悟，愿把它分享给同行或感兴趣者，期望能够有所启迪、引起共鸣。

2022 年 2 月

目　录

第一章 水管理体制改革

深圳水管理体制改革研究进展[1-2]

深圳市水务局的成立,曾经在国内水利界引起强烈反响。十余年过去了,全国已有千余家县级以上地方政府成立了水务局或实行了涉水事务的一体化管理,上海、北京及大连、西安等城市先后成立了水务局。深圳水管理体制的改革和发展如何,取得了哪些成绩,积累了哪些经验,未来又将如何发展,本书将做综合性的研究和总结。

一、改革的背景

几乎同全世界所有国家或地区一样,深圳在其经济社会的快速发展进程中,始终面临着水资源短缺、洪涝干旱及水生态环境恶化三大自然灾害的威胁,加之城市化进程加快,单位面积的人口密度加大、经济比例加大,使灾害的损失和威胁程度更大。

深圳在地域特征上属半岛型城市,河流短小、集雨面积小且多数直流入海,不具备开发建设大型蓄水工程的条件。虽然在气候分区上属湿润地区且多年平均径流总量达18.27 亿 m^3,但就目前开发的水资源工程能力而言,能够利用的水资源量不到总量的30%,加之人口众多,水资源短缺从深圳建市之始就成为制约社会经济发展的瓶颈。

20 世纪 90 年代初期是深圳洪涝旱灾的高发期。1993 年 6 月 16 日和 9 月 26 日两场暴雨,实测 24 h 降雨总量最高达 257.4 mm,3 d 降雨总量最高达 481.5 mm,造成深圳河两岸深港两地大片街区和农田、雨塘被淹,直接经济损失高达 14 亿港元。1988~1991 年连续四年干旱,降雨比正常年份偏少三分之一。全市许多小河断流,山塘水库干涸,西部许多水井露底,农民生活用水困难,宝安区城区居民实行分期供水,供 2 d、停 1 d,宝安区福永镇 1 d 只能供水 2 h。市区内有些高层楼宇无水供应,市政府紧急动员军队、消防部门用消防车拉水,以解燃眉之急,街道上出现买矿泉水做饭的居民。

根据普查统计,在全市 310 条河流中,已经有 217 条受到不同程度的污染,占河流总数的 70%。在被污染的河流中,有些河流的水质大大超过地面水最低的 V 类标准,多数河段发黑发臭、鱼虾绝迹。污染主要来源于生活污水,氨氮、总磷、生化需氧量等有机污染物严重超标。由于大规模的开山造地、采石、取土,以及受金融风暴等影响而停止开发的大片建筑工地,造成了严重的水土流失,1995 年前后,水土流失总面积达 185 km^2,占国土总面积的 9%。

在严重的自然灾害及不断恶化的水环境面前,深圳的水管理体制逐渐暴露出一些问题,虽然水源工程和防洪排涝工程建设由水利部门负责,但供水规划由规划国土部门负责,供水设施建设由建设部门负责,供水企业管理由城市管理部门负责,污水治理规划由环保部门负责,污水处理厂的建设和管理由城管部门负责,水土保持工作由规划国土部门负责,形成一种人们经常形容的"多龙管水"的局面,结果也正如人们所形容的"三个和尚没水吃",严重削弱了水行政主管部门的职能,使涉水事务的管理工作出现四难:一是防洪、排涝、供水、排水及水源保护的统一规划协调难;二是水源工程、供水设施的建设同步难;三是水源调度和城市供水调度统一难;四是河道防洪治理同河流污染治理中的污水截排、管网布设及污水处理厂建设的统一规划和同步实施难。

在水行政主管部门几经撤建的基础上,深圳市政府与时俱进,于1993年7月决定组建深圳市水务局,该局成为全国第一家以水务局命名的水行政主管部门。

二、改革的历程

深圳市水务局的成立,是深圳市政府在带领深圳人民同自然灾害长期斗争的过程中,不断总结经验,不断提高对水的认识,不断满足社会经济发展对涉水事务的需求,不断调整生产力同生产关系并促使其协调发展的结果。

1979年1月,国务院批准原广东省宝安县撤县建市,原县水电局升格为市水利局。

1982年初,政府机构改革,精简机构,压缩编制,撤销市一级水利局。从1984年到1989年,由市三防办和后来组建的市水利办合署办公,管理深圳市的水利工作。

1990年8月,在连续三年干旱缺水的困难局面下,深圳市政府决定恢复成立深圳市水利局。

1993年7月,为了进一步加强深圳的城市防洪排涝和水源工程建设,在大批从内地引进高级水利工程技术人员和高校水利专业毕业生的基础上,深圳市政府决定在原深圳市给排水指挥部及深圳市水利局的基础上,借鉴香港地区水务管理的成功经验,组建深圳市水务局。

至1995年,建成了市、区、镇三级水务管理体制,基本实现了全市城市防洪排涝、水资源管理和城市供水的统一管理。

1996年6月,为了加强城市水土保持工作,理顺同上级主管部门水利部的关系,深圳市政府决定将原市规划国土局的水土保持职能划归深圳市水务局。

1998年底,由市水务局代表市政府成立特派市水务集团公司监事会,加强了政府对供水行业的管理,2002年底,改由在企业内部设立监事会。

2001年底,深圳经济特区内的排水设施及污水处理厂的管理、运营以及相应资产划归市自来水集团公司经营,实行城市给排水一体化经营及城市排水事务的企业化经营。

2002年初,政府机构改革,原市排水管理处划归市城市管理办公室,原给排水指挥部撤销。

2003年8月,为配合珠江三角洲水环境综合整治工作,成立深圳市水环境综合整治领导小组,下设办公室。

2004年6月,在深圳市政府新一轮机构改革中,为了进一步加强水环境综合治理,特别是河流污染治理,理顺政府机构内部的管理体制,深圳市委、市政府决定,将城市排水及污染治理的行政管理职能划归市水务局;同时,专门成立深圳市河流污染治理指挥部,下设办公室为常设临时机构,归口市水务局代管。

由此,深圳才真正实行所谓涉水事务的一体化管理。可以说,十年前一条改革良策,直到今天才得以完全实现。

三、改革的体会和成效

实践证明,深圳水管理体制的改革,一是有利于政府"兴利除害,服务社会"。兴利除害是传统水利的要求,服务社会是现代水利、城市水利的要求。城市化以后,社会素质显著改善和提高,对水利工作的要求也有所提高。例如城市供水,不仅是要有水供,还要供安全的水、健康的水。又如城市防洪,不仅是防洪安全,还要兼顾生态环境的安全;二是有利于政府整合行政资源,减少职能交叉、政出多门,避免互相推诿扯皮,以便提高行政效率,降低行政成本;三是有利于水务规划建设同城市总体规划建设的统一协调;四是有利于涉水事务各专业规划和建设的统一协调;五是有利于水资源的开发利用、科学调度、优化配置和水土环境的有效保护。

(一)深圳水管理体制改革的过程,也是深圳水务事业不断发展的过程

由于理顺了水资源管理和城市供水管理的关系,促进了水资源和城市供水的统一调度及水源工程建设和城市供水设施建设的协调发展。

由深圳市东部供水工程和广东省东深供水工程及全市主要水源水库,按照"长藤结瓜、分片调蓄"的原则组成的供水网络已基本形成,正在抓紧实施完善。届时,每年可从东江输引水量达 15.93 亿 m^3。目前,全市已有镇级以上自来水公司 26 家,日制水能力万吨以上水厂 58 座。全市日供水能力已由 1993 年的 193 万 t 增加到 442 万 t,水质综合评价优良率达 96.2%,家庭管道直饮水已达 1 万余户。2003 年是深圳市继 1978 年以来最旱的一年,全市平均降雨仅为 1 400 mm,比正常年份偏少 20%。但去年城市供水总量达 12.28 亿 m^3,支撑了约 1 000 万人口的生活用水和 2 860.51 亿元本市生产总值的产生。通过统一调配,协调供水,在优先保证居民生活用水的前提下,使缺水对经济生产的影响降到了最小。

2004 年,深圳又在城市自来水供应及城市排水统一经营和管理方面进行试点,将原市自来水(集团)公司同原市排水管理处合并,组建新的市水务(集团)公司。这一改革,一是将由政府事业经营的排水管理实行企业化经营,盘活了政府的存量资产,在一定程度上减轻了政府的财政负担;二是将会推动城市污水处理事业的进一步发展;三是将会提高现有供排水行业设备资源及技术资源的利用率。但这种改革,是建立在政府在自来水行业已有 20 多亿元良性资产,在排水行业已有 30 多亿元资产基础之上进行的。

(二)促进了城市防洪排涝(水)体系的统一建设和管理

城市防洪排涝和市政排水,传统上分属不同的专业技术体系,因而在城市管理中分属不同的部门。但城市防洪排涝和市政排水又是城市化的流域防洪体系中不可分割的有机整体。实行水务一体化管理后,便于将市政排水纳入城市防洪体系中统一规划建设和管理。特别在城市排涝和市政排水的接合部,便于充分发挥统一规划建设的协调作用,建设立体的城市防洪体系,提高防洪效益。1993 年以来,全市已完成初步整治河段长 517 km,其中达到国家防洪标准的 236 km。同香港特别行政区政府联合治理界河深圳河,目前已

完成一、二期工程,三期工程正在加紧进行。龙岗河、坪山河、观澜河及茅洲河的治理正在加快进行。兴建罗雨排涝泵站,彻底解决了罗湖中心城片区的内涝问题。小(1)型以上水库已基本实现安全达标。全市东、中、西三条海堤,以西海堤为主,已建成海堤长65.5 km。已初步建成以河道、水库、滞洪区、市政排水管网、排涝泵站和海堤组成的防洪潮体系,全市综合防洪能力已达50~100年一遇。

(三)促进了水土流失治理和水生态环境建设

自1996年将水土保持职能实行专业化回归水务局以来,加强了全市水土流失预防、监测和治理工作的专业化和法制化。深圳市水务局针对南方水土资源环境及城市化的特点,不断探索城市水土保持的新思路、新方略。形成了"理顺水系、固坡护土、周边绿化、平台修复,乔灌草藤结合、乔灌优先"的治理理念。从国内外引进、开发并创新了一批裸露山体缺口治理的新技术,如喷混植生、挂笼砖、人工植生盆(V形槽)及微地形利用等。

截至2003年底,全市已累计治理水土流失面积135.8 km²,完成裸露山体缺口(废弃石场及取土场)整治64处。水土流失面积已从1996年底的185 km²降至59.89 km²,泥沙侵蚀量已由411.12万t/a降至100万t/a以下。严重的水土流失局面得到根本控制,城市生态环境明显改善,市容市貌得到净化、绿化。

(四)促进了河流污染及水环境的综合治理

河流是人类文明的发祥地。城市河流是城市的水源地、排洪通道、运输通道及水景观等,在城市生态环境的构造中发挥极为重要的作用。同时,河流水环境质量的优劣反映城市水环境的总体质量。河流污染是城市水环境污染的集中表现,河流污染治理可以带动整个城市水环境的综合治理。为此,深圳市政府专门成立了水环境综合整治领导小组及水污染治理指挥部,正在通过污水截排、底泥清淤、水面垃圾清理及河流补水等一系列措施,对特区内外的主要河流进行污染治理。

目前,全市已建污水管网3 368 km,特区内已建污水处理厂6座,日处理污水能力已达165.1万t,实际处理率已达67%;特区外已建污水处理厂10座,日处理污水能力50万t,实际日平均处理率已达25%。

(五)特区水法规体系初步形成

以《深圳经济特区水资源管理条例》《水土保持条例》《河道管理条例》《城市供水用水条例》及《生活饮用水二次供水管理规定》等为代表的法律法规已颁布实施,形成具有深圳经济特区地方特色的法律体系并正在逐步完善。明确了深圳市水务局为政府水行政主管部门,强调水务设施建设必须做好水土保持生态环境保护工作,加强了政府对社会水服务的职能。其中水土保持条例是国内第一部关于城市水土保持的地方立法,规范城市建设项目的水土流失防治,很有针对性和开创性,意义深远。深圳最早在国内开展城市二次供水水质监督管理,《生活饮用水二次供水管理规定》为其奠定了法规基础。体现了深圳城市供水的特点及特区立法的优势。以水行政监察执法与水管事业单位委托执法相结合的执法体系已初步形成,得到水利部和广东省水利厅的肯定。

(六)水务职工队伍科技文化素质大大提高

水务局成立后,首先抓人才队伍建设,在从国内引进高层次技术人才的同时,出台专门的鼓励政策,以学历教育、自学及岗位培训相结合的方式,激励在职员工自学成才;同大水务学科建设相结合,积极开展科技研究,取得一批具有较高学术水平及推广应用价值的成果。不断引进和推广新技术、新材料和新工艺,特别重视高新技术的应用。遥感遥测、地理信息系统、计算机网络技术及卫星通信技术等技术及其成果已开始推广应用。

四、进一步深化改革

深圳水管理体制改革已经进行了十余年,取得了很大的进展和显著成效,但面对经济全球化和我国加入世界贸易组织(WTO)的有利时机,深圳要向建设现代化、国际化城市的方向发展,在水管理体制方面的深化改革还将继续。

(一)供水行业管理改革

深圳对供水企业的管理,实行的是严格政企分开的行业管理。行业管理应主要以两个服务为目的,一是服务于企业。要通过相应的政策和法规,要求、扶持企业进行技术改造和创新,保证供水水量,提高供水水质,严格执行供水水价,保障和提高对市民和市场的服务水平。二是对市民的服务。要通过信息收集、反馈和技术监管,及时了解、掌握和反馈市民对城市供水的要求、意见和关心,切实服务于市民。可通过相关的法律法规,如供水节水条例、特许经营条例及水质督察办法等,建立起系统的城市供水监督和保障体系,既可为供水企业提供服务性的管理,又可推动、监督企业对市民的服务,在企业供水和市民用水之间起到协调、监督和保障作用,提高政府管理的有效性。

(二)水管单位的改革

传统上,深圳水管单位实行的是自收自支的事业单位体制。目前,深圳正在对事业单位进行改革,要取消其行政级别、实行职员制管理或进行企业化改制等。针对深圳水管单位特别是水源工程管理单位的特点,水务部门认为水源工程是一种资源性工程,全部由政府出资,水量、水价及调度管理也全部由政府掌控,既没有竞争的资源,也没有竞争的空间,不能简单地"一刀切",全部推向市场搞企业化改制。资源性工程属政府的资源性资产,直接关系到社会生产经济的持续发展和社会稳定,应当仍由政府掌控。至于其准经营性/准公益性性质,应当通过改革、完善水管单位内部的管理机制,如推行内部绩效管理或实行企业化管理改革等,以降低成本,提高效益,提高服务水平,为社会生产经济的平稳发展提供保障。

(三)排水行业管理改革

在深圳经济特区内,以深圳水务(集团)有限公司为代表,已基本实现供排水一体化的企业化经营和管理。相应带来的主要问题是排水费的征收及核拨。传统上,排水管网建设和管理,属于公用事业,完全由政府出资,相应向市民收缴的排水费应包括排水设施使用费及污水处理费,是行政事业性收费。实行排水管网及污水处理厂企业化经营后,如何有效监督评价企业对排水管网的使用维护及污水处理厂的污水处理量和是否达标排放,准确核定企业的经营成本,以便核拨排水费,是正在研究的问题。特别是对一些将以BOT方式经营的污水处理厂,这项工作尤为重要。当然,探索将排水费改为排水税,也是一项有意义的工作。

(四)水资源统一管理

进一步深化水资源管理体制,实行统一管理。对地表水,将重要水源工程(水库)特别是位于供水网络规划范围内的水源工程,逐步收归市管,实行水资源统一管理及调度;对地下水,实行有计划的开采及保护,由于特殊的地理地质条件,在特区内应禁止开采地下水,以防止海水入侵。特区外有的街镇辖区,地下水较丰富,地理地质条件较优越,可适当开采,以补充当地地表水资源的不足,应实行有计划的保护性开采。

(五)水务执法体制问题

相对全国而言,深圳是最早实行相对集中执法的城市。由市政府成立专门的行政执法部门,将涉及城市管理的所有行政执法工作,统一由专门的行政执法部门执行。但从近年实行的实际效果来看,由于水务执法工作的特殊性,例如专业面宽、技术性较强、执法地点分散、远离城区等,相对集中执法的效果并不理想。需要继续探索和研究相对集中执法体制下的水务执法问题。

(六)改革投融资体制,探索建立水务公共财政框架

首先,应加强政府投资计划管理、预算管理及前期工作研究,适当超前开展前期工作,建立满足水务发展需要的、高质量的项目库。其次,应研究建立科学合理的水价体系,包括资源水价、工程水价和环境水价,在促进节水的同时,专门核算、体现水工程的投资效益。最后,应根据水工程的不同效益特征,采取不同的投融资方式。对社会效益为主的投资需求,如城市防洪排涝、水土保持及生态环境建设、三防抢险救灾等,应以政府投资为主;对经济效益或潜在经济效益比较明显的水工程,如供水水源工程、城市自来水工程、污水处理及回用、中水利用等,可以社会融资为主。紧密结合国家改革开放政策,鼓励社会资本投资水工程。

(七)率先实现水务现代化

水务现代化是一个宏伟目标,是城市水务适应国家经济发展、特别是水利现代化发展转型的高层次、可持续发展,对城市水务的软硬件建设都有更高的要求。包括要建成以城市防洪排涝、抢险救灾为主的现代化三防体系;建成功能完善、质量可靠的供水保障体系;建立符合可持续发展战略的水资源保护体系、城市水土保持体系;建立水清岸绿的水环境及水生态保护体系;建成广泛、高效的水文化宣传体系;不断完善水法规体系,保障水务工作在依法治水的框架内运行;建设廉洁高效的政府水行政主管部门,等等。

关于水务管理体制改革的若干思考

什么是体制?这是研究体制改革首先要思考和回答的问题。体制是一种架构、一种系统,是用来进行经济、政治、文化等社会生活各个方面事务管理的规范体系,具体来讲,"体制"是指国家机关、企事业单位在机制设置、领导隶属关系和管理权限划分等方面的

体系、制度、方法和形式等的总称,例如政治体制、经济体制和教育体制等。

体制的性质是由制度决定的,制度按照性质和范围一般可分为根本制度、基本制度与具体规章制度三个基本层次。制度决定体制的内容并由体制表现出来,体制的形成和发展要受制度的制约。国家制度是根本制度,决定一切体制的性质。特别地,行业或专业行政管理制度由具体规章制度来支撑和约束。

体制利益的实现要靠机制的推动,要有制度的保障和按规则运行的组织、个体以及相互之间的内在联系,制度是要能够保证体制机制正常运行并能发挥预期功能的监督和管理体系。机制需要系统、灵活、高效和廉洁;制度需要权威、完整和稳定,并且具有可执行性和公平公正性。体制改革就是要理顺机制,完善制度,使体制的运行能够不断满足社会生产力发展的要求,促进生产力不断适应生产关系的发展。

水务管理体制是指我国省区或城市,特别是区域和城市涉水事务管理的组织体系、规章制度及其运作机制。

一、水务管理体制改革的必要性

改革开放是中央十三届五中全会决定的国家重大发展战略,改革是要改进、变革那些与社会主义市场经济发展不相适应的体制、机制。水务管理由传统的水利管理发展而来,是因城市化社会经济发展对水利工作的需求提升、变化而形成。水务经济是社会主义市场经济的重要组成部分,水务管理是政府水行政管理服务市场经济发展的专门工作。改革开放以来,我国经济社会快速发展,城市化率稳步提高,某些城市化地区的水资源总量少,用水集中且效率低,排污量大且处理不足,供水保证率不高,环境污染风险大,城市水的供需矛盾日益突出。只有探索对涉水行政事务管理体制的改革,才有可能从根本上解决以城市为重点的水问题。

水利部在 2005 年的《深化水务管理体制改革指导意见》中指出,实现水务统一管理的地区,在统一调配地表与地下、城市与农村、区内与区外水资源,统一编制涉水规划,提高城乡防洪安全、供水安全、生态安全等方面,取得了明显成效。但也存在着观念转变不够;关系尚未真正理顺;各地改革不同步,上下级管理职能不对口;现有法规滞后于水务管理实践;水务投资和项目融资渠道不畅;水务产业化与市场化发育缓慢;队伍建设不适应形势发展要求等问题。

2011 年中央一号文件《中共中央 国务院关于加快水利改革发展的决定》提出,到2020 年基本建成四大体系:一是防洪抗旱减灾体系;二是水资源合理配置和高效利用体系;三是水资源保护和河湖健康保障体系;四是有利于水利科学发展的制度体系。党的十九届四中全会进一步提出了坚持和完善中国特色社会主义制度、推进国家治理体系和治理能力现代化的总体目标和时间表。在国家治理现代化的总体部署下,需要从战略上谋划和推进我国水务管理体制的改革,进一步思考如何建立与水治理体系和治理能力现代化相适应的水管理体制机制。

改革是前进、是发展,是使我们工作与时俱进的具体实现。为什么要进行水管理体制的改革,按照江泽民同志"三个代表"重要思想的要求,就是要进一步发展社会生产力,最大限度地满足人们日益增长的用水需求,创造并发展先进的水文化。但改革不是为了改革而改革,不是为了"不同"或标新立异而改革。改革既不能"一刀切",也不能一蹴而就。改革更不能是权力和利益的再分配。改革最需要的是因地制宜、实事求是,以达到改革的目的为最高目标。

以实行水务管理体制为例。深圳是我国最早实行水务管理体制的城市,当初的起因主要是由于城市化的高速发展,城市水利工作已经由传统的以农田水利为中心转到以城市防洪和城市供水为中心。特别是城市供水,由于政府在基础设施建设及管理方面的多头化,严重制约了其发展,以至于在1992年的干旱缺水灾害中,造成了严重的社会经济损失。也许正是这种生产力发展的需要,深圳市政府痛定思痛,下决心将城市供水的建设管理纳入城市水利的工作内容,并将其体制及机构命名为水务。据资料显示,在深圳实行水务管理体制运作已近10年的2002年,城市供水能力已经由原来的122万 t/d 发展到现在的380万 t/d。2002年深圳的干旱缺水已相当于1978年的程度,远甚于1992年的旱灾,但从今年的抗旱实践来看,城市的整体抗旱能力已经有了很大提高。这就是改革的成绩。这种成绩是在深圳水资源短缺及城市供水管理体制不顺的基础上取得的。

由以农村用水服务为主的传统水利工作向以城乡经济发展服务为主的水务工作的转型,是水务管理体制改革的关键。多年来,除业界所熟知的因城市化发展而突出的多龙管水问题外,政府的管理理念、管理效率、管理手段和经济投入等,都需要有一个转变和适应的过程。水务管理体制改革不仅是管理职能和服务范围的转变,更重要的是治水思路和发展战略的重大转变,要适应这种转变,就要转变观念,明确目标,在思路、管理、服务、投资、建设和运营等多个方面实现观念创新、机制创新和体制创新。因此,发现并正视改革实践中遇到的各种问题,及时加以思考和研究,提出解决问题的思路和途径,不断深化水务管理体制的改革创新是十分必要的。

二、水务管理体制改革的任务

随着社会经济的不断发展,水安全、水环境、水生态、水文化已经成为涉水事务管理的新目标和新任务。农村城市化,人口和经济比例不断向城市集中,水务管理工作正在呈现全方位、多元化的趋势,任务越来越重,困难越来越大。水资源短缺,水污染严重,水环境质量下降,水生态状况恶化,依然是水务管理工作面临的巨大挑战。保障供水安全成为国家脱贫攻坚、推动共同富裕、稳定社会发展、建设社会主义现代化的重大战略。改善和提升水生态环境质量,已经成为人民对美好生活的一种愿望。在习近平总书记关于绿水青山就是金山银山发展理念的指引下,建设生态文明已经成为全社会的共识,成为水务工作新的发展机遇和深化水务管理体制改革新的任务。及时调整、改革好城乡特别是城市水务管理体制,才能使水务生产力的发展不断适应水务生产关系的要求。

水是不可替代的基础性自然资源,也是战略性经济资源,在国民经济和社会发展中具有至关重要的地位和作用。城市化对供水的需求不仅在量而且在质的方面,要求越来越高。从水源工程到用户水龙头,涉及水资源的供给管理,是水务工作的核心之一。实现涉水规划的统一协调;水源工程和供水、节水设施同步建设,水资源配置和供水统一调度;实现水资源水量水质的全面管理,用水和排水的全过程监管;全面优化水资源的开发、利用、配置、节约和保护,使水资源从水源水到用户水得到统一管理,提高供水效率,保障供水的质量和安全,是水务管理体制改革的关键任务。

与水源水管理相对的是污水管理。传统上,城市污水由市政部门管理,但污水的污染风险却面对的是城市水源地及水利工程,包括供水水库、引调水工程,河道、湖泊和湿地等。业界曾经"环保不下河,水利不上岸"的认知和观念已不适应时代的发展,"问题在河道,根子在岸上"已成为全社会的共识。这就特别需要在源头上探索、发现问题,理性接受和认识问题。从污水排放口的监管治理,污水管网的建设管理,到污水处理厂的建设运营,都需要在管理体制上继续深化改革。

城市化的水灾害形式呈多样化。形式上有暴雨、洪水、内涝,成因上有台风、极端灾害天气等,次生灾害有滑坡、地陷和泥石流等。传统水利部门管理的水利工程,是极端天气诱发灾害的主要对象,工程安全是重中之重。机关、学校、幼儿园和重要工矿企业是城市水安全防护的关键部门,各种涉水的工程如水厂、污水处理厂等,是水灾防治和减轻的主要对象。极端气候条件下的干旱缺水,是经济健康发展和社会安全稳定面临的另一水灾形式。城市化的水旱灾害防治是水行政主管部门的特别重要职能。

虽然环境问题有政府专门的行政部门进行监督管理。但水体的线长、量大、面广,长期的污染积累,已使众多水体的水质严重恶化,水生态质量严重下降;城市污水管网的建设相对滞后,排污口的监管存在漏排和偷排,以及面源污染等问题,使水环境的特殊性越来越突出;城市排水管网的建设和管理,对城市防洪和内涝防治至关重要,归口水务部门进行水环境治理已是最佳的体制选择。与之紧密相关的,水生态修复和水景观建设,也已成为水务工作面向社会的热点内容。

大量的水务基础设施建设,需要政府大量的财政投入,会增加政府的财政负担。改革投融资体制,吸引社会资本进入水务基础设施建设领域,开展投资、建设、管理和运营的一体化,成为水务管理体制改革的重要内容。长期以来,水务建设领域存在投资盲目扩张、低水平重复建设的问题。加强水务建设规划实施的刚性管理,严格水务投资的程序审批,发挥人大、政协对水务投资的监督作用,向社会公示,增加政府投资的透明度,是政府水务管理体制改革的重要工作。"重建轻管"一直是水务部门被社会和业界有识之士诟病的问题。"三分建,七分管",重视水务工程的日常管理,实行精细化和精准化,提高水务设施的运营效率和使用年限,体现、保障政府的投资效率,需要通过水务管理体制的改革得到落实。

以互联网为代表的现代信息技术,使"智慧"一词成为当今城市管理炙手可热的新鲜词汇,智慧水务建设在业内进行得如火如荼。新一代的互联网和通信技术,如5G、物联网、大数据、云计算、人工智能和机器人等,能够在水务日常管理、信息监测和抢险救灾等方面很快得到应用,使水务管理的信息化手段不断丰富,管理的效率不断提高,风险逐步降低。只有不断改革水务管理体制,才能适应新技术发展的要求。

水务管理体制改革的重点在加强和深化服务。建设服务型水行政主管部门是政府履行水行政管理职能的明确目标,是改善政府作风、实践执政为民的重要内容。按照精简、统一、效能的原则,决策、执行、监督相协调的要求,加强政府水行政主管部门的公共服务职能,合理设置机构,科学界定管理权限和范围,明确同政府其他各部门的关系,强化各自的管理责任,避免因分工不当、责任不明而出现多头、重复、交叉和缺位的职能设置,使政府的水行政管理职能全覆盖,全面实现涉水事务的一体化管理。坚持以人为本、服务至上的原则,强化业务指导,鼓励专业咨询,简化工作流程,提高办事效率,使水务管理体制改革的成效真正落到实处。

三、水管单位体制改革

水管单位即水利工程管理单位。在深圳主要指供水水源工程及河道、泵站等管理单位,一般由政府投资,按照国家规定,根据投资规模、参考管理的对象及范围设立相应级别的事业单位进行管理。2011年以前,水管单位主要分为全额拨款、差额拨款和自收自支三种性质的事业单位,带有计划经济的时代特征。2011年以后,深圳的水管单位实行收支两条线的财政统管方式,性质上分为全额拨款和经费自给两种性质。由政府财政全额负担的事业单位主要从事公益性的水利工程管理,如河道、排涝泵站等;经费自给的事业单位主要从事准公益性的工程管理,如水库、引水工程等。近年来,深圳实行了以流域为单位的管理体制建设,建立了茅洲河等4个流域管理中心,以加强对流域涉水事务的统筹协调和监督指导,缓解流域管理职责不清、调度不畅、多头管理等问题。

深圳从2005年开始探索将公益性的水利工程管理实行社会化管养,首先将市管的几条河流如龙岗河、观澜河等的管理推向社会,通过招标方式确定管养单位,以合同方式约定管养的任务和质量,出台了一系列的标准对管养的质量进行日常监督考核,对合同期满进行履约验收。同时,深圳还对水源工程一级水源保护区在封闭式管理的基础上实行了社会化管理。实践证明,这种改革是有效的,对加强河道及一级水源保护区的日常安保、工程安全、防洪抢险和环境保护等都起到了很好的作用。社会化管养单位具有人力资源充沛、执勤巡查到岗和突发事件应对专业的特点,尤其在汛期的防洪抢险,是政府抢险救灾力量的重要补充。需要特别说明的是,从管理到管养,主要指合同服务内容的强化,如承担管理任务的企业需要负责设施维护及景观绿化的日常养护等。

深圳的供水水源工程如水库的管理,具有水资源、水环境、水生态和水景观的丰富资源及相对应的管理任务。重要的管理经验认为,供水水源工程通过向城市供水可以获得一定的收益,以此加强工程的养护,保障工程的质量和预期使用年限,减轻政府的财政负担。将水库的环境、生态和景观打造成水利风景区并向公众开放,开发水库功能的多元化,拓宽服务社会的内容。反过来,这些功能又要求水管单位要下大力气,保障城市供水的水质和水量,保障水库的生态环境质量。同时,在水管单位财政状况得到保障后,单位职工的工资福利也能得到相应保障甚至改善。形成良性循环,是一种很好的改革机制。

水管单位也正面临改革的冲击。一方面,社会化管养使水管单位的人力资源配置需要进行改革,不仅在数量上而且在专业配置上都要与之适应。在财政供养方面,面临着效率和优化的问题。深圳已经在事业单位的岗位设置中,实行了管理岗位和技术岗位的分设,体现了事业单位专业化管理和行政管理的双重功能,解决了专门从事技术管理人员的发展通道。另一方面,企业化问题。包括事业单位性质不变,参照企业化管理和完全企业化。其实,经费自给的性质已经接近参照企业化管理,只是水资源是自然产品的属性,接受政府的统一监管,不具备参与市场竞争的条件。业界普遍认为,深圳的水源工程管理单位由于向城市供水而具有充足的现金流,企业化改革已有条件,但涉及资源的掌控和定价,为了确保城市的生产和生活用水,维护社会稳定,水行政主管部门多年来一直没有放开。近几年,针对排水管网的管理,有关政府部门正在实行事业单位管理和社会化管养并行的方式。未来,水务投融资方式的多元化,建设和管理进一步分开,水管单位管理模式的多样化等,都是需要用时间来检验的改革问题。

四、水务管理体制改革的辩证思考

改革必然涉及机构的重组,涉及涉水事务管理职能的重新划分。但无论怎样改,政府各个职能部门的工作目标是一致的,就是共同为社会和公众提供公共服务。任何一种权力的过渡集中,都只能会给体制的正常运转带来风险。统一管理、团结治水的口号提得好,水务部门应主动加强与其他相关部门的协作,协调处理好各种关系,取得他们的支持,共同做好水务工作。城市防洪工程、供排水工程、水土保持工程与水环境工程等水务设施是城市基础设施的重要组成部分,其建设规划应依法纳入城市总体规划;其中污水处理厂的布局和建设,城市供排水管网的改造和建设,离不开城市管理和建设主管部门的支持;城市水功能区的划定及监管,河道、水域的水污染治理等,与生态环境保护工作密切相关,应当努力协调好与生态环境保护主管部门的关系。政府部门之间的联席会议是很好的协调合作方式,是政府内部自我管理的一种有效途径,能够减少推诿、"扯皮",减轻领导负担,提高工作效率。

水务管理体制改革开了国家水行政体制改革的先河,是一种针对城市化的、全新的管理体制,是水行政管理职能的重大变革,是国家社会经济发展的必然产物。但无论体制如何改革,世界上不存在普遍适用的一种体制。每种体制都有其独立的特点,有其适用范围和条件。某种体制是否能够运转的高效灵活,是否能够达到设置的目标,完全取决于在体制内运作和管理的人。从某种意义上讲,改革只是一种手段而不是目的,体制的设置只是一种形式而不是根本,机构设置的多少也只是一种数量而不是关键。开放、包容、和谐、共赢依然是体制运作和管理的最佳策略,人的理念转变并付诸协调共赢的行动才是根本。

第二章 规划计划管理

坚持以规划为先导,推动水务事业健康持续发展

规划是国家、区域和城市社会经济发展管理的基础,是行业或者专业发展管理的重要工具。重视规划、做好规划、用好规划是社会各界特别是政府各部门的主要职责。充分认识规划工作的重要性,分析理解规划编制的基本原理、特点和要求,适时总结水务规划编制和执行的经验,对未来水务发展规划的管理工作十分必要。

一、对规划的一般性认识

规划是一种战略设计,是发展关于时间和空间上的战略布局。首先是发展,发展是规划的前提,发展需要规划;规划是发展的支撑,规划为了发展。如何发展、如何满足发展在资源环境方面的需求和优化配置,是规划的任务。规划是一座城市、一个行业发展的品质,影响着城市和行业发展的核心竞争力。因此,规划要具有科学性、权威性和前瞻性,要坚持理性思考和科学谋划。改革和创新是发展的根和魂,是规划编制的思想主线,要以开放扩大视野,以改革激发活力,以创新推动行业发展。

规划分层次。在不同的空间和时间区域、不同的行业和专业领域,需要不同层次的规划。国民经济发展规划、水利发展规划等,是国家层面上涉及全社会经济发展的规划;城市发展规划、城市经济发展规划和城市土地利用规划是区域层面上的规划;水务发展五年规划、流域水环境综合规划等是行业发展规划;水资源综合规划、防洪(潮)规划、供水水源工程规划和城市水厂建设布局规划等是专业规划。不同层次的规划,在时间、空间的资源配置上形成三位一体的规划体系。

不同层次的规划,具有不同的要求和特点。国家层面的规划,更注重发展理念、发展方向、指导思想、发展策略和宏观尺度的战略高度,确定发展的规模和总体容量。行业层面的规划,根据行业在国民经济中的地位,突出行业的特点和对国民经济发展的贡献,注重同国家社会经济发展规划相适应。区域发展规划,依据当地的自然经济社会条件,结合上层规划的发展要求,注重区域经济发展的需求,突出发展特色,服务区域社会经济的发展。专业发展规划,技术性、专业性更加突出,对资源的需求更具体,发展的内容更实际,就规划的建设项目而言,同专业建设计划相适应。

规划需要基准年,即规划预测未来发展需求的参照年。规划各项经济技术指标或参数的选取,需要有统一到一个起始点。一般将规划开始正常实施的前一年作为规划编制的基准年。规划需要设定水平年,即实现规划特定目标的年份,与规划覆盖的发展期相适应。规划的时期一般为五年、十年、二十年或以上。五年左右为短期规划,一般同国民经

济五年发展规划相一致。十年左右为中期规划,二十年及以上为中长期规划或发展战略规划。技术发展更新迭代迅速的行业,如水务信息化,个人主张规划的时期不要超过三年。

规划需要开展前期研究。前期工作的充分性和完备性,关乎规划的质量。规划是国家宏观政策实施的工具,无论何种规划,首先必须学习研究国家的相关政策并贯彻执行。规划需要深入开展调查研究、广泛收集资料;需要开展多种不同深度的专业专题研究。规划应当利用现代的人工智能和大数据技术等,为规划标准和参数的选定提供科学的数据和技术支撑。

同一规划不同周期之间需要动态的、有机的衔接,如五年发展规划,当前五年规划需要承接上一个五年规划所没有完成的目标和任务,需要对下一个五年规划做出预留,即各个规划期之间的目标特别是任务需要结转。衔接和结转需要对上一个五年规划的完成情况进行系统总结,归纳经验,找出差距;同时需要对下一个五年规划发展进行展望,进行科学预测,从而保障规划发展在时间上的一致性和连续性,在空间布局上的协调性和系统性,在发展目标上的持续性和动态调整性。实际上,规划是一个过程,需要充分考虑规划对象的近期需要和长期发展,需要保障同社会经济发展的方方面面相协调。

规划的制定过程是开放的。规划的前期阶段,需要向社会公示规划的原则、方向和目标,广泛征求意见,充分听取社会各界人士对社会经济发展的意见和建议,汇聚民智,充分反映广大市民的利益诉求和意愿;规划的后期阶段,需要向社会公示规划的成果和实施条件,充分保障市民对规划的参与权和知情权。

规划管理是动态的,规划实施的中期评估是动态管理的重要机制。中期评估首先要坚持实事求是的原则,客观评价规划实施取得的进展成效。同时也要坚持系统全面、重点突出、科学严谨和近远期结合的原则。要针对规划的重点和难点,将过程评估和效果评估相结合,开展全面系统的、综合的评估。要将目标导向和问题导向相结合,总结经验,发现问题,找出差距,为规划的进一步实施和全面完成优化方向、创造条件。

规划的执行是刚性的。规划一旦经过程序审批,就应当严格遵守,不能随意改变。这是所有从事规划编制和管理人员的希望,但具体实施过程中又很难真正实现的一种愿望。一方面,规划要走出“说在嘴上,写在纸上,挂在墙上”的怪圈,秉承“谋远”与“谋实”的精神,持续发力,持之以恒,一任接着一任干,一张蓝图画到底。但另一方面,社会发展包罗万象,经济发展千变万化,规划实施所需的客观形势和环境也会不断发生变化,规划需要因时而变、随时调整。规划调整需要在严格法定的基础上进行,调整的幅度和周期依据规划对象的发展而定。

规划管理工作需要向规范化、法制化和公众化的方向发展,以适应市场经济发展的客观要求。

二、2005 年深圳水务规划工作总结

(一) 水务规划工作的经验

深圳建市 25 年来,历届市委、市政府非常重视城市规划工作。特别是在 2003 年 9 月底召开的全市规划工作南山现场会上,提出了新时期规划工作的指导思想和基本原则,进

一步明确了规划的"龙头地位、指导地位和调控地位",把规划工作提到了一个前所未有的高度。作为城市重要基础设施的水务工作,从起初的农田水利发展到今天的城市水务,我们始终坚持以城市总体规划和水务行业发展规划为指导,不断推动水务事业的健康有序发展,为深圳经济社会发展提供了良好的水支撑。总结我局水务规划工作的经验,主要有以下六个方面。

1.坚持规划的前瞻性,适度超前谋划水务事业

规划是龙头,是各项工作的基础和依据,必须要有前瞻性和战略性。要以一定的超前意识为水务规划的编制正确定位,给今后的发展留有余地。为适应深圳人口与经济的超常规发展,我们始终坚持高起点、高标准、多目标规划水务工作。特别是在水源工程建设上,我们根据深圳严重缺水的特点,提出了解决深圳用水问题的根本出路在于本地水资源结合境外引水的设想,超前编制了水源工程及供水布局规划,提出了双线双水源、异地购建调蓄水库及东水西调(西江引水)的战略构想。东江水源工程一期于1996年动工,2001年建成通水,有力保障了深圳经济社会的快速发展。特别是在2001~2004连续三年干旱的情况下,该工程从东江向市区输水量累计超过10亿 m³,确保了工业生产及居民生活的正常用水,真正做到了大旱之年无旱灾,成为"民心工程""德政工程"。同时,该工程在一期工程的建设过程中,考虑到深圳市社会经济快速发展的需求及一次性建设的经济合理性,将主要工程的设施如隧洞等,按一、二期工程的总体规模同步实施,为二期工程的建设打下了良好基础。假如没有水源方面的超前规划,或者东江水源工程一期推迟一两年通水,遇上连续三年的干旱天气,深圳尤其是宝安区的发展将受到极大影响,后果很难预料。

2.坚持规划的严肃性,科学制定并严格执行各项水务规划

城市总体规划是经法定程序编制的,是城市宏观调控,遏制盲目发展的重要手段。水务规划也同样,水务规划的编制严格按政府统一要求进行,经批准的水务规划具有法定性,必须维护其严肃性,严格按照规划内容执行。水务局成立十二年来,狠抓水资源、供水、节水、排水、防洪、水质发展规划工作,先后编制了城市供水规划、水资源保护规划、水资源综合规划、防洪(潮)规划、水土保持规划、城市供水水质发展规划、水源保护林建设规划、供水节水信息管理系统规划、水务信息化"十五"规划等。在规划的实施上,我局一方面抓已批准项目的建设,保证包括东江水源工程、深圳河治理等重点工程在内的全市各项水务工程均按照规划稳步推进。另外,在项目审批上严格把关,对不符合规划的项目坚决不上。例如,对没有列入供水规划的布吉自来水厂,在申请审批的问题上严格依法不予审批,保证了供水规划的权威性、严肃性。

3.坚持规划的连续性,确保水务事业可持续健康发展

深圳水问题纷繁复杂,不可能一成不变,水务规划也是如此。要以实事求是的态度,始终根据新形势、新情况,研究解决新问题,动态地修订、完善相关规划,使之更加科学、更有利于实施。结合城市发展整体战略目标,我局在国民经济"十五"计划的基础上,根据社会经济不断发展变化的情况,以滚动修编的方式,完成了一系列水务规划的修订。例如,由于社会经济持续快速发展和城市防洪减灾体系的不断完善,近年来洪水管理新理念

的不断发展以及国家有关防洪减灾体系建设标准及规范的调整,我局于2003年9月组织开展了《深圳市防洪(潮)规划报告》(1994年编制)修编工作,提出了以人为本、人水协调的防洪理念,克服了原规划在指导现阶段城市防洪整治建设方面的局限性,更好地满足了新形势下城市发展的要求。此外,对包括水资源规划等多项规划的修编工作也都是在原有规划的基础上加以调整、补充和完善,保证了规划的连续性和科学性。

4.坚持规划的系统性,统筹考虑各种水问题

水务规划的系统性,主要体现在对水务工程整体布局、建设规模和发展水平等方面的整合。水从供到排,再到污水处理回用,是一个不可分割的循环系统。在制定规划时,我们统筹制定了水源建设、供水、排水、节水、排涝等专项规划,注意理顺各专项规划的关系,强调衔接与配合。使各专项规划既自成体系,又是整个水务规划体系的组成部分。《深圳市供水水源修编规划报告》系统地考虑到全市的供水布局,针对全市经济发展和城市环境变化,确定了深圳供水网络系统,明确了以东江、东深供水水源工程及网络干线工程、北线引水工程及大鹏半岛水源工程为骨干供水工程,形成了双线双水源的全市供水网络系统,提高了全市供水的安全保障性。该规划还提出了污水回用、中水利用和雨洪利用等问题,系统地考虑了水资源的综合利用。《深圳市防洪(潮)规划(修编)报告(2002~2020年)》系统考虑了全市防洪排涝整体布局,根据城市特点和不同功能分区,提出分段、分片、分区设防的编制原则,如特区内防洪标准达到100~200年一遇,特区外达到50~100年一遇等,实现了全市防洪规划统筹考虑,体现了实事求是、因地制宜的系统发展观,确保了规划的科学性和系统性。

5.坚持规划的协调性,实现水务事业健康有序发展

具体体现在两个方面,一是做到了水务专业规划与全市整体规划相协调。每编制一部规划都上报市规划委员会评审,由市政府批准执行,确保与城市总体规划相衔接,做到水务规划服从并服务于城市总体规划,完善并提升城市总体规划。例如,随着宝安、龙岗两区城市化进程的进一步加快,原有的村镇供水在不同程度上存在不相协调的地方,我局根据实际情况开展了《深圳市村镇供水2010年发展规划》的编制工作,并于2000年9月通过了市规划委员会的审查。该规划的制定和实施,对深圳市宝安、龙岗两区供水事业的高速发展起到了规范和指导作用。二是确保水务专业规划之间的相互协调。做到了水源与供水规划和水质发展规划相协调,河道治理、防洪和治污相协调,供水与节水齐推进,水源建设与水源保护并举。如新修编的《深圳市防洪潮规划》,综合考虑了水库防洪与供水协调、河道防洪、治污与水土保持和景观建设的相互协调,体现了水环境综合治理的思路,保障了水务事业的协调发展。

6.坚持规划的创新性,为水务发展注入不竭动力

创新是深圳的根、深圳的魂。深圳的发展得益于不断改革创新,水务工作也不例外。为了适应把深圳建设成为重要的区域性国际化城市这一总体目标的要求,全面提高城市供水水质,为市民提供健康安全的饮用水,提高深圳市综合竞争力,我局于2002年8月在全国率先组织开展了城市供水水质发展规划的编制工作,并于2004年5月通过评审,全市26家供水企业,都按照要求编制了所属供水区域的水质发展规划。按照《深圳市节约

用水条例》的规定,正在抓紧修编、完善《深圳市 2010 年节约用水规划》。

按照科学发展观的要求,深圳水务工作的重心转移到水生态环境的综合治理与保护上来。深圳市水污染治理规划,结合深圳的实际情况提出特区内以深圳河湾流域污染治理为重点,特区外以提高城市污水处理率为重点的治理思路;深圳市裸露山体缺口整治规划充分考虑到城市发展的整体特点,提出采取城市景观与生态建设相结合的方式,加快城市主干道边"秃头山"的治理,加大对现有采石取土场的管理力度,进一步推动水源保护林建设试点工作等,为全面改善城市的水生态环境质量奠定了规划基础。

(二)水务规划未来的发展

虽然在水务规划的编制和执行方面取得了一些成绩,也积累了一些经验,但与市委、市政府的要求相比,与其他城市和部门相比,还存在一些差距。下一步,将在认真贯彻落实全市规划工作会议精神的基础上,着力抓好以下三方面工作。

1.抓好《深圳市水务发展"十一五"规划》的编制和有关专项规划的修编工作

坚持以科学发展观为指导,创新治水思路,以保障城市防洪安全、供水安全和水生态环境安全为目标,统筹考虑水资源和水环境承载力难以为继的问题,为构建和谐深圳、效益深圳提供稳定坚实的水务支撑。

2.加强水务专业规划与城市总体规划的协调力度

积极、主动与市规划部门及相关部门沟通,使水务专业规划的内容更好地纳入城市总体规划,补充、完善城市总体规划,保障水务专业规划同城市总体规划的协调和一致。

3.加大水务规划宣传力度

在规划编制过程中,积极主动通过媒体、展览等多种途径向社会进行公示,广泛征求社会各界及市民对规划的意见和建议,以保障公众对规划的知情权和参与权;在规划审批后,加大力度,深入广泛宣传规划内容,增强公众对规划的理解及对规划实施的支持。

水务发展三个五年规划指导思想、
原则及总体目标比较研究[4-6]

2005～2020 年是我国国民经济快速转型发展的特殊时期,是深圳特区经济发展的辉煌时期,是深圳水务发展的关键阶段。这一时期跨越三个五年发展规划,其中"十一五"期间的 2009 年,国务院正式批复《珠江三角洲地区改革发展规划纲要(2008～2020)》,成为广东省首个国家层面的珠三角发展纲要;"十三五"期间的 2019 年,中共中央、国务院印发了《粤港澳大湾区发展规划纲要》和《关于支持深圳建设中国特色社会主义先行示范区的意见》,为深圳经济发展注入了新的活力,为深圳水务发展带来了新的机遇。

一、水务发展"十一五"规划

(一)指导思想

要牢固树立和落实科学发展观,坚持中央水利工作方针和可持续发展治水思路。围绕全面建设小康社会为目标,以满足经济社会发展需求和提高人民生活质量为出发点,以实现人与自然和谐为核心理念,以科学、民主、依法行政为基础。将"五个统筹"的发展要求与水务发展的实际相结合,全面规划、统筹兼顾、标本兼治、综合治理、讲求实效。兴利除害结合,开源节流并重,防洪抗旱并举,推进水资源的合理开发、优化配置,高效利用、全面节约、有效保护,推动水务的改革和发展,提升水务服务于经济社会发展的综合能力,强化政府对水的社会管理和公共服务职能,以水资源的可持续利用保障经济社会的可持续发展。

(二)基本原则

充分体现科学发展观和"五个统筹"的发展要求,贯彻落实新时期城市水务建设新理念,紧紧围绕实现深圳市经济社会的可持续发展、全面建设现代化的宏伟目标,认真研究城市化过程中对城市水务发展的要求,研究城市水务发展的模式、目标和重点,抓住水务发展的突出问题,因地制宜分类规划和制定措施;加强对水资源的需求管理,充分重视政府对水资源的社会管理和公共服务职能;加强城市防洪(潮)排涝减灾体系中薄弱环节的建设。以综合治水带动城市功能、生态、景观的改善,保障深圳经济社会的可持续发展。

(1)坚持以人为本的原则,着力解决好与人民切身利益密切相关的水务问题。

要重视调查研究,要从保障人民生命财产安全、提高人民群众生活水平和生活质量的实际要求出发,努力满足人民群众的防洪安全、供水安全、生态环境安全等方面的需求,把人民群众的根本利益作为城市水务发展的出发点和落脚点。

(2)坚持人与自然和谐的原则,促进经济与人口资源环境协调发展。

水资源开发利用要尊重自然规律和经济规律,科学规划,统筹兼顾,多方论证,慎重决策,充分考虑水资源承载能力和水环境承载能力,努力构建人与自然和谐的防洪减灾保障体系、水资源供给保障体系和水环境安全保障体系,以水资源可持续利用,保障经济社会的可持续发展。

(3)坚持水务经济与社会协调发展的原则,不断提升水务基础设施服务于经济社会发展的能力,努力拓宽水务的社会公共管理职能和领域。

统筹规划流域内各地区、各行业对水务发展的实际需求,使水务发展的目标速度、规模、水平与经济社会发展相适应。根据水资源承载能力和环境状况,合理配置水资源,对经济社会发展布局、结构和规模提出合理化建议,促进水务与经济社会的协调发展。同时,还要根据流域社会经济发展的要求,充分发挥水务的社会管理和公共服务职能,满足流域经济社会全面协调可持续发展的需求。

(4)坚持因地制宜、突出重点、统筹发展的原则,解决好水务发展中的突出问题。

对重点防洪保护区、蓄滞洪区、水资源短缺区域、水土流失和水污染重点防治区,制定具有针对性和切实可行的规划方案。

(5)坚持以改革促进发展的原则,通过体制改革和制度创新不断增强水务发展的内生动力。

按照《中华人民共和国水法》提出的水资源统一管理原则,深化水资源管理体制改革;按照政府宏观调控和市场配置相结合的原则,培育水市场,基本完成初始水权分配,实现水资源优化配置;探索以公益性为主的水务国有资产管理体制的改革,深化水管单位改革,加强水利投融资体制、水利建设管理体制、水价形成机制和水利工程产权制度等方面的改革,促进水务事业全面发展。

(三)发展目标与总体思路

"十一五"时期水务发展和改革的总体目标与思路是坚持用科学发展观统揽全局,以综合治水推动城市功能、生态和景观的改善,服务于深圳市建成重要区域性国际化城市的宏伟目标;始终坚持"建设效益水务、和谐水务、建设节水防污型社会"的宗旨,大力建设城市防洪与排涝安全体系、供水安全体系、水环境保护体系、水土保持与生态建设体系及服务型水务行政管理五大体系。

通过制度建设、工程建设和强化管理,全面提升水务服务经济社会的能力。统筹规划水务发展布局,加强水务基础设施建设,依法强化政府对涉水事务的统一管理;深化水务管理改革,努力解决深圳社会发展中面临的水资源短缺、水污染严重、洪涝灾害突出等影响城市发展的突出问题,基本实现防洪安全、水资源供给与高效利用、水环境修复改善、水务科技与信息化发展、水务管理现代化等五大目标,为深圳市社会经济可持续发展提供可靠的水务支撑和保障。

二、水务发展"十二五"规划

(一)指导思想

"十二五"时期是深圳新三十年开局谋篇的关键时期,深圳质量将作为全市加快转变经济发展方式、推动科学发展的核心理念。水务建设将瞄准"深圳质量"新标杆,以改善河流水生态环境、保障城市供水安全、提升防灾减灾应对处置能力为重点,科学治水、依法管水,为全面建设现代化国际化先进城市提供坚实的水务保障。

坚持以科学发展观为指导,以加快转变经济发展方式为主线,以特区一体化发展为契机,围绕建设现代化国际化先进城市总体目标,把严格水资源管理作为加快转变经济发展方式的战略举措,把水环境综合治理作为生态文明建设的重点任务,坚持民生优先、人水和谐、绿色低碳,全面加快水务薄弱环节建设,着力加强水环境综合整治、水资源保护、供水安全保障、防洪排涝减灾工程体系的建设和管理,不断强化水务的社会管理公共服务职能,率先实现水务现代化。

(二)基本原则

1.坚持科学发展,人水和谐

坚持可持续发展战略,科学制定发展规划。坚持人与自然和谐、人水和谐,合理开发利用水资源,维护河流健康需求,实现人口、资源、环境与经济社会协调发展。

2.坚持以人为本,服务民生

坚持以人为本,坚持民生优先,以解决人民群众最关心、最直接、最迫切的利益问题为重点,优先解决关系民生的问题,保障、改善和服务民生,实现共建共享,保障水务建设和改革的成果惠及全体人民群众。

3.坚持节约保护,绿色低碳

坚持节约保护,执行最严格水资源管理制度,加强总量控制、效率控制、纳污控制。坚持绿色低碳发展方向,发展循环经济,推进再生资源利用及环境生态建设,建设资源节约、环境友好型社会。

4.坚持统筹协调,重点突出

坚持统筹协调,整体规划。统筹考虑珠三角、深圳经济特区不同区域经济社会发展的特点和需求,构架一体化的水务基础设施体系,促进区域协调发展。坚持民生为先,重点突出水环境治理、供水安全保障与供水水质改善等涉及群众切身利益的水务保障工程,提高工程的社会效益和经济效益。

5.坚持改革创新,先行先试

坚持改革创新,推进水务投融资体制创新、水资源管理模式创新、水务工程建设体制创新,促进水务事业全面发展,构建体制健全、机制合理的水管理体系。坚持率先发展、加速发展和协调发展,在珠三角地区率先实现水务现代化,构建与国际化现代化城市相适应的现代水务综合保障体系。

(三)总体目标和任务

在"十一五"水务发展规划及建设的基础上,向"完善、提升、适度超前"的阶段转变,进一步完善水安全保障、水资源配置、水环境治理、水行政管理体系,实现"防汛安全可靠、供水水质优良、河流水环境友好、水务管理高效"的目标,总体上达到国内先进水平,满足国际化现代化先进城市要求。

具体任务为构筑安全优质的城市供水保障体系,保障水平显著提高;构筑和谐生态的城市水环境体系,水环境保护与水生态建设取得明显成效;构筑完备可靠的防洪(潮)体系,城市防洪减灾综合能力进一步提高;构筑高效集约的节约用水体系,水资源利用效率和效益大幅提高;构筑防治结合的水资源保护与水土保持体系,水土生态环境得到有效保护;构筑先进高效的现代水务管理体系,水务管理体制机制进一步理顺,行业能力建设进一步提高。

三、水务发展"十三五"规划

(一)指导思想

贯彻落实"节水优先、空间均衡、系统治理、两手发力"的治水思路,围绕深圳市现代化国际化创新型城市的建设目标,以"深圳质量、深圳标准"为引领,坚持创新、协调、绿色、开放、共享的发展理念,以体制机制与科技创新为驱动,以治水提质为抓手,以水务基础设施和生态网络建设为重点,以区域协作发展为保障,科学谋划水资源、水安全、水环境、水生态、水文化五水文章,系统解决水问题,满足人民群众对美丽深圳的新期待,为建成现代化国际化创新型城市提供坚实的水务支撑。

(二)基本原则

1.坚持以人为本,民生优生

坚持水务发展问政于民、问计于民、问需于民,把解决群众最关心、最直接、最现实的民生水务问题作为水务工作的优先领域。加快水务事业共享发展,保障水务建设和改革的成果惠及全体群众,推动水务基本公共服务均等化。

2.坚持人水和谐,绿色发展

遵循绿色发展理念,实施水生态文明建设。按照人口、资源、环境与经济社会协调发展的要求,根据水资源和水环境承载能力,实行水资源消耗总量和强度双控行动,强化水资源管理"三条红线"刚性约束;加快推进河流湖泊生态修复,科学推动河湖库海水系连通,实施水污染防治行动计划,促进人水和谐发展。

3.坚持系统治理,均衡协调

以流域为单元,统筹不同流域经济社会发展的特点和需求,统筹当前与长远,系统分析解决防洪排涝、水环境治理、供水安全等重大问题,加快完善水务基础设施建设。促进区域协调发展,增强人口经济与资源环境均衡发展意识,均衡地上与地下空间布局,优化特区内外资源配置与水务设施布局。

4.坚持改革创新,先行先试

以体制机制改革为重点,进一步深化水务改革,理顺政府与市场的关系。以点、线带面,以面带整体,在水务发展不同领域进行示范,不断延伸拓展,整体提升水务公共管理水平,形成具有时代特色的水务发展新格局。

5.坚持国际标准,深谋远划

充分学习、借鉴国内外先进技术和经验,结合深圳自身条件,对比国际标准,科学谋划水务发展目标、总体布局,高品位、高标准、全方位系统规划。

(三)发展目标

通过五年建设,围绕"红线、绿网、蓝湾"建设,实现水务基础设施从基本保障向国际化、品质化、一体化保障提升,水务管理从粗放式向规范化、精细化、智能化提升。全面建成防汛安全可靠、供水水质优良、河流环境友好、水务管理高效、与国际先进城市相匹配的现代水务综合保障体系,打造全国水生态文明示范城市。

构建"水质达标、环境优美"的水环境体系,"体系完备、安全可靠"的防洪减灾体系,"调配灵活、安全可靠"的水资源保障体系,构建"绿色低碳、高效集约"的节约用水体系,"绿色健康、环境友好"的水生态体系,构建"法治健全、机制顺畅"的水务管理等六大体系。

(四)发展理念

1.注重质量引领

把质量作为新常态下水务发展第一追求,把提升标准和打造品牌作为水务质量的基础支撑,高标准推进水务基础设施建设和管理。着力加强供给侧结构性改革,提高水务供给体系质量和效率,推动深圳市水务发展水平的整体跃升。

2.注重创新开放

把创新作为水务发展的不竭动力,通过工程设施建设创新、科技创新、智慧管理创新、水务管理体制机制创新,增强水务建设与管理的活力和竞争力。

3.注重均衡发展

加大原特区外水务基础设施建设和管理的财政扶持力度,加快特区内外水务建设管理一体化进程。积极开发地下空间,在重点区域新建地下雨洪调蓄设施、泵站、分洪隧洞工程等,进一步拓展城市防洪排涝等水务建设和发展的空间。

4.注重海绵城市建设

把生态文明建设放在水务建设和发展的突出位置,积极开展海绵城市建设。实施源头减排、过程控制、系统治理,切实提高城市防洪排涝能力。

5.注重区域协作

利用粤港澳大湾区、深莞惠和河源、汕尾"3+2"经济圈的快速发展契机,在跨流域调水、跨界河流水环境综合整治、污泥处理处置、洪涝灾害防治、水资源保护等方面,加快跨区域的基础设施建设和管理的合作。

6.注重两手发力

进一步扩大政府与社会资本合作范围,充分发挥市场在水务发展中的积极作用。降低市场准入门槛,积极推进水务基础设施建设的社会资本投入和市场化运营。

四、发展理念、原则和目标比较研究

对比分析水务发展三个五年规划的指导思想、规划原则及总体目标,可以总结回顾这一时期深圳水务所坚持的发展主线、原则和规划特点,为未来水务发展规划的制定和实施提供参考。

(一) 坚持以人为本

以人为本是科学发展观的核心,是马克思主义历史唯物论的基本原理,是我们党全心全意为人民服务根本宗旨的集中体现。水是生命之源、生态之基、生产之要。水务管理是城市管理的基础性工作,是维护社会稳定和可持续发展的公共产品,是社会经济发展的重要组成部分。为了满足人民群众对水服务的美好愿望,对标现代化国际化创新型城市,坚持把发展水务为了人民,发展水务依靠人民,水务发展成果要由人民共享作为每一个五年规划的思想主线,是水务事业发展的根本原则和前提。

三个水务发展"五年规划"均指出,要坚持以人为本、民生优先,着力解决好与人民群众切身利益密切相关的水务问题。要从保障人民生命财产安全、提高人民群众生活水平、生活质量的实际要求出发,科学规划和布局每一个五年水务发展规划的目标和任务,努力满足人民群众在防洪安全、供水安全和生态环境安全等方面的需求。要深入调查研究,问政于民、问计于民、问需于民,把人民群众最关心的民生水问题作为水务发展的优先领域。

关注不同区域、不同层次人民群众对水务服务的需求,推动水务基本公共服务均等化,保障水务建设和改革的成果惠及全体群众。

(二) 坚持和谐发展

人与水、与自然的和谐发展,是科学发展观和中国特色社会主义的基本特征。人与山水田林路草是一个生命共同体,人是共同体中最活跃、最积极的因素。人与水、与自然和谐发展,就是要求人类在遵循水的自然规律、保证基本生存所需水的前提下,科学改造自然,合理开发水资源,维系水生态平衡,防止水环境污染,从而实现人与水的良性互动,和谐统一。

水务发展三个五年规划一致强调,要坚持保护优先、绿色低碳的发展原则。水资源开发利用要尊重自然规律和经济规律,科学规划,统筹兼顾,多方论证,慎重决策,充分考虑水资源承载能力和水环境承载能力,实行水资源消耗总量和强度双控行动,强化水资源管理"三条红线"刚性约束;加快推进河流湖泊生态修复,科学推动河湖库海水系连通;实施水污染防治行动计划,维护河流生态健康;努力构建人与自然和谐的防洪减灾体系、水资源供给保障体系和水环境安全保障体系,以水资源可持续利用,促进人水和谐发展,保障经济社会的可持续发展。

(三) 坚持协调发展

协调发展是中央十六届三中全会决定提出的"五个统筹发展"的着眼点,旨在解决经济社会发展中出现的各种各样的矛盾和问题,使城乡、区域、经济社会、人与自然和国内发展与对外开放达到协调发展的状态。

深圳在"十一五"水务发展规划实施期间,中央政策将经济特区扩大到全市,特区内外水务发展一体化成为"十二五"规划制定和实施的重点。传统上,由于体制、管理、资金和环境方面的差异,造成特区内外水务发展具有明显的城乡二元结构特征。因此,"十二五"水务发展规划提出,围绕建设现代化国际化先进城市总体目标,把严格水资源管理作为加快转变经济发展方式的战略举措,把水环境综合治理作为生态文明建设的重要任务;坚持民生优先的原则,全面加快原特区外水务基础设施建设和发展,实行统一规划、统一标准、分级实施;着力加强水环境综合整治、水资源保护、供水安全保障、防洪排涝减灾工程体系的建设和管理,不断强化水务的社会管理公共服务职能,推动全市水务事业的均衡协调发展。

(四) 坚持改革创新

改革是深圳的根、深圳的魂。坚持改革创新,先行先试,是深圳经济发展的成功经验。实行水务管理体制本身就是深圳水务改革创新的成果。水务发展"十一五"规划提出,按照政府宏观调控和市场配置相结合的原则,深化水资源管理体制改革,实行水资源统一管理和优化配置;积极探索以公益性为主的水务国有资产管理,深化水管单位体制机制改革;加强水务投融资体制改革,探索社会资本进入水务基础设施建设领域的模式和机制。

水务发展"十二五"和"十三五"规划期间,《珠江三角洲地区改革发展规划纲要(2008~2020年)》《粤港澳大湾区发展规划纲要》和《关于支持深圳建设中国特色社会主义先行示范区的意见》发布,为深圳水务的改革发展带来了新的机遇。坚持率先发展、加速发展和协调发展,深入研究体制健全、机制合理的水管理体系;积极推进水务投融资体制创新、水资源管理模式创新和水务工程建设体制创新,整体提升水务管理的公共服务水平;积极探索初始水权分配、水价形成机制和水务工程产权制度等方面的改革,促进水管理改革深入发展;进一步理顺政府与水务市场的关系,全面开放水务市场,引进国家级科研院所、中央所属企业和上市大公司参与水务基础设施建设,全面推进流域水环境综合治理;坚持高起点规划、高标准建设、高质量管理,构建与国际化现代化城市相适应的现代水务综合保障体系,为早日实现水务现代化夯实发展基础。

(五) 坚持系统治理

"节水优先、空间均衡、系统治理、两手发力"是国家新时期的治水思路。其中系统治理立足以流域为单元,统筹不同流域经济社会发展的特点和需求,统筹当前与长远,统筹上下游、左右岸,统筹地上和地下空间布局,系统分析解决城市防洪排涝、水环境治理、供水安全等复杂水问题。

从水务发展"十一五"规划开始,强调统筹规划流域内各地区、各行业对水务发展的实际需求,使水务发展的目标、速度、规模和水平与经济社会发展相适应;根据流域水资源承载能力和环境状况,合理配置水资源,对经济社会发展布局、结构和规模提出合理化建议。水务发展"十三五"规划提出,根据深圳五大流域(深圳河流域、茅洲河流域、龙岗河流域、观澜河流域、坪山河流域)、四大水系(深圳河湾水系、珠江口水系、大鹏湾水系、大亚湾水系)的水文地域特征,按照四大片区(深圳河湾片区、珠江口片区、东江流域片区、东部海湾片区)进行系统的科学规划,全面加快各片区内水污染治理、水生态修复、水资源保护、水安全保障和水文化建设。

(六) 坚持深圳质量

2013年,深圳市委、市政府正式提出有质量的稳定增长、可持续的全面发展,开启了以"深圳质量"为目标的新发展模式。坚持质量第一,以质取胜,把有质量作为经济社会发展的根本取向,以质量引领发展,以质量提升核心竞争力;以更少的资源消耗、更低的环境成本,创造更多、更好的发展成果;准确把握深圳经济发展的阶段性特征,以科学合理的发展速度,实现更长时期、更高质量的稳定增长;牢固树立以人为本、尊重自然的理念,促进人与自然相和谐,经济社会发展与人口资源环境相协调。

水务发展"十二五"规划中强调,要大力改善和维护河流水生态环境质量、保障城市供水水质安全、提升防灾减灾应对处置能力,科学治水、依法管水,以推动"深圳质量"的发展方略在城市水务发展中得到全面实施。在水务发展"十三五"规划中,继续强调要注重质量引领,把质量作为新常态下水务发展第一要务,把提升标准和打造品牌作为水务质量的基础支撑。千年大计、质量第一,要高标准加强水务基础设施建设的质量管理,提高水务供给体系质量和效率,推动深圳市水务发展质量和水平整体跃升。

总结经验找差距，加强管理抓落实

——水务发展"十一五"规划实施三年(2008~2010)工作总结

2008~2010年，是深圳水务发展"十一五"规划实施的关键几年，按照部省水利主管部门对新时期水利工作的部署和要求，在市委、市政府的正确领导下，结合深圳水务实际，紧紧围绕防灾减灾、水资源保障、水污染治理三大中心任务，以科学发展观为指导，践行可持续发展的治水思路和人水和谐的治水理念，充分发挥水务规划计划工作的引领导向作用，有力促进了水务基础设施建设和社会管理职能的履行，保障了城市水务的持续健康发展。

一、水务规划计划三年工作简单回顾

(1)全面落实珠江三角洲地区改革发展规划纲要，不断完善水务规划体系。

近年来，珠江委、省水利厅根据珠江流域和全省经济社会发展的需要，在水资源分配、水环境治理和水生态建设等方面出台了一系列与深圳市水务发展相关的规划，如《广东省水资源综合规划》《广东省东江供水水源规划报告》和《珠江流域防洪潮规划》《珠江河口综合治理规划》等；目前正在编制或准备编制的规划有《广东省流域综合规划修编》《珠江流域规划报告修编》和《西江流域水资源开发利用战略研究》等；这些规划对指导深圳市的水务工作具有十分重要的意义。水务发展"十一五"规划实施以来，深圳市的水务管理职能不断完善，治水、管水的理念和方法正在发生根本性转变。为适应水务发展新形势、新任务的要求，我局在多个专项规划的基础上，整合归并为11个规划。如《深圳市水污染治理"十一五"规划》《深圳市水污染治理工程近期建设规划(2005~2010)》《防洪潮规划修编》《水资源综规划》《节约用水规划》和《水土保持和生态建设规划》等。

《珠江三角洲地区改革发展规划纲要(2008~2020年)》发布后，深圳市迅速制定了《深圳市贯彻落实〈珠江三角洲地区改革发展规划纲要(2008~2020年)〉工作方案》，重视加强珠三角各城市区域合作，强化资源节约和环境保护，建设人水和谐的水利工程体系。2009年2月，珠江东岸的深莞惠三市在深圳召开联席会议签订了《推进珠江口东岸地区紧密合作框架协议》；同年5月，广东省水利厅在广州召开了珠三角九市水利(水务)局长座谈会，研究推进珠三角水务一体化的具体措施。我局迅速组织学习贯彻改革发展规划纲要的精神，全面落实相关会议的部署及实施方案，不断完善水务发展规划体系。

(2)具体完成了以下几方面工作：

①全面开展了流域综合规划修编工作。根据水利部、省水利厅的部署和要求，深圳市成立了流域综合规划修编工作领导机构和项目组，编制了规划大纲，按时向省水利厅提交了阶段成果。目前该项工作进展顺利，报告书编制工作基本完成，已报省水利厅等待批复。

②基本完成了《深圳市水资源综合规划报告》的编制工作，开展了深圳市远期水资源开发利用对策研究。按照《珠江三角洲地区改革发展规划纲要(2008~2020年)》提出的

保障珠江三角洲及港澳地区供水安全的要求,根据《深圳市贯彻落实〈珠江三角洲地区改革发展规划纲要(2008~2020年)〉工作方案》,我局牵头开展了深圳远期水资源开发利用对策研究,从建立合理高效的水资源配置体系、安全可靠的供水保障体系和珠江三角洲水资源开发利用保护一体化等方面,提出深圳远期水资源开发利用和节约保护的风险管理策略及具体措施。

③完成了《深圳市水务发展"十一五"规划》中期评估工作。该项工作于2008年4月启动,经过编制工作大纲、调查研究、收集资料、评估研究、中间成果汇报和征求意见等阶段,于10月顺利完成评估报告的编写工作。根据评估结论,组织编制了《深圳市水务建设近期计划》,明确了2009~2010年我局应重点推进的重大建设项目。

④进行与规划有关的协调沟通工作。完成了《深圳市城市总体规划(2007~2020年)》中关于水量需求与分配、河流水质达标、防洪排涝治理等方面内容的协调沟通工作,配合支持了总体规划编制工作的顺利推进;起草了《珠江三角洲改革与发展规划纲要》中有关水务发展方面的建议,报告给上级主管部门;启动了《深圳市水务发展"十二五"规划》前期工作,确定水资源保障、水环境建设、城市防洪减灾三个方面为先期开展的专题研究;编制出台了《深圳市水务发展"十二五"规划工作方案》,成立相应组织机构,提出了规划编制的基本思路。

⑤推动出台水系蓝线规划。加强与市规划部门的协调工作,推动出台了控制线范围达258 km²的城市水系蓝线规划,占全市陆域面积的13.2%,明确了全市河道、水库、湖泊等城市地表水体管理和保护的范围。

⑥启动了深圳市中小河流治理的规划工作。配合市政府出台了《关于加强深圳市河流综合治理工作的意见》,明确了今后一段时期深圳市河流治理的总体目标、基本思路和保障措施。

(3)抓重点工程建设,全面落实深圳市应对金融危机的各项措施,超额完成年度投资计划管理工作。

深圳市经济结构对出口的依赖程度较大,自2007年开始的金融危机,从2008年初开始影响深圳市的经济发展,形势逐渐严峻。市委、市政府科学决策,提出以加大固定资产投资力度来保障经济持续增长,明确2008年度固定资产投资规模在2007年的基础上增加10%,2009年度固定资产投资规模在2008年的基础上增长13%。为此,水务固定资产投资规模也相应加大,根据市政府的考核目标,我局2009全年需完成固定资产投资21.3亿元,较2008年增长33%。

2008年深圳市全年计划完成水务固定资产投资51.6亿元。项目范围包括三大类:一是由市政府投资建设由我局(含水办)负责组织实施的项目,年度计划目标15亿元;二是由各区政府投资或由市政府投资、区政府实施的项目,年度计划目标16亿元;三是社会投资项目(包括BOT项目)年度计划20.6亿元。2008年水污染治理是重中之重,项目总投资34.5亿元,其中市水办完成9.9亿元,各区完成16.1亿元,社会投资完成8.5亿元(BOT项目完成1亿元)。

2008年列入我局年度工作计划的项目共计58项。其中在建项目(A类项目)28项,年内计划新开工项目(B、C类)30项,包括特区内布吉河、福田河、新洲河、大沙河上游段等 3 条河流生态化改造工程,铜锣径、松子坑、鹅颈等 3 座水库新扩建工程,龙茜泵站二期、宝安区四大片区排涝工程,14 座污水处理厂新建扩建工程以及南山、宝安老虎坑、龙岗上洋等 3 座污泥处理厂工程。上述 B、C 类项目力争年度完成投资 2 亿元到 3 亿元。

2009 年列入我局年度工作计划的项目共计 80 项。其中在建项目(A 类项目)43 项,前期项目(B、C 类)37 项。截至 2009 年 11 月底,由我局负责建设的基建项目已完成固定资产投资 19.8 亿元,预计 2009 年全年固定资产投资将超过 23 亿元。

二、三年规划计划管理工作的主要做法

为做好年度规划计划管理和前期工作,三年来重点抓了以下几方面工作:

(1)加强项目前期工作管理,加快工作进度,以最短的时间完成项目各阶段的前期工作,为项目实施创造条件。2008 年全年完成项目建议书、可行性研究报告及初步设计概算报审共 76 份,已获批复 50 份;完成前期工作转入施工或具备施工条件的项目 29 项。截至 2009 年 11 月底,全年完成项目建议书、可行性研究报告及初步设计概算报审共 67 份,已获批复 41 份,完成前期工作转入施工或具备施工条件的项目 16 项。目前,我局在建项目 63 项,总投资 161 亿元;前期项目 40 个,总投资估算 110.8 亿元。

(2)积极协调解决项目推进中存在的问题。重点解决水务项目在推进过程中存在的前期审批环节多、耗时长,建设用地难落实,雨季影响施工,材料、人工及机械价格上涨等因素对项目进展的影响。加强部门间的沟通,与市发展和改革委员会建立联席会议制度。加强信息收集整理、分析与报送,出刊了 12 期《水务建设月报》,对梳理出的重大问题积极上报市督查室、重大办和投资办。据不完全统计,2008 年度,市政府各部门累计协调我局在建项目中存在问题 49 个,其中大部分为征地拆迁问题。2009 年度,全年已累计上报协调我局项目推进中存在问题 81 个,其中涉及征地拆迁问题 65 个,其他报建手续及资金等问题 16 个。在市政府领导及各有关部门的大力支持和配合下,上述问题均基本得到圆满解决,为推进项目顺利进展创造了条件。

(3)根据项目进展及时做好计划管理,确保项目资金需求。2008 年,市发改部门要求根据项目的实际进度安排下达资金计划,以提高政府资金的使用效率。为适应该项资金管理制度改革的要求,我局细化项目进展计划,按月制定资金需求;根据项目实际进展情况,及时调整资金需求和计划安排。实行精细化的动态管理,保证了各项目的资金需求。全年完成政府投资超过 15 亿元,圆满完成年度投资计划任务,未发生任何因资金问题而影响工程进展的情况。

(4)加强协调,全力推进项目按计划或超额完成年度投资任务。2009 年,为继续加大固定资产投资力度,局主要领导亲自抓建设项目管理,针对存在问题及时召开了 10 余次协调会,局综合计划处专门组织各建设单位倒排工期、落实责任,按月制订项目完成投资计划,并由局纪委、局督办室、局综合计划处作为局主要工作予以督办落实。2009 年我局新开工项目 22 个,完成政府基建项目投资突破 23 亿元,超额完成市政府的考核目标。

三、规划计划管理中存在的主要问题

尽管深圳市已经建立了较为完善的水务规划计划管理体系,但随着形势的变化,原有

规划内容与实际情况有了较大变化,出现了不少问题,影响到规划的严肃性及实施效果。

(一) 规划管理方面

(1)规划编制缺乏科学性和系统性。目前虽已编制多项专项或专题规划,但同水务发展五年规划相比,在系统、层次和功能等方面均存在不一致甚至相悖的问题;各专项或专题规划之间,也存在指导思想与发展策略方面的不一致,存在内容交叉和重复等问题。近三年来,由深圳市水务局内部各部门根据自身的理解和需要进行委托编制的专项规划就达28项之多。因此,迫切需要根据水务发展五年规划和全市经济社会发展总体规划要求,对现有的专项或专题规划进行整合,编制出符合总体规划发展思路、发展策略的系列规划,指导全市水务工作。

(2)规划的权威性不够。目前编制的规划大部分仅停留在内部评审通过,未上报或尚未得到市规划委员会及市政府的批准,法律地位不足,在执行过程中缺乏权威性。

(3)部分规划可操作性不强,实施效果不理想。由于经济社会发展面临的外部条件变化较快,规划覆盖的时间跨度一般较长,边界条件变化常常超过预期,造成规划无法操作或实施的效果不好。部分规划由于编制深度不够,缺乏与相关部门必要的协调与沟通;由于政府管理部门之间存在职能交叉,多个部门同时编制涉水规划,缺乏及时协商与交流;各自的侧重点不同,规划的思路和引用的基础资料不同,规划的成果各有差异,导致水务规划的实施性不强。

(4)专项规划的规划水平年与上位规划衔接不够。目前已完成的水务专项规划大部以2020年为远期规划水平年,而现行多个上位规划,如珠江水利委员会的《珠江流域综合规划修编》、广东省水利厅的《东江流域综合规划修编》和深圳市的《深圳2030城市发展战略》等,已将规划水平年设定为2030年。

(5)规划宣传及公众参与力度不够。目前已编制的规划大部分仅在水务系统内部完成,未向社会公开征求意见或公示,公众在规划编制过程中的参与度不高;未能充分发挥广播、电视、报纸、网络等相关媒体的宣传作用,未能及时有效地引导公众积极参与和支持水务规划的编制,使规划的社会效应未能得到充分发挥。

(二) 前期工作方面

(1)项目前期审批环节多,影响工作进展。以污水处理厂建设为例,必须经过18项审批、4次招标与投标和6次专家评审等程序才能完成前期程序化的准备工作。一些互为前提条件的审批以及行政审批外的各种审查和公示环节,严重制约工作进度。

(2)征地拆迁十分困难,不能满足工程建设的需要。随着深圳城市化进程的加快,土地资源越来越紧缺,监管越来越严,给项目征地拆迁工作带来了严重困难,目前几乎没有一个项目没有遇到征地拆迁难的问题。如公明供水调蓄工程、洞子水库和东冲水库建设,大沙河上游综合整治,北线引水和东部二期工程,重要饮用水源水库一级水源保护区隔离围网工程等,均遇到此问题。个别项目涉及与周边兄弟市的协调,难度更大。

尽管市领导高度重视,专门研究解决措施,提出限期完成目标,并将其纳入政府的考核督办体系;各区和街道办负责征地拆迁的部门做了大量工作,项目业主也将主要精力放在处理征地拆迁问题上。但由于各方面的利益关系错综复杂,常常不能保证按时完成工程用地征用并移交,严重影响项目按计划推进。

(3)汛期影响施工进度。水务工程多在江河湖泊中进行,进入汛期以后,台风和降雨往往给现场施工带来严重影响。按月统计的工程进度表明,入汛后绝大部分项目一般都不能按月完成计划任务。

(4)部分项目进度款支付不及时。按合同支付的工程进度款与实际完成的工程形象进度不匹配;个别项目招标与投标遇到问题,时间会拉得过长,影响项目进展。

四、下一步工作思路及计划安排

2009年深圳市将迎来水务建设的高峰期,由我局管理的在建项目将超过70个,总投资达130亿元。全年计划开展前期工作的项目有37项,力争年内开工建设20项。年度计划完成市级政府投资20亿元,力争30亿元;全市力争完成水务投资70亿元。2010年是水务发展"十一五"规划实施的收官之年,也将是深圳市水务建设的攻坚年。全年我局管理的在建项目将超过60个,总投资147亿元。全年计划开展前期工作的项目31项,力争年内开工建设15项,年度计划完成市级政府投资25亿元。

(一)下一步工作计划

下一步,首先要对照水务发展"十一五"规划中期评估的结论,做好规划实施的后期管理工作。完成全市流域综合规划的修编工作,争取全面开展中小河流治理规划及清洁小流域建设规划。加大水务固定资产投资力度,协调各部门和各单位做好工程项目计划安排,及时完成项目前期及招标投标等工作;加快征地拆迁进度,确保规划确定的各项工作任务按计划完成,对照水务发展"十一五"规划的各项指标,积极做好资料的收集、统计和分析工作,为及时开展"十一五"规划实施情况的评估工作打好基础。安排好工作计划,积极开展调研、征求意见和专题研究等,为全面开展水务发展"十二五"规划的编制工作做好准备。

(二)具体保障措施

为顺利推进下一步工作计划,准备采取以下保障措施:

(1)强化责任,抓好落实。把责任落实到具体工作的每个环节、每个步骤、每个岗位,使人人有任务,个个有压力。重点解决项目在程序审批、征地拆迁、进度管理、投资管理、质量监督和安全监管等方面存在的问题,确保项目按计划推进。

(2)强化督办,抓好协调。对所有在建项目按月制订进度计划,重点工程特别是水污染治理项目实行"半月一协调""一月一督办"。对项目进展按月进行检查考核,每季度通报一次。局主要领导每季度至少听取一次项目进展情况汇报。对区级政府承担的污水配套管网建设等项目,抽调专人成立督察小组,全力协助推进。

(3)规范管理,抓好前期工作。严格执行《水务工程前期工作管理办法》,抓好前期工作质量,对工作的每个环节严格把关,尽量避免因设计变更过多而影响工程投资超概算、招标投标流标等影响工程进展的情况发生。

(4)强化主动意识,及时发现问题及时解决。对项目计划管理中发现的问题,不等不靠,积极寻求解决问题的办法,及时协调沟通解决,对难点问题及时提请市政府协调解决。

（5）强化超前意识。要求每个工程参建单位要有超前意识,合理安排工期,加强施工管理,优化施工组织,对可能出现的问题早预见、早准备,对每一阶段的难点问题提前介入、尽早解决,保证每项工程的建设顺利进行。

水务发展专项资金管理的实践与认识

2008年1月,深圳市人民政府正式印发了《深圳市水务发展专项资金管理暂行办法》(深府[2008]20号),以下简称《专项资金管理办法》。《专项资金管理办法》的出台,不仅增加了水务发展专项资金的投资来源,拓宽了专项资金的使用范围,提高了财政性资金的使用效益,而且对促进专项资金管理工作走向规范化、科学化和法制化,保障水务行政管理职能切实履行、保障城市水安全和促进水务事业健康发展,均具有十分重要的意义。

一、深圳市水务发展专项资金设立的背景

深圳从2004年开始启动《专项资金管理办法》的拟订工作,当时的主要出发点有两个:一是水利建设基金到2010年征收期满,迫切需要开辟新的资金渠道,以确保水务工程建设和维修维护、运行管理有稳定资金来源。二是《深圳市水利建设基金筹集和使用管理办法》出台于1998年,而国家分别在1999年、2002年出台了《中华人民共和国招标投标法》和《中华人民共和国政府采购法》,2003年财政部推动国库集中支付改革,2004年深圳全面实现涉水事务一体化管理,无论是资金使用申请程序还是使用范围、资金拨付要求等都发生了较大变化,迫切需要制定新的办法,规范专项资金的管理。

（1）适应水务事业快速发展的需要。近年来,在市委、市政府的高度重视下,水务系统全体干部职工积极贯彻水利部新的治水思路,开拓创新,锐意进取,水务社会管理能力不断增强,水务基础设施建设步伐不断加快,水务方面的投资逐年增加。2008全社会对水务的投入达到25.7亿元,其中深圳市水务局系统完成16亿元,分别比2007年增长了35%、105%。2008年全市共下达专项资金项目210个、资金计划3.48亿元,已完成河道整治27.9 km,清淤27.52万 m^3 ,建设排涝泵站1座,消除内涝面积20余 km^2 。其中第一批专项资金安排的117个项目(含7个市发改委立项项目)已完成108个,项目完成率达到92%,为历年专项资金运作最规范、实施最快、效益最高的一批,最大程度地保证了专项资金使用的效益,受到基层群众的高度赞扬。

同乐河上游干流段清淤工程的实施,使该片区在2008年“6·13”等特大暴雨中安然无恙,龙岗街道办同乐社区居委会专门给市水务局赠送了一面锦旗,上写“大兴水利、利在千秋”;南澳老街内涝整治工程的实施,使得该片区多年未解决的内涝问题得以解决,一位村里的老太太激动地对工作人员说“感谢政府,感谢政府,现在我再也不担心下雨了”。

随着社会经济的持续快速发展、城市化进程的加快和人民生活水平的不断提高,深圳

市水资源短缺、洪涝灾害频发、水环境恶化等问题日显突出。据水务发展"十一五"规划预测,在水源供给方面,近期到2010年存在1亿 m^3 左右的缺口,远期到2020年缺口将达到6亿 m^3 左右;在防洪排涝和水环境方面,全市中小河流总长999 km,已完成初期整治的河段和达标堤段仅分别占河流总长的55%、23.6%,且70%的河道存在不同程度的污染,流经城区的主干河流普遍发黑发臭。围绕解决上述问题,仅"十一五"期间市级财政共需投入200亿元,其中防洪排涝58亿元、治污与水环境保护86亿元、水源工程与水资源保护56亿元。这些投资按计划完成并移交使用后,工程的运行维护、修缮又是一笔巨大的经常性开支。如果仅仅依靠行政预算及水利基金予以安排,将面临巨大的资金缺口。

(2)适应国家投资、财政体制改革的需要。近年来,国家投资、财政体制改革力度很大,国家发展和改革委员会、财政部先后出台了涉及投资计划管理、部门预算管理、国库集中支付、政府采购等相关规定、办法和意见。依据国家政策而设立的水利建设基金已成立运作多年,审计部门在对其进行绩效审计时,发现水利基金在资金使用的有效性方面存在不少问题。迫切需要依据现行法律、法规及政策的要求制定新的管理办法,规范财政性资金的使用和管理。因此,《专项资金管理办法》重新界定了专项资金的组成、管理和使用范围,明确了项目申报和审批程序,细化了专项资金使用管理、监督检查方面的要求,使规范管理贯穿于专项资金管理的每一个环节。

(3)拓宽水务投资渠道的需要。2003年底以前,深圳市水利基金规模约为每年1.88亿元,其中水利建设基金1.5亿元,小型农田水利及水土保持经费3 800万元。鉴于水利专项基金在水务基础设施建设和管理中的重要支撑作用,必须考虑水利基金停征以后如何保证水务设施日常维护、水毁工程修复等具有稳定的投资来源;考虑到城市化水务基础设施的不断发展,应扩大资金规模,以满足其维修维护的要求;同时考虑到水利基金作为政府财政性资金,应将其行业的同类资金进行合并,以便于统一管理。

①将现有的水利行政事业性收费全部整合并入专项资金。

②实施以水养水战略。围绕建立水务良性循环发展机制,大力实施"以水养水"战略,以"原水供应网络"为纽带,全市市属水管单位水费等收入全部纳入市财政预算、实行收支两条线管理,其水费结余划入专项资金。

③积极推动堤围防护费的开征。深圳市是广东省21个地级及以上城市中唯一未开征堤围费的城市,按照省定标准的最低限进行测算,预计每年堤围费可征收5亿元左右,基本可以弥补水利基金停征以后留下的资金缺口。经历四年的不懈努力,随着2007年11月《深圳市堤围防护费征收管理办法》以及2008年1月《专项资金管理办法》的出台,标志着深圳市水务专项资金管理进入了新的阶段。

(4)加强专项资金使用效益及安全的需要。从1998年至2007年,深圳市已累计安排水利专项资金20.52亿元,其中,水利建设基金16.17亿元,小型农田水利及水土保持经费4.35亿元,共涉及104个项目。总体上,这些项目为促进水务事业的发展发挥了应有效益,特别是至今尚未发现有违法违规使用专项资金的情况,资金运行的安全性得到充分保证。但在资金的有效性方面,却存在不少问题,如部分项目执行滞后,计划完成情况不理想,资金有沉淀,计划下达满两年的项目执行率仅为69%;部分项目安排不合理,不符合现行水利建设基金的使用范围,部分项目资金没有按照计划规定的用途使用等。

2003~2006 年,深圳市累计安排专项资金 4.0 亿多元,到 2006 年底,拨付资金 2.6 亿多元,累计完成比例仅为 65.51%。为此,《专项资金管理办法》明确了从编制收支计划、项目申报审批、下达资金计划、签订资金使用合同、项目开工建设、跟踪检查到绩效评价等一系列流程,为提高专项资金的使用效益提供了制度保障。

因此,需要进一步提高认识,增强专项资金管理的紧迫感、责任感,把管好、用好资金作为当前计划财务工作的重中之重,从源头上、根本上采取有力措施,在方案设计、预算编制、资金运行、检查验收等关键环节实行全过程监督与管理,把确保资金安全运行贯穿于项目实施的始终,为顺利实现"十一五"水务发展目标提供有力支撑。

二、《专项资金管理办法》的特点

与 1998 年 8 月出台的《深圳市水利建设基金筹集和使用管理办法》(全文仅 14 条)相比,《专项资金管理办法》全文共七章 30 条,不仅在内容上更加全面、丰富,还具有以下三个显著特点:

(1)专项资金的使用渠道明显拓宽。《专项资金管理办法》出台以后,资金的规模明显扩大,专项资金在原有水利建设基金、小型农田水利及水土保持经费的基础上,增加了用水超定额、超计划用水分级累进加价收费、堤围防护费及水管单位水费收支结余三个来源。2007 年以前,专项资金的规模在 2 亿元左右,而在 2008 年,即使由于遭遇全球性的经济危机,堤围防护费仅按原费率的 20% 征收,专项资金的规模仍然接近 4 亿元。如果今后堤围防护费征收标准或原水水价提高,专项资金规模还有扩大的空间。不仅确保了水务工程建设和维修维护、运行管理有稳定资金来源,也为促进水务事业全面、健康、持续发展提供资金保障。

(2)专项资金的使用范围更加宽泛。《专项资金管理办法》规定,按照项目性质划分,专项资金主要用于以公益性为主的水务工程建设、修缮、运行管理维护、非工程措施及新技术推广与试验、示范项目;按照项目类别划分,专项资金不仅可以用于防洪防旱、水资源配置与综合利用项目,也可以用于水环境保护与改善以及水务能力建设。与原有的水利基金相比,使用范围明显扩大。

(3)专项资金的使用程序更加严格。《专项资金管理办法》明确,从项目申报审批、下达资金计划、项目开工建设、跟踪检查、竣工验收、结算审计到绩效评价共计 17 个环节,其中与项目申请单位相关的环节 10 个。《专项资金管理办法》最突出的特点是明确了专项资金项目实行专家评审制度,通过专家评审的项目才能进入项目库,计划安排必须从项目库遴选。项目计划下达之前,需在媒体对社会公示 5 个工作日。项目验收之后,尚需进行结算审计,属于固定资产的要办理固定资产登记手续等。项目绩效评价是专项资金管理的创新点,每个项目从计划开始,就要设定好可能产生的效益。以防洪排涝项目为例,项目实施可解决多大范围的内涝,多少人口、多大经济规模的企业受益等,项目实施后要进行核查评估。整个办法体现了以"专家评审、社会公示、科学决策、绩效评价"为主线的先进管理理念,为提高专项资金的使用效益提供了制度保障。

三、《专项资金管理办法》实施的措施与成效

自 2008 年《专项资金管理办法》实施以来，我们在专项资金管理工作方面可以说经历了一个痛苦的磨合期，不仅要继续推进 2007 年底以前安排的项目，处理大量的历史遗留问题，还要适应新的管理要求，边学习、边实施、边完善、边总结提高，付出了很多，取得了初步成效。2006 年专项资金重点支持了光明新区的内涝整治，在 2007 年"5·23""5·24"超 10 年一遇的暴雨袭击中，光明新区累计降雨超 290 mm，但仅有局部街区有短时积水，没有发生大面积水淹，说明专项资金项目发挥了应有作用。

同时，按照市水务局同财政局共同商定的，按照《专项资金管理办法》的要求，制定专项资金管理流程，建立框架性制度，及时启动了专项资金计划安排工作。主要采取了以下措施：

(1)完善了管理制度。按照"专家评审、社会公示、科学决策、绩效评价"的原则，市水务局与财政局共同制定了《2008 年专项资金项目申报指南》《专项资金项目评审管理工作细则》和《专项资金使用合同》。拟定了项目申报书编制规范、专家评审工作制度及专家库管理细则和绩效评价管理原则等，明确了各专项资金管理环节的操作程序及要求，加强了专项资金管理的规范化和科学性。

(2)强化了便捷服务。开发并完善了专项资金申报管理信息系统，资金申请单位在完成项目前期工作后即可进行网上申报。一年 365 d，每天 24 h，随时随地(凡是有网络的地方)均可申报，极大地方便了项目单位的申报工作。深圳市水务局常年受理项目申报，并在每季度初组织专家对上一季度申报项目进行集中评审。资金计划上下半年各安排一次。

2008 年，深圳先后遭遇"6·13"超百年一遇洪水及"黑格比"超百年一遇的台风暴雨袭击，全市河道、海堤等损毁严重。为应对其突发的自然灾害，市政府决定组织实施 133 项应急工程。在市财政局的大力支持下，于当年 8 月下达了该年度第一批水务发展专项资金安排计划(共 110 个项目，金额 1.68 亿元)。第二批共受理项目申报 131 个，总投资 2.4 亿元。经评审入库项目 120 个，总投资 1.83 亿元，并于当年安排项目 60 个，资金计划近 1 亿元。优先满足了抗旱保供水、内涝整治、水毁工程修复等应急项目对资金的需求。

(3)严格了项目遴选。对于投资超过 100 万元、形成固定资产的项目，严格按照基建程序向市发改局申请立项。2008 年经发改局立项项目 15 个，总投资 5 447 万元。其他工程修缮类、运行维护类项目申报方案也基本达到了初步设计的深度和概算的要求等。同时，申请专项资金项目必须经专家评审、概算审核以后才能进入项目库，2006 年共对 120 个项目进行概算审核。经专家认真评审，共否决概算不合格项目 11 个，优化项目方案 99 个，为保证专项资金项目质量发挥了关键性作用。

(4)突出了支持重点。在统筹计划的前提下，优先安排保供水、内涝整治、防洪抢险、河道治理、生态保护等民生方面的项目资金。2008 年防洪排涝和抗旱保供水项目的资金安排占总资金计划的 86.3%。

(5)培训了管理人员。分别于 2007 年底及 2008 年 6 月初组织全市水务系统从事专项资金管理的基层领导、工作人员近 120 人专门进行培训，明确专项资金项目申报要求。

通过近5个月的前期准备,到2008年6月,水务专项资金的计划安排已基本具备按新的要求规范进行的条件。

(6)实施项目动态管理。经市财政局同意,已将专项资金项目管理按事务性工作进行分类,通过单一来源谈判方式委托企业承担。以充分利用企业覆盖全市的工作网络,建立项目管理信息系统和信息收集、反馈机制,使每个项目有专人抓、专人管。每季度检查一次专项资金项目进展情况并积极及时进行通报,重点跟踪监管项目是否按规定招标投标、是否及时开工建设、是否按规范要求施工、资金是否专款专用等情况,保证项目资金发挥了应有效益。

(7)保障了资金安全高效。凡是专项资金安排项目,必须首先按程序进行申报,经专家评审、概算审核合格进入项目库以后,才具备资金安排条件。项目计划下达后,由深圳市水务局与项目申请单位签订资金使用合同,资金拨付实行国库集中支付,首先保证了资金的安全。项目完工后会同市财政部门组织结算审计和绩效评价,作为下一阶段项目申报的重要依据;对于计划下达满两年尚未动工或不再使用资金的项目,其资金计划全部予以收回并滚入资金总盘子重新安排使用。经过对2004~2006年底实施国库集中支付的项目进行清理,共清理出项目207个,收回资金计划6 689万元,有效提高了专项资金的使用效益。

四、专项资金管理中存在的问题

我们应当清醒地认识到,水务发展专项资金管理工作虽然取得了一些成绩,积累了一些经验,但依然存在一些薄弱环节和亟待解决的问题,主要有:

(1)专项资金管理制度尚需进一步完善。我们只是按照专项资金管理的基本要求,建立了管理制度的基本框架,一些细化的内容和条款尚需加快出台实施细则予以明确。

(2)基层领导对专项资金管理的认识有待进一步提高。部分基层领导对专项资金管理的认识尚停留在水利基金年代,不知道水务发展专项资金项目可常年随时申报、项目每季度评审一次、资金每半年安排一次。对于汛期发现的问题不能及时开展前期工作,一到第二年汛前三防检查就急忙要求报应急项目,或者是领导一到现场就叫苦,希望领导现场拍板定项目。

(3)项目申报资料不符合要求。有的项目只有图纸、没有设计报告书;有的只有项目建议书、没有达到初步设计深度;部分项目未委托具有相应资质的单位进行设计等。

(4)对辖区各街道开展前期工作缺乏统筹。没有依据区财政年度预算安排及区级水利建设资金规模确定年度水务项目建设计划,明确哪些是向市里报、哪些是向区里报。导致项目申报各自为战,既缺乏统筹、也缺乏重点,难以体现项目安排的轻重缓急。影响项目申报的成功率和突出重点。

(5)项目配套资金未落实。经市审计局延伸审计,项目配套资金的到位率仅为17%,反映按专项资金管理办法要求的相应配套资金没有落实,削弱了市级专项资金对区、街政府资金投入的引导和拉动作用。

(6)项目审计结算问题突出。从1998年到现在,深圳市水利基金项目尚无一批是画上圆满句号的。项目已完成、但尚未审计结算的项目达303个,涉及资金7.4亿元,严重影响项目的绩效管理。造成项目审计结算不及时的原因大致分为三类：一是项目管理机构人员变动过于频繁，造成工作不连续；二是项目由类似村委会、股份公司等组织实施，由于对审计结算不够重视或不熟悉，工程完工后未及时办理结算手续，导致资料丢失而无法审计；三是专项资金审计责任主体不清晰，市、区审计机构都不予受理，或各区对审计工作有专门规定。

对上述问题，要高度重视，切实采取措施，认真加以解决。

五、进一步提升专项资金管理水平的几点思考

资金管理工作，直接关系到水务发展的大局，关系到整个水务行业的形象，关系到人民群众的根本利益。没有资金、寸步难行。但有了资金却不能管好、用好，行业形象受损，最终水务工作受影响。重新谋划项目、再申请资金就会耽误时间、浪费资源。现在遇到全球性金融危机，部分企业经营发展困难，若堤围防护费的征收受到影响，则水务发展专项资金收入势必减少，正常运作将遇到困难。因此，对专项资金管理工作存在的问题，必须高度重视，采取切实措施，认真加以解决。

（1）加快制定细则，建立覆盖全过程管理的制度体系。目前，深圳市水务局正在与市财政局抓紧制定《水务发展专项资金管理暂行办法》的实施细则，明确专项资金管理操作的细节问题。特别是对于应急项目及抢险救灾项目，有关认定程序及工程实施要特别予以规定。特事可以特办，对于应急及抢险救灾项目可以加快审批、加快下达资金计划，程序可以简化，但手续一定要完善。同时，《水务专项资金项目申报编制规范》《水务发展专项资金绩效评价管理办法》已列入深圳市水务局标准化工作考核任务，2008年年内既定出台，从而建立覆盖项目全过程管理的制度体系。

（2）加大培训力度，提高项目申报质量与数量。通过举办各类业务会议及办培训班，要让水务系统基层的领导充分认识到不做好项目前期工作就不能申报项目，不进行项目申报就不能安排资金；对于已下达资金计划的项目必须抓紧实施，并实行动态管理；凡是计划下达满两年而尚未动工的项目，其资金计划予以收回。此外，要充分调动各区水务部门的积极性，今后区属单位申报的项目一律先经各区水务部门初审合格后，再报市水务局审核。各单位要结合年度工作计划、本级水利基金规模及年度专项资金项目申报指南，加大前期工作力度，加强项目储备。

（3）加强监督管理，努力建设水务精品工程。资金计划下达以后，项目的绩效如何，关键在于项目能否抓紧实施、能否保证按质按量地完成。深圳市水务局应充分利用所委托企业遍布全市的管理网络平台，每季度对专项资金项目进行跟踪检查一次，将项目是否按规定招标投标、是否及时开工建设、是否按规范要求施工、资金是否专款专用等，全部纳入监管范围。简化专项资金支付程序，推进项目进度款直接支付。将专项资金项目进度统计与进度款拨付挂钩，不报进度就不能拨款。根据每季度的检查结果，发出督办通报，督促各项目承担单位高标准、严要求抓好工程建设，千方百计打造精品工程，使专项资金项目虽然规模小、资金量不大，但处处体现高标准、高质量、高品位的管理要求。

（4）抓紧结算审计，提高专项资金使用效益。2009年应重点推进1998年以来已竣工、但尚未审计结算的303项专项资金项目的审计结算工作。进一步理清项目未结算审

计的原因,明确责任主体,由市或区审计机构审计,或授权由深圳市水务局委托中介机构进行审计结算。对历史遗留问题,采取尊重历史、灵活处理的方式,积极与审计部门沟通,争取对 2004 年底以前下达的项目适当放宽结算审计的前置条件,对 2005 年以后下达的项目则严格按照现行规定执行,力争在一年内完成历史遗留项目的审计结算工作。

(5)重视档案管理,保障项目经得住审计与检查。按照水利部《水利工程建设项目档案管理规定》的要求加强档案管理,即专项资金项目建设前期就应进行文件材料的收集和整理工作;在签订有关合同、协议时,应对工程档案的收集、整理、移交提出明确要求;检查工程进度与施工质量时,要同时检查工程档案的收集、整理情况;在进行项目成果评审、鉴定和工程重要阶段验收及竣工验收时,要同时审查、验收工程档案的内容与质量,并做出相应的鉴定评语,确保一个项目有一套完整的档案管理资料。通过加强档案管理,进一步保障项目经得起审计及各方面的检查。

六、结语

资金管理工作,直接关系到水务建设的大局,关系到整个水务行业的形象,关系到人民群众的根本利益。将各种涉水事务的财政性资金进行整合,设立水务发展专项资金,确保水务工程建设和维修维护、运行管理有连续稳定的资金来源,拓宽了水务行业履行职能的资金渠道,是城市水务管理工作的创新。颁布《水务发展专项资金管理办法》,进一步规范了政府财政性资金使用的管理,保证了资金使用的安全和高效,为建立"以水养水"的良性循环发展机制奠定了基础。

未来我们应当继续牢固树立一种责任性,存留一份功德心。加强学习,尽职尽责,强化管理,坚决依照《专项资金管理办法》,管好、用好来之不易的专项资金。要让花钱的人顺心,监督的人放心,更让纳税人、老百姓感到满意、得到实惠,为深圳水务事业的可持续发展做出贡献。

第三章　建设项目管理

做好项目前期工作管理,推动水务工程建设顺利开展[12]

一、前期工作的定义、内容及特点

前期工作是工程建设项目前期准备阶段一系列工作的总称,非常基础也非常必要,特别对从事公共基础设施建设管理的政府相关部门来讲,更加重要。2002 年,国家建设部颁布了《关于发布国家标准〈建设工程项目管理规范〉的通知》,正式开始了从国家层面推广项目管理,前期工作作为项目管理的首要工作正式提出并逐步得到加强。

具体来讲,前期工作是指建设项目在开工之前,项目业主围绕行政主管部门审批的相关行政许可事项要求,有针对性地开展的一系列工作。前期工作一般分为两类:一是准技术性工作,包括项目立项、选址、用地预审、环境影响评价、水土保持、林地占用、土地征用等需报相关行政主管批复或核准工作;二是技术性工作,包括编制项目建议书、可行性研究报告、初步设计及施工图设计等,需报政府投资管理部门批准的工作。

项目建设前期工作是一项系统而又复杂的工作,涉及政府多个职能部门,如发展和改革委、规划和国土资源委、环保局、水务(利)局、建设局、林业局、安监局、消防支队等,涉及国家和地方省市的多项法律法规和技术规范标准,涉及从事规划设计的水务(利)专业部门以及从事监理、环评、水保、林地调查、安全监管等相关咨询单位。近年来,工程建设项目的全过程咨询及全生命周期管理正在成为前期工作管理的创新手段。同时,建设项目前期工作是一项多学科、多专业、多工种的工作,需要多方面的人才和专家参与。一个项目从规划到实施,政府投资主管部门如发展和改革委的立项工作,在建设项目前期工作中起到承前启后的作用,是最为关键的环节之一。

二、前期工作的意义

前期工作在项目建设管理中是提高项目建设效率、推动项目实施的重要保障,是全面履行国家关于基本建设程序的基本要求,是落实国家资金投向和产业政策的具体体现,是投资决策的重要依据,是控制投资的有效手段,是保障建设项目工程质量的基础工作,是贯彻绿色发展理念的重要环节。

前期工作是建设项目投融资决策的依据。项目业主作为建设项目的投融资主体,必然承担与项目投融资决策相应的投资风险。要降低或避免项目投资风险,就必须在项目建议提出后和实施前,充分研究论证国家的宏观经济形势、国民经济发展需求、行业或区域发展需求和特点,以及客观资源环境、生产力布局和国家产业政策法规等诸方面约束,以期使建设项目的具体设想满足客观需求和生产实际,预先做好投融资方面的风险把控,将因决策失误而导致经济损失和资源浪费的风险降到最小,而将项目的投资效益发挥到最大。

前期工作决定项目的社会效益和经济效益,经济评价是项目前期工作的关键环节和重要内容。一个经济评价优秀的建设项目,不仅收到良好的社会效益和企业效益,还可以拓展良好的投融资渠道。建设项目的投融资经济评估资料显示"项目前期工作对项目投资的影响程度为70%~90%,计划和设计阶段对项目投资的影响程度为60%~70%,项目施工阶段对投资的影响程度还不足40%。一般前期工作经费只占项目总费用的1‰~2‰,而正是这1‰~2‰的费用几乎决定了建设项目全部的效益"。因此,在前期工作中做好项目经济评价,对加强投资的宏观调控,提高投资的科学化,引导和促进资源的合理配置,优化投资结构,减少和规避投资风险,充分发挥投资效益具有十分重要的作用。

前期工作直接影响工程项目的建设周期。前期工作不仅决定项目建设的科学性和投资的合理性,同时也直接影响到项目的建设周期。如果在前期工作阶段对项目实施过程中诸多影响因素,如资金筹措、投资控制、征地拆迁和环境评价等的调查分析不周或技术应对措施不当,项目在实施过程中将会因遇到客观实际困难而出现停滞或在短期内难以顺利推进的局面,进而影响项目的整体建设周期,影响建设项目按计划正常发挥效益,影响参建各方财务预算(收益)的执行,导致建设费用超预算甚至投资失控的风险。现阶段,无论是政府投资或是社会投资,建设项目实施的最大风险就是征地拆迁。

前期工作是贯彻施行绿色发展理念的良好机遇。中共中央十九届五中全会提出,在未来五年即"十四五"国民经济和社会发展规划中,要"推动绿色发展,促进人与自然和谐共生。坚持绿水青山就是金山银山理念,坚持尊重自然、顺应自然、保护自然,坚持节约优先、保护优先、自然恢复为主,守住自然生态安全边界"。前期工作是建设项目全生命周期管理中的第一环节,是坚持绿色发展、保护优先理念的关键。一定要坚持在保护中建设,在建设中保护;保护是为了更好的建设,建设能促进更好的保护,保护优先、绿色发展的理念。

三、前期工作技术管理的内容及要点

如前文所述,前期工作技术管理的内容主要包括编制项目建议书、可行性研究报告、初步设计及施工图设计等。这几项工作的技术性很强,国家或地方均有专门的规程规范需强制或参照执行。

一般认为,项目立项需编制项目建议书并报投资主管部门审批。项目建议书的核心是解决规划依据问题,根据五年发展规划、行业发展规划或专项建设规划在时间和空间上的布局,结合社会经济发展现状,论证开展项目建设的必要性,对项目的任务、规模及用地等做出建议。项目建议书应对项目投资做出匡算。

可行性研究报告是根据批准的项目建议书,通过进一步收集资料,复核项建报告提出的工程规模及资源需求等,对项目进行深入论证和定位,综合比选,确定经济上合理、技术上先进、环境影响最小、投资效益最高、实施条件最佳的可行方案,为项目决策提供依据。可行性研究报告主要包括水文气象条件、工程占地、工程地质条件是否可行以及投资计划是否可行等,为下一步初步设计工作打下基础。可行性研究是前期工作管理的重要环节。可行性研究报告应对项目投资做出估算。

项目建设初步设计是在批准的可行性研究报告基础上,首先对可行性研究报告提出的审查意见和评估做出回应。通过进一步调查、勘测、试验、研究,取得全面、系统、可靠的基本资料,复核并确定工程的任务、规模和主要特征等,多方案比选论证并推荐采用最优方案。对方案的空间布局进行设计,包括各个单元、各个模块以及水、电、路、气、信等方案的外联通道,主要建筑物的线路、结构形式和布局、几何尺寸、选型和竖向高程设计等。对施工组织方案进行设计。初步设计是前期工作管理中的关键环节,非常重要。初步设计应对投资做出概算。

施工图设计是在经批准的初步设计文件基础上,对施工工艺和施工措施进行设计。施工图设计应严格执行工程建设标准强制性条文,采用安全、可靠、环保、节能、生态的新材料、新工艺、新技术和新设备。施工图设计的基本数据应完整可靠,有关参数应科学合理,计算方法应正确可行。施工设计应综合考虑前期工作中的环境保护、水土保持等要求。施工图设计的成果应规范、标准、清晰、可读。施工图设计是一项精细化的工作,综合因素多,系统性强。施工图设计需对项目投资做出预算。

关于项目投资,经验认为匡算应大于估算,估算应大于概算,概算应大于预算,以便于投资管理部门控制投资。概算是工程投资控制的关键,是项目招标的投资控制依据。一般认为,招标后的合同价低于初步设计的概算价是最理想的投资控制前提。

四、水务项目前期工作审查案例

(一)水务前期工作推动(2003 年 7 月 17 日)

(1)水务前期工作要"立足当前、放眼长远",本着"干一年、看三年、谋五年"的精神,适度超前开展前期工作。

(2)开展前期工作过程中,要"重视规划,做好可研"。重视水务规划在前期工作和工程建设中的基础性作用,全面系统的规划,有利于减少前期工作的盲目性,提高资源的优化配置和利用效率;可行性研究阶段一定要对项目是否可行做出科学合理的结论,并非进入可行性研究阶段的项目一定可行。

(3)开展前期工作总的原则是"突出重点、协调发展"。当前有以下四个大的方面需协调:一是在保障城市三防安全的前提下,防洪排涝建设可向村镇倾斜,首先是做好规划。二是水资源综合利用方面,继续完善供水网络配套工程,重点抓好大鹏半岛三镇,抓好观澜、龙华、平湖及光明南三大片区的供水工程;地下水的开发利用一定要想办法纳入市政供水的统一管理,要有计划、有控制的进行。三是要保障实行水量和提高水质两条腿走路,支持水质发展规划和节水试点工作。四是要完善水土保持规划和项目设计,加强工程建设管理。

(4)加强前期项目管理,加快前期工作进度,市、区两级的前期工作和工程立项等要进一步统筹协调。区里立项的水务工程项目要及时报深圳市水务局备案,以便支持和配合。

(5)鼓励有水费收入的水管单位在水费中列支前期工作经费,但要严格遵守有关政策法规及管理办法,按程序报水务局审批。

(二)防洪潮规划修编报告(2003年9月25日)

(1)报告根据科学发展观和新时期治水理念提出的"生态治河、人与水和谐相处,城市与河流协调发展"和"全面规划、综合治理、加强管理;以泄为主、蓄泄兼施,因地制宜、节约用地、讲求实效、分区设防、分期实施"的原则,符合深圳市社会经济可持续发展要求和防洪特点。

(2)规划要具有针对性、指导性和可操作性,既要体现现行国家对重要城市防洪标准的要求,又要体现城市防洪理念的进步。特别要结合深圳的特点,体现分区设防、分段设防、重点设防的原则。防洪问题不单是依靠在河道上实施工程来解决,而是要通过运用泄、滞、蓄、分等多种手段和措施,综合提高整个城市的防洪能力,还可考虑通过建设截洪设施,对流域间洪水进行调度,以减轻下游重点区域的洪水压力,提高区域的防洪能力。同时,截洪、蓄洪措施还能在枯水期为河道提供环境用水。关于防洪标准问题,建议将城市的防洪标准和河道整治工程的设计洪水标准区分开来。城市防洪标准是指通过工程措施和非工程措施的综合运用能够达到的城市防洪能力,河道整治设计洪水标准是通过研究其保护的范围、人口和经济总量等来确定的。标准不宜按近期、远期及百分数来划分,而应在工程规划的内容中按分期实施来体现。

(3)要研究治涝规划标准与河道防洪标准相协调一致的问题,以避免城区河道防洪标准高而内涝频发的情况发生。

(4)尽量淡化工程项目规划的内容,重点在标准及方案规划,投资估算及经济评价要同已有规划设计成果协调统一。

(5)非工程措施规划要充分利用已有的三防决策指挥信息系统规划等内容,适当增加蓄、滞洪区运用和水库防洪调度的内容。

(三)深圳市铜锣径水库扩建工程项目建议书(2005年4月13日)

(1)应根据《深圳市供水水源修编规划报告》补充项目建设的规划依据。

(2)考虑到本项目系深圳市政府投资项目,其投资匡算应以深圳市"综合价格"作为主要定额依据并适当参照水利定额,并应包含高压线铁塔迁移费在内的全部征地及拆迁所需的费用。

(3)根据扩建后水库的供水、发电、防洪功能,研究确定水库的调度运用原则,特别要完善溢洪道的运行调度方式。

(4)工程的许多特征值是为了满足水库抽水蓄能的功能而选定的,应做专项说明。

(5)协调水库扩建施工与抽水蓄能电站施工在工期、交通、渣场、土料场等方面的关系,完善建坝土石料场及渣场的规划。

(6)完善以当地材料坝为主的坝型比选并进一步优化。

(7)以龙岗区最新的供水水源工程布局规划资料,研究扩建工程的规模。

(8)主坝右坝肩附近有高压线经过,该区不宜布置工程管理及生活设施,建议改在主坝左坝肩。

(9)水土保持方案、环境评价项目的费用要估算足,水保方案要尽量细化。

(四)深圳市东部供水水源工程(二期)可行性研究报告(2003年5月20日)

(1)取水口设计水位:应认真研究一、二期泵站联合运行取水口及前池水位的变化,特别是对一期泵站前池水位及相应机组运行工况的影响。权衡东江梯级(如剑潭水利枢纽)建成后对取水口水位及泥沙淤积等的影响,选取最佳设计水位。

(2)取水口改造方案:鉴于取水口泥砂问题的复杂性,目前所掌握的基础资料尚不能满足方案论证的需要。对于可行性研究报告中初拟的设立混凝土拦沙坎、改造原检修闸门、增加竖井清淤口等工程措施,建议进一步多方案研究论证。如在开始初步设计之前方案成熟,可以纳入二期工程的建设内容。

(3)取水临界流量:应根据东江河流水文情势的变化,进一步论证取水临界流量设计的合理性,以提高工程的取水保证率。

(4)管材问题:考虑到现场施工、征地、造价等因素,应对管材问题进行专题论证。

(5)工程征地:应尽量利用一期工程已有的能够利用的征地成果,同时满足工程施工和运行管理的需要。

(6)经济评价:应充分考虑一期工程对二期工程所做的前期投资,客观评价工程的整体效益。

(7)投资估算:应进一步优化,项目应完整。应考虑征地可能遇到的实际困难和所需费用的不确定性。

(8)其他:泵站电源增设二次回路设计暂不作考虑;松子坑水库的扩建暂不纳入二期工程内容。

(五)大沙河三期整治工程东段施工图(2004年2月17日)

(1)在1#、2#翻板闸位置设置的放空管建议取消,增加一孔闸后工作桥,以便于管理。工作桥应考虑栏杆等安全保护措施。

(2)设计中应考虑施工期间进出西丽高尔夫球场交通问题。可对通过控制施工顺序,对利用巡河路解决施工期交通问题和建临时便桥两个方案进行比较。若考虑采用通过控制施工顺序并利用巡河路方案,应在招标文件中进行严格规定。

(3)应对土方平衡进一步复核。部分土质较差不宜用作回填的,应考虑外运,并考虑适当的运距。由于工期的原因,应充分考虑土方回填二次倒运的问题。

(4)临时连接段上,应考虑设置下河清淤道路和简易拦污栅。

(5)建议巡河路碎石砂垫层改为水泥石粉渣垫层。

(6)建议对防渗帷幕设计进一步优化。若考虑使用搅拌桩,建议在施工前通过试验确定复搅次数等参数。

(7)河道堤防处应抓紧与南开大学深圳金融工程学院建设办沟通,分清责任,确认场平回填以及地下水水位等问题的具体要求。市防洪设施管理处以及监理单位要抓紧开展工作,争取工程尽早实施。

(六)关于大沙河、新洲河、福田河河道应急补水方案(2004年11月30日)

(1)三条河的补水方案是带有试验性质的应急措施。大规模利用补水净化装置改善特区内河道的生态环境在深圳市还是第一次,没有经验。关于补水技术,国家也没有现成的规范和技术标准,只能参考类似的试验工程实例。反映我们对治污工作的积极性和主动性,表明我们对污水治理的信心和决心。

(2)充分研究截污的效果与补水工程的规模问题。应在现有截污方案的基础上,按最低截污信心保证率,合理确定补水方案的规模,二者不能脱节。

(3)应特别重视各河上游的河道地下水补给。根据水文学原理,每条河都应有一定的基流(地下水)。深圳的河流是季节性河流,雨季排放洪水,枯水季依靠基流维持生态环境。现在采用人工措施补水,主要是担心污水截排不彻底。如果能够将污水彻底截排干净,利用基流恢复、维持河道的生态环境,则是最理想的。补水的效果到底怎样,还要通过试验观察、积累资料,因此应多研究如何利用河道的地下水补给。应"少补水,补好水",尽量接近河道当季的水文情势才是最理想的水生态修复和保护。

(4)在箱涵内搞补水措施,空气循环和流动条件都不好,可能会影响曝气效果;工程维修、维护也比较困难;在地面设置泵站,要严格控制噪声污染;沉淀过程在污水净化中的作用非常重要,希望引起设计部门的重视。

(5)现有河道的污水状况要尽量搞清楚,以便针对河道污水的状况,结合各种污水净化措施的特点和处理效果来选用合适的补水技术,力争达到预计的处理效果。最好不要笼而统之,各种技术、措施一起上。

(6)要开展补水措施运行期的水质监测和分析,以便为今后的发展积累资料、总结经验。

(7)工程概算要力求细化,尽量不要漏项。单价取费一定要合理、准确,依据要充分。特别对将来工程运行的管理费用一定要有概算。

水务工程招标投标管理的实践和认识[10]

深圳水务工程的招标投标工作,较早开始于 20 世纪 80 年代。1981 年,特区内防洪工程施工首次实行招标投标管理。1993 年,深圳市颁布了《深圳经济特区建设工程招投标管理条例》,水务工程施工建设在更大范围实行招标投标管理。深港联合治理深圳河工程的招标投标工作,第一个环境影响评价项目招标于 1994 年进行,第一个施工项目招标于 1995 年进行,第一个施工项目采用无标底招标及监理招标于 1996 年进行。相对全国而言,也由于同香港地区合作的需要,治理深圳河工程的招标投标工作,管理比较完善、规范,笔者曾主持或参与多项建设项目的招标投标工作,积累了一些经验和体会。近年来,全面参与深圳水务工程招标投标的宏观管理,通过学习和思考,结合过去工作的基础,将有关经验、方法和认识总结分析如下。

一、对招标投标工作的认识

招标投标工作是建立一种机制或手段,目的是竞争,通过竞争为业主或出资人选出价格合理、服务优良的项目承担单位。招标和投标是一种互动的过程,有招标,才能有投标,投标人才有获得承担项目的机会;有投标,招标才能进行下去,招标人的项目才有可能得以实施。也可以说,招标和投标是一种合作过程的开始,是招标方和投标方建立互信的过程。如果投标方对招标方不信任,不会来参加投标;如果招标方对投标方不信任,则不会将其标授予。

当然,招标投标更是一种商务过程。俗话说"商场如战场",竞争肯定是激烈和残酷的。但这种竞争只能是一种文明的互动过程,招标和投标双方是合作关系,不是敌对关系。投标人为了获得授标,必定要充分展示自己的实力和经验,进行策略的报价等;投标人之间必定要竞争,但应当是实力、经验和投标策略的竞争;招标人为了获得理想的合同成本和优良的服务,势必要进行严格、广泛和公开的选择及策略的谈判。

招标投标工作的基本原则是公平、公开、公正,即所谓"三公"原则。招标投标过程的各个环节和任何的评标方法,都必须保证"三公"原则的贯彻实施。一切纪检监察措施,都是为了保障、促进招标投标工作在"三公"的原则下顺利进行。

二、招标投标工作的一般程序和方法

招标投标工作一般分为前期准备阶段和实施阶段。前期准备阶段包括确定招标内容、范围和方式,研究招标管理程序、评标内容和方法,拟采用的合同形式和制定招标文件等;实施阶段包括发布招标公告、接受报名、资格预审、发布招标文件、召开标前会议、结标(接受投标文件)、组织评标、定标并发出中标通知书等。

招标方式一般采用公开招标和邀请招标。如果采用邀请招标,则不必进行资格预审或后审。招标的组织和管理,国外一般由业主自主进行,国内目前要求委托有资质的招标代理进行。治理深圳河工程的招标工作,由于涉及深港两地的法律和程序要求,由深圳市治理深圳河办公室主持,香港方面全程参与。

评标方法一般采用低价法、综合评审法和抽签法。低价法分为最低价法和有限低价法,有限低价法又称经评审的合理低价法等。理论上讲,低价法一般适用于施工合同(香港方面习惯称建造合同),综合评审法一般适用于咨询合同(香港方面习惯称顾问合同),包括规划、勘察、设计、环评等前期工作。在治理深圳河工程的招标投标工作中,施工合同主要采用有限低价法或称经评审的合理低价法,咨询合同主要采用综合评审法。抽签法主要适用一些施工技术比较简单、合同额较小的项目。抽签法的合同额(标价)是固定的,不存在报价方面的竞争。

合同形式一般采用单价合同、总价合同和部分工程量固定的单价合同。单价合同或总价合同为一般所熟知的常用形式。所谓部分工程量固定的单价合同,即在设计阶段能够对工程量准确测定的项目,进行总价包干,而对工程量在设计阶段准确测定有风险的项目,如涉及地质的变化等,进行单价管理。由于合同总价是不固定的,因而称部分工程量固定的单价合同,是一种混合式合同,有利于提高合同管理的效率。治理深圳河二期合同B工程采用该合同模式。

三、对评标方法的分析和认识

如上述,评标方法一般可归类为三大类,即综合评审法、低价法和抽签法,但由此可繁衍出多种的变种方法。

综合评审法需对技术标和商务标进行评审,一般采用百分制。根据约定的比例如8:2或7:3加权后得出最后评分结果,并以此作为最终的定标依据。综合评审法强调并突出技术的重要性,常用的权重比例可占到80%或70%(一般不采用更高或更低的比例),主要适用于一些带有研究性质的项目,如方案论证、试验研究、可行性研究、初步设计以及监理等的招标工作,即一般常说的前期工作。众所周知,前期工作的质量直接关系到项目的投资和建设质量,而前期工作质量又取决于所投入的研究和创新力量。任何一个聪明的投资者(业主)都愿意把前期工作的最大比例放在研究和创新的投入上,一个优化的设计方案可能节省很多投资。综合评审法中技术标书的评审一般采用直接得分法(见表1),商务标书的评审结合技术标书的评审结果采用标准比重法进行决标评审(见表2)。所有的评分标准都在标书中有明确的规定并给出示例。综合评审法也有用于施工项目招标的,主要考虑施工的技术难度、特殊技术运用和创新要求等。评标的过程类同。

表1　典型防洪工程技术标书评审项目及标准

项目	得分(满分)
1.投标单位的经验	(20)
(a)香港及广东地区的经验	(10)
(b)类似防洪工程的经验	(6)
(c)土力工程经验	(2)
(d)环境工程经验	(2)
2.对工作大纲的回应	(15)
(a)了解目标	(3)
(b)鉴定重要事项	(4)
(c)明白工程项目的限制及特别要求	(5)
(d)提出创新意念	(3)
3.符合成本效益的设想	(10)
(a)举例说明及分析以往承接工程,从而显示投标者决心及有能力进行研究及制定符合成本效益的对策	(5)
(b)达至符合成本效益的设想	(5)
4.方法及工作进度	(20)
(a)对工程规划、设计及建造的技术构思	(8)
(b)处理土力方面的建议,尤其在开挖及软基处理方面	(4)

项目	得分(满分)
(c)结合环保要求于工程内的建议	(4)
(d)详细说明工作进度,并以棒形图显示	(4)
5.人手	(35)
(a)管理架构	(4)
(b)要员的有关经验(尤其在香港及广东地区)、资格	(15)
(c)要员的责任及参与程度	(8)
(d)足够的专业及技术人员的投入	(8)

注:各分项的评分按优、良、中、差分为四个等级,其相应的参考打分标准为:优—1.0Y;良—0.8Y;中—0.6Y;差—0.3Y,Y 代表各分项应得的满分。

表 2   标准比重法综合决标评审示例

顾问公司	技术得分	投标报价 L/百万元	计时收费系数 M	暂估值 N/百万元	总费用 $L+$ $M×N$	标准比重法推算结果(技术比例70%;费用比例30%)
A	87	15.00	2.5	2.00	17.00	A 比 B 技术上优 8.08%;费用上优 1.76%。A 胜出
B	78	16.00	2.5	2.00	18.00	A 比 C 技术上优 11.20%;费用上优 7.06%。A 胜出
C	75	19.00	2.5	2.00	21.00	A 比 D 技术上优 17.00%;D 比 A 费用上优 1.88%;A 胜出
D	70	14.00	2.5	2.00	16.00	最终结果:A 胜出

注:设有参加投标的公司 A、B、C、D 四家,其技术评审得分及费用报价 L 如表中所列。当雇主要求顾问公司进行合同规定内容外的服务时,须支付其额外服务费用。额外服务实行计时收费,计算参照顾问公司支付其员工的年平均计时工资乘上计时收费系数 M。M 一般大于 1,它反映了顾问公司的营业成本及利润等。雇主根据计时收费原理估算的额外服务费用总额称为暂估值 N。用标准比重法进行决标推算时,须综合比较各投标单位的技术得分和总费用(投标报价及额外服务费用暂估值),技术得分所占的比例可取 70%~80%,总费用所占的比例可取 30%~20%。

低价法一般适用于施工性质的项目。由于建设的目标已经明确,施工的任务和内容,包括施工的机械、材料、方法以及规范和标准,都在合同中已规定得很清楚,施工单位只需投入足够的人力和机械设备,按照合同、任务书及施工图完成任务即可,不需要投入太多的研究和创新力量,施工单位的实力和管理水平均物化反映在投标报价中,因而投标报价成为投资者(业主)关心和投标者竞争的主要因素。

抽签法在资格预审的基础上进行,所有通过资格预审的投标单位均可参加抽签。合同额在设计概算的基础上,通过下浮某一比例进行确定。下浮比例按照既定程序申报、审定,所有的项目统一固定。严格说来,抽签法具有博弈的性质,不是一般意义上的招标方法,但抽签结果却具有客观上的绝对公平性,可以平息很多无谓的猜忌,减少莫名的投诉,提高工作效率。如果能够在资格预审的环节把好关,对于施工技术简单、合同额较小的项目,抽签法也不失为一种简单、实用的方法。

特别地,近期有人提出并在试行一种"经评审的抽签法"。经评审的抽签法由单纯的抽签法演化而来,即强化资格预审阶段的工作,将其扩展到技术方案的评审。在资格预审的基础上,凡技术方案经评审合格的投标单位,均有资格参加抽签。经评审的抽签法强化了对抽签中标单位的技术要求,提高了中标单位的质量保证,同时也保障了合同价格的合理性,应当是一种进步。

由于竞争的性质所决定,任何一种招标方法都不可能是十全十美的,都会给业主达到招标目的带来风险。综合评审法强调技术上的最优和价格上的合理,技术最优是靠专家、靠人评出来的,人为因素包括专家的综合素质和技术水平等,会给评审结果的公正性、公平性造成影响。技术标和商务标的综合比例也是影响评标结果的因素。

四、几个思考的问题

(一)挂靠与劳务分包问题

挂靠是市场经济条件下建筑市场的一种特殊现象。所谓挂靠,是指投标时以合法正规的企业名义进行,而一旦中标后则将工程整体或部分委托给不合法的施工队伍(俗称包工队),中标单位从中收取若干点(百分率)的管理费。挂靠的方式复杂多样,有的甚至是辗转多次多层的挂靠(又称分包)。中标单位和挂靠队伍的契约形式也五花八门。

由于投标时已经经过竞争,中标的合同价已经比工程的招标价要低,特别当采用最低价法招标时,中标价比招标价要低甚至百分之三十到百分之四十,再经中标单位转给包工队伍,扣去层层的所谓管理费后,包工队实际上几乎无利润可言。由此对业主或社会造成的恶果,一是工程的质量和工期得不到保证;二是包工头克扣工人工资,给社会造成不安定因素。

劳务分包是指中标施工企业将一些诸如钢筋绑扎、土方开挖等简单的手工或体力劳动分包给有组织的劳务工队伍,而中标单位主要从事以技术监督和指导为主的施工管理。应当说,劳务分包是市场经济条件下建筑市场的一种特殊现象,有其规律性的一面。由于竞争的结果,也由于经营成本的需要,任何施工企业都不可能保证任何时候都有饱满的任务,因而不可能也不需要养一批固定的劳务工队伍。对主要从事手工或体力劳动的劳务工队伍而言,受雇于那个公司就到那个公司干活也是很自然的。施工管理和劳务分包相对分离是市场经济条件下建筑市场发展的必然趋势。

现在的问题表现在两个方面:一方面,劳务分包如何进行,要不要进行招标、如何进行招标?虽然很多有识之士一直在不断呼吁,应从完善建筑市场规范管理的角度出发,让劳务分包浮出水面,尽快建立劳务分包交易市场。有关政府部门已开展了一些前期调研和论证工作。但到目前为止,还没有见到已经建立或开展劳务分包交易建筑市场的报道。由于没有相应的法律约束,缺乏规范的管理,劳务分包依然存在包工头克扣工人工资,容易造成社会不安定因素等弊端。另一方面,随着原始的积累和发展,过去从事简单劳务分包的队伍,现在已经发展成为初具规模的小型施工企业,拥有自己的大型施工机械和管理人员,唯一缺的就是施工承包资质。这些队伍经常以挂靠的方式参与工程的招标投标,扰乱了建筑市场的正常秩序。

(二) 标底问题

所谓标底,理论上是建设项目产品价格的表现形式,实际上是业主对招标工程所需费用的预测和控制,或者说是招标人对招标工程的期望合同价。

标底是衡量投标单位投标报价的准绳,是评价商务投标书的重要尺度,也是决定能否中标的关键要素。投标人投标报价若高于标底,便失去竞争能力;若低于标底过多,业主有理由怀疑其报价的合理性,要进一步分析其低于标底的原因。若发现报价低的原因是由于材料计算不切实际,技术方案不全,或故意漏项、恶意压价,进行不正当竞争等,则会认为其报价不合理;若低报价是通过优化技术方案,自主拥有大型施工设备,材料采购渠道广泛,加强内部管理、节约成本,节约管理费,以及优惠利润率等来实现,则可认为该报价是合理可信的。标底是评标的重要尺度,但不是唯一依据。要综合考虑各投标人的报价和工期,质量和安全保障体系,以及信誉、资质、协作配合等多种因素,甚至通过谈判才能选出合适的中标人。

标底一般分为两种形式:一种是不公开标底或称暗标底、保密标底等;另一种是公开标底或称招标控制价、投标报价上限等。

不公开标底是业主参照设计概算,综合考虑项目的技术特点、施工难易程度和自身的财务状况等,按照国家有关规定编制并按程序报批审定的,在招标过程中严格封存保密,不予公开。评标时,在资格审查、技术标书评审的基础上,所有投标报价中报价最接近标底的投标人将被定为第一中标人或推荐中标人。此种方法存在三个方面的问题:一是报价没有竞争、也无法竞争。因为理论上所有投标人均是按照同一套图纸、同一本定额、同一取费程序及费率进行报价的,报价的结果应同标底是完全一致的,除非计算错误。各投标人的技术水平、管理水平和相应的生产成本在报价中得不到体现,无法竞争。二是标底的保密是一个非常严肃、困难和困惑的问题。根据规定,标底一经审定,所有接触过标底的人员均负有保密责任,不得泄露。一旦泄露,所有的人又都会成为被怀疑对象,成为一种让人感到困难和困惑的问题。对投标人而言,标底至关重要。为了得到标底信息,"八仙过海、各显神通",纷纷采取各种手段甚至不惜违法违纪打探标底。对所有接触过标底的人,也是一种严峻的考验、无形的压力,甚至是无辜的受牵连者。三是会给个别利欲熏心的招标人造成违法违规的空间。他们会利用手中掌握的标底,通过幕后交易、违规操作等不正当手段为自己谋取私利。

公开标底实际上是一种无标底的方式,所谓标底,只是为了防止投标人盲目报价甚至哄抬报价所采取的一种安全限价,也就是招标人能够接受的最高合同价。公开标底和不公开标底在编制审批程序上是一致的,也是由招标人自行编制或委托具有标底编制资质的代理机构编制并按程序报批审定。公开标底招标方式下,投标报价的评审有多种方法,如低价法、平均值法等。低价法又可演化为最低价法、合理低价法、有限低价法等。最突出的特点不是以所有投标报价中最接近公开标底的投标人作为拟定中标人。中标价的确定一般是以所有投标报价的平均值作为比较标底,低于比较标底适当范围且为最低的投标报价作为拟定中标价,以防止恶意低价中标,因而称为有限低价。首先对所有投标报价进行专家分析审核,剔除其不合理报价、纠正计算错误后等,计算其算术平均值作为比较标底,然后确定拟定中标价。

确定的拟定中标价,称为合理低价,又称为经评审的合理低价。当然,也有将低于公开标底价的最低投标报价作为拟定中标价的,即最低价法。

公开标底的招标评标方式,没有需封存的保密标底,投标人无须采取任何方式探知标底,招标人也没有对标底进行保密的责任、负担和泄漏标底的嫌疑,规避了由于不公开标底引起的违规操作、幕后交易等不良现象。可以防止恶意压价的不正当竞争,鼓励投标人通过合法竞争,充分展示自己的技术实力、管理实力和成本实力,以合理的低价中标,为招标人节约了投资,减轻了行政负担。不公开标底和公开标底有着本质的区别。不公开标底具有博弈的性质,会使一些实力雄厚、信誉良好的投标人仅仅因为报价的盲目性(不知标底)而失去中标资格,反而会使一些不良投标人有机可乘,为获取标底秘密不惜采取一切手段,容易诱发不正当竞争甚至腐败。公开标底作为一种投标报价的上限控制予以公开,可使投标人避免盲目报价,使招标人提高招标成功率,降低不正当竞争及腐败发生的风险。在技术标书评审的基础上,将所有投标人投标报价的平均值作为合理低价中标的衡量尺度,一定程度上反映了市场经济条件下建设项目价格的平均水平。可以说,不公开标底是计划经济时代的产物,公开标底是市场经济条件下建设项目招标的发展趋势,可同国际惯例逐步接轨。

(三) 围标与串标问题

围标与串标是市场经济条件下招标投标领域的不正当竞争行为。一般地,围标主要发生在投标人与投标人之间。某一投标人为了能够中标,通过利益共享的承诺,或口头或书面,唆使其他投标人按照自己的策略进行投标,在保证其中标的前提下,最大可能地抬高中标价格,以向其他参与"围"的投标人,或以利润率的百分点数或以工程分包的形式进行利益分配。串标一般主要发生在招标人与投标人之间。招标人为了通过自己手中的权力获取不正当利益,将机密的招标信息透露给某一投标人助其中标,或在评标过程中助其中标,以从中标的投标人那里获得不正当利益。

围标与串标在理论定义或实际发生过程中上没有严格的界限之分,二者紧密联系,相互转化。但都同样会影响或干扰招标投标市场的正常秩序,损害招标人的利益。

围标与串标是一种社会现象,不是哪一个人、哪一个部门能够解决得了的,必须从健全社会法制环境、完善招标投标管理程序和建立社会诚信等多个方面入手,才能抑制围标与串标活动的发生。防止围标和串标,第一就是坚持公开、公平、公正原则,是最基本和最重要的。营造并维护"三公"原则下良好的招标投标市场氛围,鼓励投标人以正确、良好的心态,以正当的方式积极参与竞争。第二就是要加强对从事招标投标工作人员的思想教育和素质培养,鼓励以强烈的事业心、责任感和良好的道德素养从事招标投标工作。第三就是要加强监督,对任何的围标和串标行为,一经发现,坚决依照《中华人民共和国招标投标法》和相应配套的各地方行政法规,严格进行处罚。第四就是要在技术层面上,认真研究招标投标的管理程序和方法,完善相关配套措施。如采取尽量公开、全面、准确地发布招标信息,公开评标方法、评分标准和投标报价上限控制价,适当降低投标资质条件要求、扩大潜在投标人范围,加大执法和处罚力度,增加围标和串标的成本等,以降低围标、串标发生的可能性。

五、结语

水务工程招标投标管理是一项复杂、敏感且广受关注的工作,非常重要。深港联合治理深圳河工程的招标投标管理,借鉴香港地区成功经验,综合了国际、国内建设项目招标投标工作惯例,在应用合理低价法招标方面有一定创新,积累了一些成功案例。对在招标投标实践中遇到的一些问题,如挂靠与劳务分包、标底、围标与串标等,有一些深度的思考,值得在今后的水务工程建设项目招标投标管理中继续观察和研究。相信随着国家法制环境的不断完善,国际、国内建设市场的不断发展,水务工程招标投标工作的管理一定会不断取得进步。

治理深圳河工程的管理模式及特点[14]

一、前言

作为不同社会制度、不同法律观念、不同工作方式的两地政府共同治理一条边界河流的成功范例,如果从 1982 年算起,治理深圳河工程已经走过了 23 个春秋。二十多年来,在我国中央政府的领导及深港两地的共同努力和支持下,从谈判、规划、设计、施工到一、二期工程的胜利竣工及三期工程的全面展开,治理深圳河工程已逐步形成了一套具有自己特色的管理模式。本书将从管理架构、招(投)标管理、合同管理、环境监督、安全与质量管理等方面做一简要总结及介绍。

二、背景回顾

深圳河是深圳经济特区与香港特别行政区的界河。它发源于梧桐山牛尾岭,由东北向西南流入深圳湾,主流全长 37 km,干流全长 16.1 km。流域面积 312.5 km²,其中深圳一侧 187.5 km²,香港一侧 125 km²。由于界河的特殊性,长期以来一直没有得到过很好的整治,河床狭窄,河道弯曲,排洪能力仅为 2~5 年一遇,加上河口海潮的顶托,洪水经常泛滥成灾,给两岸人民的生命财产安全造成威胁。仅 1993 年"6·16"和"9·26"两次洪水,深圳经济损失就达 14 亿多元,香港经济也遭受严重损失。同时,由于污染,河水乌黑发臭,已严重影响到两岸特别是深圳一侧居民的身心健康,影响到城市的景观及流域特别是河口的生态环境。

随着深港两地经济的发展,尽快治理好深圳河不仅是两岸人民的强烈愿望,也成为双方政府的共识。1981 年 12 月,深圳市与香港就治理深圳河问题开始进行谈判。1985 年完成了工程的整体规划,计划将工程分三期进行:第一期,对罗湖桥—渔民村段及福田河—落马洲段两个湾段进行裁弯取直;第二期,对罗湖桥以下除一期工程外的河段进行整治;第三期,对罗湖桥以上至沙湾河口(1997年调整至平原河口)的河段进行整治。整治工程的主要措施包括拓宽、挖深、裁弯取直和构筑河堤。

至1995年5月,经过长达13年多的艰苦谈判,治理深圳河一期工程终于胜利开工。该期工程施工河段全长约3.2 km,工期两年,总投资约6亿港元,已于1997年4月提前一个月完工,并初步发挥效益。二期工程分上下两个河段,按两个合同即合同A及合同B施工,已分别于1999年5月和2001年6月全面完工,施工河段全长约7 km,工程总投资约9亿港元。三期工程按三个合同即合同A、B及C实施,目前合同A工程已经完工,合同B及合同C工程正在全面实施。施工河段总长约4.2 km,工程总投资约6亿港元。

三、管理架构

治理深圳河工程的管理架构包括政府管理架构和合同管理架构。

(1)政府管理架构。政府管理架构又分为常设机构及非常设机构,非常设机构为深港两地政府的联合工作机构——深港联合治理深圳河工作小组、技术小组、环境小组及其下属的设计指导小组和环评研究管理小组。工作小组为双方政府联合的最高决策领导机构,由于其成员主要为双方政府有关部门选派所组成,工作方式为不定期的联合办公。常设机构为深圳市治理深圳河办公室。受香港特别行政区政府的委托,深圳市人民政府为实行对治理深圳河工程的建设和管理,特设立正处级事业单位治理深圳河办公室,直接受深圳市治理深圳河工作小组的领导,业务上接受深圳市水务局的领导,非常设机构的挂靠单位为深圳市治理深圳河办公室。图1为政府管理架构示意图。

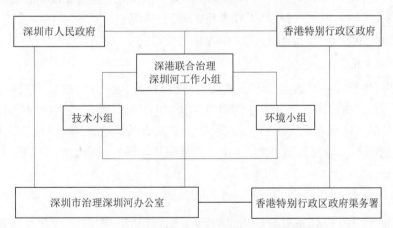

图1 深港联合治理深圳河工程政府管理架构

(2)合同管理架构。合同管理架构主要由雇主、工程主任(监理或雇主代表)、环境监督及承建商(顾问公司)四方组成。"工程主任"一词引用自香港方面的习惯用法,实际是指国际惯例中的Engineer(工程师),相当于国内的总监理工程师。工程主任是一个技术职务,并非技术职称,也非行政职务。根据香港方面的一贯做法,工程主任可由雇主委任合资格的全职员工或聘用一高级技术人士担任。安全监督方面,深港双方均实行政府监督,深圳方由建设工程安全监督站进行,香港方由香港特别行政区政府劳工署进行。质量监督由深圳市水务工程质量监督站代表政府进行。图2为合同管理架构示意图。

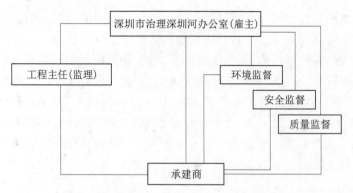

图2　深港联合治理深圳河工程合同管理架构

四、招(投)标管理

从1995年始,治理深圳河工程的所有项目全部采用招(投)标的方式选择承担单位。招(投)标的形式主要有两大类,即顾问合同招标和建造(施工)合同招标。顾问合同招标主要用于工程的前期准备项目,如设计、地形测量、地质勘探、水文测验、水工模型试验及环境影响评价等。建造(施工)合同招标主要用于主体工程的施工建设。

(一)顾问合同招标

顾问合同招标的目的是针对工程项目的性质和实施要求,为雇主选择到一个比较满意的专业顾问公司。"顾问公司"一词原先在国内一般不用,它主要指具有足够专业技术人员及管理人员的公司,专门从事工程项目的勘测、规划、设计、技术咨询及项目管理等。现在,习惯上把国内一些大的设计院也称为顾问公司。

1.招标的方式

顾问合同的招标一般通过邀请方式进行,整个招标工作分为初选和决标两个阶段。在初选阶段,首先由深港双方业务主管部门,深圳市治理深圳河办公室和香港特别行政区政府渠务署,各自邀请有足够水平和经验,能满足双方技术小组要求的数家(一般5~10家)设计院(深方)和顾问公司(港方),由各设计院和顾问公司自由组合,以组合的形式参与竞标。

2.评标方法及过程

深港双方技术小组拟定有分别用于初选和决标评审的评分标准,并报双方工作小组批准。两个阶段的评审工作均由深港双方各自独立进行,各自成立有经工作小组批准的评标专家组。将双方的评标结果综合形成统一的推荐意见后,再报深港联合工作小组批准。

初选阶段要求各组合单位提交投标意向书,一般经双方评审推荐出四个组合单位入围,作为正式参加投标(决标)的单位。决标阶段要求各组合单位分别提交一份技术建议书和费用建议书,最终评审推荐出一个组合单位作为中标单位,报请联合工作小组批准。整个评审工作,特别是费用标书的密封、封存和开封一般是在深圳市公证处的监督下进行的。

在决标过程中,技术建议书的评审得分和费用报价的综合一般采用综合评审法或称标准比重法,按7:3或8:2的比例,以技术分为基础,逐步比较、淘汰、优选,最终胜出的单位(组合),即为推荐的中标单位(组合)。

(二)建造(施工)合同招标

建造(施工)合同招标的目的是为雇主选择一个具有相应职责、施工能力强、经验丰富且报价合理的承建商。

1.招标的方式

施工合同招标在香港及内地的范围内进行。原则上,凡在香港及内地合资格的承建商都可以进行投标。治理深圳河一期工程实行的是公开招标,香港及内地有90余家公司报名参加资格预审,经两轮评审,选出十家施工经验丰富、技术力量较强的公司正式参加投标。在一期工程的基础上,为了节省时间及人力,二期工程(包括合同A及合同B)实行了邀请招标。深圳方面直接对参加一期工程投标的国内公司进行了资格复查,资格复查的程序较预审简单,凡资格复查合格的公司可直接参加二期工程的投标。香港方面则邀请了所有经香港特别行政区政府认可的公共工程类承建商在第一名册丙类及第二名册内获准承建道路、渠务及港口的承建商直接参加投标。

2.评标方法及过程

施工招标由雇主深圳市治理深圳河办公室主持,但评标方法及评分标准由深港联合技术小组研究制定并报联合工作小组审定。评标方法采用技术标书评审加合理低价法或称有限低价法。评标过程分为两个阶段,第一阶段首先对投标商提交的技术标书进行评审,根据技术标书得分情况确定入围投标商名单。第二阶段对入围投标商的费用标书进行评审,按以下原则确定推荐中标单位:①中标单位须有足够的财政能力及技术水平承担本合同;②所推荐中标单位的投标报价经评审为合理的最低标价;③所推荐中标单位的投标报价不得超过由深港联合技术小组所同意的合同的预算价。

五、合同管理

合同管理也分为顾问合同管理及施工合同管理。顾问合同管理由雇主直接委任雇主代表进行。雇主代表直接负责同顾问公司的日常工作联系,负责合同的执行及在技术方面贯彻雇主的意图并协调。

施工合同管理由雇主委托工程主任全权负责。治理深圳河工程实行的是工程主任与监理相结合的合同管理方式。工程主任由雇主委任本单位的职员或专门聘用一合资格的人士担任,监理单位通过招标方式确定,由总监理工程师或副总监理工程师担任工程副主任或工程主任代表。按合同规定,工程主任在工地管理上具有最高的决策权,工程副主任或工程主任代表经工程主任授权行使其权力,监理在工程主任的领导下作为工程主任集体行使建造合同所赋予工程主任的权力,履行深港两地政府合作协议书中规定的职责。

治理深圳河工程具有自己一套相对成熟和独立的合同文本,其中合同条款以英联邦国家通用的土木工程合同IEC体系为主,又兼具有国际通行的FIDIC条款的特征。由于内地同香港的施工规范不同,治理深圳河工程的施工规范是深港联合技术小组的专业技术人员通过谈判逐条、逐项确定的,并作为合同内容的组成部分。

在财务控制方面,建造合同及深港两地政府合作协议书中规定,工程主任须对工程(设计)变更所增加(减少)的工程造价负责。一般情况下,工程主任有权签发造价在50万港元以下的工程变更,当工程变更的造价超过50万港元时,工程主任须先报请雇主批准;又当工程变更的造价超过75万港元时,雇主在批准之前须征得香港特别行政区政府渠务署署长的同意。特别地,当雇主批准工程主任签发的某一工程变更的造价,将会使累计工程变更金额超过1 000万港元时,须予批准之前先通知香港特别行政区政府渠务署署长;当累计工程变更金额已超过1 000万港元时,工程主任无论签发任何价值的变更,均须报请雇主批准;雇主在批准工程主任签发的价值大于50万港元的工程变更之前,须征得香港特别行政区渠务署署长的同意。

六、环境监督

环境监督是指在建造期内,雇主为将工程施工对工地内及周边环境的影响降到最小,根据环境影响评估报告提出的环境监察与审核任务而开展的工作。环境监督由雇主聘用在环境监察与审核方面具有足够经验和专业知识,且与工程建造施工无利益冲突的顾问公司以独立的专业观点进行。

环境监察与审核是一种机制,用来评价施工活动对生态环境产生的影响、对施工压力下的环境状况提供一种预警信号,同时也是一种环境保护的手段。环境监察与审核的目的是必须防止污染,而不仅只是在环境受到干扰后做出反应。环境监察与审核把施工期间对工地现场的稽查放在首位,以确保承建商严格遵守有关环境保护和防止污染的合同条款,识别施工活动可能产生的潜在环境问题,并在问题发生之前提出舒缓措施。

环境监督的具体工作是通过一定的手段,对工地内及周边环境敏感地带的环境要素进行实时监测,按照环境监察与审核手册设定的标准和行动计划,判定是否有可能或已经发生环境干扰,向工程主任报告并提出采取舒缓措施的意见,要求承建商必须采取相应的舒缓措施直至停工整改。治理深圳河二期工程的环境监督小组由2名大气噪声监督员、3名水质监督员、2名底栖生物学家、1名鸟类学家、1名植物学家及1名环境化学家组成;三期工程的环境监督项目包括空气、噪声、水力泥沙与水质、弃土、生态、水土流失、景观与视角以及文化遗产地点。

七、安全与质量管理

安全管理分为工地保安管理及施工安全管理。由于在边境地区施工,治理深圳河工程的工地实行全封闭式管理,由承建商根据合同规定聘用专业的保安公司24 h全天候进行。工地出入口开在深圳一侧,所有进出工地的人员和机械设备及物料须持有专门的证件,接受边防武警的查验。香港一侧的工地出入口是单方限制性的,仅供港方参与工地管理的人员出入。

施工安全管理在合同中有专门的章节规定。承建商首先应遵守国家、国务院及有关部门、广东省和深圳市颁布实行的有关安全生产和劳动保护方面的法律、法规、规章和技术标准。如果在香港地区施工,承建商还应遵守香港地区方面有关施工安全和健康的法规。成立由工程主任负责,业主、监理、承建商和环境监督参加的工地安全管理委员会,承建商应按合同要求成立工地安全委员会,指定施工安全主任和施工安全监督员,负责工地施工安全的日常管理。承建商须制订详细的施工安全计划报工程主任,明确将安全健康放在施工管理的第一位,同时,还须制订详细的安全教育培训计划、应急抢险队伍和物资储备。香港特别行政区政府劳工署每月定期到工地巡视一次。

质量管理贯穿治理深圳河工程合同规范的始终,是施工合同管理的日常工作。合同规范从工地范围、工程项目的界定,工地交通、水电、通信及环境管理的要求,到土石方开挖、模板制作、钢筋弯扎以及混凝土施工等,都有详细的质量要求。如混凝土振捣,合同规范规定"混凝土捣实终凝后不得再加以振捣",说明对施工质量严格的、仔细的管理要求。

河湖水环境治理的长效管理

2020 年 10 月 29 日,中国共产党第十九届中央委员会第五次全体会议公报提出,推动绿色发展,促进人与自然和谐共生。坚持绿水青山就是金山银山理念,坚持尊重自然、顺应自然、保护自然,坚持节约优先、保护优先、自然恢复为主,守住自然生态安全边界。深入实施可持续发展战略,完善生态文明领域统筹协调机制,构建生态文明体系,促进经济社会发展全面绿色转型,建设人与自然和谐共生的现代化。要加快推动绿色低碳发展,持续改善环境质量,提升生态系统质量和稳定性,全面提高资源利用效率。

一、全国及主要城市水污染治理成效

首先让我们来回顾一下国家主要城市当前水污染治理的显著成效。

(一)北京市

2018 年,全市地表水体监测断面高锰酸盐指数年均浓度值为 4.91 mg/L,氨氮年均浓度值为 0.98 mg/L,与 2015 年相比分别下降 36.3% 和 82.7%。同期,北京市水质达到 I~III 类的河段总长比例为 54.5%,相比 2015 年提高了 6.5 个百分点;2020 年上半年,北京市 25 个国家考核断面中,I~III 类水质断面 64%。2019 年,主要水体劣 V 类比例为 21%,比上年减少了 23.5 个百分点;2020 年,劣 V 类水体断面 4%,动态达到了"十三五"规划的目标要求。

截至 2019 年底,全市污水处理率已达 94%,其中城区六区达到 99%,全市污泥基本实现无害化处理。到 2020 年,北京将基本实现城镇污水全收集、全处理,重要江河湖泊水功能区水质达标率提高到 77%。截至目前,141 条黑臭水体治理全部完成。

2035 年,全市城乡污水基本实现全处理,重要江河湖泊水功能区水质达标率达到 95% 以上,逐步恢复水生态系统功能。

(二)上海市

2019 年,要加快完成 91 km 市政污水管网完善工程、197 个建成区直排污染源截污纳管、1 245个住宅小区雨污混接改造、8万户农村生活污水处理设施建设等,使水质劣Ⅴ类水体比例控制在12%以内。采用人工增氧、人工湿地、生态浮岛等科技手段,逐步修复受损水生态系统。2020年,上海将围绕"力争全面消除劣Ⅴ类水体"的水环境治理工作目标,全力推进各项整治任务,中小河道全面消除黑臭。

上海市建立市、区、街镇、村居四级河长体系,全市4.3万条河道、41个湖泊、6个水库、5 037个其他河湖水体落实河湖长共7 787名。2018年,计划培养一批"河长助理",开展企业河长、部队河长、校园河长、名人河长等"民间河长"队伍建设,并尝试推广"河道警长"与"生态检察官"等先进经验。

(三)深圳市

截至2019年底,159个黑臭水体、1 467个小微黑臭水体全部消除黑臭,在全国率先实现全市域消除黑臭水体。五大河流国考省考断面全部消除劣Ⅴ类。曾经污染最严重的茅洲河、深圳河水质分别达到1992年、1982年以来最好水平。

国务院办公厅关于对2018年落实有关重大政策措施真抓实干成效明显地方予以督查奖励的通报(国办发〔2019〕20号)明确,2019年中央财政年度污染防治资金下达后,由有关省(区)统筹中央财政切块下达的资金,安排一定的比例对上述地方给予奖励(生态环境部、财政部组织实施)。国务院督查组对深圳的黑臭水体治理成效给予充分肯定并通报激励,成为国家黑臭水体治理示范城市。

(四)全国综合情况

(1)认真排查,加强监测。截至2019年底,全国97.8%的省级及以上工业集聚区建成污水集中处理设施并安装自动在线监控装置。地级及以上城市排查污水管网6.9万km,消除污水管网空白区1 000多km²。累计依法关闭或搬迁禁养区内畜禽养殖场(小区)26.3万多个,完成了18.8万个村庄的农村环境综合整治。

(2)持续推进全国集中式饮用水水源地环境整治。2019年,899个县级水源地3 626个问题中整治完成3 624个,全国累计完成2 804个水源地10 363个问题整改,使7.7亿居民饮用水安全保障水平得到巩固提升。全国295个地级及以上城市2 899个黑臭水体中,已完成整治2 513个,消除率86.7%,其中36个重点城市(直辖市、省会城市、计划单列市)消除率96.2%,其他城市消除率81.2%;全面完成长江流域2.4万km岸线、环渤海3 600 km岸线及沿岸2 km区域的入河、入海排污口排查。

(3)健全机构,加强管理。健全和完善分析预警、调度通报、督导督查相结合的流域环境管理综合督导机制。落实《深化党和国家机构改革方案》,组建7个流域(海域)生态环境监督管理局及其监测科研中心;水功能区职责顺利交接,水功能区监测断面与地表水环境质量监测断面优化整合基本完成,水环境监管效率显著提升。

二、河湖水污染治理面临的形势

(1)管理对象发生变化。昔日机器轰鸣、人声鼎沸的建筑工地,突然间变成了水清岸绿、生机盎然的休闲之地、景观之地。管理的对象发生根本变化,工作的重点不再是施工建设而是管理维护。

（2）管理养护工作要及时跟上。大量新建工程及设施已完成,需及时开展工程的验收移交并转入正常管理维护。只有建设和管理阶段转换的无缝对接,才能保证其长期、持续的发挥效益。

（3）开展专业化的管养服务。水环境工程的管养水平,应当是专业化、系统和高标准的。唯有此才能使工程设施在发挥最大效应的前提下,设计使用寿命能够得到充分保证。

（4）需足够的资金投入。与新建工程设施的大量投资相比,在已完工投入使用工程设施的管理养护方面,资金的投入明显不足,缺少财政预投入和成本效益核算。

（5）注重管理软件的投入。一般习惯于重视在管理养护方面的硬件投入,而往往忽视对软件的投入,有"一手硬一手软"之嫌。需加大管理软件的开发、引进和应用,提高管理效益。

（6）加强新技术的应用。相对于对管理工作的重视程度,新技术很难得到及时应用。如智慧水务方面的新技术,如能得到及时应用,将极大提高完建工程设施的管理水平。

（7）因地制宜建立管养模式。管理养护的模式多种多样,需要结合实际、因地制宜地选择并建立合适的养护模式,才能推动并保证管养工作的正常开展。

三、长效管理的重要性

（一）基本思想

（1）三分建、七分管。这是一个辩证理解的思想。意思是说建设是一时的,例如三年或五年;管理是长期的,例如三十年或五十年。建设资金的投资虽然量大,但是一次性的、短期的。项目建成后的运行维护是长期的,需长期的资金安排,因而可能遇到各种风险,如社会经济发展特别是金融市场的波动等,如果资金的供应链一旦受到影响,则项目的正常运维可能遭遇困难,工程效益难以正常发挥,前期的投入也难以按时回收。

（2）工作业绩与投资效益。一般情况下,对政府部门特别是政府官员而言,投资是出政绩的,完成投资就完成了任务,就是政绩;对企业特别是管理者而言,投资出业绩,完成企业的投资计划,就是业绩。而最终只有管理才能出成绩,管理才能出效益。对所有管理者来说,这是眼前利益与长期效益的辩证关系问题。

（二）长效管理机制

所谓长效管理机制,是即能保证长效管理正常运行又能发挥预期功能的制度体系。这里要从"长效"和"机制"两个关键词上来把握。它有两个基本条件:一是要有比较规范、稳定、配套的制度体系;二是要有推动制度正常运行的"动力源",即要有出于自身利益而积极推动和监督制度运行的组织或个体,也就是机制。

机制与制度之间有联系,也有区别。机制不等同于制度,制度只是机制的外在表现。机制和制度是相辅相成的,如果只有机制没有制度,机制就是一个空架子;如果只有制度没有机制支撑,制度就只是一张白纸。特别地,要认识到长效机制不是一劳永逸、一成不变的,它必须随着时间、管理条件的变化而不断丰富、发展和完善。

（三）机制和制度的要求

（1）机制需要灵活性、系统性和高效性。灵活性是指随着管理需求的变化而不断调整、不断适应;系统性要求必须上下联动、统筹协调;高效性是指决策必须科学化、反应迅速。

(2)制度要体现权威性、完整性和稳定性,要有可执行性和公平公正性。权威性首先就是要服众,要有威慑力,要言必行、行必果。完整性是指制度体系要系统、全面,不留死角、不留漏洞。稳定性是指制度的执行必须相对稳定,不能朝令夕改、随意改动。可执行性是指制度的制定必须客观,符合实际;太严了,没法执行;太松了,没人执行。公平公正性当然是指制度的执行必须要一视同仁,没有歧视性;领导和普通员工一视同仁,没有特殊性;在性别、年龄甚至出生等的约束方面,要符合国家法律法规,不能有歧视性。

四、长效管理的基本体系

一般地,我们推崇长效管理的基本体系由以下六大体系组成。

(一)组织管理体系

(1)大趋势。建管分离,即建设和管理分开。工程建设完成后通过验收移交,进入专门的管理养护阶段。管养模式的发展方向是实行社会化管养,社会化管养又分为准社会化管养和全社会化管养。准社会化管养即由政府设立专门的机构,实行事业单位企业化管理;全社会化管养即完全由企业承包,政府或代理机构公开发包,择优选择合资格的公司授予合同;社会化管养实行全过程合同化管理。

(2)河长制。现在在全国正在全力推行的四级河长制(省、市、县、区)体系,是最强、最有力的管养支撑体系。河长制实行由政府主导、部门联动、属地管理、全民参与、分级负责、系统管理和注重长效。

【例1】 深圳创新流域管理机制

深圳成立茅洲河等4个流域管理中心,加强对流域涉水事务的统筹协调、监督指导和联合调度,破解流域管理职责不清、调度不畅、多头管理等问题。水行政主管部门,按五大流域片区,即深圳河、观澜河、茅洲河、龙岗河和坪山河流域,派遣下沉工作组,督办协调各流域的水情水事。

(二)服务支持体系

服务支持体系主要包括人、财、物的供给。首先是人,应当因事设岗、应岗聘人,公开招聘或委托人力资源代理;其次是财,要有充分合理的预算安排,科学高效的财务核算管理;最后是物,需要能够满足长效管理的物资、物料资源,一般须公开采购。

(1)公开采购。须通过招标的方式进行。招标须符合国家相关法令,一般有"三公"原则,即公平、公开和公正。但具体操作确是策略性、技术性很强的工作。

(2)财务核算。是成本效益管理的基础,对企业很重要、也很必要,尤其在国际化企业管理中是一项必需的工作。

(3)鼓励社会资本投入。推行政府主导、市场运作、社会参与、多元投入的管养新模式。进一步开放设施建设与运营市场,积极引入社会资本,鼓励采取政府购买服务、政府与社会资本合作等方式,实施设施建设运营的市场化、专业化运作;积极探索建立社会资本参与水环境治理长效管理的新模式。

(4)建立部门协调联动机制。建立部门联席会议制度,定期或不定期召开联席会议,及时研究解决水环境整治和长效管理中发现的问题。

【例2】 深圳水环境治理服务支持体系

深圳引进高水平的专业团队进行系统规划、设计、建造和运营,实行"央企+地方""全流域治理"的水环境治理新模式。

针对治水工程复杂性、专业性等特点,深圳将茅洲河全流域的水环境治理工程整体打包,推行 EPC/EPCO 总承包模式,引进以央企为代表的大型企业,实施大兵团作战。以流域为单元,实行区域联动、协同实施、标本兼治,协同推进治水、治污、治涝和治城;实行全流域统筹、全过程控制、全方位合作和全目标考核;使茅洲河流域水质全面达到考核目标。

(三)技术支持体系

水环境工程设施管理是一项技术含量很高且复杂的工作,需要有规范的技术标准体系、实力雄厚的工程技术人员队伍及推广应用新技术的支持。

(1)技术标准体系。如深圳市河道管养技术标准,水库、一级水源保护区管养技术标准等。《河道管养技术标准》规定了河道管理范围内的河床、堤防护岸、河道保洁、绿化和景观、附属设施管养与维护等技术要求;《城市供水水质检查技术规范》规定了城市供水监督检查的工作机构、工作原则、监测采样网络设置,监督检查项目、频率和检测方法,现场工作和采样要求、工作记录要求,质量控制、判定和处理,监督检查报告和水质公告等。

结合实际工作,不断完善技术标准体系。如对于河道补水,需首先进行生态蓄水量评估及补水质量要求,应当坚持少补水、补好水,尽量开发利用河道基流的补水原则。现在大多利用污水处理厂的排水,即所谓达到地表水环境准Ⅳ类标准的水向河道补水,实际是有风险的。

(2)工程技术人员队伍。需要有水利工程、土木工程、环保工程及市政工程等各类学科、多专业的技术人员,涉及专业丰富,跨专业、跨学科的要求较高。

(3)推广应用新技术。应用最新的现代信息和网络通信技术,创新河湖智慧化管理,打造覆盖区域河湖的网络化动态监管平台;在无人值守、动态监控和云服务等方面,重视机器人、无人机、人工智能、大数据、物联网和云计算等的应用;关注无接触式技术对河湖水环境长效管理的推动和应用。

【例3】 深圳水环境治理技术支持体系

深圳在茅洲河推行的技术支持体系包括以下五个方面:

一是源头分流。对所有小区、城中村实施正本清源改造,实现清水不进厂、污水不入河。

二是全过程收集。补齐缺失管、修复破损管、打通断头管、活化"僵尸管"、疏通堵塞管,实现污水应收尽收、应治尽治。

三是末端全处理。集散结合,新扩建及提标拓能水质净化厂,实现处理能力和出水水质"双提升"。

四是环境全提升。统筹生活、生产生态空间,推进治水、治产、治城,打造更加宜居、宜业的城市环境,实现水城相融、人水相协。

五是推进"十个全覆盖"。雨污分流管网全覆盖,正本清源改造全覆盖,暗涵整治全覆盖,污水处理效能品质提升全覆盖,水生态环境修复全覆盖,排水专业化管理全覆盖,"散乱污"企业监管全覆盖,点源面源污染防治全覆盖,小微水体湖长制全覆盖,智慧流域管控体系全覆盖。

(四)宣传教育体系

一般对重要保护对象,我们都喜欢实行全封闭式管理,但"封闭带来神秘,神秘激发好奇,好奇就会产生冲动;如果开放,则开放会带来了解,了解促进参与"。这就是接触式、亲历式宣传教育的有效方式。因此,宣传教育体系主要体现在公众参与方面,公众参与是一项非常有意义、有必要的工作,尤其在国际合作项目中,这是一项非常必需的工作。要让公众亲自参与到水环境管理的活动中,让其感受到通过河湖黑臭水体治理改善水环境给人们生活和社会带来的好处,积极支持、主动参与、自觉监督水环境治理的长效管理工作。

一是在水环境设施建设中,配套建设相应的宣传展示设施,如博物馆、展览馆等。二是设立市民公众开放日。邀请社区居民代表走进设施,进行实地参观、考察,亲身了解水环境设施的重要性,并征求其相应的整改意见。三是向周边居民发放宣传单,利用展板、现场教学等多种形式向居民讲解水环境治理的工艺特点和重要性,宣传水环境生态意义,提高广大群众依法参与水环境综合整治的环保意识和法制意识。四是从我做起,从青少年抓起,推动水环境保护进课堂。通过中小学科普教育,宣传水环境设施的意义及其保护的重要性,培养中小学生的环保意识。五是鼓励新闻单位持续加大宣传力度,加强宣传效果,提高群众爱护水环境的自觉性。

(五)应急支援体系

国际惯例称"灾难救援体系"。在日常的管理工作中,遭遇突发的台风、暴雨、滑坡和泥石流等重大自然灾害,需要有一套及时应对的支援体系。河湖水环境治理的长效管理,同样也需要。

一个完整的应急支援体系应由组织体制、运作机制、法制基础和应急保障四部分构成。

其中组织体制包括管理机构、功能部门、应急指挥及救援队伍四部分。管理机构是指维持应急日常管理的负责部门;功能部门是指与应急活动有关的各类组织机构,包括消防、医疗等;应急指挥则是指应急预案启动后,负责应急救援活动的场外与场内指挥系统;而救援队伍则由专业和志愿人员组成。

运作机制包括应急决策的会商、指挥命令的下达及各部门的统筹协调,最基本的要求是反应快速、行动专业、系统高效和设施完备。

立法是应急支援体系的法制基础。在抢险救灾管理工作中,深圳市、区相关部门已专门制定《抢险救灾管理办法(实行)》。河湖水环境治理的长效管理也应当立法,以保障应急支援的有效性。

应急保障内容比较具体,主要包括机构和队伍、应急预案、应急设备器材和物资以及应急救援演练等。应急救援演练是检查人员、设备、物资和预案时效的很好方式。现在,深圳市、区应急部门已经能够熟练开展"实战盲演"性质的三防应急演练。

(六)监督考核体系

(1)加强社会监督。通过主要媒体向社会公告各河河长名单,在河湖岸边显著位置竖立河长公示牌,标明河长职责、河湖概况、管护目标、监督电话等,接受社会监督。聘请社会监督员对河湖管理保护效果进行监督和评价。进一步做好宣传舆论引导,提高全社会对河湖保护工作的责任意识和参与意识。

(2)建立督察报告制度。建立"一人一河、一巡一报、一日一督"制度;实行"即检查、即通报、即督办、即整改",坚持"每日一报、每周一查、半月通报",做到"一事一通报、一事一落实"。

(3)建立河湖长(联席)会议制度。通过信息共享,定期通报河湖管理保护情况,协调解决河湖管理保护的重点、难点问题,对河湖长制实施情况和履职情况进行督察。各级河湖长办公室加强组织协调,督促相关部门和单位按照职责分工,落实责任,密切配合,协调联动,共同推进河湖的长效管理工作。

(4)河长制考核。根据不同河湖存在的主要问题,实行差异化绩效评价考核;将领导干部自然资源资产离任审计结果及整改情况作为考核的重要参考。县级及以上河长负责组织对相应河湖下一级河长进行考核,考核结果作为地方党政领导干部综合考核评价的重要依据。实行生态环境损害责任终身追究制,对造成生态环境损害的,严格按照有关规定追究责任。

(5)加强考核奖惩。对成绩突出的单位和个人进行表彰奖励;对工作推进不力的单位进行通报批评,限期整改。

【例4】 深圳水环境治理考核机制

深圳在水环境治理工作中,创新干部考核方式。市委组织部《关于在〈在黑臭水体治理工作中开展干部专项考核的工作方案〉的通知》强调,开展干部专项考核,把水污染治理的"战场"作为检验干部的"考场",作为磨炼意志、强筋壮骨、增长才干的"实训场",在攻坚一线识别、锻炼、考察干部,坚决以硬干部、硬作风、硬措施打赢水污染治理这场硬仗,锻造一支政治强、本领高、作风硬、敢担当的治水铁军。

五、长效管理——河湖长的重任

河湖长制是加强河湖水环境治理长效管理的良好机制,河湖长工作任重道远。

(1)要有很强的责任心。心里爱河湖,手里勤养护;每日多关注,共抓大保护。

(2)善于统筹。横向要统筹机构内各个专业、各个部门的工作,纵向要及时发现问题,及时向领导汇报。善于发挥机制、系统的整体效益。

(3)善于协调。对上协调各监督监管部门,特别争取财务部门支持;对项目区周边各部门,要通过沟通、协调,争取配合支持。

(4)善于学习。不断学习新思想、新知识、新技术,特别是专业知识,并将其适时应用于河湖的日常管理。

（5）善于发现。河湖管理是一项精细化的工作，需要用心、细心和耐心，随时发现问题，随时报告，随时处理。

（6）敢于担当。敢于担当是河湖长的基本素质。敢于直面问题，大胆解决问题；善于应对突发事件，及时组织抢险救灾。

深圳市水务行业标准化建设工作综述[18-19]

从 2006 年开始，为了贯彻落实《深圳市标准化战略实施纲要（2006～2010）》，深圳市水务局启动了水务行业标准化建设工作，成立了水务标准化工作领导小组和标准化工作技术委员会，安排了相应的人力及资金，在深圳市市场监督管理局和标准技术研究院的支持和指导下，至 2012 年，已基本建成深圳水务行业标准技术体系及多项专业标准和规范，有力地促进了深圳水务行业技术和管理的标准化，规范了水务行业和市场的发展。有关工作情况概述如下。

一、深圳水务行业发展形势

深圳建市以来，在党中央、国务院和广东省委的直接领导下，在历届市委、市政府和全体市民的共同努力下，社会经济建设特别是水利事业蓬勃发展。1993 年，深圳市水务局成立，开启了从传统水利向城市水务的转型和发展，各项工作不断取得进步。进入 21 世纪，深圳市水务局坚持以科学发展观为指导，努力践行以人为本的可持续发展理念，抢抓机遇，加快推进水务基础设施建设，不断完善水务服务保障体系，强化水务社会管理职能，积极推进局属事业单位改革，在城市供水、防洪排涝、水资源节约与保护、水环境治理，尤其是在三防工作方面取得了突出成绩，为早日实现水务现代化奠定了良好基础。

全市现有东深供水工程、东江水源工程两大境外引水干线，全长 219 km，已初步形成一江两线水源保障体系；加上在建的 10 余条供水干支线，供水水源工程网络已覆盖全市 90%以上用水区域。全市现有供水企业 24 家，自来水厂 58 座，制配水规模 670 万 t/d；自来水普及率已达 99%，其中特区内 100%。根据 2005～2008 年供水增量情况，预计 2009 年全市原水供应量达 18.2 亿 m³，自来水供应量达 15.03 亿 m³。

加强科学规划与调度，开源与节流并举，全面加强节水工作，2009 年全市万元 GDP 水耗已降到 22.3 m³。节水型城市创建工作全面启动，深圳市已被水利部列为广东省唯一创建节水型社会试点城市。

坚持工程措施与非工程措施相结合，完善防洪排涝体系，保障城市防洪安全。工程措施方面，全市共建成达标河（海）堤 216 km，小（一）型以上水库基本实现安全达标，初步建成以水库、河道及滞洪区等为主体的防洪工程保障体系。非工程措施方面，三防 GIS 系统、水情卫星遥测系统及应急指挥系统相继建成并投入运行，全市三防决策指挥及应急抢险能力逐年提高。

全市现有污水处理厂 17 座,总处理规模 254 万 t/d,城市生活污水集中处理率达 80%。水污染治理工作取得阶段性进展,全市组织开展排水管网"正本清源"行动,累计创建排水达标小区 2 200 多个;大力实施"净畅宁"工程,统筹制订河流污染治理规划与方案,组织实施 58 项重点治污项目,总投资达 138 亿元。

坚持预防为主,综合治理。2008 年以来,全市共审批水土保持方案 1 500 多宗,查处水土流失违法案件 200 多起,完成裸露山体缺口整治 97 处,荣获"全国水土保持生态环境建设示范城市"荣誉称号;盐田沙盐路九径口边坡、葵涌雷公山石场、南山蛇口后山等成为裸露山体缺口整治示范工程。根据水源保护林建设规划,顺利实施 15 座水库水源保护林建设工程。

坚持以信息化手段提高水务工作质量和效率。已先后建成水务局门户网站、水务办公自动化系统、三防指挥决策系统、水土保持信息管理系统、东部供水调度自动化监控系统及市区防洪泵站水闸自动化控制系统等,三防会商系统实现了与市政府应急指挥中心的联网。推动了政务公开、便民服务工作,提高了应急抢险救灾工作的效能。

近年来,深圳市水务局率先在全国推行水务标准化建设,为进一步提升行政管理效能,增强水务行业标准化意识,发挥标准化管理优势,规范行业发展,提高行业管理水平,保障行业发展质量等,起到了积极的推动作用。

二、开展水务标准化的必要性及意义

水务管理工作实践中发现诸多问题,一是水务行业涉及的标准数量庞大、专业多,非常不利于行业管理的全面开展,亟需进行系统梳理、归纳分类;二是国家现有标准体系主要是框架性的,涵盖尺度比较大,不能涵盖深圳地方性、特色化管理的领域,不能全面反映城市水务行业管理的需求;三是深圳水务事业和水务市场的快速发展,出现了一些新的工作和技术领域,亟需新的标准进行规范管理;四是传统的涉水标准体系都只是技术标准,缺少管理特别是综合性管理的体系和标准。因此,开展水务标准化工作既具有满足现实工作需要的积极意义,又具有谋划长远发展的战略意义,十分必要。

开展水务标准化工作,一是为了贯彻落实《深圳市标准化战略实施纲要(2006~2010)》,推动深圳市水务行业管理走向规范化、制度化、科学化和精细化;二是为了提高水务行业管理的水平和效率,保障全市水务行业的快速、健康和全面发展;三是为了适应深圳国际化城市发展的需要,有利于开展深港水务合作及国际合作,促进行业标准同国际惯例接轨。深圳水务行业需要尽快开展标准化的制定和推广工作,尽快建立水务行业标准体系,为行业的深化管理和规范发展提供标准化指引。

三、水务标准化工作机构及机制

在机构设置方面,深圳市水务局于 2007 年 12 月成立了以局主要领导为组长的水务标准化工作领导小组,界定职能、明确目标、落实经费、统一部署全局标准化工作。2008 年 1 月,经深圳市市场监督管理局批准,深圳市水务局牵头组建了我国水务行业第一个地方专业标准化技术委员会——深圳市水务标准化技术委员会(简称水务标委会)。水务标委会内设秘书处,秘书处的日常工作由深圳市水务工程质量监督站承办。创新以深圳市标准技术研究院为专业技术支撑实体,以水务标委会委员为顾问团队,以全市水务行业相关政府部门、企事业单位及个人为实施主体的全新工作模式。水务标准化领导小组成立伊始,首先举办了多期标准化知识培训班,为标准化工作的全面开展培养了人才。

为满足标准化方面的专业技术需求,保障水务行业标准制修订工作科学、高效地开展,深圳市水务局委托深圳市标准技术研究院作为技术支撑单位,为水务标委会提供标准编制技术审查技术咨询服务,协助市水务局统筹推进相关水务行业标准化工作。在2009~2012的三年多时间里,市标准技术研究院以邮件、电话、面对面、书面等多种方式提供具体标准事务咨询,以审查报告、咨询报告和查新报告等提供书面咨询成果,对水务行业标准的制(修)订工作提供了强有力的技术支撑,圆满、顺利完成水务标委会委托的历年标准化咨询工作。

四、水务标准化技术委员会章程

根据《中华人民共和国标准化法》《全国专业标准化技术委员会章程》和《深圳市专业标准化技术委员会管理试行办法》的规定,水务标委会筹备工作首先草拟了《水务标准化技术委员会章程》(简称《章程》)。该《章程》共5章36条,对水务标委会的工作性质、目的和任务,标委会内设组织机构,开展标准编制的工作方式及程序等,均做了明确而详细的规定。

《章程》明确,水务标委会由深圳市标准化管理委员会批准设立,目的是促进深圳市水务标准化工作的迅速发展,加速涉及民生水务标准的制(修)订工作,不断完善水务标准化体系,进一步提高深圳市水务行业管理运行水平。水务标委会由深圳市标准化管理委员会和深圳市水务局标准化工作领导小组共同主管,接受国家、省标准化管理委员会的工作指导。

水务标委会的主要任务是贯彻落实国家及省市标准化工作方针政策,按照国家标准制(修)订原则,学习参考国际标准,制定和完善本专业的标准体系。提出制(修)订本专业国家标准、行业标准的长远规划和年度计划建议,组织深圳市水务专业地方行业标准的制(修)订及与标准化有关的科学研究工作,负责深圳市水务行业标准的宣传贯彻及解释工作,参加本行业标准国际化的制定、审查、技术交流和相关会议。受委托在产品质量监督检验、认证和评优等工作中,承担本专业标准化范围内产品质量标准水平评价工作,并向项目主管部门提出标准化水平分析报告。面向社会开展水务行业标准化服务工作。

《章程》规定,水务标委会主要由深圳市水务行业管理部门、咨询机构、设计企业、用户及高等院校相关专业的代表组成,其成员应具有本专业较高的理论水平和较丰富的实践经验,现仍从事与本专业有关的工作,熟悉和热心标准化工作,能积极参加标准化活动,具有高级以上技术职称的专业科技人员。标委会委员的产生实行推荐审批制,标委会委员应积极参加标委会的工作,享有在标委会内的表决权。

水务标委会设立秘书处及工作组。秘书处设在水务工程质量监督站,负责标委会的日常工作。工作组为临时性机构,根据每项新标准编制的需要而设立。

水务标委会的工作程序按照国家、省市标准化主管部门的有关规定执行。水务标准化的制(修)订应首先由工作组提出建议报秘书处,经水务标委会审核并报市标准化主管部门及水务局批准同意后方可展开工作;工作组完成的标准报批稿,参照上述程序进行报批,但市标准化主管部门及水务局有权对报批稿提出修改。

工作组负责水务标准的起草、修订及送审工作,秘书处负责组织标准的审查及报批工作,审查包括秘书处初审及标委会审查,标委会对标准的审查实行充分协商基础上的票决制。对审查通过的标准报批稿,由工作组根据审查意见按照国家标准化管理委员会规定的格式进行整理报批,经深圳市标准化主管部门审核批准,统一编号发布。工作组的标准制(修)订工作,全程实行合同制管理。

《章程》鼓励任何个人、团体或单位积极参与水务标准化的制(修)订工作,对于对水务标准制(修)订工作确有积极推动作用且产生显著经济效益的意见或建议,水务标委会将给予奖励。

五、水务标准编制的基本原则

(1)系统性原则。全面了解水务行业在相关技术和管理工作中,需要协调和统一的各种事项和概念,根据不同专业特点对相关技术标准和管理标准进行系统分类及综合。使水务标准体系划分准确合理、层次分明。类别之间相互依赖、衔接配套,层次之间共性通用、制约指导,形成系统科学的有机整体。

(2)先进性原则。一方面,在标准体系框架的构建上,注重将对水务行业未来发展具有重要作用的技术和管理领域,如"节水"和"水务行政执法"等纳入标准体系中。考虑建立水务标准体系的动态管理机制,通过构建《深圳市水务行业标准体系》网络查询系统,将标准体系数据库与深圳市标准技术研究院适时更新的国内标准数据库动态联接,保证相关标准的有效状态、替代关系、采标关系、引用关系等多种属性能够得到及时更新和维护。

(3)地方性原则。在确保标准体系全面、系统和科学的前提下,强化标准体系的针对性、指导性,尽量反映深圳市水务行业管理特点的标准需求。例如,为了促进城市节水管理,将与节水相关的技术标准和管理标准从"水资源利用子体系"中独立出来,形成"节水子体系",以满足城市节水行业管理的实际需要。

(4)适用性原则。在标准体系框架的设计上,首先,广泛参考水务(利)行业各领域的体系分类资料,水利部最新颁布的《水利技术标准体系表》、中国标准分类法 CCS、国际标准分类法 ICS 等,使深圳市水务行业标准体系能与水务(利)行业各领域内的分类体系相兼容。其次,充分考虑深圳市水务局机关各处室、市水办、局属各单位,在技术标准和管理标准方面的需求,结合行业特点及实际工作需要,通过引用、补充和新编等方式,形成适用深圳水务行业管理所需的技术标准和管理标准。再次,在标准体系各类别的细分上,将城市供水、排水和节水相关的技术标准和管理标准,从"水资源利用子体系"中独立出来,形成各自的子体系;等等。最后,对水务各领域的技术标准和管理标准同时收录,进行系统整理和规划,以满足水务行业精细化、规范化管理的需求。

(5)科学性原则。在标准体系的研制过程中,尽量使体系表层次清晰、分类科学、结构合理。同时,考虑水务行业技术规范的不断发展、管理标准的不断完善,在水务行业标准体系中预留满足其未来需求的可分解和可扩展空间,使其更加客观、科学,体现动态发展。

六、初步成绩及存在问题

(一) 工作初步成绩

自 2006 年以来,为了引导行业规范发展,深圳市水务局制定出台了 63 项标准文件;在此基础上分类构建 12 个子体系,共同组成深圳市水务行业标准体系,现已正式发布实施,为水务标准化工作推进中亟需解决的问题提供了重要支撑。其中:

《深圳市供水行业服务规范》,从业务办理、抄表收费、供水设施维护、用户服务、常见投诉处理、费用支付等几方面对深圳市供水行业的服务标准提出了统一、明确的要求,有利于主管部门实施有效监管,维护供水市场稳定,保障供用水双方权益,有利于促进供水服务更加规范化、人性化、智能化和现代化。

《建设项目用水节水评估报告编制规范》规定了深圳市建设项目用水节水评估报告的编制要求、内容及文本格式。适用于年设计用水量在 3 万 m³ 以上(含 3 万 m³)的新建、扩建及改建建设项目用水节水评估报告的编制,年用水量在 3 万 m³ 以下的建设项目可参照执行。

《深圳市供水行业技术进步指南》对深圳市供水行业在水源地管理、水厂运营、管网维护、水质监管、客户服务及运营管理过程中应逐步实现的技术进步及发展目标,做了全面系统的规定。

《城市污水处理厂运营质量规范》规定了深圳市城市污水处理厂的运营资质、运行工艺、设备及设施、水质监测、安全管理、厂区环境、成本效益、档案及信息的管理内容及程序等。

《再生水、雨水利用水质规范》规定了深圳市再生水、雨水利用的水源要求、水质标准以及水质监测方法等。仅适用于深圳市再生水、雨水利用工程的设计、验收、运行和监督管理,不适用于深圳市河流、水库等地表水集水面积范围内的天然径流,以及城市污水处理厂出水排入城市河道的补水。

《河道维修养护技术规程》适用于深圳市辖区内正在实施或已完成综合治理的景观河道的日常维修养护及其相关管理活动,对河道管理范围内的堤防护岸、河床及附属设施的日常检查、观测、维修和养护,以及堤防护岸应急抢险、技术档案和信息管理等进行了明确规定。

《边坡生态防护技术指南》对深圳市边坡生态防护技术体系进行了详细规定,包括边坡生态防护技术的术语、边坡类型、边坡防护的一般规定、边坡生态防护的原则和目标、边坡生态防护技术、边坡生态防护的植物群落修复类型、植物种类选择及边坡生态防护工程的验收等。

《深圳市水务发展专项资金项目申报编制规范》规定了深圳市水务发展专项资金项目的申报范围、命名原则、申报资格与受理、方案编制要求及项目申报资料的要求等,适用于以采取无偿拨款和贴息方式运作的公益性为主的水务工程,包括建设、修缮、运维,新技术推广与示范以及非工程措施等五类关于专项资金项目申报书的编制。

《水务工程文件归档要求》规定了水务工程文档管理中的职责界定,文件收集、整理和归档要求,竣工图的编制、工程档案验收及移交要求等。适用于深圳市地方财政全部或部分投资建设的水务工程的文档管理,其他水务工程可参照执行。

已完成的水务行业标准体系及相应专业标准文件,为深圳水务行业标准化建设提供了体系框架和发展蓝图,能够基本满足水务行业管理科学化、精细化和规范化的需求,能够为水务工作者实时查询、了解和选用所需标准,跟踪和掌握水务行业标准发展现状和趋势提供信息支撑。能够适应当前水务行业的发展,促进深圳市水务行业管理水平和管理效率的提高。

(二)存在问题及努力方向

(1)继续加强学习。水务行业标准编制需要不断学习,了解国家的行业发展政策,了解国家和省级层面行业标准编制的指导思想、技术路线、规范重点和内容特点,以指导水务行业标准化建设工作。

(2)不能急于求成。水务标准的制(修)订和实施是一个循序渐进的过程,应在考虑其规范性、指导性和适用性的基础上,综合考虑先进性和前瞻性,进行系统规划、分类指导,统筹编制和实施。

(3)积累信息资源。水务标准的制(修)订需要技术和管理经验的积累,需要大量信息资源作为技术支撑;尽快建成《深圳市水务行业标准体系》网络查询系统,为水务标准的检索、查新,及时了解水务标准行业的发展动态提供信息化手段。

(4)因时制宜,不断创新。水务行业标准不是一成不变的,需要随着技术的进步不断完善,以适应新技术应用和推广的需要;水务技术领域及行业范畴,会随着社会的进步而发展,需要及时配套、补遗相应的标准及规范行业的可持续发展。

(5)加快人才培养。水务标准的制(修)订工作,既需要一定的专业技术知识,又需要标准化知识和协调能力。应继续加快标准化工作人才培养,建设一支思想作风过硬、专业技术过硬的高素质标准化工作队伍。

水务标准化是深圳市实施标准化战略向城市公共管理领域推进的重要内容,对促进行业发展、提高行业服务质量和水平,提升企业竞争力和保障民生水务都具有十分重要的战略意义;对发挥水务标准在提高行业管理水平、保障工程建设和服务质量等方面具有十分重要的现实意义。

在新的发展征程中,深圳市水务局将继续以科学发展观为统领,应用最新的科技和信息化技术、采取更有力的保障措施推动水务行业标准化建设,以深化、细化行业管理,提高行业服务质量和保障能力,加快深圳水务发展步伐,早日实现水务现代化。

第四章　水资源管理

深圳市水资源可持续利用的战略思考[20]

深圳是水资源严重缺乏的城市。多年来,市委、市政府为改善深圳市的水资源条件,不惜投巨资兴建引水工程从东江调水,解决了深圳市近期的用水问题。但随着经济的快速发展,水资源的供需矛盾又再次凸现。深圳的发展已明显受到水资源难以为继和水环境承载力难以为继的制约,如何科学审视深圳市的水资源形势,并采取积极的应对措施,是当前必须研究的重要课题。

一、深圳市水资源面临的形势

(1)水资源总量不足。深圳地处亚热带海洋季风气候区域,降雨丰沛,很难理解深圳会缺水。实际上深圳地少人多,资产密集,2008 年全市原水供应总量为 18.5 亿 m³,城市供水总量为 15.7 亿 m³,实际用水人口超过 1 200 万,人均水资源占有量为 175 m³,不足全国的 1/11 和全省的 1/10,属严重缺水城市。目前省水利厅批准深圳市自东江(包括东深供水工程、东江水源工程)的取水指标为 16.63 亿 m³,在 2010 年底东江水源二期工程和北线引水工程建成通水以后,全市在设计保证率 97%的情况下原水供应总量为 20.13 亿 m³。按照《深圳市城市总体规划(2007~2020 年)》的预测,2010 年、2020 年深圳市总用水量分别为 24.2 亿 m³、30.3 亿 m³,在充分考虑本地水资源挖潜、大力开展节水以及中水利用、污水回用等非传统水资源开发利用的情况下,到 2010 年、2020 年,深圳市水源仍分别存在 0.9 亿 m³、6.0 亿 m³的缺口。

(2)对东江水源的依赖程度过高。目前深圳市 70%以上的水源来源于东江,一旦遭遇特枯年份,现有引水工程大部分时间不能正常取水。深圳市现有水库调蓄库容小,若无东江来水,仅能满足一两个月的用水需求,难以抵御严重干旱和突发事件的侵袭,供水保证率严重偏低。

(3)浪费水现象比较严重。按实际用水人口计算,深圳市人均生活用水量 200 L/(人·d),人均综合用水量为 410 L/(人·d),高于南方城市平均水平。说明深圳市用水质量不高,节水仍有潜力可挖。

(4)水资源保护压力大。深圳缺水,但已有的水资源污染逐年攀升。在深圳市各水库一、二级水源保护区内,各种违章开发、养殖、毁林种果、种菜等污染水源的行为屡禁不止,各种生活、生产污水不能有效截排,城市垃圾、水土流失等均对水源水质构成威胁、破坏。同时,违法开采地下水的现象比较严重,一方面影响饮水安全,另一方面易诱发地质灾害。据勘探显示,深圳市海水浸润线已逼近深南大道,若不加控制,将危及建筑物和市政设施安全,甚至造成地面沉降。

二、深圳市水资源可持续利用的对策建议

发展是硬道理。经济发展对水资源需求的增加是必然的,但也不能无限制的增加,要寻求水资源利用效率的最大化。就深圳市水资源而言,当前必须积极开展水资源核算体系研究,进一步明晰水资源可持续利用的思路;围绕解决即将面临的供水危机,必须按照"立足东江、放眼西江"的思路,抓住贯彻实施《珠三角地区改革发展规划纲要》的机遇,加强与珠三角周边城市的区域合作,推动深圳市深层次水问题的解决。

(1)知深而行远。积极开展水资源核算体系研究,为推进深圳水资源可持续利用奠定坚实基础。

①深圳市开展水资源核算体系研究已刻不容缓。目前,深圳市经济处于高速增长阶段,水资源供应和水环境质量都承受着巨大压力。在水源方面,远期存在巨大缺口;在水环境方面,全市70%的河流遭受不同程度的污染,流经城区的河流除深圳水库排洪河、大沙河河流水质基本达到景观水体外,其余河流都是有水皆污。如何结合现有国民经济核算基础和水资源统计基础,抓紧研究和建立水资源核算制度及体系框架,以支持可持续发展的管理,服务于资源节约型、环境友好型社会建设,已成为当前一项十分重要而紧迫的任务。

②开展水资源核算体系研究是建立绿色国民经济核算体系的必然要求。深圳市开展水资源核算制度及体系研究,旨在建立一套适合深圳市情和水情的水资源环境经济综合核算体系。通过研究水在环境和经济体之间以及经济体内部的循环流动关系,全面反映生产生活各部门的用排水强度、用水效率以及取排水对环境的压力,为强化水资源的统一管理、加快建立规划水资源论证制度、推动节水及非传统水资源的开发利用提供决策依据;通过研究水活动所产生的经济流量和存量,全面反映水管单位的投融资关系、财务收支、投入产出和成本效益状况,不仅体现水务在国民经济发展中的基础产业地位,也为下一步推进水管单位建立法人治理结构、提高投入产出效益夯实基础;通过研究经济活动对环境中水资源存量、流量和质量变化所造成的影响,并通过水资源的经济价值评估,测算水资源超采、水环境污染和破坏所付出的代价,依靠科学的数据,加强对各级领导、各职能部门及广大市民的宣传,不仅在全社会形成珍惜水、爱惜水、保护水的社会氛围,也为建立绿色国民经济核算体系、改进经济发展评价体系提供有力支撑。

③要加快启动水资源核算体系研究工作。自2006年水利部在全国开展水资源核算体系研究试点工作以来,各有关试点单位相继探索出了一些好的经验和做法。深圳市作为改革开放的"窗口",下一步也要按照科学发展观的要求,提高认识,加强领导,加快启动水资源核算体系研究工作,为提高水利公共服务和社会管理能力提供权威和可靠的数据支撑,为优化国民经济产业布局,促进经济发展方式转变提供宏观决策依据。

(2)立足当前,坚持优先开发本地水资源及充分挖掘现有设施潜力的原则,优化水资源配置,应对深圳即将面临的严重缺水局面。

近年来,深圳市按照开源与节流并重的原则,大力推进骨干蓄引水工程及节水型社会建设。到2010年底,东江水源二期工程、北线引水工程和东部供水网络梅林、笔架山、大

工业区、大鹏半岛支线工程将陆续建成通水。根据水务发展"十二五"规划及工程进展实际情况,预计到2013年前后,公明、清林径供水调蓄工程、大鹏半岛水库群以及供水网络坝光、甲子塘、盐田支线也将竣工投入使用。届时,目前在建及准备兴建的骨干水源工程全部建成投入使用。由于近期深圳市没有新的引水工程开工建设,即使东江下矾角梯级开发工程取得突破性进展,从项目立项到建成投入使用也至少需要6~8年时间。按照近三年全市平均供水增长率4%计算,预计到2011年深圳市将出现新的水源缺口,而且随着经济的发展,缺口会越来越大。因此,深圳市必须立足当前,从现实可行的角度出发,综合考虑可能采取的措施及边际成本,统筹兼顾,抓住重点,缓解深圳即将面临的水危机。

①加强水资源优化配置,进一步挖掘本地水资源开发潜力。

a.推进雨洪资源利用。在山区生态控制线内规划新建、扩建和恢复利用水库、域外引水及小型蓄水工程共69项,新增集雨面积246.6 km²,可利用水量0.94亿m³。对深圳市新建城区、旧城改造区及绿地公园共183 km²的范围内进行雨洪利用规划,分别采用集蓄技术、渗透技术及处理技术,滞蓄利用雨洪,达到雨洪资源利用及缓解防洪压力的目标。城区雨洪资源可利用量为0.84亿~0.86亿m³。

b.管好、用好地下水。通过全市范围内综合水文地质调查和潜在水源地水文地质详细勘查,重新评价全市地下水资源量,确定地下水允许开采量和适宜集中开采的地段。特区内采用禁止开采的措施,特区外采用限制、有计划开采的措施。在此基础上,结合雨水利用规划解决开采片区确定、地下水影响及回灌等问题,建立全市地下水动态监测系统,在地下水较丰富的地区如葵涌等地规划新建地下水取水工程和管网铺设(抽水井主要分布于龙岗、坪山、坪地、葵涌、福永和西乡等地),到2020年全市地下水的利用量从目前的6 000万m³提高到1亿m³。

c.推进非传统水资源开发利用。以已建和新建的污水处理厂为中心,建立污水回用试点工程,重点在污水再生水厂周边、新建住宅小区和旧村改造区等推广污(中)水利用,在对试点项目进行总结的基础上逐步推广,到2020年城市污水回用率达到25%。

②强化水资源统一管理,提高水的利用效率。

a.大力推进水资源论证工作,向"管理"要水。一方面,大力推进规划水资源论证,就是在规划编制阶段,从宏观上论证水资源承载能力对规划的支撑与约束条件,提出完善规划的意见以及保障合理用水、预防或者减轻对水资源可持续利用不良影响的对策与措施,提高规划的科学性,从总体上推进经济社会发展战略部署与区域水资源承载能力相协调。另一方面,要抓好生产建设项目水资源论证工作,从源头上加强水资源开发利用的需求管理,提升取水许可审批的科学化、规范化水平,促进水资源的高效利用。

b.充分发挥价格的杠杆作用。通过提高水资源费(或将费改税)来提升水价。目前深圳市自来水综合价为2.35元/m³,远低于北京的5.04元/m³,水作为资源的稀缺性远未得到体现。由于现行水价已包含供水企业8%的利润率,建议通过大幅提升水资源费(或开征水资源税)来提高水价,也就是说水价增幅部分由政府收取。政府收取以后主要用于推进节水、中水回用、提高饮用水源水质等公益性项目,不仅发挥水的价格杠杆作用,也体现"取之于民、用之于民"的以人为本理念。

c.建立节水宏观调控机制。对水资源总量进行统筹管理和统一调度,科学核定各行业的用水定额,实行区域用水总量控制与行业用水定额管理结合。进一步降低万元GDP耗水量,坚持将万元GDP取水量作为产业导向目录的考核指标,以节水引导产业结构调整优化升级,关停并转耗水量大、污染环境的印染、皮革、电镀等企业,重点扶持发展低耗水的高新技术企业,使万元GDP耗水量达到国际先进水平。

③挖掘现有工程设施潜力,加大东江引水量。东江流域年平均降雨量达到1 774 mm,且70%以上的雨量集中在汛期,从东江干流满足生态、航运、压咸等方面要求所对应的流量分析,在平水年或丰水年汛期加大从东江引水量,其水源条件是可行的。根据对深圳市境内外取水、输配工程的过流能力分析,若对提升泵站进行机电改造,或启用备用机组,深圳市已建、在建和规划兴建的输配工程年最大输配水能力为24.7亿m³/a,其中东深系统15.0亿m³/a,东部水源工程9.7亿m³/a,具备洪水期加大从东江取水的工程条件。

因此,一是要积极争取增加深圳市从东江取水的指标。对深圳而言,其中一个可行途径就是通过珠江流域水资源的优化配置,实现东江、西江的水量置换,加大东江对深圳的供水量,即引西江水解决广州市的供水问题,置换广州在东江流域的取水量给深圳市。另外,需将东江上游新丰江、白盆珠和枫树坝三大水库的功能调整为以防洪、供水为主的调度方式,以提高加大取水量的保证率。二是推进东江下矾角供水枢纽工程。该工程拟建于东江干流惠州河段、深圳市东江水源工程取水口下游。工程建成后,可改善深圳市东江水源工程的取水条件,在枯水季节可多取水7 000万m³,并提高惠州沿岸地区的防洪排涝标准,改善灌溉、航运条件和生态环境。三是要加强与珠三角周边城市的区域合作,争取合作建设石鼓、大坑、鸡心石、水祖坑等一批市外水源水库,实现区域联网统一调配,增强城市供水应急能力。

(3)着眼未来,推进西江引水工程,从根本上解决深圳未来水源缺口问题。目前,深圳70%以上供水水源来源于东江,作为特大型城市,将水源全部维系在东江上,存在水源单一不能互补的风险,且东江流域径流时空分配不均,枯水期严重缺水使深圳市供水安全难以保障。依据《珠三角地区改革发展规划纲要》的要求,到2020年大中城市的供水水源保障率需达到97%以上,深圳市另辟水源已刻不容缓。西江是珠江流域的一条主要河流,年均径流量2 323亿m³,是北江和东江的4.5倍和9.1倍。西江在水量和水质方面都有保障。从顺德区上游西江干流至深圳市石岩水库直线距离约为100 km,线路不算长。但深圳市单独从西江引水的方案存在较大困难:一是工程实施困难。线路要经过顺德和东莞两地的建成区以及珠江河网地带并跨越狮子洋,河网地带淤泥平均厚度达到20 m,工程地质条件复杂;二是周边关系难以协调;三是投资巨大,供水成本难以承受。2009~2010年的广东省"两会"期间,代表、委员们建议广东省水利厅抓紧研究省内的"西水东调"工程规划方案。实施"西水东调"工程,由广州、东莞、深圳和佛山四个市联合调引西江水,是珠江三角洲经济社会协调发展的必然要求,是解决广州及珠江三角洲若干城市今后缺水问题的最佳方案,而且有利于北江、东江等供水负荷过重的河流改善生态环境。"西水东调"工程必须由省政府统筹。深圳市应积极推动由省政府尽快组织开展西江调水项目的研究,在考虑珠三角诸城市供水需求的基础上,由省、市联合筹资建设,分期实施,以从根本上解决深圳未来的用水问题。

深圳市雨洪利用潜力及对策研究[21]

深圳市土地面积 2 020 km²,2005 年国内生产总值 4 926.9 亿元,全市总人口 1 071 万,人均水资源占有量不足 200 m³,属严重缺水城市,水资源短缺成为制约深圳发展"四个难以为继"中的重要因素。为了在紧约束条件下寻求更高水平的发展,深圳市委、市政府提出要强化自主创新产业,大力发展循环经济,努力构建和谐深圳、效益深圳的发展战略。如何破解水资源短缺的紧约束条件,开源节流,立足本地水资源的合理开发和科学管理,就显得尤为重要;在境外调水指标接近饱和的情况下,全面开展本地雨洪资源利用工作就显得非常必要且日益紧迫。

一、雨洪资源开发利用的意义

根据国内外雨洪资源利用的成功案例和经验,雨洪资源能够开发作为城市供水的第二水源,是一种环境友好型、资源节约型的水资源利用方式,有助于深圳的和谐社会建设。通过雨洪资源利用,可以增加本地水资源利用量,有利于城市防洪减灾、减少径流污染、改善生态环境、形成雨洪资源利用产业等。

一是通过新建、扩建或恢复现有蓄水工程,实行蓄水工程间的互联互通,跨小流域汇水区引水,增加雨期蓄水工程集水量,一定程度缓解城市用水不足。二是在某些流域或河道,如果要达到设计防洪标准,就需要拓宽河道,由此会带来大量的征地和房屋拆迁,协调难度很大。通过在流域内进行雨洪资源利用,可以在一定程度上减少雨水外排流量,削减河道洪峰流量或延迟洪峰出现时间,减轻流域防洪压力,提高城市综合防洪能力。三是可以通过湖泊和人工湿地等消纳雨水,减少雨期地面积水,改善局部热岛效应,调节小气候,营造水景观,改善社区生活环境;同时还可以增加地下水的补给量、涵养地下水源、间接缓解缺水局面。四是建设蓄洪池,蓄纳屋顶、路面、运动场和停车场等不透水地面的径流,用作喷洒路面、灌溉绿地和城市杂用等环境用水。五是结合雨洪资源利用的水文化宣传,有利于增强市民的懂水、爱水、惜水和节水意识;打造深圳的"山水文化"特点,提高城市品位。六是有利于促进河道、水库周边的市政建设和土地升值,逐步形成雨洪利用新产业,带动经济增长、增加就业岗位。

二、深圳市雨洪资源利用潜力研究

(一)深圳市水资源的特点

深圳地属亚热带海洋性气候区,气候温和,雨量充沛。多年平均降雨量 1 837 mm,多年平均径流总量为 18.27 亿 m³,看起来并不"缺水"。但由于半岛型城市的特点,境内没有大江大河,没有修建大型水库的条件,很难把雨水集中留住,70%以上的径流通过 300 余条河流汇入了东江或大海。现有蓄水工程条件下,能利用的本地水资源量不到总需用水量的 25%,75%以上的供水依靠东江引水。

(二)深圳市水资源利用现状

深圳市现有蓄水工程 186 座,其中中型水库 10 座,小(1)型水库 65 座,小(2)型水库 111 座。总库容 5.85 亿 m³。完全依靠这些蓄水工程和本地水资源,远远无法满足深圳经济发展的需要。近十年来,通过不懈努力,初步建成由市外东江引水和本地蓄水水库组成的水源供水网络。2005 年,全市总用水量 16.64 亿 m³。根据水资源发展规划,2010 年全市需水量 20.96 亿 m³,其中 15.93 亿 m³ 需要依靠东深供水工程和东江水源工程从东江引入,占总需求量的 76%。如果城市供水量保持持续增长,2010 年以后,将不可避免地出现新的水资源短缺问题,缺口需通过增加境外引水或本地水资源供给来满足。随着东江流域各城市经济快速发展、用水需求增长,东江水生态保护限制等原因,深圳增加东江流域取水指标的可能性越来越小。因此,要从根本上解决深圳的缺水问题,在大力加强节约用水、努力提高水资源利用率的同时,积极开发利用本市丰富的雨洪资源十分关键。

历史上,深圳市已在河道内设闸拦蓄调度汛期雨洪水量,如观澜河提水工程、茅州河提水工程,二者年均可增加约 1.3 亿 m³ 的水资源量,曾在宝安区的经济建设中发挥了重要作用。但由于城市发展过快,污水收集处理设施特别是污水管网建设滞后,大量污水直接排入河道造成水质不断恶化,使其不再适合提引作为城市用水,目前两处河道提水工程已暂停运行。

但一些城市开发小区,如横岗振业城、兰溪谷和南山文化中心等,在节水政策和水务发展专项资金的支持下,已建设雨水收集系统用于小区的景观和绿化用水。结合大沙河、福田河水环境综合治理工程,在河道上设置了水力翻板闸、橡皮坝等挡水设施,在营造景观水体的同时,达到雨洪资源利用的目的。说明深圳市的雨洪资源利用工作已经起步,亟需规划指导和政策指引。

(三)深圳市雨洪利用潜力

目前,深圳市现有蓄水工程可利用本地地表水资源量 5.26 亿 m³,约占多年平均径流总量的 29%,仍有约 13 亿 m³ 的地表水资源可以开发。为开发利用好这部分资源,通过对境内 2 020 km² 的辖区面积进行“地毯式”摸底后,经广泛征求各方意见,对全市的雨洪利用工程进行了总体规划。规划表明,在 $P=97\%$ 降雨情况下,全市可增加雨洪利用量 3.21 亿 m³/a。未来雨洪利用工程实施后,本地雨洪资源将得到更大程度的利用,利用率达到 46.2%。

城区发展规划方面,深圳市现状建成区面积 551 km²,根据水务发展“十二五”规划,预计到 2020 年将达到 760 km²,仍有 209 km² 可以开发。随着面源污染得到控制,环境逐步改善,城区雨洪资源可经处理后作为景观、市政及生活杂用水。

深圳市生态控制线以内面积 974 km²,约占辖区总面积的 50%。由于生态控制线以内的植被和环境保护良好,降雨径流的水质相对较好,可开发作为饮用水源。

深圳地形地貌属浅山丘陵区,山地多,平原仅占陆地面积的 22.1%。山地沟谷纵横,适合建蓄水工程;区内地质条件空间变化大,风化土层厚,岩溶发育,地下水赋存条件较好;总体而言,其下垫面条件有利于雨洪资源开发利用。

东江流域在汛期洪水资源丰富,可加大向深圳的供水量并通过供水网络工程进行储存,以提高城市的供水保证率。

由此说明,深圳的雨洪利用潜力较大,开发条件较好,更易实施。

三、深圳市雨洪利用对策研究

借鉴国内外雨洪利用先进经验,结合自身特点,深圳市雨洪利用措施将主要包括蓄水工程挖潜改造、河道蓄滞雨洪、分散雨水收集利用、地下水的补充与利用和科学调度等五个方面。

(一) 蓄水工程挖潜改造

深圳市现有蓄水水库 186 座,通过全面复查已有水库工程及适合修建水库工程的流域降雨及汇流条件,收集相邻流域相关资料,复核工程水文计算结果特别是水库调节系数,结合水库现状运行工况(尤其是水库汛期泄洪条件),对蓄水工程进行挖潜改造。

1.新建

对于有条件的地方,修建大中型水库,以增加利用本地水资源量、调蓄境外引水,提高供水水源保证率。如可在宝安区公明街道办境内修建横江水库(现为公明调蓄工程),在大鹏街道办境内的大亚湾修建海湾水库(现仍为规划状态)等,年均可增加雨洪利用量 1.5 亿 m^3 ($P=50\%$)。

2.扩建

充分挖掘已有蓄水工程的潜力,对有条件的水库进行扩建。如对铁岗水库、铜锣径水库和清林径水库等进行扩建,年均可增加雨洪利用量 0.28 亿 m^3 ($P=50\%$)。

3.跨流域汇水区截洪

对于部分水库库容较大,流域汇水面积及相应汇水量小,在有条件引水至水库的汇水区实施跨分水岭截洪工程,如在梅林水库域外引水至梅林水库,在铁岗水库域外引水至铁岗水库等。

4.恢复利用

对于部分现状无人管理或暂作他用的小水库,通过安全加固、清淤和扩建等,恢复其蓄水功能。蓄水可用作市政杂用及为河道景观补水,如三联水库、小坑水库、禾镰坑及莲塘尾水库等。

据测算,通过以上措施,可增加调蓄库容 2.24 亿 m^3。在 $P=50\%$ 保证率情况下,年均可新增雨洪水量约 2 亿 m^3;在 $P=97\%$ 保证率情况下,年均可新增雨洪水量约 1 亿 m^3。

(二) 河道蓄滞雨洪

结合全市水环境综合整治,可在河道内适当部位修建水闸或挡水堰,或在河道周边低洼地段设置滞洪区滞蓄洪水,拦截或滞蓄河道径流。如在福田河的笔架山公园内,利用公园开阔的低地设置滞洪池,通过修建拦水闸,用于滞蓄河道洪水。既可增加公园的景观水面,在枯水期为福田河补水,又可避免为提高福田河下游的防洪标准,而需进行大规模的征地拆迁等。

对于水质良好,适合工程建设的河段,可以进行提水工程如泵站等建设。将汛期洪水提升到附近的水库或水厂,直接增加城市用水,或通过水环境综合治理工程改善河道水质,增加汛期能够提蓄水的河段和水量。例如可以修复观澜河、茅洲河两大提水工程,恢复其汛期提水的功能,发挥工程效益。

(三)分散雨水收集利用

城区的市政杂用水水质要求较低,雨洪水集蓄后经简单处理即可满足要求。因此,对城市管理环境绿化用水等,雨水利用的主要方式是结合景观要求,设置人工湖(池)等贮存滞留雨水。可在运动场、停车场,或公园内的大面积绿地、广场等,设置地下蓄水池,集蓄雨水用于绿化灌溉。如在福田区的莲花山公园、中心公园等,可修建相应蓄水池收集雨水,用于草坪浇洒等。

对于新开发或改造的小区,可结合小区规划,对屋面、绿地、广场及道路的雨水进行收集,修建小型蓄水工程,分散集蓄,补充用于小区景观用水和市政杂用水(如浇洒绿化、冲洗道路及广场、洗车和建筑工地降尘用水等),亦可作为生活杂用水(冲厕、家庭洗衣等)、工业冷却循环和市政消防之用,还可用作紧急状况下(突发水污染、特枯水文年等)的备用水源。

德国、日本等发达国家早在20世纪60年代就开始兴建形式多样的滞洪池、蓄洪池,用于滞蓄洪水,并将集蓄的雨洪水作为路面喷洒、绿地灌溉等城市杂用水源。目前,深圳已有部分开发商结合小区开发建设了雨洪利用工程,利用自然的地势修筑人工湖,依靠天然雨水补给。雨水收集系统自屋顶开始,将包括草坪绿地的雨水通过收集系统汇总,再经过过滤使用,而对交通道路、广场等公共场所面源污染严重的雨水一般不收集利用。如南山半山海景花园,利用小区背靠南山的有利地形,设置集水池收集南山的雨水和山泉,集水池内的雨水通过管道重力输送到雨水沉淀调节池进行自然沉淀处理和储存后使用。同时还在小区内建设了许多下凹式绿地,用于蓄渗雨水,为城市小区雨洪利用创造了一定经验。

(四)地下水的补充与利用

深圳的地下水主要包括基岩裂隙水、第四系孔隙水和岩溶水等。

1.基岩裂隙水

基岩裂隙水一般开采点比较分散,宜采用降雨自然补给的方式。该类型地下水一般在山地或高丘陵、台地、谷地和低丘陵的地貌分界处富集较多,可在这些富水地段开采以供附近居民生产生活之用。

2.第四系孔隙水

第四系孔隙水广泛分布于滨海平原和断层谷地平原,且地层均具二元结构,上细下粗,降雨一般不易直接渗入地下。因此,在第四系孔隙水富集地段,雨洪利用方式宜采用导引水库下泄洪水或地表截洪沟水,通过竖坑或机井直接回灌地下含水层。此外,可在较窄的河谷地段修建地下水坝,和上中游拦河的橡胶坝、翻板闸等连为一体,抬高地下水水位,迟滞地下水流,既可增大第四系水开采量,又可满足河道景观用水需要。

3.岩溶水

一般上覆有第四系松散岩层,接受大气降水、地表水、第四系水和基岩裂隙水的补给,主要分布于龙岗-横岗盆地、坪山盆地、坪地盆地和葵涌盆地等。该区域可考虑利用岩溶发育区内已建和拟建水库的自然渗漏对地下水进行补给,或在岩溶发育区周围沿山地、丘陵修建截洪沟拦截地表径流,过滤后再通过竖坑或机井导渗入第四系含水层,由第四系水补给岩溶水。

4.利用城市微地形

在城市建设中,结合市区微地形,修建下凹式绿地或小微型蓄水池蓄渗雨水;采用透水砖、草皮砖等铺设地表,或者将不透水地表改建成透水地表并在其下埋设带孔透水管等,使尽可能多的雨水渗入地下,增加地下水或河道基流的补给,可作为特殊时期的应急备用水源。

(五)科学调度

针对水库防洪调度中"先弃后缺"的问题,通过科学合理的调度决策,减少弃水,增加蓄水。

建设一套现代化的水雨情监测系统,对流域集水区内的雨量、入库洪水和水质等进行实时监测和预报;结合水库防洪调度风险管理预案,研究优化水库汛限水位控制;通过水库大坝安全监测,实时掌握水库运行工况;将水库入库洪水预报、水库水量调度管理和运行工况相结合,建立水库水雨情管理优化调度平台,对水库雨洪资源进行优化调度,尽量减少弃水,增加雨洪蓄存水量。

深圳的供水布局是以东深供水工程和东部供水网络干线工程为主线,串联沿线水库的"长藤结瓜"形式,其布局非常有利于水源工程的联网调度。通过对市内外水源的统一规划和协调调度,一方面可以扩大本地水资源的利用,另一方面可以增加市外的引水。现在,东部水源工程和东深供水工程均具备汛期加大引水的输水条件,但需要增加市区蓄水工程的调蓄能力。通过新建、扩建蓄水工程,加大其调蓄能力,配合增加东江引水工程在汛期的引水量,作为特枯水文年份或突发水污染事件的应急备用水量,是东江雨洪资源调度管理的有效途径。

四、下一步工作重点

城市雨洪资源开发利用是当前世界缺水国家或地区普遍开展研究及应用的工作,是城市水资源管理新理念和新技术的应用,对深圳市的社会经济可持续发展和环境保护将产生深远影响。深圳的雨洪资源利用虽然已经起步并做了大量工作,但研究及开发尚处于初级阶段,相对于深圳水资源短缺的严峻形势,研究还需系统深入,要做的工作还很多。下一步要按"资源利用与防洪减灾、污染治理、生态保护相结合"的原则,按照"技术可行、经济合理"的原则,以及"因地制宜、集中与分散就地使用相结合"的原则,在加大工程项目开工的同时,重点做好以下工作:

(1)建立和完善雨洪利用管理体系。城市雨洪资源利用不仅是水务部门和城建部门的任务,还涉及城市管理多个职能部门,应强化各部门之间的密切沟通、协同配合、互相支持并抓紧实施。需要建立科学高效的管理体系,其中包括政策法规、技术管理、工程建设、运行维护和信息管理五大体系。政策法规是不可或缺的保障和鼓励体系,涉及雨洪利用的推广和可持续开发;技术管理用于支持研发和创新,涉及技术开发中的生态环境保护等;工程管理和运行维护用于出成绩、出效益,信息管理用于保障体系安全、提高效益。

（2）研究因地制宜的雨水收集和利用方式。分散与集中相结合是雨洪利用的原则之一,分散收集、集中利用。如屋顶、路面等的雨水汇集属分散收集方式,雨洪池蓄洪属集中利用方式。应结合深圳的地形地貌特点,通过试点工程及推广经验,分区分类确定适合深圳特点的、经济合理的雨洪收集利用模式。

一般地,屋面雨水利用主要包括屋面雨水汇集系统和屋顶绿化系统。屋面雨水汇集系统是将屋顶作为集雨面,通过汇集—输水—净水—储存等方式进行雨水利用,可分为单体建筑物分散式系统和建筑群集中式系统。屋顶绿化系统是在安全屋顶种植绿化植物,安装灌溉装置。屋顶绿化可以降低屋面径流系数,有效削减雨水流失量;可以改善建筑的小气候,降低热岛效应;还可以整体改变建筑环境景观。

对小区雨水汇集和利用,需认真规划和精心设计。首先要审地度势,紧密结合小区的自然地理环境和开发状况,本着经济实用原则,规划设计小区的雨水利用方案;其次要因地制宜,考虑将同小区的文化建设相结合,打造出具有艺术特色和文化内涵的雨水利用景观体系;最后要考虑将雨水通过沉淀、过滤和消毒等,用于小区绿化,为居民免费洗车等。

（3）研究建立全市供水水源网络优化调度系统。将本地地表及地下水资源、市外水资源及非传统水资源的利用,整合在一个平台上,实行一体化的优化调度管理。这是一个十分复杂的系统工程,涉及多学科、多专业的结合,尤其是大系统理论及优化技术。应用现代计算机技术、互联网技术和通信技术等,可促成其早日建成并发挥作用。可在确保其防洪安全的前提下,更加经济合理地利用有限的水资源,提高城市供水保障率。

（4）研究雨洪利用的水景观和水文化建设。针对不同的收集利用对象,以欣赏水、爱惜水和节约水为主线,将水、景观和园林建设融为一体,将观赏、休闲和娱乐融为一体。充分利用水体流动的自然规律,将喷水、跌水、流水和池水等多种形态结合起来,将声、光、电与流动水体有机结合,如何打造出艺术质感强烈、文化内涵丰富的水景观和水文化体系。

（5）开展成本效益分析。将雨洪资源利用同非传统水资源如污水处理回用、海水利用等进行技术经济比较,优化投资成本,提高效益。开展雨洪利用风险研究,如面源污染问题、工程安全问题及区域水平衡问题等,提出防治方案,控制风险。

（6）加强宣传。大力宣传雨洪利用的理念的效益,提高市民的认知感和参与度;积极开展工作交流与技术合作,不断总结经验,推广城市雨洪利用的理念、技术和经验;研究出台相关政策,激励、规范和保障雨洪利用工作健康开展。

实现水资源可持续利用若干问题的研究与思考

水,对于人类的生存来讲是一种矛盾,既必不可少,又不能过量。水太多了,会形成洪水;水太少了,会形成干旱,都会给人类的生存带来灾害。兴利除害,服务社会,是全体水利工作者工作的宗旨。在全球经济朝着集约型和效益型方向发展的今天,实现经济的可持续发展,首先是实现水资源的可持续利用。一方面,水资源短缺正影响着全球经济的持续发展,威胁着人民生活质量的持续提高;另一方面,如何从加强管理的角度出发,从技术、经济和政策多方面为实现水资源的可持续利用创造条件,是水科学家及工程师、社会学及经济学家、政府官员及国家首脑共同关心的问题。

一、水资源短缺,全球性危机

(1)地球上有多少水?据有关资料介绍,地球上的水大约有 13.86 亿 km^3,如果把这些水平铺在地球表面,地球将会变成一颗平均水深达 2 700 m 的"水球"。但其中有 97%以上是人类不能饮用的海水、矿化地下水和盐湖水。余下的约 3%虽为淡水,但淡水中的77.2%又存于冰川雪山之中,22.4%的水为土壤中的水和地下水。其余约 0.4%为地表水。实际上,地球上可供人类开发和利用的淡水资源仅占地球总储水量的 0.007%左右。

(2)全球性水资源短缺不是危言耸听。根据联合国提出的标准,每人年均至少应有1 700 m^3 的淡水。据此,全世界现有 18 个国家的 1.66 亿人生活在严重缺水的环境里,人均年淡水资源占有量低于 1 000 m^3;另有 11 个国家的 2.7 亿多人生活在用水紧张的环境里,人均年淡水资源占有量低于 1 700 m^3。发展中国家约有 12 亿人缺少安全的饮用水,29 亿人缺乏适当的卫生设施。因为饮用未经处理过的水,全世界每年有 340 万人死亡,每天有 5 000 个儿童因饮用不符合卫生标准的水而得病死亡,每 15 min 就有 100 人因腹泻类疾病而丧生。

缺水不仅影响到经济的发展、人民生活的稳定和生命的安全,更容易引起地区间的争端甚至战争。据有关资料介绍,世界上有许多国家地面上的水源,很大程度上依赖流经邻国的河流,例如埃及、匈牙利、保加利亚、荷兰等,境外流经水资源总量占总用水量的 90%以上。而有证据表明,在地表水资源中,河水最有可能引发国家之间的资源战争。例如恒河、尼罗河、约旦河、底格里斯河、幼发拉底河和中亚的锡尔河。

1967 年的以叙战争,以色列赢得了战争的胜利,获得了两大关键性水源,即加利利海西岸的水生动植物区与戈兰高地;对埃及政府来讲,防止苏丹和埃塞俄比亚人从尼罗河上游截水将是头等重大国策。如果苏丹与埃塞俄比亚从尼罗河上游截水就意味着战争的开始;孟加拉国位于恒河下游,上游是印度。由于印度的强大,孟加拉国深受下游的缺水之苦,旱季最低基本用水得不到任何保证;底格里斯河和幼发拉底河发源于土耳其东部山区,下游为叙利亚和伊拉克;土耳其的水力资源开发,严重影响了叙伊的经济。有一位土耳其总理说,我们并没有说我们应该分享叙利亚的石油资源,他们也不能说与我们共享我们的水力资源。其冲突隐患可见一斑。

(3)我国的水资源状况不容乐观。我国的水资源总量约为 2.81 亿 km^3,居世界第 6位。但人均占有水量很少,仅为世界人均的 1/4,美国的 1/5,印度的 1/7,加拿大的 1/50,在缺水国家中位于第 13 位。我国是一个农业大国,农业年均缺水量约为 30 km^3,受旱农田有 2 亿~3 亿亩,有 8 000 万农村人口饮水困难。城市供水严重不足,全国 517 个城市中有 300 多个城市缺水,每年缺水量达 5.8 km^3。

(4)人类社会要生存和发展,必须实现水资源的可持续利用。水同阳光和空气一样,是人类社会最基本的生存资源。人口的持续增长,现代文明、工业化经济的持续发展,人类生活水平的持续提高、生活素质的持续改善,越来越依赖于水资源的可持续利用。因此,必须认真研究和思考如何应对水资源短缺及实现水资源的可持续利用。

二、水资源短缺的原因分析

虽然地球上可供人类开发和利用的淡水资源仅占地球总储水量的 0.007% 左右,但人均占有量却接近 10 000 m^3。如此数量的淡水,人类究竟是如何使用而造成了今天十分危机的水资源短缺。换句话说,水资源短缺的原因是什么?

(1)自然资源性缺水。首先知道,水资源量的分布在地域上的差别是十分明显的,降雨的一般规律是低纬度的赤道热带最多,中高纬度次之,在南北回归线附近,降水稀少,是沙漠分布的集中区。有资料表明,由于地域和人口的差别,世界各地居民每年拥有的水量很不平衡,大洋洲最多,达 84 140 m^3,亚洲最少,只有 3 010 m^3,其次为非洲 5 560 m^3,欧洲 8 260 m^3,北美洲 22 810 m^3,南美洲 27 220 m^3。

我国干旱和半干旱地区的年平均降雨量只有 200~400 mm,而湿润和十分湿润地区,年平均降雨量达 800~1 600 mm 以上。平均年产水模数,黄河流域仅为 93 600 m^3/km^2,长江流域为 531 600 m^3/km^2,珠江流域为 810 800 m^3/km^2。广东省的平均年水资源总量 2 134亿 m^3,产水模数 1 006 600 m^3/km^2。

这种水资源空间分布的变化造成一些地区如我国北方干旱半干旱地区资源型缺水的明显特征。

(2)人口膨胀,城市扩大,经济发展,用水量倍增。有评估分析结果表明,从 1949 年至今,世界人口增长了 1 倍,但淡水用量却增长了 4 倍。加之城市规模的不断扩大,工业化程度的提高,居民生活质素的改善,未来不可能再将用水量提高 4 倍,水资源短缺不言而喻。有专家预测,到 2030 年,我国人口将达到 16 亿,人均占有水资源量将减少 1/5,降至 1 700 m^3 左右。到 21 世纪中叶,国民生产总值要增长 10 倍以上,城市化率可能达到 70%,城市工业用水将大幅度增长,供需矛盾将更加突出。

(3)工农业生产技术落后,用水效率低。落后的农业生产技术,耕地面积的扩大和生产率的提高,使灌溉耗用了 70%~80% 的可用淡水资源。按当前的最高灌溉利用系数预测,到 2025 年要保证全球的粮食供应,农业用水还需增加 17%。传统的非节水型的工业布局和产业结构,用水效率低,水量和水质得不到科学合理控制。一方面造成了水资源的短缺,另一方面也加剧了工业、农业和居民生活用水之间的矛盾。我国全国灌区每年缺水 300 亿 m^3,城市缺水近 60 亿 m^3。

(4)水生态环境污染严重。水环境污染严重,水生态系统遭到破坏,加剧了水资源短缺的矛盾。几乎全世界所有的河流和湖泊均遭到程度不同的污染。我国每年排放污水总量接近 600 亿 t,其中约 80% 是未经处理直接排入水域的污水。根据调查评价结果,在我国 700 多条重要河流中,有近 50% 的河段、90% 以上的沿河水域已经遭到污染。淮河、昆明的天池是我国污染最严重的河流和湖泊之一。鄱阳湖、洞庭湖、太湖和巢湖是我国南方的四大名湖,如今一方面由于围湖造田和泥沙淤积,面积逐年缩小;另一方面由于污染严重,水质不断恶化。素有中华民族母亲河之称的黄河,自 1972~1997 年的 26 年间,下游有 21 年发生断流。进入 20 世纪 90 年代,断流几乎连年发生,时间越来越早、越来越长,最长断流时间达 226 d(1997 年)。

由于污染,使水生生态系统也遭到严重威胁。据世界"自然资源保护机构"的研究报告,经过详细调查,现在大陆上水生动物中 67% 的河蚌,64% 的淡水鳌虾,36% 的鱼,35% 的两栖动物,要么濒临灭绝,要么已经灭绝。相应地,陆生动物中 17% 的哺乳动物,11% 的鸟类已经灭绝或濒临灭绝。而且,这种动物种群的灭绝率超过人类存在以前的物种灭绝率 100~1 000 倍。

不仅地表水生态系统遭到破坏,地下水系统由于过量开采也遭到严重污染。在沿海地区,地下水超采可能引起咸水入侵,咸淡水交界面后移;在内陆,地下水过量开采可能会引起地面沉降,地表土层压缩,地下蓄水空间缩小。例如,在以色列,沿海地区的地下蓄水层已经受到海水的严重入侵,今后几年内,预计 20% 的沿海水井要陆续关闭。在美国加利福尼亚中央峡谷地带,由于蓄水层枯竭,地质物质变密导致了 250 亿 m³ 蓄水能力丧失,相当于全美国地面储水总量的 40%,甚至更多。在我国北京,过去 40 多年的地下水开采,已经使地下水位下降了 37 m;在西安,地下水过量开采使局部地方的地表下沉超过 1 m,地面建筑物遭到破坏;在深圳,已经发现至少有 10 口以上的水井遭到咸水的污染。

三、实现水资源可持续利用的若干途径

人类生存的历史就是处理同大自然矛盾的历史。过去人们提倡要改造自然,征服自然,现在倡导要与大自然的和谐相处。人类可以改造自然,利用自然,顺自然而生存,而不可能征服自然。因此,必须首先从思想上和观念上进行转变,重新认识水的问题。

(1)转变观念,更新认识。传统的观念和习惯势力认为,水是"取之不尽,用之不竭"的,而科学的评价、估计和用水短缺的实践证明,水资源量是有限的、不可再生的。即使是在其水资源可用总量的范围内,受水循环和水量平衡机制的制约,也存在一个"资源流"的问题,即单位时间内水资源的利用量不能超过水循环过程的流通量。否则,水循环过程将受到干扰,水量平衡将被打破,水资源短缺及水旱灾害发生的频度将会增高。

近年来,越来越多的专家学者及政府官员认识到,水同国土、矿产资源一样,是资源型的国有资产,是有价的,归全民所有。应遵从资源型国有资产的价值规律对水资源进行开发、利用和管理。有学者将水资源置于社会、经济、环境的大背景下进行研究,从理论方面对水资源的价值构成、评价及核算,水资源的财富分配及管理,污染对水资源价值的影响及水资源财富的损失,水利工程经济评价中引入水资源价值的考虑等问题进行了系统的研究,提出了"综合开发,合理利用,积极保护,科学管理,高效经营"的水资源可持续利用方略。

(2)大力开展节水技术的研究和推广,努力提高用水效率。

①我国用水效率的现状。据有关资料分析,美国 1990 年国民生产总值 5.39 万亿美元,总用水量 5 250 亿 m³,以每立方米产出的国民生产总值来衡量用水效率,为每立方米 10.3 美元;1989 年日本国民生产总值 2.94 万亿美元,用水总量 908 亿 m³,用水效率为每立方米 32.4 美元;我国 1995 年国民生产总值 5.76 万亿美元,全国总用水量 5 350 亿 m³,用水效率为每立方米 10.97 元人民币,如按 1995 年汇率换算,约合每立方米 1.32 美元,只有美国 1990 年用水效率的 1/8,日本 1989 年用水效率的 1/25。由此可见,同世界工业发达国家相比,我国的用水效率还偏低,差距还比较大。

②大力研究和推广节水技术。大力开展节水技术的研究、引进和推广,发展节水设施的生产,政府要以宏观调控,包括财政补贴的方式大力推广和普及先进的节水设施。要开展软科学研究,在传统"工业万元产值取水量"和"农业灌溉定额"的基础上,研究出更加科学合理的"用水量"和"缺水量"等评估标准。农业方面要研究采用大气水、地表水、地下水和土壤水联合运用的科学灌溉方法,要研究推广因地制宜的渠道衬砌和管道输水技术,大力发展喷灌、滴灌、渗灌等节水新技术。要开展生物性节水技术体系的研究,包括抗旱性作物育种、新品种培育、作物生理过程和根-土微生态系的调控,提高作物水分利用效率的灌溉技术和施肥技术,抗旱性制剂的研制和施用等。工业方面要运用先进技术和工艺,增加循环用水次数,开发和推广工业节水技术。生活用水方面要规定用水设施如自来水龙头、冲厕和淋浴喷头的节水标准以及保证用水效率水平的技术参数等。

建立现代化的节水型城市供水网络体系,包括网络的安全、可靠和完善,例如水量调度的灵活性和保障率,管网的漏失率,水压的稳定,符合标准的水质等,以及供水系统的控制、调度和监测的完全自动化和网络化。

③政府支持,政策引导,公众参与。要认真研究水的供需平衡关系,掌握水资源系统的可供水量,在城市供水系统的规划、设计中,实行以供定需,计划用水。《中华人民共和国水法》明确规定,要实行计划用水,厉行节约用水。计划和节约是相辅相成的,没有计划则无从节约,没有节约则计划不能实现。计划用水是国家为实现水资源可持续发展而采取宏观控制的重要手段。同过去旧的计划经济的模式不一样,也同完全市场化调节的一般普通商品不一样,水是社会主义市场经济条件下受国家宏观垄断的资源性商品,其使用计划具有更高的层次。

水价是促进节水最有效的经济手段,在深入调查、科学测定、认真研究的基础上,制定出工农业生产及居民生活用水的合理定量,实行限量限价,超量加价,节约有奖的政策,引导和鼓励节约用水。在这方面,香港有很好的经验可以借鉴。以4个月为一个周期的住宅用水收费标准为例,第一级,首12 m³免费;第二级,其后31 m³,按4.16港元/m³收费;第三级,再其后19 m³,按6.45港元/m³收费;第四级,其余按9.05港元/m³收费。

实现水资源可持续利用,提倡公众参与历来是国际社会和联合国的一贯宗旨,所有联合国或国际社会关于水的会议,都将公众参与放在重要位置。要使公众改变千百年来所形成、世世代代所流传下来的用水方式或方法,使公众真正具有水资源短缺的危机感,单靠政府的行政管理是不够的,必须要有公众的参与,特别是妇女和儿童的参与。在国际社会中,妇女和儿童是水资源短缺的直接受害者(联合国的统计资料表明,全世界的妇女儿童每年要花十几亿小时去搬运水)。

要建立保障节约用水、提高用水效率的法规及相应各项用水管理制度,并通过各种媒体向社会广泛宣传,积极推广,贯彻落实。使节水、提高用水效率的政策法规和实施措施得到公众的理解和全社会的广泛支持。

四、国际水资源可持续利用研究趋势

(1)水资源管理系统的能力建设。从20世纪70年代开始,为了应付日益严重的水资源短缺危机,国际水资源学家、环境学家、经济学家以及联合国的水工作机构,提出一个共同的研究课题,即开展水资源管理系统的能力建设。

水资源管理系统能力建设的出发点是,满足不断增长的水资源开发利用需求的最好办法就是首先管好和使用好现有资源。其主要目的就是要改善水资源的管理模式,提高管理效益,更有效地、持续性地向用户供水。水管理机构的协调发展,管理系统的高效率、可靠性及连续性,人力资源的合理配置及良好的政策环境是水资源管理系统能力建设的主要内容。

供水效率、用水效率、水价、水费、水工程投资回收及分摊,水环境污染及防治,工业及城市中的废水排放与处理,农业土地的涝渍及盐碱化,与水有关的政策及法规,国家和地方水管理机构的责任及权限,人力资源的开发、培训及教育,消费者协会及其他非政府组织等是评价现有水资源管理系统潜在能力及进行新的水资源管理系统能力建设的基本要素。

现有政策和法律体系的支持,人民群众的认识及参与程度,现有水管理机构运行效率的限制,财政和技术方面的限制,水管理人员较差的素质,水管理系统较差的信息交换能力等,是水资源管理系统能力建设可能要考虑的关键问题。

(2)以人的健康状况和环境状况作为水资源管理的目标。向所有的人提供公平获得清洁水的机会,大幅度增加饮用水的供应和卫生设施。在发展中国家,由于缺乏饮用水供应和卫生设施,造成疾病特别是一些传染病的蔓延,使整个世界遭受损失。由于健康不良造成的经济停滞已经影响到全球经济的发展。

最近,有学者建议一种清洁-节水型的水资源可持续利用模式。即在区域既定经济发展战略目标的前提下,通过宏观调控、经济布局调整及产业结构改造,实现水资源总量较规划总量减半、水污染物排放总量较规划总量减半的目标。实现此种水资源可持续利用模式,要对区域水资源开发利用现状进行分析,研究其特点和规律,发现水资源短缺的原因,探讨进一步挖掘水资源利用潜力的可能性。要对行业水资源利用与行业经济布局的关系进行分析,研究行业经济发展同水资源利用供需平衡及水污染排放总量控制之间的关系。要建立反映区域宏观经济动态的投入产出模型,研究区域工业体系内产业结构的优化调整以及不同产业结构、不同产业发展速度与所需水资源量和所产生的污水排放量的数量关系,建立在完成既定经济指标的前提下,满足清洁-节水型水资源利用模式的最优工业布局及产业结构,以期通过宏观上的调控,使其对水资源的需求和对环境质量的不利影响降到最小。这是一种十分理想的水资源可持续利用模式,如果真能实现,则不仅能够减少水资源用量,提高生产效益,还能对生态环境起到切实可行的保护作用。

(3)保护环境,维持淡水生态系统。从生物学的角度讲,淡水生态系统才是人类社会赖以生存的基地。但人类社会的发展已经对生态系统造成了严重的破坏。许多生物现象已经消失或受到干扰,许多物种已经灭绝或濒临灭绝。特别是人类社会进行的水利工程,包括大坝、水电站、引水枢纽,水闸及河道整治工程等,已经对整个淡水生态系统造成严重的干扰或威胁。

例如德国的莱茵河,现在已经建成为一条设计完美、兼有巨型水闸、堤防和大坝的河流。在其上游,已经建成了10座水力发电站,并建造了复杂的水闸和堤防系统。沿河的沼泽地已经开发成了工农业及住宅用地。结果使90%的洪泛区同主河道隔离,河道流速比以前加快了一倍,河道冲刷比以前增加8 m多。不仅增加了下游国家的防洪压力,而且由于洪水流速的加快,使河道生态系统在物理和化学方面都发生了很大的变化,致使大多数鱼类无法生存,例如鲑鱼,一百年以前,荷兰和德国的渔民每年可以捕获15万条,到1920年,捕获量已经下降到3万条,到1958年,鲑鱼已经完全消失。

又如美国,密西西比河全长3 782 km,几乎有一半都是人工修建的堤防、水闸、大坝及水库等,这些工程对扩大农业,促进航运和控制洪水确实发挥了重要作用。但同时使密西西比河三角洲下沉,水生物种减少,增加了洪水泛滥的频率,加大了洪水冲刷的激烈程度,加大了防洪的费用。记录显示,1973年、1982年和1993年三次洪水所造成的损失,远高于1927年修建水利设施以前的代价。按不变美元价计算,1927年洪水泛滥造成的经济损失大约为2.36亿美元,而1975年洪水的损失却是4.25亿美元,1993年洪水(冲垮堤防1 000多座,淹没土地9 650 km^2)的损失在120亿~160亿美元。

因此,有人不把防洪设施称为"防洪设施",而称为"洪水威胁转移设施"。

生物、生态学家更强调要善于把河流当作整个生态系统,而不是当作孤立的区域进行管理。德国和法国于1982年签署协议,要在莱茵河上游创建洪水草原,以减少下游的洪水流量。现在已完成了20个设计区域中的两个。荷兰正在设法恢复其洪泛区和三角洲地带的原貌,最终将把15%的耕地返回洪泛区。以期恢复大自然的本来面目,恢复大自然维持的一切生命,把未来破坏性的洪水威胁及损失降到最低。

(4)从政策和技术两个方面,实现对水资源的统一管理。从政策方面讲,各国政府均十分重视水资源的统一管理,即实行地表水和地下水由政府或政府授权部门统一管理。据了解,我国今年《中华人民共和国水法》修改的主要内容就是要实行水资源的统一管理。水利部汪恕诚部长在今年全国水利工作会议上的讲话和4月在北京举行的"中国水资源论坛"上发表的学术论文都强调了这一点。以流域为单位实行水资源的统一管理,以解决跨国界、跨地区、跨部门的水资源管理问题,因为流域内每一部分的任何活动都将影响到其他部分,尤其是下游地区。各国应建立以流域为单位的综合性的水管理协调机构,以管理和协调流域内水资源开发利用、水环境保护及水土流失治理等水及与水有关的问题。

同时,要继续研究水资源开发和利用的新途径,实现水量和水质,包括大气水、地表水、壤中水和地下水的联合调度,是水资源、水文科学家和工程师们共同感兴趣和追求的目标。实行四水包括水质的联合调度和管理,是一个非常复杂的问题。单从技术方面讲,目前研究和开发的有基于SPAC系统的水动力学模型,系统调度模型,水动力-系统模型及灰色系统模型。各种水源的适时监测技术正在进一步的研究和开发过程中。管理方面涉及多学科、多部门、多层次的综合协调及相应的配套法规及政策。

(5)实现从工程水利向资源水利的转变。这是水利部汪恕诚部长提出的,在今年北京举行的"中国水资源论坛"上开展了讨论,反映我们国家新千年初水利工作的基本思想。所谓实现从工程水利向资源水利的转变,就是要实现从传统水利向现代水利、可持续水利的转变。汪恕诚部长提出九个方面:①提倡人与自然的和谐共处,这是实现社会可持续发展的前提;②要重新认识水的问题,淡水资源是有限的,是不可再生的;③要在兴利除害的同时,注意防止由于人类活动对水资源自然系统的干扰和破坏;④要实行开发利用与节约保护并举的方针;⑤要克服重建轻管的思想,强调对水利工程的科学管理,要特别重视非工程措施,即软科学的研究与应用;⑥要实行以供定需,按水资源的实际可开发利用状况确定国民经济的发展布局和规划;⑦要革新传统的灌溉思想和灌溉方法,变灌溉土地为浇灌作物,积极发展有压灌溉即节水灌溉;⑧要认识到水是一种资源性的国有资产,是有价的,要依照经济规律研究、开发和利用水的资产及商品价值;⑨要实行对水资源量质及水能的统一配置、统一调度及统一管理。

五、结语

人类社会正面临着全球性的水资源短缺危机,实现水资源可持续利用是推动社会经济可持续发展的必要前提。在认真分析研究水资源短缺原因的基础上,总结提出实现水资源可持续利用的有效途径,包括转变观念、更新认识;大力研究和推广节水技术,努力提高用水效率;坚持政府支持、政策引导和公众参与等。当前国际水资源可持续利用的研究趋势是,开展水资源管理系统的能力建设;以人的健康和环境状况作为水资源管理的目标;保护环境,维持淡水生态系统安全;从政策和技术两个方面,实现对水资源的统一管理以及实现从工程水利向资源水利的转变等。水资源可持续利用是关乎人类社会永续发展的大课题,需要不断学习、不断研究,努力坚持。

如何提高深圳市水资源承载力[25]

一、深圳市水资源承载力研究的目的与意义

一个区域水资源能够承载的人口、经济规模总是有限度的。深圳市本地水资源缺乏,供水主要依靠境外调水。作为缺水城市,水资源承载的经济社会发展规模如何?当前和未来一个时期的发展是否超过了这一承载能力?弄清这些问题对于深圳市水资源可持续利用和经济社会的健康良性发展具有关键作用;在深圳市人口和经济规模达到目前这样高的情况下,考虑到深圳市水污染的严峻现实,研究水资源承载力十分必要和紧迫。

二、深圳市水资源状况

(一)深圳市水资源量

水资源总量包括地表水资源量与地下水资源量,并扣除两者计算过程中的重复部分。深圳市水资源总量在《深圳市水资源综合规划》成果基础上,通过补充近三年(2006~2008年)水文资料,按照水资源评价相关规定计算得到。其中:地表水资源采用年降雨径流关系法进行计算,地下水采用降雨入渗法进行计算。根据计算,全市多年平均地表水资源量为 20.39 亿 m^3,多年平均地下水资源量为 5.51 亿 m^3,扣除重复计算量 4.08 亿 m^3,得到全市多年平均水资源总量为 21.82 亿 m^3。按 2008 年用水人口计算,人均水资源量约为 156 m^3。按国际 500 m^3/人的水紧缺指标对比,深圳市为严重缺水城市。

(二) 深圳市水资源可利用量

深圳市水资源可利用量包括地表水、地下水、雨水、再生水及境外调水量。其中，地表水资源可利用量根据水利部水电规划设计总院《水资源可利用量估算方法(试行)》推荐的倒算法或正算法进行计算；地下水资源可开采量根据《广东省地下水功能区划》得到；境外调水量为《广东省东江境外水分配方案》在东江正常来水年(90%保证率)分配给深圳的境外引水指标。深圳市水资源可利用量计算见表1。根据结果，2015年和2020年97%保证率下深圳市水资源可利用量分别为23.83亿 m³ 和25.33亿 m³，其中，本地水资源可利用量分别为5.12亿 m³ 和5.62亿 m³，境外水可利用量为16.63亿 m³。

表1 深圳市水资源可利用量 单位:亿 m³

年份	本地水资源可利用量				境外调水	雨水利用	再生水利用	合计
	97%地表水资源可利用量	地下水资源可开采量	重复计算量	小计				
2015	4.24	3.92	3.04	5.12	16.63	0.58	1.5	23.83
2020	4.74	3.92	3.04	5.62	16.63	1.08	2.0	25.33

三、深圳市水资源承载力研究

水资源承载力研究是属于评价、规划与预测一体化性质的综合研究，它以水资源评价为基础，以水资源合理配置为前提，以水资源潜力和开发前景为核心，以系统分析和动态分析为手段，以人口、资源、经济和环境协调发展为目标，由于受水资源总量、社会经济发展水平和技术条件以及水环境质量的影响，在研究过程中，必须充分考虑水资源系统、宏观经济系统、社会系统以及水环境之间的相互协调与制约的关系。

国内目前关于水资源承载力的研究主要有背景分析、常规趋势法、指标综合评价法、系统分析法、系统动力学方法、多目标决策分析法。本次研究采用指标综合分析法和多目标分析法相结合的方式进行水资源承载力分析。其中，现状年采用指标综合分析法，近远期采用多目标分析法。

(一) 现状年深圳市水资源承载力评价

1.现状年水资源承载力评价指标体系

深圳市水资源承载力评价指标体系按水资源数量、水资源质量、水资源利用、用水水平和社会经济水平，共选取17个指标。2008年深圳市各项水资源承载力评价指标值见表2。

2.现状年水资源承载能力指数

根据中国科学技术协会主编的《中国城市承载能力及其危机管理研究报告》:水资源承载能力指数=人均可利用水资源量/人均用水量。

水资源承载状态规定如下:当水资源承载能力指数大于2.0时，水资源承载为正常或一般状态(Ⅰ)；当水资源承载能力指数处于1.1~2.0时，水资源承载为预警状态(Ⅱ)；当水资源承载能力指数处于1.0~1.1时，水资源承载为危机状态(Ⅲ)；当水资源承载能力指数小于 1.0 时,水资源承载为超载状态(Ⅳ)。

表 2 2008 年深圳市各项水资源承载力评价指标值

		指标	数值
水资源系统指标	水资源数量	人均水资源量/(m³/人)	248.85
		单位面积水资源量/(万 m³/ km²)	111.73
		水资源可利用量/亿 m³	22.82
	水资源质量	人均污水排放量/[m³/(人·年)]	147.69
		单位面积污水排放量/(万 m³/ km²)	66.31
		工业废水排放达标率/%	97.88
		城市生活污水集中处理率/%	75.03
	水资源利用	供水保证率/%	97.00
		水资源开发利用率/%	19.30
社会经济系统指标	用水水平	耗水率/%	26.04
		用水相对增长率/%	0.34
		单元用水负荷人口数/(人/万 m³)	47.46
		单元用水 GDP 产值/(万元/m³)	0.04
	社会经济水平	人口密度/(人/ km²)	4 489.66
		工业总产值模数/(万元/ km²)	70 660.52
		人口增长率(1998~2008)/%	4.50
		工业总产值增长率(1998~2008)/%	20.76

根据深圳市 2008 年水资源可利用情况和用水情况,对现状年深圳市水资源承载力进行评价,结果表明,深圳市现状水资源承载力为预警状态,接近危机状态。具体评价结果见表3。

表 3 现状年深圳市水资源承载力评价

情景	水资源可利用量/亿 m³					用水量/亿 m³	人口/万人	承载力指数	承载力状态
	本地水资源可利用量	境外调水	雨水利用	再生水利用	合计				
一	6.00	13.37	0.02	0.87	20.26	18.474	876.83	1.10	Ⅲ (危机)
二	6.00	16.63	0.02	0.87	23.52			1.27	Ⅱ (预警)

注:境外调水:13.37 亿 m³ 是 2008 年实际的调水量,16.63 亿 m³ 是批准的调水量。

(二)2015 年及 2020 年深圳市水资源承载力分析

1.水资源承载力方案的确定

本次研究采用四种方案,分别称之为经济发展型、人口增长型、环境保护型及综合发展型方案。其中,经济发展型方案,是指在一定的水资源开发利用阶段,满足生态需水的可利用水量能够维系该地区人口与环境有限发展的最大的经济规模。人口发展型方案,是指在一定的水资源开发利用阶段,满足生态需水的可利用水量能够维系该地区经济与环境有限发展的最大的人口规模。环境保护型方案,是指在一定的水资源开发利用阶段,满足生态需水的可利用水量能够维系该地区经济与人口有限发展的最好的环境规模。综合发展型方案,是指在一定的水资源开发利用阶段,满足生态需水的可利用水量能够维系该地区经济、人口与环境三者协调发展的最大社会承载规模。

2.决策变量与目标函数的选定

根据深圳市水资源承载力多目标分析法模型建立要求,设置 5 个变量,即农业用水量、工业用水量、建筑业用水量、第三产业用水量及生活用水量。同时选取 GDP、人口、COD 三个目标来代表深圳市水资源对社会经济系统、人口规模和水环境的承载目标。其中,GDP、人口是反映水资源承载力的最直接的指标,COD 排放量是反映环境污染状况的一个常用指标。三项目标为:水资源承载的 GDP 最大;水资源承载的人口最多;COD 排放总量最小。三项目标的优先顺序和权重由不同决策意向决定。

3.用水定额选取原则

在多目标分析法模型中,生产生活用水量等决策变量的确定与用水定额标准选取关系密切。其中,生活用水定额确定首先满足居民正常生活用水需求,同时满足国家标准《城市居民生活用水量标准》(GB/T 50331—2002);农业、工业、建筑业及第三产业等生产用水定额是在考虑节水技术进步,充分挖掘节水潜力的基础上制定的,代表了行业先进水平。

4.用水情景分析

根据生产、生活用水定额情况,拟定高、中、低三种用水情景,见表4。

表4 2015 年、2020 年深圳市用水情景分析

情景	农业用水/ (m³/亩)		工业用水/ (m³/万元)		建筑业用水/ (m³/m²)		第三产业用水/ (m³/万元)		生活用水/ [L/(人·d)]	
水平年	2015	2020	2015	2020	2015	2020	2015	2020	2015	2020
高定额	380	370	14	12	1.2	1.1	8.0	7.0	215	210
中定额	370	360	13	11	1.1	1.0	7.5	6.5	205	200
低定额	360	350	12	10	1.0	0.9	7.0	6.0	195	190

5.水资源承载力分析结果

根据承载力分析模型,按照高、中、低三种用水情景,采用经济发展型、人口增长型、环境保护型、综合发展型四种方案对深圳市 2015 年和 2020 年两个水平年的水资源承载力进行计算,结果见表5。根据计算结果,2015 年和 2020 年综合发展型水资源承载力方案总体最优,见表6。

表 5　不同用水定额水资源承载力方案

年份	水资源可利用量/亿m³	方案	高用水方案				中用水方案				低用水方案			
			GDP/亿元	工业增加值/亿元	人口/万人	COD限制排放量/万t	GDP/亿元	工业增加值/亿元	人口/万人	COD限制排放量/万t	GDP/亿元	工业增加值/亿元	人口/万人	COD限制排放量/万t
2015	23.83	经济发展型	12 192	5 356.99	939	2.85	13 091.17	5 737.67	989	2.84	14 102.82	6 215.81	1 039	2.84
	23.83	人口增长型	10 839.57	4 557.07	1 158	2.87	11 484.97	4 954.43	1 225	2.86	12 223.44	5 163.36	1 310	2.88
	23.83	环境保护型	9 427.42	4 287.25	908	2.46	10 291.5	4 629.61	943	2.48	11 068.74	5 041.65	999	2.47
	23.83	综合发展型	11 523.85	5 327.48	967	2.79	12 350.57	5 737.28	1 014	2.79	13 126.49	5 694.66	1 108	2.78
		期望值下限	10 000	4 000	1 000	4.47	10 000	4 000	1 000	4.47	10 000	4 000	1 000	4.47
		期望值上限	15 000	6 000	1 200		15 000	6 000	1 200		15 000	6 000	1 200	
2020	25.33	经济发展型	15 060.7	6 643.87	1 002	2.31	16 315.62	7 247.86	1 052	2.31	17 870.57	7 972.65	1 107	2.31
	25.33	人口增长型	12 890.64	5 870.83	1 260	2.33	13 967.04	6 404.54	1 323	2.33	15 509.97	7 019.39	1 372	2.32
	25.33	环境保护型	12 760.81	5 834.03	930	2.07	13 826.72	6 364.4	1 042	2.12	15 270.8	7 001.24	1 089	2.12
	25.33	综合发展型	14 206.46	6 624.25	1 025	2.27	15 267.62	7 099.35	1 107	2.27	16 395.55	7 411.1	1 242	2.29
		期望值下限	15 000	6 000	1 100	4.47	15 000	6 000	1 100	4.47	15 000	6 000	1 100	4.47
		期望值上限	20 000	8 000	1 300		20 000	8 000	1 300		20 000	8 000	1 300	

表6　2015年和2020年深圳市水资源承载力(综合发展型方案)分析结果

承载力	2015年			2020年		
	高	中	低	高	中	低
GDP/亿元	11 524	12 351	13 126	14 206	15 268	16 396
工业增加值/亿元	5 327	5 737	5 695	6 624	7 099	7 411
人口/万人	967	1 014	1 108	1 025	1 107	1 242
COD限制排放量/万 t	2.79	2.79	2.78	2.27	2.27	2.29

6.水资源承载力预警

将深圳市最优水资源承载力方案成果作为水资源承载力的临界值,通过相关对比分析,分析确定不同承载力指数反应的承载情况(见表7)。结果表明,深圳市2015年和2020年水资源对于经济承载状况都处于超载状态,而对于人口的承载状况基本处于预警,接近危机状态。

根据前述分析,深圳市2015年和2020年水资源承载力有限,即使在低用水定额情景,水资源承载的GDP最大情况下,2015年和2020年的GDP为1.31万亿元和1.64万亿元,均达不到《深圳市国民经济和社会发展第十一个五年总体规划》预测的1.5万亿元和2万亿元。由此表明,今后相当长时间内水资源短缺仍是制约社会经济发展的关键因素之一。鉴于水资源承载有限,深圳市必须采取有效的经济、社会、技术及管理措施,全面提升水资源承载力,使得全市水资源承载力与国民经济及社会发展需求相适应,以促进与保障未来社会经济的可持续发展。

四、深圳市提升水资源承载力的对策

深圳市提升水资源承载力的对策主要包括开源、节流、区域水资源统一开发利用及制定配套政策等多种途径。

(一) 全面开源,增加深圳水资源可利用总量

(1)兴建境外引水及境外雨洪利用工程,加大境外引水可利用量。

深圳本地水资源紧缺,供水主要依靠境外水。同时受自然地理条件限制,深圳本地水源挖潜能力有限,境外引水工程是解决深圳资源性缺水地区用水矛盾的长久性措施。深圳市要立足东江,着眼西江,着力抓好境外引水工程前期研究与工程建设。

①西江引水。深圳市70%的用水量来自东江境外调水,从供水安全保障的角度,存在水源单一不能互补的风险;且东江流域径流时空分配不均,枯水期严重缺水使城市供水安全难以保障。一旦东江遭遇特枯年或发生水污染等不可避免的供水障碍,将对全市的供水安全造成较大影响。因此,要提高城市水资源承载力,必须扩展水源范围,另辟可能的境外水源途径。西江流域水资源量丰富,水质良好。目前西江水资源开发利用率仅为1.5%,是广东省水资源利用程度最低的流域。西江流域得天独厚的水资源优势亟待开发

表 7 2015 年和 2020 年水资源承载力状况

年份	承载力方案	指标	GDP/亿元			工业增加值/亿元			人口/万人		
		预测值	15 000			6 406			957		
			高	中	低	高	中	低	高	中	低
2 015	最大承载	承载力	12 192	13 091	14 103	5 357	5 738	6 216	1 158	1 225	1 310
		承载力指数	0.81	0.87	0.94	0.84	0.90	0.97	1.21	1.28	1.37
		预警情况	超载(IV)	超载(IV)	超载(IV)	超载(IV)	超载(IV)	超载(IV)	预警(II)	预警(II)	预警(II)
	综合发展	承载力	11 524	12 351	13 126	5 327	5 737	5 695	967	1 014	1 108
		承载力指数	0.77	0.82	0.88	0.83	0.90	0.89	1.01	1.06	1.16
		预警情况	超载(IV)	超载(IV)	超载(IV)	超载(IV)	超载(IV)	超载(IV)	危机(III)	危机(III)	预警(II)
		预测值	20 000			8 640			1 014		
2 020	最大承载	承载力	15 061	16 316	17 871	6 644	7 275	7 973	1 260	1 323	1 372
		承载力指数	0.75	0.82	0.89	0.77	0.84	0.92	1.24	1.30	1.35
		预警情况	超载(IV)	超载(IV)	超载(IV)	超载(IV)	超载(IV)	超载(IV)	预警(II)	预警(II)	预警(II)
	综合发展	承载力	14 206	15 268	16 396	6 624	7 099	7 411	1 025	1 107	1 242
		承载力指数	0.71	0.76	0.82	0.77	0.82	0.86	1.01	1.09	1.22
		预警情况	超载(IV)	超载(IV)	超载(IV)	超载(IV)	超载(IV)	超载(IV)	危机(III)	危机(III)	预警(II)

注:(1)GDP 预测值、工业增加值预测值和人口预测值采用《深圳市水资源公报》的预测值。

(2)最大承载指的是在经济发展、人口发展,环境保护和综合发展四种类型计算的最大承载力。

利用,以其丰富水源完全可以实施"西水东调"。深圳市应积极参与西江流域水资源开发利用,争取西江引水指标,增加境外引水水源途径,将西江作为深圳第二境外水源,提高城市水资源承载力,确保城市供水安全。

②新丰江引水。新丰江水库水量丰富,水质优良,目前广东省发展和改革委员会和广东省水利厅正联合开展新丰江水库直饮水供水工程论证工作,以推进新丰江水库直饮水工程建设。广州、深圳、东莞三市与河源市政府先后签订了《万绿湖直饮水项目》合作框架协议,其中河源政府保证向深圳市供应的优质原水不低于 2.5 亿 m^3/a。深圳应积极参与新丰江水库开发利用工程建设,在经济效益成本核算合理情况下,考虑将新丰江水库作为深圳市自东江流域引水的第二水源,获取更多的境外原水指标,解决深圳市远期供水缺口问题,同时带动周边地区经济的发展。

③大型调蓄工程。东江流域水量较丰富,但年内及年际变化较大,丰水期在满足惠州以下河段各用户计划取水及河道航运、压咸要求的 410 m^3/s 流量后,仍有大量弃水。深圳市可在境外规划新、扩建大型调蓄水库工程,平水年或丰水年在不影响东江其他城市用水和东江本身的生态、航运等要求条件下,利用汛期抽取东江洪水蓄存到水库,提高水源调蓄能力及水资源承载力。根据东深、东部取水、输配水工程的过流能力分析,目前东深、东部取水、输配水工程均具有汛期加大取水的能力。

(2)合理开发浅层地下水,加大本地水源应急储备能力。

根据 1998 年《深圳市地下水资源调查与评价报告》,深圳市地下水资源总量 5.85 亿 m^3/a,其中,可开发利用的浅层地下水约 1 亿 m^3/a。地下水水质好,动态稳定,具备常年供水和应急扩大供水功能。全市可建立地下水动态监测系统,在地下水较丰富的地区新建取水工程和配套管网,并与市政供水管网连通,在突发水危机时可取浅层地下水作为应急水源。

(3)加大雨水、海水、再生水等非传统水资源开发力度,增加非传统水资源利用量。大力推进城区雨水利用。城区雨水资源丰富,利用潜力较大。深圳市可利用道路、绿地、屋顶等基础设施,收集城区雨水用于道路浇洒、绿地浇灌、小区景观、小区冲厕等市政及生活杂用。

积极开展海水淡化技术研究与应用。深圳市海水利用具有得天独厚的自然条件,可积极发展经济技术合理的海水淡化方式。近期海水淡化以技术跟进与储备为主,开发小规模试验性海水淡化设备,同时鼓励海水淡化技术创新,促进海水淡化应用。远期随着淡化技术提高和制水成本降低,考虑建设大规模的海水淡化厂,逐步提高海水淡化利用率,将海水淡化作为城市第二水源参与城市供水。

逐步推广再生水利用。近年来,深圳市建设了大批污水处理厂,遵循"优水优用、一水多用、重复利用"的原则,可将污水处理与再生水利用有机结合起来,逐步提高再生水利用水平。考虑到再生水技术水平,目前主要以已建和新建的污水处理厂为中心,重点在污水处理厂周边、新建住宅小区和旧村改造区等建立再生水利用试点工程,将污水处理厂深度处理的中水优先用于绿化、河湖生态环境和市政杂用。

(二)加大节约用水力度,提高用水效率

(1)贯彻落实最严格的水资源管理制度。按照水利部最严格的水资源管理要求,在

全市范围内建立水资源开发利用、用水效率、水功能区限制纳污三条水资源管理红线,推进水资源从供水管理向需水管理转变。

(2)积极推进居民生活及各行业节水,提高用水效率。根据居民及各行业用水节水现状水平,充分挖掘节水潜力,提高各行业用水效率,有效降低生产生活取水量。生活节水主要是推广使用节水型器具,加快城市供水管网改造,减少由于用水器具和管网不合格造成的水量损耗。农业节水主要是推广喷灌、微灌等高效的输配水技术,提高农业输水效率。工业节水主要在保持工业增加值继续增长的情况下,通过产业结构调整和企业用水工艺改造,降低工业用水定额,提高工业用水重复利用率,减少工业用水。第三产业节水主要体现在加强计划用水和定额管理上,同时,可有计划地、稳妥地制定限制第三产业使用自来水的有关政策,鼓励和引导第三产业使用中水。

(3)加强工程节水。目前水源工程漏水造成的水量损耗比例越来越大,工程节水已经成为节水工作的重要内容。因此,要做好水源工程中堰、闸、阀等工程的防渗处理,并加强工程管理,定期检查工程漏水情况,做到及时修理。同时鉴于特区外供水管网漏损严重,要进一步加大市政供水管网改造力度,降低管网漏损,提高供水水质。

(4)利用水价经济杠杆促进节水。在对深圳及周边城市水价现状进行调研的基础上,提出水价调整方案,尽可能使水价较好地反映水资源的稀缺程度和供应成本,平衡企业和居民的水价负担。继续推行超定额累进加价制度,用水价调控居民及企业(单位)用水,增强节水。

(三)实施区域水资源统一开发利用,建立高效的水资源保障体系

(1)建立区域水资源开发利用协作机制,实现资源共享。深圳作为珠江三角洲中重要的城市,在加强区域经济合作的同时,包括水资源在内的区域资源也应统一开发利用。深圳市通过建设境外大中型调蓄工程和输水工程,构建互联互通水源网络,建立起珠江三角洲城市群水源合作机制和应急联动机制,在遭遇供水突发事件时,通过水源的合理调度,提升城市水资源承载力,提高城市供水安全保障程度。

(2)开展水库群联网建设。为进一步提高水资源利用效率和水资源承载力,根据水库地理位置及供水对象,开展片区水库联网建设,通过小型水库新、扩建挖潜和连通工程的实施,整合分散水源,建设水库群,以大中型水库为依托,在充分利用雨洪资源、存蓄自产水量的同时,通过水库连通以及水库群与输配工程的连通,形成水资源高效利用的供水保障体系。

(3)建立水源统一调度系统。深圳市供水水源包括境外调水、地表水、地下水、再生水、海水等多种水源,参与境外水调蓄的水库有18座,境外引水干、支线多达15条。针对全市水源众多和输配水网络复杂的特点,建立水源统一调度系统,充分利用天然径流的不同步性和各个水源地库容特征的差异,对原水实行联网调度,实现片区水资源承载力的大致均衡,最大限度地发挥水源的利用效率。

(四)制定出台相关配套政策,进一步提升深圳市水资源承载力

(1)推进规划水资源论证工作配套政策的出台。目前,深圳规划水资源论证工作还处于研究、探索阶段,为了使全市社会经济发展状况尽快与水资源承载力相适应,相关部

门要积极促进规划水资源论证工作配套政策的出台,全力推进规划水资源论证工作,使水资源论证工作着力点尽快从微观层面进入到宏观层面,从全局、宏观和战略上适应,推动经济社会发展与水资源承载力相协调。

(2)坚持节水型产业政策导向。根据水资源承载力,调整产业结构和工业布局,限制耗水量大的工业项目建设,将万元 GDP 取水量作为产业导向目录的考核指标。对耗水量大、严重污染环境的企业实行关、停、并、转,大力扶持发展低耗水的高新技术企业,通过节水型产业的引入和逐渐深化,使得全市产业向节水型方向转变。

立足东江放眼西江,开源节流保供水[26]

——深圳市第二水源和应急水源调研报告

深圳市是全国七大严重缺水城市之一。随着东江水源工程、网络干线工程及各支线工程的建成,以及在建和即将建设的北线引水工程和东江水源工程二期等,深圳市供水水源网络工程体系建设日趋完善。但近几年的连续干旱、松花江水污染❶和北江水污染❷事件的发生,凸显了深圳供水水源保障体系的脆弱和可能存在的风险。同时,深圳市社会经济的快速发展对城市水资源的安全供给提出了更高要求,导致资源性缺水的矛盾日益加剧。按照"和谐深圳,效益深圳"的发展理念,深圳市面临制约发展的"四个难以为继",其中有两个与水有关,即水资源承载力和水环境污染难以为继。如何尽快研究解决深圳市远期发展所面临的供水水源不足问题,成为关系全市社会经济可持续发展的一大要务。

一、调研工作开展背景

在松花江和北江水污染事件发生后,市领导高度重视水源工程建设及供水安全,提出"抓紧研究规划开辟第二水源和应急水源问题,提高水资源供应的应急能力"。深圳市委办公厅下发了《关于做好 2006 年度市委、市政府重大课题调研工作的通知》(深办发〔2006〕3 号文),将"关于开辟第二水源和应急水源的问题"列为 2006 年度重大调研课题。为应对突发水污染事件给市民生活和社会经济发展带来的不良影响,进一步提高深圳市供水安全保障程度,有必要对全市的第二水源和应急水源进行调查研究,提出经济合理、技术可行的策略和方案,保证未来一定时期内深圳市对水资源的正常供给和应急需求,达到以水资源的可持续利用,支撑和保障城市经济社会的可持续发展。

所谓第二水源,即指某一供水区域有两种或两种以上供水水源,其中一个因干旱、突

---

❶ 北江水污染事件。广东韶关冶炼厂在 2005 年 12 月的检修期间,有关人员未按规定随意缩短污水处理工期,导致 1 000 多 t 高浓度含镉污水直接排入北江,险些造成严重的水污染事件。

❷ 松花江水污染事件。2010 年 7 月 28 日,吉林省永吉县境内发生特大洪水,一批装有三甲基一氯硅烷的化工原料桶被冲入松花江中。吉林省和哈尔滨市两级政府及时启动应急预案进行拦截打捞,防治了严重水污染事件的发生。

发水污染或其他不可预见事件突发使其无法正常供水时,另一个能够替代或作为补充水源,且在一定时期内水量和水质都能够满足正常生产和生活的需求,即为"第二水源"。相对于日常且正常供水的"第一水源",二者是互为备用的。第二水源涵盖了应急水源。应急水源是指第二水源中作为短期供水的水源,正常时期一般不供水,只在供水水源遭遇突发污染等事件时,应急启动的水源。

深圳市水务局为此成立了专门的调研工作组,委托深圳市水务规划设计院承担具体的调研任务。调研组赴东江考察了拟建的下矶角枢纽工程坝址,赴西江三水段思贤窖查看了拟建的西江引水工程取水口位置、查阅了拟规划线路沿线的地质资料,调研了西江至深圳沿线各城市的用水情况及工程布局,分析了深圳本地水资源开发利用现状及未来需求,围绕第二水源及应急水源建设,开展了策略性规划研究,形成本研究报告。

二、调研工作的原则、任务和目标

(一)调研工作需遵循的几个原则

(1)坚持以人为本,人与自然和谐相处的原则。

(2)确保供水安全和生态安全,以水资源的可持续利用保障经济社会的可持续发展。

(3)坚持全面规划、统筹兼顾、标本兼治、综合治理的原则。

(4)坚持走资源节约、环境友好的道路,建设节水型城市和社会。

(5)坚持节流优先,治污为本,立足挖潜,争取调水的原则。

(6)优先开发当地水资源,积极利用再生水资源,充分引用外调水资源,控制利用地下水资源。

(二)调研工作的基本任务

(1)根据深圳城市发展对水资源的需要,充分调查分析本地水资源的开发利用状况及境外水资源的可供利用量,提出开辟第二水源和应急水源的策略和保障方案。

(2)结合现有供水水源分布情况提出第二水源和应急水源系统布局。

(3)提出开辟第二水源和应急水源的开发次序和进程。

(4)提出应急水源调度方案。

(三)工作目标

1.基本需求

第二水源和应急水源建设的基本需求可按三种不同水文状况进行制定,一是正常水文年份下,到2010年,城市供水水源保证率达到97%,城市供水量达到21.0亿 m^3/a,2020年城市供水量达到26.0亿 m^3/a,满足深圳市经济社会可持续发展的用水需求,形成相对于现状供水体系的"第二水源"系统;二是特枯水文年份和东江遭遇严重水污染时,城市供水可能采取限制用水措施,所需水量应能满足至少3~4个月的生产和生活基本用水;三是全市主要水厂的原水供给要实现双水源保障。

2.规划极端灾害情况下的供水需求

1963年为东江流域有实测系列资料以来最枯的一年,以此为极端灾害情况,规划研究所需储备水量和最低生活需水量。

(1)储备水量。按规划 2010 年用水水平,储备水量需 4.0 亿 m³;按规划 2020 年用水水平,储备水量需 5.5 亿 m³。若仅按满足 20 d(备用期)应急供水测算,则规划 2010 年用水水平下,储备水量需 1.2 亿 m³(合计 575 万 m³/d);规划 2020 年用水水平下,储备水量需 1.4 亿 m³(合计 710 万 m³/d)。

(2)最低生活需求量。参照《深圳市城市规划标准与准则》和《城市居民生活用水量标准》(GB/T 50331—2002),考虑特枯年份的水资源短缺、突发水污染事件以及城市可能采取的用水限制措施等,按城市居民及重要公共设施在应急状态下的用水需求计,规划城市最低生活需水量为 9 万~10 万 m³/d。

三、深圳市水资源开发利用现状及存在问题

目前全市已建、在建的蓄、引、调水和地下水利用工程总供水能力合计为 15.04 亿 m³。在东部水源工程二期实施后,全市水源工程可供水总量为 19.27 亿 m³。根据《深圳市水资源综合规划》成果,这一水量与规划的 2010 年城市供水需水量相比,存在 1.7 亿 m³ 的缺口;与规划的 2020 年城市供水需水量相比,缺口将达到 6.7 亿 m³。2006 年,深圳市城市供水总量为 14.52 亿 m³,其中从东江引水 11.9 亿 m³(其中东深供水工程 8.5 亿 m³,东江水源工程 3.4 亿 m³),东江引水量已占全市供水水源的 75%左右。

在现状遭遇特枯年份下,深圳自东江可引水量为 12.0 亿 m³,距广东省拟分配深圳的引水指标有 4 亿多 m³ 的缺口。如果加上本地水源工程在同枯年份的可供水量,可供水总量为 15.0 亿 m³,距规划 2010 年 21.0 亿 m³ 的用水需求有 6.0 亿 m³ 的缺口;距规划 2020 年 26.0 亿 m³ 的用水需求,缺口将达 11.0 亿 m³。

如果东江下矶角枢纽工程❶按计划正常实施,深圳市自东江可引水量可提高至 13.9 亿 m³,距拟分配深圳的东江引水指标有 2.0 亿 m³ 的缺口,加上本地水源工程在相同状况下的可供水量,总可供水量为 17.0 亿 m³,距 2010 年规划用水需求量有 4.0 亿 m³ 的不足;距 2020 年规划用水需求量有 9.0 亿 m³ 的缺口。

因此,深圳的供水水源储备能力存在三个方面的问题:一是近年来东江流域上游的经济社会快速发展,水污染事件时有发生,水质有逐年下降趋势。二是东江流域水资源的合理利用限度和水资源的供需矛盾日益突出,省政府对东江流域可利用水资源总量的分配方案基本已定,深圳市要增加从东江水源地调水的指标难度较大。三是应急备用水源问题。由于深圳对境外水源的依存度较高,供水网络的水源储备能力有限,一旦东江水源遭受重大污染或特枯水文年份,现有储备水源难以满足的城市的生活和生产需要,必须超前规划和开发第二水源。

从战略规划的角度来研究上述问题,首先就要立足于内部挖潜,以"节流优先,治污为本;多渠道开源,雨洪、海水和污水资源综合利用"为指导思想,以提高本地水资源的开发利用率作为支撑经济社会持续发展的有效途径。其次,要"立足东江、放眼西江",研究

---

❶ 下矶角枢纽工程。属东江干流规划梯级,位于惠州枢纽上游,深圳东部水源工程取水口下游,建成后可形成河川型水库对深圳东江水源工程取水有利。

增加境外引水量的新途径,以解决深圳市远期社会经济发展对水资源的需求和应急备用。

四、第二水源和应急水源规划研究策略

(一)本地水资源深度开发利用

1.雨洪资源利用

1)基本概况

雨洪资源利用立足本地。深圳市现状地表水资源开发利用率在25%～30%,参照国际公认的40%合理开发利用控制标准,还有一定潜力。积极开展雨洪资源利用,对提高本地水资源的开发利用率,增加水源储备,增强应对严重干旱及突发水污染事件的应急能力具有积极意义。开展雨洪资源利用,应按照"资源利用与防洪减灾、污染治理相结合"的原则,以推出试点、积累经验、稳步实施、渐进开发和逐步推广相结合的步骤进行。雨洪资源利用工程建设,要结合城市规划、环境规划等相关领域的要求,统筹兼顾,制订工程方案。

2)开发利用主要途径

雨洪资源利用工程可按山区、城区及河道三部分进行规划,其水质可按饮用水或杂用水水质考虑。具体途径为:一是新建拦、蓄、引水工程,对有条件的水库进行增容扩建,对可利用的废弃水库、山塘进行改造恢复利用,最大程度地收集和储蓄山区水质良好的雨洪资源。经研究,可在山区生态控制线内规划新建、扩建和恢复利用水库、域外引水及小型蓄水工程等共69项,新增集雨面积246.6 km²,在97%保证率下年可利用水量0.94亿 m³。二是在水质达标的河道干支流有条件的河段建设河道提引水工程,提引河道洪水入供水水库或网络干线。拟规划项目8处,可提引作为饮用水源0.18亿 m³。此项工程需结合河道水污染治理情况分期实施,近期可在河道上游水质好的地方规划提引水工程并计划实施;在河道中、下游规划的提引水工程需待河道水质改善达标后再列入计划实施。三是利用道路、屋顶、公园、停车场、运动场及其他具有透水地表的公共基础设施等,进行城区雨水收集。经对深圳市新建城区、旧城改造区及绿地公园等共183 km²的范围进行规划,分别采用滞蓄技术、渗透技术及初级处理技术等,可利用城区雨洪量0.84亿～0.86亿 m³,达到雨洪资源利用同时缓解区域防洪压力的效应。滞蓄的雨洪水量可主要用于道路喷洒、绿地浇灌、小区景观及公厕冲水等市政杂用。

2.地下水资源开发利用

1)基本概况

根据1998年《深圳市地下水资源调查与评价报告》,深圳市大多数地区地下水储量中等至贫乏,全市地下水资源总量5.85亿 m³/a,可开采量1.92亿 m³/a,主要为岩溶水和断层裂隙水,全市主要富水区7个,分别为葵涌片区、坪山片区、坑梓片区、坪地-龙岗-荷坳片区、横岗片区、福永凤凰村和西乡片区。由于各地区局部赋存地下水可开采量较小,很难形成规模性供水,目前年开采量约0.6亿 m³,开采率在10%～15%。地下水水质好,动态稳定,具备常年供水和应急扩大供水功能。地下水现状开采量距可开采量尚有一定差距,具有进一步开发利用的潜力。

地下水资源的开发利用要综合考虑水文地质条件、水源赋存条件、环境保护和社会经济发展水平等,分析研究地下水水位的动态变化过程,保持地下水多年开采量和补给量的平衡。为防止无序开采和过度开采对地下水生态环境带来危害,深圳市已采取措施禁止在特区内开采地下水,在特区外采取有计划、限制开采的措施。利用深圳地下水可开采利用的空间,将其规划为应急备用水源,适当建设好开采利用工程并同城市供水网络联通。正常水文年份情况下,开采量维持在一定水平,做好补给平衡管理工作。若遇特枯水文年份,可立即启用备用工程或增加地下水开采量,补给地表水资源的不足,缓解城市供水压力。

2) 开发利用途径

由于下垫面条件的变化,拟在已有地下水资源调查与评价结果的基础上,开展全市范围内综合水文地质调查和潜在水源地水文地质详细勘察,建立全市地下水动态监测系统,评估地表水对地下水的补给条件,监测地下水水质影响变化,确定地下水允许开采量和适宜集中开采的区域。在已知地下水较丰富的地区如葵涌等地,规划新建地下水井工程和输水管网工程;在葵涌河、龙岗河、坪山河等岩溶盆地,研究修建地下深层拦水坝,拦蓄地下径流,抬高地下水水位;在观澜河、茅洲河、大沙河、布吉河和王母河等河谷地,研究修建浅层地下水挡水坝,拦蓄第四系孔隙水。以提高当地地下水开采的保障率,作为特枯水文年份或突发水污染事件的应急水源。

(二)非传统水资源开发利用

1.污水资源化利用

1) 基本概况

污水资源化利用包括中水和再生水利用。有研究表明,城市用水中的30%可通过污水资源化替代,说明其利用潜力巨大。深圳市严峻的水资源短缺形势和建设节水型城市的要求,使污水资源化利用有了更大的需求和发展空间。现在,污水资源化利用不仅可以替代传统水资源,成为城市节水的主要方向,还可以缓解城市水环境压力,成为发展循环经济、建设节水型城市的重要举措,对保障城市供水安全和实现水资源可持续利用具有战略意义。

深圳污水资源化利用的原则是"优水优用,一水多用,重复利用"。因此,污水资源化应首先规划用于河湖景观、绿化、市政杂用和农业灌溉。其次是根据污水处理厂布局规划,结合深圳市水环境综合整治目标和区域内其他水资源状况,合理配置再生水资源。最后是按照统筹规划、分步实施,先近后远、先易后难的原则选择再生水用户,逐步扩大再生水用户和用水量。

根据深圳市的用水结构和污水资源化特性,河、湖环境用水是再生水利用的最大用户,其次是市政(小区)杂用水,主要包括市政(小区)绿化、冲厕、道路清扫、车辆冲洗、建筑施工降尘、消防及空调冷却设备补充用水等。在不影响作物品质的前提下,农业灌溉主要考虑用于较集中的、靠近污水再生水厂的蔬菜、果树和花卉等的浇灌。污水资源化在工业生产方面的应用,主要集中在大型工业区、耗水量大和距再生水厂较近的工业企业的循环冷却用水。污水资源化亦可用于补充水源水,但由于需要有较高和稳定的水质,短时间内还难以被社会接受。

目前,污水资源化利用工程推广实施的主要困难有:一是再生水用户较分散且用水量小;二是再生水输水网络系统尚不完善;三是缺乏相应的政策扶持和鼓励;四是对再生水的接受程度受再生水水质和处理技术等影响。

2)污水资源化利用途径

以2010年前已建和新建污水处理再生水厂为中心,建立再生水利用试点工程,重点在再生水厂周边、新建住宅小区和旧村改造区等推广再生(中)水利用,在对试点项目进行总结的基础上进行推广,力争使再生水利用率逐步达到20%。

特区内建设以南山、福田、滨河、罗芳、西丽和草埔污水处理厂为核心的六个再生水利用区,相应再生水及中水回用七个试点工程包括蛇口、人民大厦、中银小区、鲸山别墅区、越众小区、翠园小区、福华大厦等。宝安区建设观澜、龙华、固戌、松岗及沙井等再生水利用工程片区。龙岗区建设平湖、横岗、埔地吓、沙湾及横岗等再生水利用工程片区。2020年力争使城市污水资源化利用率达到25%。

2.海水利用

1)基本概况

海水利用作为淡水资源的替代与增量技术,是沿海城市开辟第二水源的有效途径。深圳市濒临南海,海岸线总长230 km,近海水质良好,海水利用具有得天独厚的自然条件。日前,国家发展和改革委员会、国家海洋局、财政部联合发布了《海水利用专项规划》,对深圳提出的海水淡化目标是2010年1万~2万 m^3/d,2020年3万~5万 m^3/d。海水直接利用的目标是2010年90亿 m^3/a,2020年140亿 m^3/a。在深圳进行海水利用,不仅是缓解淡水资源紧缺的有效途径,也是充分利用近海资源优势,落实国家海水利用政策、推动海水相关产业发展的重要举措。

现在,深圳的海水直接利用已达相当规模(90亿 m^3/a),主要用于电力特别是核电工业的冷却用水。近海海水水质的变化、退水排放需满足入海水体温度限制的环保要求等,对海水直接利用产生影响。就海水淡化而言,制约行业发展的主要因素有四个方面:一是相对于市政自来水价格而言,成本仍然偏高(4~6元/ m^3);二是产业化发展规模不够,反过来又制约其成本的降低;三是缺乏宏观的统筹规划和指导,需要专门的政策扶持和鼓励;四是缺乏技术创新。由于受到技术水平和成本的限制,深圳的海水淡化一直处于关注技术进步和成本跟踪阶段。

相信随着技术进步和行业发展,海水淡化在深圳将会有进一步发展空间。首先是发展思路要有战略眼光,民间说"靠山吃山",我们也应该"靠海用海",海水蕴藏着巨大的水资源,淡化后是地表水最可靠的补充和替代资源,应作为第二水源和应急备用水源的重要途径进行建设。通过对近海水质监测和取水条件考察,将海水淡化厂和取水口统一规划,一并纳入城市供水网络的总体规划和布局,并适当考虑发展规模。近期可在沿海有条件的地方试点应用,考虑将淡化海水作为电厂的锅炉除盐水,远期可将其纳入市政直饮水等。

行业发展离不开科技创新和政策支持。作为极端灾害情况下的应急备用水源,以维持生命和生存为第一需要,可研制便携式、具有灵活机动性能的海水淡化设备,以此推动海水利用技术装备体系的发展。政策扶持和市场化运作是海水淡化发展的重要保障,由此应建立相应的技术标准体系和法律法规体系。拓宽投融资渠道,鼓励社会资本进入海水淡化领域,保障、扶持海水利用产业健康发展。

2)海水利用主要途径

根据海水水质、供水管网、燃气源和电源位置等条件,初步规划在南山区妈湾大道与月亮湾大道交叉口东南侧和盐田区大梅沙口岸分别建盐田和南山海水淡化应急供水工程。近期根据突发事件对城市供水的影响范围和影响程度,划分若干重点区域,按照满足人的生存需水量确定工程规模,进行区域供水安全保障试点,为全市的应急供水安全提供参考。远期根据试点经验,可研究扩建盐田和南山海水淡化厂,新建西涌、大鹏海水淡化工程等。极端情况下,可通过便携式设备生产袋装淡化海水。

淡化海水的输水方式,推荐采用现状市政供水管道定点输送与瓶装或袋装水供水相结合的方式。对现有城市供水干管进行区域间连通,平时用作市政供水,应急时通过阀门调整调度淡化海水;在主要的用水区域设置集中取水点,定点输送;在城市供水管道遭破坏或输水不能到达的地方,可采用淡化瓶装或袋装水供应。

(三)扩大境外引水

在加大本地水资源和非传统水资源开发利用的同时,要立足长远,从珠三角地区水资源综合利用角度,研究解决深圳市第二水源建设问题。第一,应将深圳市社会经济发展面临的水资源短缺,放在珠三角经济一体化发展的大背景下进行研究。第二,要研究珠三角地区水资源优化配置方案及合理开发途径,支持各城市同步研究解决缺水问题,促进经济共同发展。第三,应建立城市间的合作联动机制,加强流域水环境及水生态保护;加强城市间供水网络的互联互通建设,提高有限水资源的供给保障率。

1.洪水期加大东江引水量

1)基本概况

东江流域年平均径流总量超过 200 亿 m³,但年内及年际变化大。当遇枯水年或枯水季时,深圳市东部水源工程的取水将受到影响。在年内 4~9 月的汛期,东江干流的流量受洪水的影响而变化大,在满足通航及压咸的最低要求 410 m³/s 后,仍有大量的洪水下泄,成为可研究利用的资源。为了利用这部分洪水资源,研究如何加大洪水期取水量,挖掘东部供水水源工程的输水潜力,以缓解深圳市水资源短缺压力,提高城市供水保障率十分必要。

根据东江干流来水过程分析,洪水期多年平均可利用的洪水资源总量可达 2.8 亿~3.0 亿 m³。在不影响东江沿线其他城市取用水,维持东江本身生态需水和满足航运等条件下,洪水期加大取水量,其水源条件是可行的。虽然由于东部水源工程取水口下游为感潮河段,洪水期加大取水量亦不会造成河道水生态环境的恶化。

据分析,深圳东部供水水源工程在二期工程实施后,输水规模可由现在的 7.2 亿 m³/a 提高到 8.15 亿 m³/a。若对提升泵站进行机电改造,或启用西枝江泵站备用机组,年最大输水规模可达 9.7 亿 m³/a。东深供水工程的最大输水规模为 30.24 亿 m³/a,在满足香港及工程沿线东莞、广州等地的用水后,具有向深圳最大 15.0 亿 m³/a 的供水能力。即深圳市已建、在建和规划兴建的东江水源工程,年最大输配水能力可达 24.7 亿 m³/a。若工程输配水系统全部建成,基本可以满足 2020 年增加境外引水量的规划目标。

2）实施的基本途径

加大洪水期东江水源工程的取水量，需要两个方面的条件配合：一是调整东江流域新丰江、枫树坝和白盆珠三大水库的功能为以防洪和供水为主，通过调度来满足东江在洪水期增加取水量的需求。二是要求深圳境内要有足够的调蓄库容，以存蓄和分配东部、东深两大工程在洪水期加大的引水量，据测算，总调蓄库容需达到 8.36 亿 m^3。

据分析，现状东部水源工程和东深供水工程的输水能力，能够满足洪水期加大引水量的输水要求。在深圳市现状规划新建、扩建的调蓄水库中，公明水库和清林径水库是最具调蓄能力的两座水库，能够分别满足于东部水源工程和东深供水工程，在汛期增加引水量的存蓄调度要求。

完全实施东江洪水期加大取水量的规划和调度，还需要通过区域合作的方式来加强。如在惠州扩建大坑水库作为东部水源工程的调蓄水库，属深圳在异地建管的水库，需要惠州当地政府的支持和配合；公明水库和东莞松山湖水库的联网调度，需要广东东莞市政府的支持和配合，等等。以此建立深莞惠三市供水工程的联网调度机制，发挥区域水源工程调蓄能力的合作联动效用。

2.置换东江引水指标（西江—广州引水指标置换方案）

1）基本概况

就深圳和广州的地域位置而言，深圳位于东江流域中游，距东江干流较近，广州位于东江流域下游珠江段，距西江较近。分析东江、西江和北江三大流域的水资源利用现状，综合考虑珠三角地区各城市的经济发展和供水需求，通过珠江流域特别是西江流域水资源的优化配置，在深圳和广州之间，实现东西江用水指标置换；为了加大深圳在东江流域的取水指标，引西江水解决广州市的用水缺口，置换广州在东江流域的取水指标给深圳市，即所谓西江—广州引水指标置换方案。该方案需得到省政府和广州市政府及周边用水城市的理解、配合和支持。

2）实施途径

该方案可考虑从西江三水段思贤滘处提水入北江，再从北江取水供至广州市。

据《珠江三角洲重点城市供水规划报告》，广州市近年来经济快速增长，城市用水需求不断加大，但由于受当地水质性缺水的困扰，必须依靠境外引水才能从根本上缓解需水缺口。据预测，至2010年，广州市至少应从东江下游取水 159 万 m^3/d，折合 5.8 亿 m^3/a 的取水总量，以解决广州东片区包括天河、新塘和员村等地的用水问题。引入西江水置换在东江的取水指标后，这部分指标可优化配置给深圳市，成为珠三角城市群水资源优化配置的重要组成部分。当然，也可以考虑将东江、北江和西江的水资源在珠三角用水城市统一规划，以缓解东江流域的取水压力，提高深圳在东江的取水量。

3.新丰江引水

1）基本概况

新丰江水库位于东江水系的最大支流新丰江上，总库容 139 亿 m^3，是华南地区最大的水库。水库水量丰富，水质良好，水质常年保持在地表水 Ⅱ 类以上。新丰江水库的功能定位为防洪、发电及灌溉，兼顾航运。新丰江水库量丰质优的水，成为深圳市第二水源及应急备用水源规划研究的重点目标。

有规划认为，从新丰江水库向深圳引水，只需简单地铺一条管道即可。但实际有许多问题需要解决：一是取水指标。新丰江水库的水已经参与东江流域的水资源分配，分配方案及指标已经确定。深圳要从新丰江取水，首先需增加取水指标。二是成本效益。据深圳方面测算，从新丰江引水到深圳的单位水量投资成本在 7～11 元/m³，而直接从东江取水的单位水量投资成本仅为 2.5～3.1 元/m³，其成本效益是否可行需进一步研究。三是工程的可行性。据规划论证，从新丰江水库取水至深圳的引水线路总长约 140 km，沿线要穿过铁路、公路等交通要道，要跨过东江、穿越村镇等，预计总工期需 5～6 年，若计入工程勘察设计时间，总工期需达 8 年，其可行性需深入论证。

2）实施的可能途径

广东省水利厅对深圳从新丰江水库引水的方案论证结论为，可引水量 5 亿～7 亿 m³/a，可行途径是采用直供水方式，即铺设专用分质供水管道向沿线城市及深圳供水，即业界熟知的直饮水方案。

深圳的研究认为，东江流域三大水库，即新丰江、白盆珠和枫树坝具有足够库容和水量用于调节调度，缓解下游各城市的用水紧张。可实施的方案有两个：一是将三大水库的功能定位调整为以防洪、供水和灌溉为主，兼顾发电及航运，允许下游城市特别是深圳和广州特大城市直接从水库取水。二是制订应急预案，在遭遇特枯年份或突发水污染事件时，通过水库放水进入东江河道，满足下游各取水点的取水需求。因此，可将新丰江水库的水规划为深圳的应急水源。相比之下，这两个方案均具有实用性和可操作性。

4.直接从西江引水

1）基本概况

西江流域多年平均径流总量超过 2 000 亿 m³，仅次于长江，为全国径流总量第二大河流，是广东省过境的最大河流。在珠江流域内，西江的径流总量约占全流域总量的 80%，接近于东江的 10 倍。西江的水质良好，干流水质长年维持在地表水 Ⅱ 类以上。西江水资源现状开发利用率仅为 1.5%，是全国水资源利用程度最低的流域之一。近年来，西江流域的社会经济发展很快，水污染事件时有发生，水质下降风险不断积累。因此，西江流域既具有得天独厚的水资源优势，又亟待开发利用和保护。

深圳位于珠江流域，据西江干流直线距离仅百余千米。长期以来，深圳的社会经济发展一直受到本地水资源短缺的影响，东江流域的引用水指标已基本达到饱和。规划的中长期发展，水资源仍然是一个难以为继的因素。西江流域质优量丰的水资源，为深圳开辟第二水源及应急水源展示了极具吸引力的前景，深圳水务谋划从西江引水。

深圳直接从西江引水有诸多好处：一是可以使深圳的供水网络系统得到双水源保障，提高其抗风险的能力。二是可以发挥西江水资源的资源价值。如果让其白白流入大海，也是一种浪费。用来支持深圳乃至珠三角城市群的社会经济发展，是一种可选的最优方式。三是可以让西江水得到更好保护。实践证明，一种资源如果没有被利用，就很难得到有效保护。只有通过利用产生经济价值，才能引起关注，才能得到经济反馈支持对其采取保护。珠三角城市群特别是深圳的经济实力和环保理念，通过西江水资源的开发利用，可促成对其水环境加以保护,逐步开展水生态补偿。

深圳直接从西江引水,第一,必须坚持保护优先的理念。只有坚持在开发中保护,保护是为了更好的开发,开发必须优先保护的原则,才能使西江水资源的社会经济价值得到充分发挥,实现可持续利用。第二,必须统筹考虑珠三角地区各城市的用水需求,实施珠江流域东江、西江和北江三江流域的水资源统一规划和优化配置。第三,必须在西江流域水资源利用及保护规划的框架内进行,为西江流域的生态功能定位和生态补偿做好准备。

2) 可实施途径

深圳市一直希望从西江引水,建设西江引水工程。第二水源及应急水源工作组,在前期调查研究的基础上,研究了珠江流域及珠三角地区的水资源状况及引水工程布局,初步拟定出引水工程的可选线路。从西江三水段思贤窖开始,穿越珠江口河网地区,交水点设在深圳宝安的罗田水库。由于考虑到工程沿线跨越东莞、广州等多座城市,征地等协调工作量很大;穿越珠江口可能遇到深埋隧道的许多技术难题;取水许可及分配需得到珠江水利委员会及省水利厅的规划同意等,深圳市向省水利厅提出申请,建议由省里牵头规划并实施广东省的"西水东调"工程。

五、系统总体布局及骨干保障工程建设

(一) 系统总体布局

在公明供水调蓄工程、清林径引水调蓄工程和大鹏海湾水库建成后,深圳市将基本形成较为完善的三大水源保障系统。

一是以公明、铁岗水库为中心,结合西丽、石岩、茜坑和深圳水库等,以地下水利用和海水淡化为应急补充水源,形成以宝安区和南山区为主要供水区域的公明—铁岗—西丽—深圳水库水源保障系统;二是以清林径、龙口水库为中心,以地下水利用为应急补充水源,以龙岗中心城区和横岗等街道为主要供水区域的清林径—龙口水库水源保障系统。应急期可通过网络调水至原特区内。三是以松子坑、赤坳水库和大鹏海湾水库为中心,以地下水利用和海水淡化为应急补充水源,以龙岗区坑梓、坪山街道和大鹏半岛三街道为主要供水区域的松子坑—赤坳—海湾水库水源保障系统。应急期可通过网络扩大供水范围至原特区内。

(二) 开发顺序、原则及骨干保障工程建设

规划第二水源及应急水源开发建设顺序为,本地水资源(包括雨洪资源利用)、境外引水、污水处理再生水利用、地下水开发和海水利用(包括直接利用和淡化)。

第二水源和应急水源开发应坚持"三先三后"的方针,即"先节水后调水,先治污后通水,先生态后用水"。在这一方针的基础上,实行"节流优先,治污为本,立足挖潜,争取调水"的开发原则。

加强骨干保障工程建设。供水水源网络工程重点建设两大水源干线即东部水源工程二期和北线引水工程;六条支线水源工程,即大鹏支线、坝光支线、盐田支线、梅林支线、笔架山支线和大工业城支线。调蓄工程重点建设下矾角供水枢纽工程、公明供水调蓄工程、清林径引水调蓄工程,扩建铁岗水库和径心水库,新建海湾水库和东涌水库等。新增境外

引水工程,2010 年达到 1.4 亿 m³/a 的规模,2020 年达到 2.4 亿 m³/a 的规模。污水处理再生水利用工程建设,2010 年达到 2.9 亿 m³/a 的规模,2020 年达到 5.2 亿 m³/a 的规模。地下水利用工程新增规模 0.2 亿 m³/a。海水利用工程总体规模达到 120 亿 m³/a。

六、结论及建议

(一)基本结论

对于一座水资源短缺的特大型城市而言,开展第二水源及应急水源调查研究是一项开创性的工作,具有战略意义,十分必要。调研总结出的三大策略、八种利用方式是第二水源和应急水源开发建设的核心。本地雨洪资源利用是最为简单、成本效益最高的一种方式,增加境外引水是可靠性最高、保障率最高的方式,污水资源化利用是环境友好型、节水型社会建设的必要途径,地下水利用和海水淡化是安全可靠、极端灾害情况下的必备应急水源,海水直接利用是最为丰富的淡水替代和节约方式。坚持保护优先、节约为本、统筹协调和区域联动,是第二水源和应急水源建设的保障性原则。

(二)进一步工作建议

(1)开展重大专项研究。结合"十一五"重大专项,开展专题研究,包括区域水资源优化配置、水质水量联合调度、水源区污染防治、水环境治理及水生态修复等。

(2)开展水资源承载力研究。继续深入开展水资源承载力研究,推动人口、资源和环境协调发展,研究与水资源承载力相适应的人口和社会经济发展规模。

(3)优化产业结构。建设节水型产业结构,进一步提高水资源利用率,加快节水型城市和社会建设。

(4)建立协作联动机制。建立联动机制,推动城市间水源工程互联互通建设,提高珠三角城市群应对极端干旱或突发水污染事件的区域合作能力。

(5)建立示范工程。开展示范工程研究,推动雨洪资源利用、非传统水资源利用科技进步。

(6)完善法规体系建设。完善法律体系,加强水资源及水生态保护;建设标准体系,促进非传统水资源利用规范化;制定相关政策,鼓励非传统水资源利用市场化发展。

第五章 治理深圳河工程

城市水文的研究现状与发展趋势[27]

一、引言

城市水文问题的研究起源于 20 世纪 60 年代,一些发达国家,例如美国和西欧的一些国家,由于工业化程度的不断提高,人口向城市的大量集中,城市规模的不断扩大,由此而带来一系列新的水文问题,超出了传统水文学的研究范畴,向科学家和工程师们提出了新的研究课题。

城市水文研究的最显著特点是研究发生在城市环境里的水文过程,它涉及城市水利工程建设、市政工程学、城市环境学、城市气象学及市政管理学等多学科的研究与发展,它与城市规划与设计、城市防洪与排涝、城市水环境、城市水资源的开发利用与保护,以及市政管理等有着密切的关系。

城市化对水文过程的影响主要表现在以下几个方面,即对流域下垫面条件的改变,对城市区域小气候的影响,洪水过程线的变化,对洪峰频率及其分布的改变,城市水土流失以及对城市水质的影响等。

二、对流域下垫面条件的改变

城市化对下垫面条件的改变主要表现在不透水面积的增加和河道流速的增加两个方面。流域的天然下垫面一般植被良好,下渗能力较大,但城市化使其改变为楼房的屋顶、道路、街道、高速公路、机场、停车场、公园及建筑工地等,不透水面积大量增加,使天然的径流过程改变为具有城市特性的径流过程。

不透水面积的估算方法很多,但常用的方法是将土地利用的特征因子,例如土地利用强度和人口数量,同不透水面积的百分数建立相关关系,用以进行预测和估算。1972 年,美国的 Stankowski 首先建立了人口密度同不透水面积百分数的关系,后经 Gluck 和 McCuen 的改进,建立了多因子的相关关系。

例如不透水面积百分数同距离和人口密度的关系:

$$I = 10.06 + 58.28 \times \frac{0.000\,128P}{1+0.000\,128P} - 1.258(D-10.06) \tag{1}$$

式中:I 为不透水面积百分数;D 为距离,km;P 为人口密度,人/km^2。

对居民住宅区不透水面积百分数,研究其同距离和人口密度的关系为

$$R = 1.445P^{0.315\,0}D^{-2.668\,8} \tag{2}$$

式中:R 为居民住宅区不透水面积百分数;其余同上。

也可直接利用经验数据来估计不同土地开发利用类型的不透水面积百分数,例如北美洲典型的中等密度住宅区的不透水面积百分数 $I = 35\% \sim 50\%$,高密度住宅区和商业区的不透水面积百分数 $I = 55\% \sim 70\%$,工业区的不透水面积百分数 $I = 80\% \sim 90\%$。

城市化对河道进行整治,使河道顺直,水流通畅,过水能力加强,水流速度加快,糙率相对降低。通过建立反映河道整治或排水系统情况的因子,例如糙率 n,同城市不透水面积百分数的关系,可直接用于城市流域水文模型的研制。

三、对城市区域小气候的影响

城市化后,由于植被条件发生变化,使地表的辐射平衡及空气的热动力特性受到影响,从而形成具有区域特征的小气候变化。

同植被完好的天然流域相比,城市区的建筑物结构具有较高的热导率和热容量,特别是现代化城市的商业中心区,摩天大楼高耸入云,将入射的辐射热吸收,使城市中心的温度高于周围郊区或乡村的温度。因而,城市上空的暖空气上升,周围乡村的冷空气吹向城市。当大范围的气压梯度较小时,空气由四周向城中的浅低压区吹送,形成一种特殊的辐合风场,被人们称之为"城市热岛"现象。"城市热岛"现象造成市区的热特性与周围天然流域热特性的较大差异,影响城市区域的小气候。

城市化后,由于人类活动造成的尘埃及工业烟尘,特别是二氧化硫的排放,使空气的能见度降低,太阳辐射的入射量及日照量减少,大气中的凝结核增多,热湍流及机械湍流发生的概率增加,影响到城市的降雨特征。有关观测研究表明,城市化可使市区的日照时间大为减少,晴天情况下,市中心的日照时间平均减少 44 min,近郊的日照时间平均减少 25 min,远郊的日照时间平均减少 16 min;Landsberg 的研究指出,城市年降水量比郊区大 $5\% \sim 10\%$,其中降雪量减少 $5\% \sim 10\%$,雷暴雨的概率增大 $10\% \sim 15\%$。

四、对径流形成及洪水过程的影响

在径流形成过程的诸多要素中,研究城市化对植物截留及蒸散发的影响意义不大。城市化对下垫面条件的改变,主要影响到下渗及洼蓄量。洼蓄量一般较小,经验估计为 $1.5 \sim 3.0$ mm,最终将耗于蒸发。下渗能力的变化主要表现为减少,城市化将原始天然的透水地表改变为不透水地表,糙率相对减小,下渗通量为零,壤中流减少或为零,使汇流速度加快,地表径流量增加,一般地减少基流并降低地下水水位。我国北京市 20 世纪 80 年代的城市化程度比 50 年代已经高很多,1959 年 8 月 6 日和 1983 年 8 月 4 日发生的两次降雨,其雨型相似,雨量相近(分别为 103.3 mm 和 97.0 mm),但后者的洪峰流量要比前者大 97%。为了比较城市化前后径流量的改变,美国水土保持局研制了市区与郊区总径流量变化的比较图,研究了农村地区和城市地区不同类型与坡度下的坡面漫流速度,做出了表征不同土地利用程度的坡面漫流流速关系图。

城市化对年径流量的改变主要取决于市区不透水面积的变化,不透水面积增加了,相应年径流量也增加。年径流量增加的显著性一般用随机序列的方差分析法或双累积曲线法进行检验。美国环境保护局研制的年径流近似表达关系为

$$AR = (0.15 + 0.75I)P - a(DS)^m \tag{3}$$

$$DS = DS_0 - bI \tag{4}$$

式中：AR、P 分别为年径流深和年降水深；DS 为平均洼蓄量；a、b、m 为参数，由测量确定；DS_0 为降雨初期的洼蓄量；I 为地表的不透水率。

城市化对洪水过程的影响主要表现为使洪峰及洪量增大，过程线峰型尖瘦，陡涨陡落，洪峰频率及其分布形式发生变化。研究表明，洪峰流量的增大与城市化前后洪峰流量的比值、市区内不透水面积、下水道排水系统覆盖面积、流域面积及平均汇流时间存在一定的经验关系。美国地质调查局以城市化前后的流量比值为参数，研制出不同的不透水面积百分数与雨洪下水道覆盖面积百分数的关系图，建立了洪峰流量与流域面积及平均汇流时间的关系，用于估算不同城市化程度下的洪峰流量。洪峰频率及其分布形式的变化，研究工作一般采用两种方法：一种是流域水文模型法，即利用流域城市化前的水文观测资料，建立相应的水文模型并进行参数率定及验证，通过调整模型参数来反映城市化的影响，然后通过随机系列人工生成资料的方法，利用降雨及径流资料系列，人工模拟生成反映城市不同发展阶段径流变化的流量过程线，经对每一过程所形成的洪峰流量系列进行分析，得出其频率分布，从而可估算出不同重现期的洪峰流量变化。另一种是直接对某一重现期下的洪峰流量或洪峰流量与洪水特征值的比率进行修正估计，相当于常用的还原计算，以反映城市化的影响。例如，将城市发展增加的不透水面积所产生的影响同排水系统扩大造成的影响分开来考虑，不透水面积产生的影响用不透水性系数 CIM 来表征，CIM 的假定为，天然流域透水区面积所产生的径流占 30%，完全不透水区面积所产生的径流占 75%，相应的经验关系表达式为

$$CIM = 1 + 0.015IMP \tag{5}$$

式中：IMP 为不透水面积百分数。当 IMP 由 0 变到 100% 时，不透水性系数 CIM 的变化范围为 1.0~2.5。对流域排水下水道系统的城市化效应可用汇流滞时 TL 来反映，建立用不透水性系数 CIM 进行校正的年平均最大洪峰流量 Q 同滞时 TL 及流域面积 A 的经验关系为

$$Q/CIM = cA^a TL^b \tag{6}$$

式中：a、b 为指数；c 为常数，一般由多元线性回归分析得到。

由于低重现期洪水和高重现期洪水在天然流域和城市化流域的响应差别是不一样的，在分析估算时，还应考虑到以重现期洪水 $Q(T)$ 同年平均洪峰流量 Q 的比值的增长关系以及不同重现期洪水在量级上的差异。

五、城市水土流失及对城市水质的影响

城市水土流失是一种典型的城市水文效应。城市建设发展过程中，大量的建筑工地使流域地表的天然植被遭到破坏，裸露的土壤及易遭受雨水的冲蚀，形成严重的水土流失，改变了地表物质能量的迁移状态，增加了水循环过程中的负载。例如，截至 1995 年底，深圳市的水土流失面积已达 185 km²，占全流域面积的 9.29%。流失的水土不仅造成侵蚀区流域的冲刷和淤积，造成人畜伤亡和财产损失，而且造成下游流域河道、港口及水库的淤积，恶化水质。这种工程型的水土流失主要由人类活动所造成，应当坚持以防为

主,防治结合的方针。在城市开发过程中,必须首先落实水土保持措施;在已经形成水土流失的市区,必须坚持工程治理和生物治理相结合的方针,以工程治理为主,固水固土,恢复植被。

城市化对水质的影响主要表现为对城市水体的污染。污染源来自三个方面:一是工业废水,二是生活废水,三是城市非点源污染。工业污染主要指由工厂或企业排放的废水、废气,其特点是排放集中、浓度高、成分复杂,有的毒性大,甚至带有放射性;生活废水主要指城市居民日常生活排放的废水、废气,其特点是有机含量高、生化耗氧量低,易发臭;由医院排放的含有细菌或带病毒的污水、污物,对水体具有极大的危害性;非点源污染主要指工厂和机动车辆排放的废气,大气尘埃,生活垃圾,街道、路面的废弃物,建筑工地上的建筑材料及松散泥土等。

城市降雨径流污染是非点源污染的重要途径。降雨将大气、地面上的污染物淋洗、冲刷,随径流一起通过下水道排放进河道。污染径流的成分十分复杂,含有重金属、腐烂食物、杀虫剂、细菌、粉尘等若干有害物质,量也很大,对水体污染的危害性要比其他污染途径严重得多。城市降雨径流污染的浓度及成分随时间、季节、各次降雨的不同而不同。例如,每年春季的初次降雨径流一般污染物含量较大;每年秋季的大雨能冲刷长期积存在街面和下水道中的污物,也能稀释径流与污水量的比例,但并不改善水质。

六、城市水文模型

城市水文模型一般分为三大类,即以经验公式为基础的城市水文模型,以现代流域水文模型为基础的城市水文模型及城市水质模型。

由于城市流域面积一般比较小,比较适用于以洪峰流量计算为核心的一类经验公式,例如推理公式:

$$Q_m = 0.278A(i-f) \tag{7}$$

式中:Q_m 为洪峰流量,m^3/s;A 为流域面积,km^2;i 为平均降雨强度,mm/h;f 为平均下渗强度,mm/h;0.278 为单位换算系数。

在城市暴雨排水系统的洪水计算中,主要考虑将透水和不透水面积分开计算,在不透水面积上,平均下渗强度为零。在透水面积上,下渗公式一般采用 Horton 公式或 Philip 公式,用以计算平均下渗强度,并根据净雨历时和汇流历时的不同关系进行洪峰流量的计算。如果要考虑透水、不透水面积分布的不均匀情况,可将流域分块,根据各分块流域上的透水、不透水面积组成,分开进行产汇流计算,然后将各分块流域上的洪水过程进行组合,以求得全流域的设计洪水过程。经验公式一般比较简单,对资料的条件要求不高,比较适用于流域情况不复杂且缺少资料的城市。

美国地质调查局的城市水文(USGS)模型初次完成于 1965 年,后来在 1970 年又做了较大的改进。该模型是分块的线性模型,可在若干个分块的流域上演算不同的降雨过程,将流域透水或不透水面积上的降雨分开来进行产汇流计算,然后再把各分块上的径流过程组合起来以获得全流域的径流过程。在透水面积上,用 Philip 入渗方程进行产流计算。该模型适用于部分的或全部的都市化流域。

比较著名的城市水质模型有暴雨雨水管理模型(SWMM)及蓄水、水处理及溢流径流模型(STORM)。暴雨雨水管理模型用动力波理论与 Horton 入渗方程结合起来进行地表径流估算;用简化的圣维南方程进行洪水演算,估计回水影响;模拟湖泊、河流或河口水流与水质,以及二者兼容之下水体的作用;用三个非守恒参数:生化需氧量、悬浮固体及大肠杆菌来估算污染过程。STORM 模型利用点降雨量通过点面转换关系计算面平均雨量,将透水与不透水的汇流面积分开考虑。它的特点在于考虑模拟蓄水和径流处理的各种组合影响,例如入库径流的水质要满足水库蓄水的水质标准,否则必须进行处理。当水库蓄满时,多余的水量将进行溢流处理,溢流水体的污染物负荷估算要综合考虑径流和蓄水的质量,以及水处理时的损耗等。

七、城市水文研究的发展趋势

随着社会经济和科学技术的不断发展,城市水文的研究工作也将在站网规划、水文测验、水文分析计算、卫星遥感及地理信息系统的应用等方面取得进展。由于城市水文的特殊性,传统的站网规划方法已不完全适用。应根据城市水文现象的多变量和随机性,将所收集资料的效率和所产生信息的效益两方面结合起来考虑,特别是在布站原则、规划方法等方面应体现出城市化、相对高密度、高精度、经济适用的特点。例如,在站网规划方面,除常用的卡拉雪夫法、最优内插法、拓扑优化法等方法外,克里格法、通用最小二乘法以及一些新的数学方法,如模糊数学、灰色理论及分形理论等也正在得到应用。

水文测验方面,卫星遥感、雷达测雨及朝着无人值守方向发展的自动化、智能化、远距离传输地面水文站正在逐步获得应用和发展。目前,雷达测雨技术已可在半径为 100 km 的范围内测量短历时雨强,其测量精度及对降雨分布的分辨率已明显优于地面点雨量计。卫星遥感技术已被用来测量大面积的土地利用变化和土壤含水量,作为短期水文预报模型中一个重要的输入变量,土壤前期含水量一旦由卫星遥感提供精确数据,将大大改善预报成果的精度。同位素、超声波测流技术也正在逐步得到推广和应用。

可以预期,未来的水文站网不再会是由一个个独立的水文站所组成,而是由地面雷达站、卫星接收站和水文实验站所组成的信息监测网络。

地理信息系统(GIS)是一门新的空间技术,其主要特点在于能将空间的地理、地貌信息,例如坡度、坡长、坡向同其他信息如土壤、地质、植被等集成一体;提供一个协调一致的可用于地表空间变量动态分析的场所;可使地理信息以各种方式进行管理和图示,包括二维及三维制图;可为其他信息,如降雨、植被、土壤分布及土地利用状况等提供一个详细的、较为精确的信息支持系统。地理信息系统已在城市水文的各个方面得到广泛应用,例如水文预报、水资源管理、防洪减灾、水土保持及水环境保护等。

在城市水文模型的研究中,将现行流域水文模型移植和引进,同城市地下排水管网模型相结合,建立综合考虑城市暴雨地表排洪、下水管网水流、污水处理和溢流等统一的经济优化模型。其中关于城市暴雨径流的组成将主要考虑坡面流、明渠流和管流;城市降雨径流过程的模拟计算,产流计算仍用传统的下渗曲线法和美国土壤保持局的 SCS 曲线数法;汇流计算仍以传统的单位线概念为基础。在城市设计暴雨和洪水计算中,推理公式的概念和方法、简化的圣维南方程组包括动力波方程等仍是计算的基础。但在所有参数的选择、分析和率定方面将更加仔细和深入。

流域水文尺度化和相似性问题的研究和应用,将充分利用城市化流域的水文信息,研究各种尺度水文要素的空间变化对径流形成的影响及其参数化,识别不同尺度水文信息移用所引起的差别,建立适用于不同尺度的城市水文模型,验证和改进现有模型的结构,提高模拟和预报的精度,并将特别在城市暴雨径流时空分布不均的分析计算及点面关系的转换方面取得进展。

总结而言,城市化对流域下垫面条件的改变,对城市区域小气候的影响,对径流形成及洪水过程的影响,城市水土流失、对城市水质的影响及城市水文模型的开发研究等是当前城市水文研究的主要方向。新技术的发展和推广,如卫星遥感、雷达测雨、信息网络及地理信息系统等;新理论的研究和应用,如流域水文尺度化和相似性等,将是城市水文研究和发展的主要趋势。

深圳河流域感潮河段洪潮特性及流域水文特性研究概述[29,43]

一、问题的提出

深圳河流域地跨深港两地,深圳河是深圳和香港的界河且是深圳主要的排洪入海通道。深圳市是我国最早对外开放的经济特区之一,随着城市建设向着国际化、现代化的方向不断迈进,城市防洪的任务日趋重要。香港是著名的国际大都市,是我国"一国两制"体制下到目前为止唯一的特别行政管理区,流域内的土地排水及防洪工作亦十分重要。

由于深圳河流域地处我国华南温湿气候区,暴雨的强度高、历时长、雨量大,空间变化十分剧烈;城市化发展改变了流域地表的径流形成条件,使植被减少,下渗能力降低,产流强度增高,汇流速度加快;加之城市开发初期防洪设施建设的不尽完善,使排水不畅,往往导致地势低洼处大面积积水,给城市人民的生活、交通,甚至生命财产的安全带来严重威胁。

深圳河有长约 16.2 km 的感潮河段,受河口外深圳湾周期为不规则半日潮的潮汐影响。在热带气旋造成的高强度、大面积台风暴雨天气下,若遇大潮,极易造成河口处洪潮顶托下的增水,使近海水位急剧升高,海水倒灌,形成外洪内涝的灾害。据 1995~1996 年的实测资料表明,当深圳湾潮水较高时,上至沙湾河的水位过程亦反映出明显的潮汐顶托现象。

严重的洪潮遭遇,使深圳河的洪水宣泄不畅,加之原始的天然河道,河床狭窄,蜿蜒曲折,过水能力仅可通过 2~5 年一遇的洪水。沿深圳河干流,深圳市罗湖区大部、福田区一部约 25 km² 的范围,以及香港一侧新界北区深圳河沿岸的渔农区,为常年的洪泛区,一旦发生灾害,损失严重。

自 1995 年 5 月开始整治的深圳河,虽设计过水能力已达 50 年一遇,但由于缺乏充足的资料,现行的河道设计是否合理,包括河道的形态、河势、冲淤变化、过水能力及河口等是否能够达到设计标准,均需做进一步的深入研究。

因此,研究深圳河干流的洪潮遭遇特性及其流域水文特性,研究洪潮组合对流域水文特性的影响,及其在工程水文水力计算中的处理方法,以期为治理深圳河工程的进一步开展,特别是三期工程的规划、设计、施工及整个工程竣工后河道的维护及管理,为流域防洪及水环境保护提供更准确的依据,将具有十分重要的科学意义及积极的生产意义。

二、流域概况

流域内北岸深圳一侧在行政区划上主要覆盖罗湖和福田两区。罗湖区是深圳市的商业区,人口密集,经济活动频繁,而且是往来香港的重要通道;福田区是建设中的新市区,是 21 世纪深圳市政治经济文化发展中心。罗湖区位于流域的中、上游,福田区位于流域的中、下游。南岸香港一侧为新界北区,覆盖上水、粉岭、新田等新市镇,由于地势平坦,是香港特别行政区重要的渔农区和新市镇发展区。

(一)流域几何特征

深圳河在珠江口东侧,位于东经 114°~114°12′55″,北纬 22°27′~22°39′。其发源地及流域特征值,深港双方有不同的认同及量度结果。

深方认为,深圳河发源于梧桐山牛尾岭,由东北向西南流入深圳湾,全长约 37 km,河道平均比降 1.1‰,水系分布呈扇形,主要支流有布吉河、福田河、皇岗河,以及香港一侧的梧桐河、平原河。流域面积 312.5 km²,其中深圳一侧 187.5 km²,占 60%,香港一侧 125 km²,占 40%。干流及其支流莲塘河(亦是深圳河的上游)为深港交界的界河,长约 25 km。三岔河口以下为感潮河段。河床宽度 15~80 m,河口处宽达 230 m。

港方认为,深圳河发源于梧桐山伯公坳的莲麻坑东面,由东北流向西南,最后注入深圳湾,河道全长 27.5 km,集水面积 313 km²,主要支流有平原河、莲塘河、沙弯河、梧桐河和布吉河等。干流自三岔河口以下到出海口长约 16.2 km,为感潮河段,河道平均比降 0.2‰,河道宽度由上至下逐渐展宽,三岔河口处宽约 20 m,布吉河口处宽约 60 m,而至出海河口处宽达 230 m 左右。

(二)植被、水土保持

流域内上游为丘陵山地,草木繁茂,植被较好,河床多卵石,比降较陡;中下游为冲积平原区,地势平坦,河床多细沙,海相沉积。河系呈扇形分布,流程短,比降陡;洪峰流量大,汇流时间短,暴涨暴落,暴雨后数小时洪峰便可到达下游。近年来,流域中上游,特别是支流布吉河流域等,大面积的土地开发,植被受到破坏,造成大量的水土流失,对下游干流及河口,特别是治理深圳河工程造成严重影响。

(三)气象、气温及风

深圳河流域地处北回归线以南,属南亚热带季风海洋性气候,气候温暖,雨量充沛。多年平均气温 22.4 ℃,最高气温 38.7 ℃,最低气温 0.2 ℃。多年平均相对湿度 79%。常年盛行南东东和北东东风向,其次为东北风和东风风向;夏季盛行东南和西南风,冬季盛行东北风;多年平均风速 2.6 m/s,最大风速 40 m/s,最大风力超过 12 级。

(四)降雨、热带气旋

多年(1954~1992)平均年降雨量 1 883 mm,年最大降雨量 2 634 mm(1975 年),年最小降雨量 899 mm(1963 年)。4~9 月为汛期,为年内雨量分配的集中期,平均降雨量 1 591 mm,占年平均降雨量的 84.5%;前汛期为 4~6 月,主要受锋面和低压槽影响,后汛期为 7~9 月,主要受台风和热带低气压影响,一次台风过程的降雨量可达 300~500 mm。多年平均降雨天数 139 天。实测最大 24 h 降雨量 363 mm,次大降雨量 339 mm,多年平均最大 24 h 降雨量 204 mm。香港天文台 1947~1981 年实测降雨资料表明,最大 24 h 降雨量可达 416.2 mm,次最大 24 h 降雨量为 401.2 mm,平均为 234 mm。1889 年 5 月 30 日单日记录最大 24 h 降雨量为 697.1 mm,1926 年 7 月 19 日单日记录最大 24 h 降雨量为 552.2 mm。台风即热带气旋是深圳河流域最严重的灾害性天气,常伴有暴雨和风暴潮,造成洪涝灾害。据有关历史记载,从 1884~1949 的近 100 年间,仅珠江三角洲地区遭受的台风就有 60 余次。自 1949 年到 1992 年,在台山至惠东之间登陆的台风共 43 次,对深圳河流域有较大影响的达 17 次。台风出现时间一般为 5~11 月,7~9 月最为频繁。

(五)现有重要水利工程

流域内重要的水利工程有建于 1959 年的深圳水库,集雨面积 60.5 km²;建于 1981 年的洪湖笋岗滞洪区,集雨面积 42.8 km²;建于 1996 年的罗湖排涝泵站,集雨面积 6.29 km²,抽排能力 54 m³/s。治理深圳河工程由深港两地政府联合出资,共同管理。该工程计划分四期进行,一期工程裁弯取直、拓宽挖深罗湖桥以下至布吉河口下、福田河口至皇岗大桥以上的两个弯段;二期工程拓宽、挖深,整治罗湖桥以下至河口除一期工程外的全部河段;三期工程将整治罗湖桥以上至平原河口的河段,包括拓宽、挖深及构筑河堤;四期工程拟整治位于三期工程终点平原河口以上河段,全长约 4 465 m,将本着防洪与生态安全相结合的全新理念进行整治。河道设计过流能力为 50 年一遇,最大泄洪能力为 2 100 m³/s;罗湖桥以下的河底宽度 80~130 m,河道比降为 1/10 000。一期工程已于 1995 年 5 月动工,1997 年 4 月完工,目前已初步发挥效益;二期工程的两个施工合同,合同 A 及合同 B,已分别于 1997 年 5 月及 1997 年 11 月动工,合同 A 工程已于 1999 年 5 月完工,合同 B 工程将于 2000 年 11 月完工;三期工程计划争取于 2000 年下半年开工。四期工程在持续规划中。届时,罗湖桥以下深圳河干流两岸,包括深圳一侧的福田、罗湖及香港一侧的新界北区,洪灾压力将大为减轻,环境及航运将得到改善,并将有可能为深圳市开发出新的、重要的旅游资源。

(六)湿地及生态环境

深圳河出海口与深圳湾相邻的区域为具有国际意义的湿地生态保护区。南岸香港一侧为米埔自然保护区,1995 年 9 月,香港特别行政区政府宣布将米埔及内深圳湾地区约 1 500 hm² 的土地正式列入拉姆萨尔公约范围内具有国际重要意义的湿地,其范围包括内深圳湾的泥滩、沼泽及其与之相联的红树林、基围虾塘以及周边的淡水鱼塘。深圳一侧为国家级内伶仃—福田红树林自然保护区。红树林自然保护区占地 368 hm²,沿深圳湾北岸有长达 9 km 的带状分布红树林,周边有基围鱼塘、芦苇沼泽及宽阔的海岸滩涂,是我国最主要的湿地之一。

三、基本资料

到目前为止,深圳河流域内尚无永久性的观测系列较长的水文控制站。在测的只有位于河口附近的赤湾和尖鼻咀水(潮)位站具有较长系列的潮(水)位观测资料。市内曾在龙岗河下游的下坡及茅洲河的河口设立过水文站,1986 年 8 月布吉河中游也曾设立过水文站,但后来均由于各种各样的原因而撤销。近年,市三防办和市防洪设施管理处在布吉河设立了水文站。

1995 年 10 月,为了治理深圳河工程的需要,市治理深圳河办公室在深圳河干流的沙湾河口、梧桐河口、布吉河上游、渔农村及深圳河河口分别设立了水文站,观测雨量、水位、流量和泥沙,同时还在罗湖桥上、下,布吉河口及深圳河口设立了专门的水(潮)位观测站。目前,随着工程的进展,有些站点的观测已完成任务,为了三期工程的需要,观测的重点已移至罗湖桥上游,分别在平原河口、三岔河口、文锦渡桥上、下游等处设立有 8 个水位站、2 个水文站及 1 个雨量站。罗湖桥以下治理完工的河段,已开始按规划进行永久性站点的设立。1995~1996 年在沙湾河口、梧桐河口、布吉河口及渔农村等站的流量观测资料是本次研究工作的基础。

雨量站以深圳水库站为主。该站设立于 1952 年 7 月,至今已有 40 余年的雨量资料,且观测精度可靠,整编规范。位于香港九龙的天文台,建立于 1884 年,1940~1946 年缺测,1947 年恢复观测至今,雨量观测系列较长,是很好的对比分析资料。《广东省水文图集》及香港《Stormwater Drainage Manual》(暴雨系统排放手册)中关于雨量特征值的等值线图是重要的参考依据。

香港尖鼻咀潮位站的潮位观测资料为 1975~1996 年,河口外赤湾站的潮位资料为 1964~1997 年,是主要的潮位统计分析资料。深圳河干流 1995 年设立各站的水(潮)位、流量、泥沙观测系列虽只有 12~18 个月,但是重要的潮汐、泥沙及二维非恒定流分析计算的基本资料。

以上是研究工作的基本资料。由于缺乏系统的、精度较高的、系列较长的观测资料,研究工作遇到很多困难,成果受限。

四、研究趋势及发展方向

(一)潮汐泥沙特性研究

潮汐河段的水流现象异常复杂,它既受浅海潮波的影响,又受上游河川洪流的作用,是一种周期性的非恒定往复式水流。涨潮流时,水面比降受制于海洋潮汐;落潮流时,水面比降同时受制于涨潮流和上游下泄的径流和潮流量。沿程含盐量的变化反映径流与潮流两种力量强弱交替的作用结果。

关于感潮河段洪潮遭遇特性的研究,从方法的性质来讲,基本可以分为物理模型法和数学模型法。物理模型法以具有潮汐模拟功能的水工模型试验为主,如治理深圳河二期工程的物理模型试验研究,在动、定床河工模型的基础上,增加了控制精度高、稳定性好、重复性强、操作简单的生潮控制系统,模拟了洪潮遭遇和潮汐泥沙运动的水动力现象。

除一般的水力学问题外,物理模型试验已成为航道整治、河道疏浚、盐水入侵及污染扩散等问题的一个很重要的研究手段。

数学模型的计算以质量守恒定律和牛顿动量定律为基础,建立一维潮汐水流的圣维南方程组为

$$\frac{\partial Z}{\partial t}+\frac{1}{B}\frac{\partial Q}{\partial x}=0 \tag{1}$$

$$\frac{\partial Q}{\partial t}+(gA-\frac{BQ^2}{A^2})\frac{\partial Z}{\partial x}+\frac{2Q}{A}\frac{\partial Q}{\partial x}=\frac{Q^2}{A^2}\frac{\partial A}{\partial x}|_{\eta}-\frac{gQ|Q|}{C^2RA^2} \tag{2}$$

式中:Q 为断面平均流量;Z 为潮位;A 为过水断面面积;h 为水深;g 为重力加速度;C 为谢才系数;R 为过水断面水力半径。

由此可见,一维潮汐水流的数学模型已具有相当的复杂性,二维潮汐水流的数学模型便可想而知。在应用上,一维模型主要应用在河口区以上比较狭窄的潮汐河段的水动力研究,平面二维数学模型较常用在具有广阔水域的河口或港湾地区。在求解上,由于数学模型的复杂性,多用数值方法进行。常用的数值方法包括有限差分法、有限单元法、边界元法和有限分析法。有限差分法可分为显式差分、隐式差分、特征线法和交替隐式法,即ADI法。各种方法都有其优点和缺点,都有各自的适应范围。

潮汐特征值在感潮河段的航运、港工、防洪工程及其他生产活动中,具有十分重要的用途。常用的潮汐特征值包括高潮、低高潮、低低潮和高低潮及其相应的潮位、平均潮位、潮差、平均潮差、潮时和平均潮时等。潮汐特征值的计算通过实际观测资料用统计分析进行。一般地,不规则半日潮(类似于深圳河河口)的潮位经用余弦函数统计推导得:

$$\zeta_0=A_0\cos\sigma_2 t+B_0\cos(\sigma_2 t+\beta) \tag{3}$$

式中:$\beta=g_2-g_1$;A_0 为半日潮的平均振幅;σ_2 是第二个纯调和分潮的角速率;g_i 是相应第 i 个分潮的哥林威治迟角;B_0 为 k_1 分潮群和 01 分潮群平均振幅的 $2/\pi$ 倍。

式(3)中 ζ_0 的基本周期等于 24 h 50 min,根据 ζ_0 在区间(0,24 h 50 min)上的四个极值,就可确定出高高潮、低高潮、低低潮和高低潮的平均潮位及其相应平均潮时。

潮汐河口的泥沙运动,含沙浓度随时间而变,且随着潮流的增大而加大。但是,当潮流达到最大值时,含沙量往往还没有达到最高。最大含沙量的出现,通常要比最大流速的出现稍迟一些。此后,含沙量又随着潮流的减弱而降低。在低潮憩流期或稍迟一点的时间,含沙量最小。含沙量一方面随雨旱两季流域来沙量大小而变,另一方面又随高低潮而变。

感潮河口(段)的潮汐泥沙运动,涉及河口(段)的几何特性,潮汐的流速、流向及憩流的性质,泥沙的启动、沉降、固结及运移等特性,是一个更为复杂的动力学问题,目前只能通过较为精细的、长时间的、可靠的观测,选择合适的计算模型,确定相关的边界条件及参数,通过数值计算方法来进行研究。

(二)暴雨空间变化特性研究

暴雨是洪水的直接成因,暴雨空间变化是影响流域产、汇流过程的主要因素,暴雨空间变化特性研究是流域水文特性研究的重要内容。关于暴雨空间变化特性研究,在传统频率统计方法的基础上,近年来发展研究暴雨的空间结构特征,暴雨的点面转换关系、暴

雨的移动速度和方向等。常用的方法有区域相关分析法、地质统计法、距离相关分析法、趋势面法、多元相关分析法、矢量代数法和滞后相关分析法等。

研究暴雨的空间结构特征,除传统的雨量等值线图外,目前应用最多、最广的就是区域相关分析法。区域相关分析法通过建立距离相关函数,或地质统计学中的半方差函数,来定量刻画暴雨空间变化的结构特征,以用来研究面平均雨量的估算精度、雨量站网的最优估计,研究暴雨中心的位置和范围以及移动的速度和方向等。地质统计学中半方差函数的一般形式为

$$\gamma(h) = \frac{1}{2}\text{Var}[P(x_i) - P(x_i + h)] \tag{4}$$

式中:$\gamma(h)$ 为半方差函数;$P(x_i)$ 为空间位置坐标 x_i 点上的暴雨量,$P(x_i+h)$ 为相距 x_i 点为 h 的点的暴雨量,$\text{Var}[\cdot]$ 为相距 h 的空间任意两点间暴雨的增量方差。

研究暴雨的点面转换关系,是提高由点雨量估计面雨量精度的必要手段。长期以来,人们一直致力于用"相关尺度"的概念来开展研究。常用的方法有点面折减系数法、距离相关分析法和多元相关分析法。点面折减系数法用面积作尺度、距离相关分析法用距离作尺度、多元相关分析法用区域暴雨空间相关系数的均值作尺度,来刻画暴雨的空间变化并进行点面转换关系的研究。

利用流域已有降雨资料进行定量观测和分析,研究暴雨的中心位置、暴雨的移动速度和方向,确定必要的暴雨参数,提高对流域径流量和出口过程线的模拟精度,在工程水文设计和流域水文模型的应用中,具有十分重要的价值。现行常用的方法有矢量代数法和滞后相关分析法。矢量代数法以任意三雨量站相关面的组合来研究流域暴雨的平均移动方向,概念直观、简单实用;滞后相关分析法在相关系数的计算中,以时间的滞后来判定暴雨的移动速度和方向,物理概念明确,计算相对简单。

(三)流域产流计算

流域产汇流过程研究,从方法的性质上来讲,可分为水文学方法和水力学方法。水文学方法以水量平衡为基础,包括传统的经验相关法、经验公式法和概念性模型法。水力学方法以圣维南方程为基础,以数值计算为工具,主要包括一维及二维的非恒定流计算。产汇流计算是流域水文特性分析计算中的核心问题,产流计算又是流域产汇流过程分析计算的关键。从研究和应用的范围来讲,产流计算包括单元产流计算和流域产流计算。

1.单元产流计算

单元产流从点或点所代表的某单位面积的概念出发,常用的计算方法有两种:超渗产流法和蓄满产流法。从土壤水动力学的观点来讲,超渗产流即非饱和产流,蓄满产流即饱和产流。非饱和产流以 Horton 入渗理论为基础,即当降雨强度超过土壤的入渗能力时产生地表径流,产流计算以下渗曲线为基本模型,采用累积曲线法或初损后损法进行。即:

$$R = \int (i - f)\,dt \tag{5}$$

式中:R 为降雨扣除以下渗为主要损失后的净雨量;i 为降雨强度,mm/h 或 mm/min;f 为下渗强度,mm/h 或 mm/min。

常用下渗曲线的三种基本模式为

1）Green-Ampt 模式

$$f = K + \sqrt{\frac{KH_k D}{2t}} \tag{6}$$

式中：f 为下渗强度，mm/h 或 mm/mi；K 为饱和土壤渗透系数，mm/h 或 mm/min；D 为初始土壤缺水率，即包气带土层达到饱和时的缺水率，一般以土层厚度的百分数计；H_k 为最大毛管上升高度，mm；t 为时间（以下同）；f 随着时间 t 的增大而减小，当 $t \to \infty$ 时，$f \to K$。

2）Philip 模式

$$f = \frac{1}{2} S t^{-\frac{1}{2}} + A$$

$$F = S t^{\frac{1}{2}} + At \tag{7}$$

式中：A 为下渗常数，接近包气带土层达到饱和时的水力传导率；S 为下渗参数，反映下渗锋面土壤的渗吸特性；F 为累计下渗水量。

3）Horton 模式

$$f = f_c + (f_0 - f_c) e^{-\beta t} \tag{8}$$

式中：f_0 为初始下渗率，相当于土壤干燥时的下渗率，mm/h；f_c 为稳定下渗率，相当于土层饱和时的下渗率；β 为反映土壤下渗强度递减特性的指数。

饱和产流则以流域包气带土层的蓄水状态为基础，即当降雨使包气带土层的缺水量达到满足时，降雨全部产生径流，包括地表、壤中及地下径流。根据水量平衡原理建立的产流计算公式为

$$R = P - (W_M - W) - E \tag{9}$$

式中：R 为次降雨产生的总净雨深，mm；P 为次降雨总量，mm；W_M 为流域平均最大蓄水量，mm；W 为流域初始即降雨开始时的平均蓄水量，mm；E 为雨期蒸发量，mm。

2.流域产流空间变化

流域产流空间变化是研究单元产流同流域产流的转换关系，提高流域产流计算精度的基础工作。由于土壤特性的空间变异、土壤含水量的空间分布和暴雨强度的空间变化，造成产流在流域空间的不均匀变化。在非饱和产流理论指引下，将某时刻 t 流域内下渗强度小于或等于降雨强度 i 的各单元土壤的集合视为产流面积 A_0，A_0 同全流域面积 A 的比值为流域产流面积比例（百分数），由此建立抛物线型下渗强度流域分配曲线为

$$\frac{A_0}{A} = 1 - \left(1 - \frac{f}{f_M}\right)^n \tag{10}$$

式中：f_M 为流域内最大点的下渗强度；f 为下渗强度，mm/h 或 mm/min；n 为经验指数。

同理，在饱和产流理论指引下，建立抛物线型流域蓄水容量分配曲线为

$$\frac{A_0}{A} = 1 - \left(1 - \frac{W'}{W'_M}\right)^b \tag{11}$$

式中：A_0/A 表示蓄水容量小于或等于 W' 的各单元面积之和所占流域面积的比例，即当 $P + W_0 \geq W'$ 时产流，W_0 为起始土壤蓄水量，P 为降雨量；W' 为包气带的蓄水容量变量；W'_M 为流域最大点的蓄水容量；b 为经验指数。

此外,还有指数方程型的下渗强度流域分配曲线和蓄水容量流域分配曲线等。

基于统计物理概念的严格物理意义上的流域产流面积函数和流域平均下渗率函数为

$$\alpha(t) = \Phi(y) = \frac{1}{\sqrt{2\pi}} \int_{-\infty}^{y} \exp\left(-\frac{y^2}{2}\right) dy \tag{12}$$

式中, $y = \dfrac{\ln K_s(t_p) - \mu_k}{\sigma_k}$。

$$f_m(t) = [1 - \alpha(t)]i + \int_0^{h(t)} f(t, K_s) g(K_s) dK_s \tag{13}$$

式中:$\alpha(t)$为t时刻流域积水(产流)面积的比例;$\Phi(y)$为积水时间t_p的正态分布函数;μ_k、σ_k为服从对数正态分布的饱和土壤导水率K_s的均值和方差;$\ln K_s(t_p)$为土壤饱和导水率在t_p时刻的对数正态分布变量;f_m为流域平均下渗强度,mm/h或mm/min;i为平均降雨强度,mm/h或mm/min;$f(t, K_s)$为下渗强度f的流域分布函数;K_s为饱和土壤导水率,mm/h或mm/min;$g(K_s)$为饱和土壤导水率K_s流域分布函数。

(四)流域产流理论研究进展

1.对产流机制的新认识

一般认为,在干旱半干旱地区多发生非饱和产流,在湿润地区多发生饱和产流。但最新的研究观点认为,单以气候尺度的划分来确定超渗产流区和饱和产流区还不够,因为在干旱地区的湿润季节和或湿润地区的干旱季节,也常发生饱和产流或非饱和产流。即是说,产流机制的变化还与降雨的季节特性有关。

而且,在任一特定的流域内,既不可能完全是非饱和产流区,也不可能完全是饱和产流区。很明显,在流域的非透水面积上,例如裸露岩石、沼泽、池塘、湖泊和河道所占的面积,满足雨期蒸发后的全部降雨产生径流。那么,如何来定量这些面积所占的比例,以及它们在流域所处的相对位置对流域出口水文响应过程的影响又是一个新的研究课题。

在一般意义的透水面积上,两种产流机制可在包气带入渗理论下得到统一。即在包气带没有饱和之前,可发生非饱和产流;在其饱和之后,可发生饱和产流。在包气带处于非饱和状态下,当降雨强度大于入渗强度而产流时,地表浅层土壤处于饱和状态(一般2~3 cm),入渗通量同时受到饱和土壤导水率K_s、重力及入渗锋面基质吸力的控制。当入渗锋面到达地下水面,同地下水建立起直接的水力联系以后,整个剖面趋于饱和,发生饱和产流。

有两个方面的问题尚需做进一步研究,一是临界产流的降雨强度问题。在流域坡面上任一特定的土壤剖面下,不同的剖面土壤含水量,当发生非饱和产流时,存在相应的开始产流降雨强度,或称"临界"产流降雨强度。临界产流降雨强度是剖面土壤水力参数Φ、土壤结构参数Ω及流域坡面形状参数R的函数,即$i_p \geq F(\Phi, \Omega, R)$。二是饱和产流存在一个"门槛"深度问题,即是否只有降雨使包气带完全饱和或地下水埋藏深度为零的情况下才发生饱和产流?如果不是,如何定义这种饱和土层的深度。而且,由于地貌结构的影响,地下水水位埋深本身在流域各点完全不同,是一个具有某种空间分布的随机变量,如何确定一个具有代表性的饱和土层深度,或称"门槛"深度问题还需做进一步研究。

天然状态下的流域土壤,除原始的自然状态下的各向异性外,还由于人类及生态活动所造成的裂隙、虫眼、腐殖质及作物根系活动等的影响,其结构十分复杂,传统的达西连续水流在这里已不适用。目前,人们正在探讨用核磁共振法(NMR)等高科技手段实验研究饱和土体中的非达西水流现象。

2.尺度化理论

流域水文过程的形成和发展,在不同的空间尺度下表现出不同的响应特征。例如,在传统的"黑箱子"或概念性流域水文模型中,一个实际的水文站点可以代表一个流域,一个室内试验用土柱或土槽可以模拟一个流域,一个几百甚至数万平方千米的流域也是一个流域,但反过来说,它们相对全球尺度或区域尺度又都是一个"点"。所不同的是,在由控制输入输出反求或优选参数时所基于的信息空间不同,反映出的降雨径流过程的特性不同,因而流域水文物理包括环境过程具有明显的尺度化特征。

流域水文尺度化研究的目的是为了进一步发掘和利用流域水文信息,考虑由点到面、由小流域到大流域之间的信息转换和资源共享,研究各种尺度水文要素的空间变化对径流形成的影响及其参数化,识别不同尺度水文信息移用所引起的差别,验证和改进现有模型的结构,提高模型的预报精度,建立适用于不同尺度的流域水文模型。

影响流域水文尺度化的因素很多,例如流域内的地貌结构、土壤特性、植被类型和降雨分布等。在地形起伏变化较大的山地地貌流域内,高程、坡度、坡向和植被等是非常重要的影响因素;流域内土壤物理特性的空间变化造成前期土壤含水量空间分布的差异,影响到流域水文过程的小尺度变化特性;干旱半干旱地区或受海洋性气候控制的沿海热带亚热带地区,局部降雨即降雨的空间变化,是影响流域水文尺度化过程的主导因素。

流域水文尺度化具有临界尺度及套合尺度的结构特征。所谓临界尺度,是指总可以找到这样一种尺度,在该尺度下,流域(例如单元流域或流域分块)水文过程的形成和发展是连续的,不再明显受到尺度化的影响。而在大于临界尺度的范围内,每一水文变量都有其自身的小尺度和相对大尺度变化特征。小尺度情况下,例如小流域,降雨的空间变化就相对均匀;但随着流域尺度的增大,降雨空间分布的不均匀性就十分突出。每一天然流域都含有若干个小流域,每一小流域又包含若干个子流域,而每一子流域又可划分为若干个单元流域或流域分块,综合构成一种多重的、套合的尺度特征。

流域水文尺度化具有随机性和确定性的复合特性。在微观尺度内,例如单元体内水的运动,水文变量的变化是确定性的,可以用严格的数学物理方程进行描述;而在中观或相对宏观的尺度内,变量的变化则具有随机性,只能用概率统计的方法进行描述。因此,将确定性的微观方程与其参数值在流域面上的统计分布规律结合起来,是流域水文尺度化研究的主要方法。

(五) 流域汇流计算

现行流域汇流计算,常用的方法有单位线法、瞬时单位线法、综合单位线法和等流时线法等,以及用于小流域洪峰流量计算的推理公式法。1992年广东省水电厅颁发的《广东省暴雨径流查算图表》推荐使用广东省综合单位线法和推理公式法。

单位线的分析方法一般可概括为三大类:第一类称为"黑箱"分析法,即利用实测的降雨和流量过程资料,在控制一定精度的条件下,直接分析推求单位线;第二类称为概念性模型法,即先假设流域汇流的系统概念并将其数学模型化,再由实测的降雨/流量过程资料优选确定出模型的参数;第三类称为数学物理方法,即先建立描述流域汇流物理现象的系统微分方程,给出待定的系统方程组和边界条件,然后用已知的输入输出资料求解。在我国工程水文界,前两种方法应用得较多。

J.E.Nash 瞬时单位线的基本模式为

$$u(t) = \frac{1}{k\Gamma(n)}\left(\frac{t}{k}\right)^{n-1}\mathrm{e}^{-t/k} \tag{14}$$

式中:$u(t)$ 为瞬时单位线纵标,因次 $[T]^{-1}$;n 为串联概念线性水库数目;k 为单元线性水库调蓄系数,因次 $[T]^{-1}$;$\Gamma(n)$ 为瞬时单位线的分布函数。

相应的时段单位线转换公式为

$$q(\Delta t,t) = 2.78\frac{A}{\Delta t}[S(t) - S(t-\Delta t)] \tag{15}$$

式中:Δt 为计算时段;$q(\Delta t,t)$ 为时段单位线纵标,m^3/s;2.78 为单位换算系数;A 为流域面积,km^2;$S(t)$ 为瞬时单位线的积分曲线,亦称为 S 曲线。

瞬时单位线参数 n、K 的确定,在有实测资料的情况下,常用统计矩法进行;当缺乏实测资料时,常用经验公式进行地区综合。如:

$$q_\mathrm{p} = k_1 L_\mathrm{b}^\alpha A^{\beta_1} J^{\gamma_1} R^{\delta_1} \tag{16}$$

$$n = k_2 A^{\beta_2} J^{\gamma_2} R^{\delta_2} \tag{17}$$

$$K = k_3 A^{\beta_3} J^{\gamma_3} R^{\delta_3} \tag{18}$$

式中:q_p 为单位线峰值纵标;L_b 为流域长度;J 为流域坡度;A 为流域面积;R 为次洪地表净雨量;k_1、k_2、k_3 为经验常数;α、β_1、γ_1、δ_1、β_2、γ_2、δ_2、β_3、γ_3、δ_3 为均为经验指数。

影响流域汇流计算精度的因素很多,包括净雨量(强度)的时空变化、基流分割的准确性、流域的调蓄作用及其空间变化,以及人类活动包括水利工程和城市化的影响等。提高和改善流域汇流计算精度的方法有变动等流时线法、流域滞后演算法和单元汇流法等。综合单位线法包括综合瞬时单位线法在我国各地均有广泛应用,但精度和适用性有一定限制。

深圳河流域暴雨洪水特性分析[28]

暴雨洪水特征是流域水文特性研究的核心内容,也是防洪减灾工作的主要科学依据。深圳河流域由于特定的地理位置、特殊的气候环境、复杂的地形条件、发展的人口和经济,暴雨洪水的特性亦十分复杂。既有山地地形的暴雨特征,又有平原、台地的水文特性;既受长历时、大面积的台风暴雨的影响,又有短历时、高强度的局部暴雨;既保留有天然的流域下垫面条件,又受城市化的严重影响;既表现山溪性河流的洪水特性,又受周期性潮水顶托的影响;既有欠发达的农村经济,又有发展中的、人口和经济密度均较高的城市经济。

但由于缺乏系统的、站网控制密度较高、观测系列较长的水文资料,深圳河流域暴雨洪水特性的深入分析仍然十分困难。

一、暴雨特性

深圳河流域地处低纬,属南亚热带季风气候区。冬季处于极地大陆高压边缘,盛行偏东南季风,雨量稀少表现为旱季;夏季受西太平洋副热带高压控制,冷暖空气交锋,暖湿东南风或西南季风盛行,水汽丰沛,暴雨多且强度大,表现为雨季;春秋季节为过渡期,暴雨量和暴雨频次都相对较少。

深圳河流域暴雨在地域上有明显差异,流域降水趋势呈东南向西北递减。一般山地降水多,平原河谷降水少,同一山脉高地迎风坡与背风坡亦有不同,降水高值区多分布在较大山脉迎风坡。

(一)时程变化

如图1和图2所示,实测深圳河干流沙湾河、布吉河、罗湖桥下及鹿丹村站的年降雨资料表明,1995~1996年,沙湾河站、布吉河站的年降雨量分别为1 778.3 mm和1 732.5 mm,低于多年平均降雨量,属偏枯年份。但汛期4~9月的降雨量分别占全年降雨总量的93%和92.5%;最大月降雨量发生在9月,分别为516.3 mm和540.7 mm,占年降雨总量的29.0%和31.2%;10月至次年1月的各站各月降雨量均小于10 mm,2~3月的各站各月降雨量均小于100 mm,1月的降雨量为零。1997~1998年,罗湖桥下站、鹿丹村站的年降雨量分别为1 925 mm和1 954 mm,接近于多年平均值,属正常年份。4~9月汛期降雨量分别占全年降雨总量的90.6%和89.4%;最大月降雨量出现在8月,分别为623 mm和641 mm,占年降雨总量的32.4%和32.8%;各站10月至次年1月的降雨量均小于40 mm,2月、3月的降雨量均小于或接近100 mm,11月、12月的降雨量均为零。由此说明,深圳河流域降雨的雨、旱两季特征十分明显,雨季为4~9月,即汛期,降雨量可占全年降雨总量的90%左右;旱季为10月至次年3月,即非汛期,降雨量仅占到全年降雨总量的10%左右。最大月降雨量一般发生在8~9月,最小月降雨量一般为11月至次年1月。

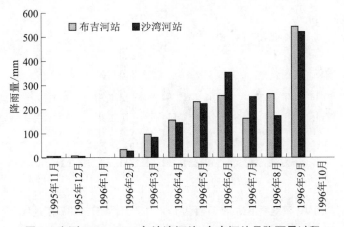

图1　实测1995~1996年沙湾河站、布吉河站月降雨量过程

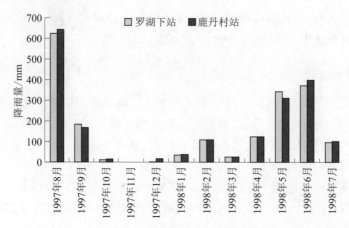

图 2 实测 1997~1998 年罗湖桥下站、鹿丹村站月降雨量过程

图 3 和图 4 的典型降雨过程表明，深圳河流域次降雨过程的主雨峰期一般还是比较突出的。实测最大 1 h 降雨量达 67.9 mm，实测最大 24 h 降雨量达 429 mm(1993 年 9 月 26 日暴雨)。另据记载，流域附近三洲田水库站实测 24 h 降雨已高达 496.9 mm(1997 年 7 月 19 日暴雨)，深圳水库站实测 6 h 最大降雨量已超过 100 年一遇(1998 年 5 月 24 日)。

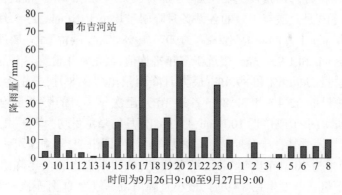

图 3 布吉河站 1993 年 9 月 26 日实测暴雨过程

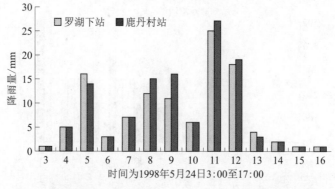

图 4 罗湖桥下站、鹿丹村站 1998 年 5 月 24 日实测暴雨过程

(二) 空间变化

深圳河流域的地形为东南高、西北低,东南多山地,西北多平原、台地。东南方的梧桐山海拔高 944 m,而西北方深圳河入海口深圳湾沿岸的海拔高仅 2~3 m,地形变化对降雨量空间变化的影响十分明显。据分析,流域内降雨有自东南向西北递减的趋势,且趋势有随统计时段的加长而明显增大的变化。这主要是夏季盛行东南风及西北风,与大致东南走向的海岸山脉相交,特别是梧桐山的阻隔,使来自海洋的水汽抬升而形成较大暴雨。西北部由于流域盆地的地势变化相对较平缓,多洪泛平原及台地,水汽运移未受太大阻隔,因而暴雨强度比东南部小。梧桐山为全流域的暴雨中心。

如图 5 所示,1997 年 8 月 2 日的实测资料表明,沙湾雨量站同罗湖桥下雨量站相距不到 10 km,但该次降雨沙湾河站的雨量要比罗湖桥下站的雨量高出 11.4%。从暴雨成因特性看,深圳河流域多锋面雨及台风雨,均易受地形的影响,特别是锋面雨,容易受地形阻隔抬升而形成降雨。1998 年 5 月 24 日发生在梧桐山地区的特大暴雨,在深圳水库站、横岗镇站及盐田沙头角站,9 h 的降雨量差高达 20.2%。

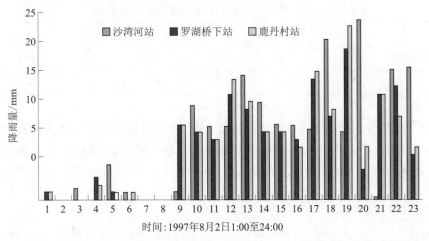

图 5 沙湾河站、罗湖桥下站及鹿丹村站 1997 年 8 月 2 日实测降雨过程对照

统计资料分析表明,深圳河流域单站暴雨的变差系数 C_v 值均小于分区综合值,中间时段,例如 3 h、6 h 的 C_v 值均大于其他时段,反映暴雨空间变化的离差特性,见表 1。

表 1 深圳河流域暴雨统计变差系数 C_v 的比较

时段	1 h	3 h	6 h	24 h	3 d
单站 C_v	0.35	0.45	0.45	0.40	0.36
分区 C_v	0.35	0.51	0.60	0.49	0.39

(三) 暴雨、特大暴雨及成灾暴雨

深圳河流域,暴雨是洪水的直接成因。一般认为,低强度、短历时、小范围的降雨,虽可引发洪水,但不致成灾或灾害程度较轻。但研究表明,若在某一特定时段,例如 24 h,当降雨达到某一量级,如达到或超过 200 mm 时,则可能会造成一定程度的洪水灾害。

深圳水库站 1954~1997 年,年最大 24 h 降雨量的统计分布如图 6 所示。统计 1954~1997 年降雨量大于 100 mm 的暴雨次数,并按大暴雨,$100 \leqslant R_{24} \leqslant 249.9$ mm;特大暴雨,$R_{24} \geqslant 250$ mm;成灾暴雨,$R_{24} \geqslant 200$ mm 进行分类统计,其结果如表 2 所示。

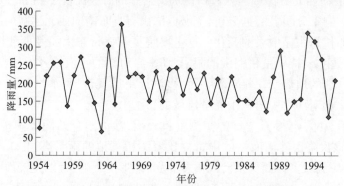

图 6　深圳水库站 1954~1997 年年最大 24 h 降雨量变化

表 2　深圳河流域大暴雨、特大暴雨及成灾暴雨统计

暴雨	大暴雨	特大暴雨	成灾暴雨
次数	59	10	25
年平均	1.34	0.23	0.57

注:表中 1954~1958 年、1989~1997 年采用年最大 24 h 降雨系列。

图 6 反映的变化趋势及表 2 的统计结果表明,深圳河流域发生大暴雨的概率平均每年有 1 次以上,差不多 3 年 4 次;发生特大暴雨的概率平均每年 0.23 次,差不多 4~5 年一次,亦有连续两年发生特大暴雨的情况,如 1956~1957 年和 1993~1994 年等;发生成灾暴雨的概率平均每年 0.57 次,差不多 1~2 年 1 次,如 1959~1961 年和 1966~1969 年等。说明其发生的频度相当高。

类似地,大暴雨、特大暴雨、成灾暴雨均发生在年内 3~10 月,特别集中在 4~9 月的汛期,其中又以 6~8 月为甚。

二、流域产流特性

深圳河流域的地貌特征为流域上游地区的地面坡度较大,一般大于 12°,上游河道平均比降也较大,一般大于 5‰;下游地区地面坡度较小,一般小于 3°。河道平均比降也较小,深圳河干流渔民村至河口段河道平均比降仅为 0.1‰。全流域地面坡度大于 12° 的面积约占流域总面积的 40%;坡度小于 3° 的面积约占流域总面积的 30%。全流域平均地面高程 85.4 m。

深圳河流域深方面积 187.5 km²,基本位于深圳经济特区内,占特区总面积的 50% 以上,是特区城市建设和发展的主要用地。随着特区经济的发展,流域内下垫面条件已有很大改变,其组成包括三大类:天然流域的下垫面、城市化的下垫面及水利工程化的下垫面。

(一) 天然流域的下垫面及其产流特性

天然流域的下垫面亦由两部分组成:一是港方一侧的非城市化面积,据测算为 112.2

km²,占到全流域的 35%;二是深方的非城市化面积,据测算为 85.4 km²,占流域总面积的 27.3%。因此,深港双方的非城市化面积合计已达 197.6 km²,约占流域总面积的 63.3%。这些面积仍保持或接近天然流域的下垫面特性。相应地,流域内深港两地的城市化面积已达 114.9 km²,约占流域总面积的 36.7%。

天然流域的下垫面,深圳侧主要为荒坡、农地、沟溪、草地和树林等,香港侧则主要为渔塘、湿地、山坡及农地等。流域地表土层的分布主要为亚黏土和沙质黏土,表层透水性好,下渗强度大,但衰减很快,包气带土层平均下渗率不高。加之在南方湿润的气候条件下,降雨强度大,产流模数高,一般认为降雨强度大于 5 mm/h 便可产流。径流一般只需数十分钟便可汇入河道。又因流域面积较小,平均比降大,流域汇流时间短,极易形成暴涨暴落的山溪性洪水。

(二)城市化的下垫面及其产流特性

城市化将天然流域的植被破坏,将透水的土壤地表建设成公路、街道、露天货场、停车场、屋顶、广场等各种非透水的地表,阻止或减少了地表雨水的下渗,切断了地表同地下土层中的水力联系,干扰或破坏了正常的水循环路径,使下渗通量为零,降雨几乎全部变为径流。如前述,流域内深港双方的城市化面积已达 114.9 km²,在未计各类蓄水水体,例如水库的水面面积的情况下,至少可使流域的平均下渗量减少 36.7%。

(三)水利工程化的下垫面及其产流特性

水利工程化的下垫面主要指各类蓄水水体,例如水库、湖泊、鱼塘等的水面面积,降落在这类面积上的降雨直接转换成径流,下渗损失为零,增加了水体的蓄水量,亦直接增大了水利工程的防洪风险。已知深圳河流域内水利工程的集雨面积已达 110.9 km²,但其水体水面面积尚未有确切的统计数。

(四)流域产流计算

到目前为止,在深圳河流域的产流分析计算中,各类径流要素及产流量的计算,采用过的方法有算术平均法计算面平均雨量,退水曲线法分割地表、地下径流,前期影响雨量法计算土壤湿度指标,初损后损法或平均扣损法计算产流量。在产流分析计算的原理方面,有专家建议采用非饱和产流即超渗产流法,而不宜采用普遍认为在南方湿润地区适应的饱和产流即蓄满产流法。但最新的研究结果(1999 年 7 月)表明,以蓄满产流模型为基本特征之一的、我国著名的三水源新安江流域模型,在深圳河支流平原河流域的应用已获得满意的成果。

三、流域汇流特性

同暴雨特性相应,深圳河流域的洪水一般发生在 4~9 月的汛期,主要由锋面雨和受台风影响的暴雨所造成。暴雨洪水的响应特性表现为三个方面:一是突发性强。高强度、短历时的暴雨,往往造成较大的洪水,因而造成的洪灾损失也较大。二是局部洪水多。由于特殊的地理及气候条件,流域局部性的暴雨较多,全流域性的暴雨很少见,因而引发局部性的洪水多于全流域性的洪水。如 1998 年 5 月 24 日发生在流域上游莲塘一带的洪水,就是由于局部性的特大暴雨所造成。三是洪水对降雨的响应灵敏。洪水过程峰高量大、峰型尖瘦,这主要是流域上游多山地、冲沟,坡面汇流速度快,加之流域面积小,河长短,上游河床比降大,支流呈扇形分布,洪水易于同时汇入干流。例如,1995~1996年的实测水文资料分析表明,位于笋岗滞洪区上游的布吉河站,控制流域面积约40 km²,暴雨洪水的响应时间仅为0.5~1 h。又如,从1993年9月24日在三岔河口断面实测的流量过程中可以看出,降雨历时仅10 min,雨量仅2.5 mm,河道流量过程线便发生显著的响应变化。再如,1997年7月19日发生在流域上游莲塘地区的暴雨,降雨历时仅8 h,最大6 h降雨量达376.7 mm,集雨面积仅1.256 km²的长岭冲沟,洪峰流量高达73.1m³/s。

在三岔河口及其以下河段汇入深圳河干流的较大支流(流域面积大于30 km²)有莲塘河、沙湾河、梧桐河和布吉河,其流域面积分别占深圳河流域总面积的22%、10%、22.6%和20%。其中,莲塘河属深圳河上游主流,仍是深港两地的界河,是治理深圳河第三期工程的整治范围;沙湾河控制流域面积68.8 km²,流域内有较大型水利工程深圳水库,总库容4 559万 m³,控制集雨面积60.5 km²;梧桐河在香港一侧,是流域内受人类活动影响较小,城市化发展程度相对较低的支流流域,香港特别行政区政府正在对其进行规划整治;布吉河流域面积62.8 km²,下游穿过深圳市发展最早,经济、人口密度最高的罗湖区,中游建有笋岗滞洪区,控制集雨面积42.8 km²,滞洪库容250.6 m³。这些支流及其相应较大型水利工程会因暴雨的不同特性,如雨型、分布、走向等,以及不同的洪水调度(滞洪)方案,对干流洪峰产生不同的影响;亦会因不同的整治方案、整治工程的开始及结束时间对干流洪峰产生不同的影响。

经研究,深圳水库的滞洪作用可使沙湾河50年一遇的洪峰流量从天然状态的720 m³/s减小到485 m³/s,削峰作用达32.6%;笋岗滞洪区的滞洪作用可使布吉河50年一遇的洪峰流量从天然状态的561 m³/s减小到250 m³/s,削峰作用高达55.4%。水库、滞洪区的调洪、滞洪作用,对流域汇流有着重要影响。水库、滞洪区的削峰作用能够削减洪峰流量的大小,调节洪峰出现的时间,对下游防洪十分有利。

根据深圳河流域最新观测的暴雨洪水资料分析计算出的综合降雨-径流关系和时段单位线如图7~图10所示。其中,沙湾河站、布吉河站的单位线分析根据实测资料应用解析法进行;梧桐河站和渔农村站由于实测资料不具备条件,断面汇流单位线的推求,利用《广东省暴雨径流查算图表》,结合流域特征值及实测水文资料,应用综合法进行。

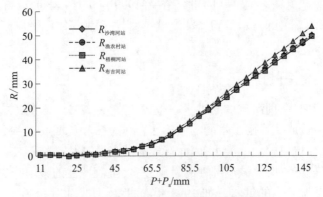

图7 深圳河流域(综合)降雨-径流关系

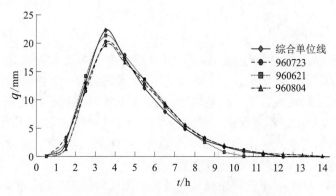

图8　沙湾河站次洪分析单位线及综合单位线

（单位雨量 10 mm;时段 1 h）

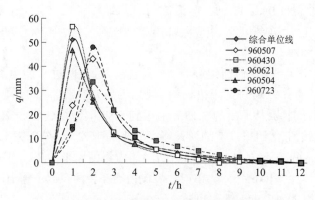

图9　布吉河站次洪分析单位线及综合单位线

（单位雨量 10mm;时段 1 h）

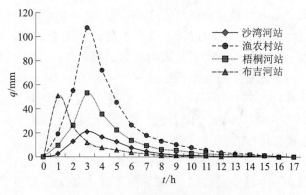

图10　深圳河各观测断面汇流单位线

（单位雨量 10 mm;时段,渔农村站 2 h,其余 1 h）

　　深圳河干流三岔河口以下长约 16.2 km 的河道为感潮河段,洪水的汇流、演进均受到周期性潮水顶托的影响,有关感潮河段的潮汐泥沙运动特性、洪潮遭遇特性的将做进一步分析研究。

四、城市化的影响

同世界上任何发达或发展中地区一样,深圳河流域内,城市化发展对其区域水文特性产生的干扰和影响,正在逐年上升。天然情况下,水循环路径主要由降雨、蒸散发、地表径流、下渗和地下径流所组成。城市化环境中,天然的水循环路径已经遭到干扰和破坏,闭合形式的水循环路径已经不复存在,而是在天然的水循环路径中加入了人工水循环路径,包括非透水面积的增加,人工渠化后的河道,箱涵式的排洪沟(管),供水和排洪、排污网络等,这是城市水循环和天然水循环的主要区别。

分析研究结果表明,城市化一般地可使坡面汇流及河槽汇流的速度加快,从而缩短了汇流时间,加大了洪峰流量。已知深圳河流域内深港两侧的城市化面积已达 114.9 km²,占整个流域面积的 36.7%。流域内深圳河干流各控制点,如莲塘河、三岔河、布吉河口等,相应洪峰流量增加了 11.9%~17.8%,但汇流历时却缩短了 15.5%~21.8%。支流布吉河流域的城市化面积已达 70% 以上,相应洪峰流量已比从前增大 17%~27%,流域平均汇流时间缩短了 20%~30%。

城市化对河道进行整治,使河道顺直,水流通畅,从而使过水能力加强,水流速度加快。如流域内位于港方一侧的支流梧桐河,规划的整治方案将会使出口洪峰流量增加12.9%,相应汇流时间将会从原来的 7.15 h 缩短到 5.89 h,减少达 17.6%。深圳河治理一、二、三期工程完工后,三岔河口以下的河长将由原来的 16.2 km 缩减为 12.5 km,河底宽度由原来的 10~70 m 拓宽至 40~130 m,河道防洪能力将由原来的 2~5 年一遇提高到 50 年一遇,最大泄洪流量达 2 100 m³/s。相应地,罗湖桥至布吉河口以下河道的流速将达 3 m/s以上,渔民村断面以上河道的流速也可达 2 m/s 以上。

城市化过程中,大面积的土地开发和劈山造地所造成的水土流失,是重要的水环境灾害之一。城市化使流域地表的植被遭到破坏,裸露的土壤极易遭受雨水的冲蚀,形成严重的水土流失,改变了地表水环境物质能量的迁移状态,增加了水循环过程中的负荷。流失的水土不仅造成侵蚀区流域的冲刷和淤积,造成人畜伤亡和财产损失,而且造成下游流域河道、地下排水系统、港口及水库的淤积,影响正常的排洪,加重洪灾,恶化水质。如深圳河的二级支流,布吉河的水径支流茶寮桥处,仅在 1995 年 6~10 月的 4 个月时间里,河床淤积高达 70 cm。据调查,在 1960~1990 年的 30 年时间里,深圳水库的淤积总量仅为21.28 万 m³;但在 1991~1993 年的 3 年时间里,新增泥沙淤积量高达 44.53 万 m³,是前 30年的 2.09 倍。说明城市化造成的水土流失已十分严重。

城市化建设过程中,使河流改道或修建截洪沟,或修建蓄(引)水工程,或跨流域引水,均会使天然流域的分水岭受到破坏,流域界限不清,河流水系紊乱,地面与地下水系混杂,干扰或破坏了流域正常的水量平衡,使水利、防洪工程的规划设计难以准确进行。如深圳河干流位于罗湖、福田两区的北岸,支流河道基本已经渠化,暗沟及雨、污下水道位置十分复杂,导致排水系统划分不清,流域面积测量不准,给准确的水文分析计算工作带来很大困难。

近海岸的围垦及人工填海,修建港口、机场或码头,如盐田港的建设,加长了流域的排洪距离,或改变了流域的排洪系统,将会限制或阻碍防洪工程作用的正常发挥。

深圳河感潮河段潮汐泥沙特性观测研究[31]

一、前言

深圳河为深圳经济特区与香港特别行政区的界河。深圳河干流是规划的深港两地政府联合治理深圳河工程的主要河段,全长约 16.9 km。由于受深圳湾周期性潮汐的影响,其中 16.2 km 为典型的感潮河段。由于潮汐运动的复杂性,洪潮遭遇状况下水动力及泥沙运动的特殊性,给深圳河流域防洪包括河道整治工程的规划设计及河道维护工作均带来一定困难。为了满足治理深圳河工程详细规划设计及施工建设的需要,从 1995 年 10 月起,由深港两地政府联合出资在其干流及主要支流上设立了 9 个临时水文站,观测项目包括雨量、水(潮)位、流量、泥沙等。

在 1995~1996 年水文(潮汐)观测资料的基础上,对深圳河感潮河段潮汐泥沙运动的特点及规律包括潮位、潮差、潮流速、潮流量、潮周期和憩流,以及洪水、潮汐和泥沙运动相互间的作用关系等,进行了初步的分析,以期研究和掌握本河段潮汐泥沙运动的基本特性,为进一步关于感潮河段洪潮遭遇水动力特性的物理模型试验和数值模拟计算提供参考。

二、潮汐特性

潮汐特性研究主要为潮汐特征要素的分析和计算。严格潮汐动力学领域内的特征要素比较复杂,包括大潮、小潮、回归潮、分点潮的潮差、潮位及潮间隙等。从工程实用的角度出发,在此只讨论潮差、潮位、潮周期和憩流等的变化及其特征。

(一)潮差

观测分析表明,深圳河感潮河段的潮汐变化在一日中有两个高潮和两个低潮,属典型的不规则半日潮。按常规潮型分类,例如大潮、小潮及正常潮,潮差的变化各有特点,图 1 和图 2 给出了实测典型中潮和大潮潮位变化过程。一般地,在一个太阴日内,对小潮而言,低高潮期的涨潮潮差大于高高潮期涨潮潮差,但落潮的潮差变化则正好相反。对正常潮而言,涨潮潮差在低高潮期和高高潮期没有明显的差异,但落潮潮差在低高潮期小于高高潮期。对大潮而言,一个月中的最高潮位、最低潮位及最大潮差均出现在大潮中,反映其潮差的日变化最为明显。

在低高潮期,最大涨潮潮差为 2.48 m,最小为 0.24 m;最大落潮潮差为 2.68 m,最小为 0.04 m。在高高潮期,最大涨潮潮差为 2.94 m,最小为 0.10 m;相应地,最大落潮潮差为 3.07 m,最小为 0.31 m。因此,落潮潮差总是大于涨潮潮差,反映重力对潮水运动的影响。最小平均潮差总是出现在布吉河口与干流的交汇处和每年中的 3 月,最大平均潮差总是出现在干流中的下游和每年中的 9 月,反映干流及其支流河道对潮汐水流的调蓄影响,支流布吉河、梧桐河和干流上的罗湖桥对潮差的时空变化起着一定控制作用。

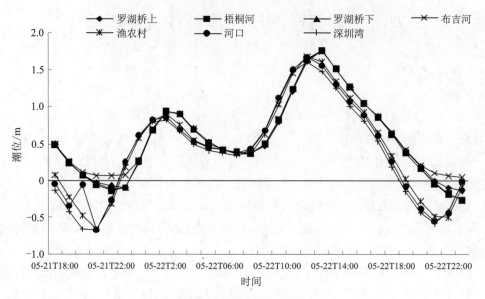

图 1　典型中潮潮位过程

（1996-05-21T18:00 至 1996-05-22T23:00）

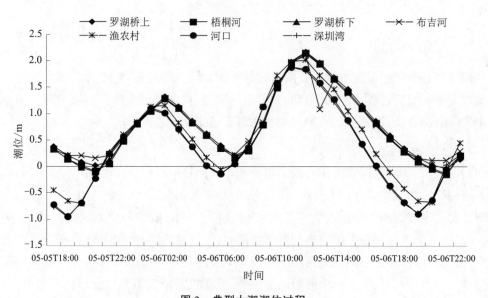

图 2　典型大潮潮位过程

（1996-05-05T18:00 至 1996-05-06T23:00）

　　观测分析表明,潮流量包括进出潮量同潮差和上游来水量有很大关系。一般地,潮差越大,潮流量越大。当上游来水量大时,涨潮流量小,落潮流量大。一些主要支流和干流上的建筑物,如布吉河、梧桐河和罗湖桥等,不仅对潮差的变化起控制作用,对潮流量的大小也有影响。应用潮流要素控制法的统计分析结果表明,涨(落)潮潮差同平均涨(落)潮

流量的关系均可近似为简单的线性函数关系:
$$\Delta Z_{(涨、落)} = \alpha Q_{(涨、落)} + \beta \tag{1}$$
式中:$\Delta Z_{(涨、落)}$为涨、落潮潮差;$Q_{(涨、落)}$为涨、落潮流量;α、β为经验参数。

实测梧桐河站和渔农村站的潮差流量关系如图3和图4所示。当平均落潮流量为0时,落潮潮差表现为0.5 m的截距,说明落潮水流急于涨潮水流,河槽调蓄对落潮水流的影响比较明显。

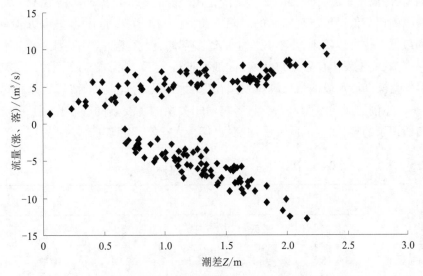

图3　梧桐河站实测潮差流量(涨、落)关系

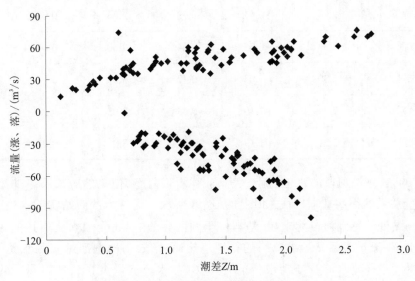

图4　渔农村站实测潮差流量(涨、落)关系

(二)潮位

潮位的变化同潮波的变化紧密相联,潮波的变化反映了潮位的变化。一般地,当潮波由河口进入感潮河段时,由于河床变窄,水深变浅,加之摩擦阻力及下泄径流的影响,波速逐渐减小,波形发生变化,前波增陡,后波变缓。越向上游,涨潮历时越短,落潮历时越长,发生高潮的时刻也越落后,潮差也越小。

从时空分布的角度来看,潮汐期最高潮位和最低潮位的出现将首先在潮波形成和发展的深圳湾,涨潮期上游各观测断面最高潮位出现的时刻要比深圳湾滞后 10~90 min,落潮期各观测断面最低潮位出现滞后的时间更长,将达 12~120 min。比较各观测断面的最高潮位和最低潮位可以发现,虽然其发生的时刻不同,但涨潮期整个河段的最高潮位不是发生在深圳湾,而是发生在距河口约 9 km 的罗湖桥上下,沿河段最高潮位的波峰之差达10 cm;尽管落潮期沿河段的最低潮位发生在深圳湾,但最低潮位的波峰之差高达 60 cm。显然,这是由感潮河段的河床形态及其影响河相关系的各要素的综合作用所决定的。各观测断面所记录的年最高、最低及平均潮位,年最大、最小及平均潮差见表1。

表1 各观测断面实测潮位及潮差最大值 单位:m

站名	潮位			潮差		
	最高	最低	平均	最大	最小	平均
罗湖桥上	3.16	-0.47	0.65	2.94	0.04	1.31
梧桐河	2.98	-0.57	0.59	2.83	0.05	1.36
罗湖桥下	2.94	-0.61	0.58	2.83	0.06	1.38
布吉河	2.96	-0.35	0.64	2.80	0.04	1.17
渔农村	2.30	-1.03	0.47	3.07	0.07	1.52
河口	2.29	-1.10	0.43	3.03	0.07	1.53
深圳湾	2.21	-1.19	0.39	3.04	0.07	1.53

有趣的是,感潮河段的水位-流量关系曲线看似复杂,但仍然脱离不了非感潮河段水位-流量关系的一些基本特征,如图5及图6所示。图5为沙湾站实测水位-流量关系,由于测站处于感潮河段的末端,基本位于潮区界的边缘,受潮水位顶托的影响比较小,因而水位-流量关系显示出单一的特性。然而,图6为梧桐河站实测水位-流量关系,由于受潮汐往复水流及变动水位的直接影响,水位流量关系表现出明显的绳套特征(正绳套、反绳套)。这主要是由于涨、落潮过程水面比降变化,进而影响到流速及落差的变化所致。

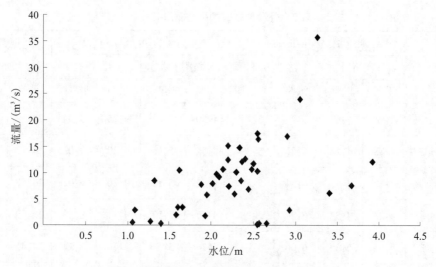

图5 沙湾河站水位–流量关系(1996-03-09)

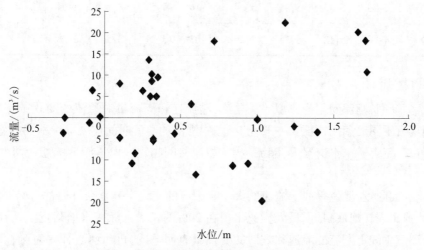

图6 梧桐河站水位–流量关系(1996-07-08)

(三)潮周期

潮汐在深圳河感潮河段内具有日的、半月的和月的变化,且变化不是一般简单的重复和再现。首先,潮型和潮差逐日而变,潮位及其出现时间具有半月的变化周期,但一月中的两个最高潮和两个最低潮的潮位却具有明显的差异。一个太阴日内,两次涨潮和落潮的历时和潮位完全不同。在没有洪水影响的情况下,高高潮的涨潮历时总是小于平均落潮历时,下游河段低高潮期的平均涨潮历时大于落潮历时,但上游河段的变化则正好相反。观测研究发现,整个河段各观测断面潮汐变化的日平均历时为24 h 44 min,接近一个标准太阴日的全潮周期时间24 h 50 min。实测各观测断面涨、落潮平均历时及全潮周期见表2。

表2　各潮位站实测平均潮历时统计

站名	低高潮期/(h:min)				高高潮期/(h:min)				全潮周期/(h:min)	
	涨潮历时		落潮历时		涨潮历时		落潮历时			
	汛期	非汛期	汛期	非汛期	汛期	非汛期	汛期	非汛期	汛期	非汛期
罗湖桥上站	4:08	4:47	6:29	5:49	4:50	5:02	9:25	9:04	24:58	24:42
梧桐河站	4:18	4:47	6:27	5:39	4:52	5:16	9:20	9:02	24:57	24:44
罗湖桥下站	4:12	4:47	6:34	5:38	4:52	5:15	9:20	9:02	24:58	24:42
布吉河站	4:23	4:57	6:28	5:38	4:57	5:17	9:11	8:50	24:59	24:42
渔农村站	5:01	5:35	6:00	5:04	5:14	5:51	8:30	8:14	24:45	24:44
河口站	5:15	5:45	5:47	5:05	5:17	5:48	8:26	8:07	24:45	24:45
深圳湾站	5:23	5:45	5:45	5:04	5:16	5:51	8:21	8:04	24:45	24:44
平均	4:40	5:12	6:13	5:25	5:03	5:29	8:56	8:38	24:52	24:44

(四) 憩流

涨落潮期间,潮流变化为典型的往复流,潮流速和潮流量对憩流的变化影响较大,不同潮型,具有不同的憩流特征。一般地,小潮中涨潮的憩流时间比大潮中涨潮的憩流时间长,说明在一定上游来水情况下,潮流越强,憩流时间越短。但落潮期的憩流时间一般均较短。

憩流断面附近,测速垂线上流速的大小和方向的变化十分复杂。通常情况下,垂线上的最低流速出现在河底附近,最大流速出现在20%的相对水深或水面附近。但在憩流断面附近,测速垂线上潮流的流速和方向的变化具有明显的分层现象,任一时刻,测速垂线上任一点流速的大小和方向都可能成为该垂线上当时流速的最大值,代表当时垂线上的水流方向,反映河(淡)水和海(咸)水在其交界面上的紊动掺混机制。

三、泥沙特性

实测资料表明,深圳河干流的泥沙含量主要为悬移质,河床质含量相对较小。由于受周期性往复潮汐水流运动的影响,悬移质含沙量的输移亦表现为周期性往复的非恒定特性,但含沙量的变化同潮流速和潮流量的变化又有所不同。

如图7和图8所示,实测流速、流量同悬移质泥沙含量的变化过程表明,虽然悬移质输沙过程同潮流过程基本一致,但由于潮汐水流周期性地处在由加速到减速再由减速到加速的非恒定交替变化状态,潮流速变化快,惯性力作用强,含沙量的变化跟不上潮流速的变化。

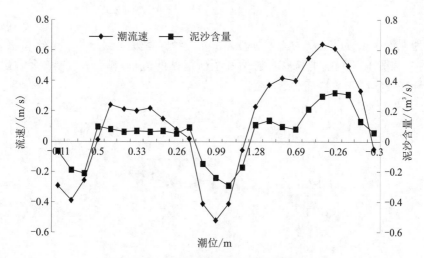

图7 潮位、潮流速同悬移质泥沙含量的关系

（渔农村站 1996-08-10T18:00 至 11T18:00）

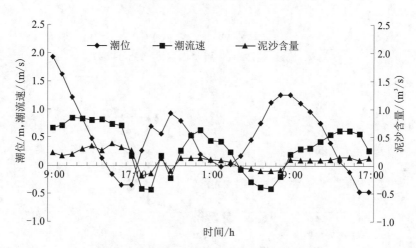

图8 潮位、潮流速同悬移质泥沙含量的关系

（渔农村站 1996-09-09T09:00 至 1996-09-10T17:00）

　　一般地,涨落潮时,悬移质含沙量随着潮流强度的增减而增减,但最大含沙量同最大和最小潮流速的出现并不同步。观测资料显示,在涨潮流速达到最大值后的 1~2 h,出现涨潮最大含沙量;在落潮流速达到最大值后的 2~3 h,出现落潮最大含沙量,且涨潮时的最大含沙量大于落潮时的最大含沙量。而在涨憩和落憩附近,含沙量则出现最小值。表现出明显的冲刷延时和淤积延时。

　　悬移质泥沙颗粒级配分析表明,同一潮型但不同位相时,涨潮期的泥沙颗粒较粗,落潮期的泥沙颗粒较细;不同潮型但同一位相时,大潮过程的泥沙颗粒较粗,小潮过程的泥沙颗粒相对较细。从整个感潮河段的沿程观测情况来看,上游的泥沙颗粒较下游粗,这主要是由于流速沿程递减的缘故。

　　涨(落)潮流量同输沙量的关系仍表现为一般非感潮河段的指数函数关系,所不同的只是所选参数的拟合结果不同,如式(2)所示:

$$Q_g = AQ^b_{(涨、落)} \qquad (2)$$

式中:Q_g为泥沙含量,m^3/s;Q为流量,m^3/s;A、b为经验参数。

如图9和图10所示,实测渔农村站及梧桐河站的流量-输沙率关系,反映出明显的涨、落潮特征及指数函数特征。

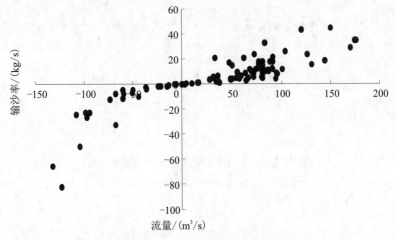

图9　流量-输沙率关系(渔农村站 1996-09-09)

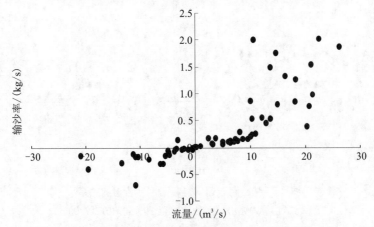

图10　流量-输沙率关系(梧桐河站 1996-06-08)

四、洪水、潮汐和泥沙运动

河道的泄洪能力不仅取决于流域内暴雨的强度和历时,而且取决于河道的水位和洪峰流量同最高潮位遭遇的时间。观测资料表明,同一量级的洪水同不同的潮波过程相遇,将会产生不同的洪潮水位过程。涨潮期间,洪水可使涨潮历时加长,潮位升高;落潮期间,洪水同样可使落潮历时加长,落潮水位升高。当洪水达到一定量级时,下泄洪水将会主导整个水流过程,将会造成无明显高低潮之分的洪潮过程,或在一个潮流期内没有明显的涨潮流量。越向上游,下泄洪水对洪潮过程的影响越明显;相应地,越向下游,洪水的影响越小,因为洪水波在向下游的传播过程中将逐渐变形和坦化。图11和图12给出了1996年

6 月 23 日和 9 月 19 日两次实测的洪潮水位过程。

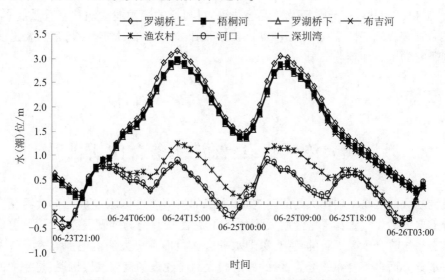

图 11   1996-06-23T21：00 至 06-26T03：00 洪潮水位过程

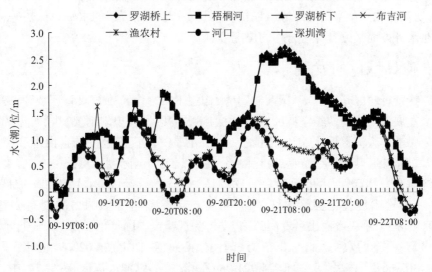

图 12   1996-09-19T08：00 至 09-22T19：00 洪潮水位过程

汛期的泥沙观测结果表明,洪水的流速、流量和相对潮差是控制洪潮过程挟沙能力和泥沙含量的关键因素。水沙关系相对单一和稳定,最高含沙量出现在洪峰前 1~2 h。洪水期的泥沙颗粒组成较非洪水期粗。当洪水达到某一量级时,泥沙的输移运动和河道的冲淤变化都将受洪水控制,表现为非感潮河段的泥沙运动特性。

五、结语

虽然本次观测研究的结果已在治理深圳河二期及三期工程的规划设计中得到应用,但由于观测时间有限,部分站点的设站条件较差,观测研究工作尚需进一步深入和加强。

支流布吉河上游,由于城市建设而进行的大面积土地开发,造成严重的水土流失,给下游干流河段带来沉重的泥沙负担;深圳特区城市高速发展带给深圳河干流的各种污水和垃圾,河口区的盐水楔异重流及浮泥运动等,对河道的潮汐泥沙输移有着重要影响;感潮河段的洪潮遭遇特性及其对河道整治工程规划设计方案的影响等,均是需要进一步开展观测研究的重点和难点。

粤港澳大湾区建设:深港水务合作新机遇

粤港澳大湾区是一项伟大的战略规划,未来的发展将在国家经济乃至世界经济中占有十分重要的地位。置身于粤港澳大湾区丰富多元、极具潜力的发展空间,预示着资源环境和生态系统将会承受更重的负担,深港水务合作将面临更大的机遇和挑战。基于深港两地在水务方面多年合作的经验,借助粤港澳大湾区建设的良好发展机遇,将深圳河流域建设成智慧流域,深入开展城市防洪、水污染治理和水生态修复;加强东江流域的水资源保护,密切关注珠三角水资源配置工程建设,积极参与西江流域的水资源保护等,将是深港两地在水务方面继续且深度合作的广阔领域。

一、独具特色的发展环境

香港特别行政区是中国"一国两制"伟大构想下第一个特别行政管理特区,深圳是中国第一个发展最为成功的经济特区。在《粤港澳大湾区发展规划纲要》中,香港和深圳均被定位为粤港澳大湾区四大中心城市之一。香港是一座高度繁荣的自由港和国际大都会,是全球重要的国际金融、贸易、航运中心,航空枢纽和国际创新科技中心,也是全球最自由经济体和最具竞争力的城市之一。深圳是一座全国性经济中心城市和国家创新型城市,正在加快建成现代化国际化城市,并努力成为具有世界影响力的创新创意之都。2019年9月8日,中央政府出台专门意见,支持深圳建设中国特色社会主义先行示范区。

2018年,香港的常住人口748.25万,国民生产总值(GDP)24 022.44亿元;深圳的常住人口1 302.66万,国民生产总值24 221.98亿元。在粤港澳大湾区9+2城市中,香港和深圳具有1+1>2的重要地位。

深圳和香港东临大亚湾和大鹏湾,西濒珠江口和伶仃洋,同处于粤港澳大湾区(珠江口)东侧。深圳和香港同处于南亚热带季风气候区,具有相似的气象气候条件,深圳多年平均降雨量1 870 mm,香港多年平均降雨量2 400 mm。深圳河湾流域为香港和深圳的水陆边界,是深圳连接香港和中国内地的桥梁和纽带。

二、共同面临的发展风险

根据两地的水文气象特征,每年的4~10月为汛期,6~9月为主汛期。由台风暴雨造成的以内涝为主要特征的洪灾为主要水灾类型;深港两地均为依山傍海的半岛地形,域内为浅山丘陵区,没有大江大河,河流短小且直接入海;受海潮影响,入海河流的下游为感潮河段;多数河流的河床下切较深,多河岸、少河堤是其主要地貌特征;由于排水不畅,暴雨多造成内涝性洪灾。深圳和香港均为典型的资源性缺水城市,单位辖区面积上承载的人口和经济产量(GDP)已大大超过其本地水资源系统的承载能力。由于降雨时空分布不均,境内没有大江大河,降雨直接入海,缺乏修建大型水库的资源条件和地貌条件,已建或在建的大型水库均为在丘陵地貌中围坝而成的"水缸",主要用于调蓄境外引水。

目前两地均以东江水源为唯一境外水源,未来在珠三角水资源配置工程建成后,西江水将成为共同的第二水源。极端水文干旱条件下,东江断流是深港两地面临的主要缺水风险。

水环境承载力严重超载,水污染十分严重。经济的超常规快速发展和人口的急剧膨胀,造成区域水环境承载力严重超载。深圳有些地方曾经是有河皆黑,有水皆臭,以河流为主要载体的水环境污染十分严重,深港两地的界河——深圳河的水污染已受到两地市民和政府特别是深圳市民和政府的高度关注。城市生产和生活用水的水质安全受到严重威胁。河湖黑臭水体的治理工作也曾受到多重困扰、效果堪忧。近几年来,深圳市委、市政府以前所未有的高度重视、前所未有的人力组织和前所未有的财力投入,在全面落实河长制的基础上,持续加大治理力度,已基本完成黑臭水体的治理任务,河湖水环境质量正在加快改善。

由于超载的人口、资源和环境污染,水生态系统十分脆弱,已经或正在受到损害。在过去大量的河流整治工程中,裁弯取直和渠化的河岸线,使河流生态系统物质和能量的自然迁移转化过程受到干扰;硬化的河床或使用非生态友好性护岸材料,阻隔了河道和岸坡和水力联系,影响了生物系统的连通性;严重污染的水体,使水生动植物种群的生境和生物多样性受到威胁。曾经在深圳的某些局部河段中,水体恶臭、鱼虾绝迹、草木难生。所幸的是,为修复受损的水生态环境,重建健康的河流生态系统,深港两地的科学家、工程师和水务工作者们正在进行不懈的努力。

三、坚实的合作基础

(一) 东深供水工程

无论是从 1959 年深圳水库开始修建还是从 1965 年东深供水工程开始向香港供水算起,已经跨越半个多世纪,历经几代人。东深供水工程得到时任国家领导人周恩来总理的亲自批示,得到广东省人民政府、深圳市人民政府和香港特别行政区政府的大力支持。为加大工程供水量和保障水质而进行的多期改造,尤其是第四期改造工程的完成,使东深供水工程成为一座真正意义上的环保型输水工程,为深港两地的经济发展和社会稳定提供了安全可靠的水源保障。截至 2018 年底,东深供水工程已持续向香港供水 53 年,供水总量达 250 亿 m³。

(二) 治理深圳河工程

如果从 1981 年深圳市政府同当时的港英政府就联合治理深圳河开始谈判算起,距2021 年已近 40 年。从 1995 年治理深圳河一期工程开工至 2017 年四期工程完工,规划的一至四期工程已全部按计划建成。

从 1997 年一期工程完工开始到后续工程的建设过程,深圳河经历了 1998 年大洪水,2008 年"6·13"暴雨洪水和 2018 年"山竹"台风暴雨的考验,流域内没有出现类似 1993 年"6·16"和"9·26"暴雨所造成的历史性洪灾,缓解了河道两岸深港两地人民多年经受的水灾之苦。

深港联合治理深圳河工程,在国内类似工程中,首次开展了工程实施对深圳河湾生态系统影响的研究,开展了对陆地生境系统,包括施工期可能对空气、噪声、水质、水土保持、景观与视觉及古物古迹造成影响的研究;开展了对水生生境系统,包括工程建设可能对鸟类、鱼类及底栖动物等影响的研究,提出了相应的舒缓措施。因此,工程建设实行了全过程的环境监察与审核。

深港水务合作是大湾区城市群中最早开始的城市间合作,是不同社会制度,不同法律观念的两个政府共同开展的一项为市民服务的成功范例。数十年来,深港两地政府共同联手,业界人士真诚合作,使水务合作成为两地经济共同发展的先驱和纽带,发挥了带动作用。

四、良好的合作前景

(一)深化两地水务合作

以联合治理深圳河工程为例,探索两地在涉水事务综合管理方面的法律、标准和规范的对接。建立热线联系和协商联动的防灾减灾机制,实时相互通报暴雨洪水、严重水污染等突发灾害事件信息及应急抢险动态。实施国家节水行动,加强两地节水技术和信息的交流,促进大湾区各城市共同节水。香港的海水冲厕是最具特色的淡水替代技术,具有突出节水效益。深圳大力发展低耗水、高附加值高新技术产业,2018 年万元 GDP 水耗达到 8.41 m^3,在产业结构建设方面具有明显的节水优势。联合开展深圳河水污染治理,建立两地污染物排放总量控制机制等。

(二)联合开展智慧流域建设

发挥深港双方在资金、技术、人才、管理和创新方面的优势,在深圳河流域内实行涉水事务的万物互联、全面感知和智慧服务,开展智慧流域建设。利用现代互联网技术,将流域内所有涉水事务的仪器设备连接起来,将其信息的采集、识别、传输和储存等全面感知化。

通过大数据、云计算和人工智能等技术,同传统的物理概念相结合,构建新型的决策支持模型和灾害风险防控预案;将人、水、网络、信息和决策服务整合在统一的平台上,为流域内防洪减灾、水资源保护、水污染防治和水生态修复等提供精准、高效的服务。

(三)积极参与东江流域水资源保护

东江流域是大湾区包括香港、广州、深圳、东莞和惠州等城市的重要饮用水水源地,也是深港两地目前唯一的境外水源。2018 年底,东江流域承载的供水人口已达 4 000 多万,承载的经济总量超过 6.5 万亿元。在粤港澳大湾区发展的大背景下,东江流域仍然面临着流域性的严重干旱,突发性的水污染事件和枯水期严重咸潮上溯以及局部河湖段生态恶化的风险。

坚持以供定需的原则,严格执行东江流域水资源分配方案,坚决贯彻执行《广东省东江水系水质保护条例》,在取用水总量控制的基础上,对跨境断面的水质实行严格控制。积极推动广东和江西两省签署的《东江流域上下游横向生态补偿协议》的执行,完善流域生态补偿机制。

鼓励香港和深圳的社会团体、基金会和热心人士,在东江源区开展"饮水思源"等多种形式的慈善公益和宣传活动,促进源区居民水源保护意识的提高,促进源区水污染防治和水生态保护工作。创新方式方法,积极支持东江源区各地的经济发展。

(四)密切关注珠三角水资源配置工程

该工程将西江水引至大湾区东侧,缓解广州东部、深圳和东莞各市的生产和生活用水短缺,提高香港的供水保障率。由于西江流域面积大,流经省区多,上游欠发达地区多,水资源安全保障面临诸多风险。如上中游城市缺少防洪排涝和污水收集处理等基础设施,下游城市重污染企业向上中游城市转移。

水资源浪费严重,突发的水污染事件和下游严重的咸潮上溯等。该工程的建设和管理,首先应切实贯彻在保护中开发、开发是为了更好保护的原则,建立统筹流域经济发展与生态功能定位的系统规划和法制体系。及早研究在该工程完成前提下深港两地供水系统规划的衔接。

动员社会力量,加快防洪排涝和污水处理设施建设投资。推动西江流域上下游生态补偿机制的尽早建立。动员深港两地民间社团和热心人士,积极开展多种形式的慈善公益活动,促进流域内节约用水、防止水污染和保护水生态等工作。

五、未来寄语

同处大湾区,同饮一江水,共治一条河,共享大发展,永续两地情。

第六章　城市供水及水质监管

深圳城市供水行业管理的特点及经验[47]

　　1979 年特区成立之初,深圳市自来水公司仅有一座日供水 0.5 万 m^3 的小水厂,供水管道总长不足 10 km,供水范围不到 10 km^2。经过三十多年的发展,深圳市城市供水事业取得了前所未有的成绩。到 2007 年末,全市已有街道以上供水企业 27 家,自来水厂 59 座,设计供水能力达到 638 万 m^3/d,DN75 以上供水管网总长度达 12 948 km,并形成由深圳市水务集团公司和深水集团控股的深水宝安、深水龙岗三大水务集团三足并立的供水格局。2007 年,全市自来水供水总量达到 15.4 亿 m^3,水质综合合格率达 99.76%。充足、安全的城市供水,保障了人民生活和生产的需要,促进了社会经济的全面、可持续发展。

　　深圳市水务局成立于 1993 年,是深圳市城市供水管理的行业主管部门。建局 15 年来,在城市供水行业管理方面不断进行尝试与创新,取得了一些进步,形成了自己的特色,积累了丰富的经验,本书将做以全面而系统的介绍。

一、以资质达标为契机,实现由村镇供水向城市供水的转变

　　随着深圳城市建设的全面铺开,到 1993 年深圳市水务局成立时,全市已建供水企业 26 家,除少数几家企业的设施配备和经营服务水平较高外,其他多数企业都是在原农村村办小水厂的基础上发展起来的,普遍存在规模小、设施陈旧、工艺落后、缺乏专业人才、生产管理水平低下等问题,供水水质和水量都难以保障。因此,尽快提高供水行业的生产工艺水平和管理水平,使其适应城市发展的需求,是摆在我们面前的当务之急。

　　为此,按照建设部对供水企业资质管理的要求,结合深圳的实际情况,制定了《深圳市城市供水企业资质标准》,从生产、化验、经营到用户服务的全过程,对供水企业的硬件和软件建设提出具体的要求和目标。通过组织供水企业厂长经理进行经验交流、考察学习,对从业人员实行岗位培训,组织专家对企业进行现场会诊、提出整改意见,提供政府资金补助等一系列措施,指导和促使供水企业建立或完善了内部管理的各项规章制度,建立了自来水生产供应全过程的操作规程和原始记录、台账、报表等,更新了生产设施和设备,完善了水处理工艺流程,提升了生产管理水平。到 2000 年,全市 26 家供水企业全部达到资质标准要求,城市供水的质量安全保障和服务迈上了一个新台阶,实现了由村镇供水向城市供水的初步转变。

二、以供水保障为核心,解决城市供水可持续发展问题

　　随着经济社会快速发展和城市化进程加快,越来越多的城市遇到了水资源短缺的问

题,深圳也不例外。深圳虽地处我国南亚热带季风气候区,雨量充沛,气候湿润,多年平均水资源总量 18.27 亿 m^3。但由于境内没有大江大河,没有修建大型蓄水工程的条件,本地水资源在 97% 保证率下可利用量仅 3 亿多 m^3。加之人口众多,人均水资源量仅为全国的 1/4;工业经济发展迅猛,水资源供需矛盾日益突出,深圳已属全国最严重缺水城市之一。1991 年,深圳市因干旱造成严重"水荒",部分城区供水一度受限甚至中断,许多高层楼宇无水供应,部分城区实行供两天停一天或每天只供水两小时的限制性供水,使得部分居民不得不买矿泉水煮饭甚至洗衣,造成部分工厂停产,全社会直接经济损失达 12 亿元。根据"十一五"水务发展规划预测,到 2020 年,深圳年短缺水资源量将达到 4 亿 m^3 左右。因此,水资源短缺已成为深圳社会经济发展的约束条件。

为解决这一问题,通过反复科学研究和论证,深圳确定了"市外引水与市内调蓄同步实施、节约用水与第二水源建设共同推进"的水源发展策略。一方面,坚持抓好境外引水战略的实施,建成了东江供水水源及其网络干线工程、大鹏半岛水源工程和北线引水工程、沙湾泵站等,将广东省属的东深供水工程和深圳市自建的东江水源工程联结,形成了"一江两线、南北横穿、东西扩展"的供水干线网络。另一方面,大力实施"水缸"战略,首先将全市小(1)型以上水库的成库条件进行清理分析,根据条件许可扩建成中型或大型水库;同时根据河流普查结果和地形地貌条件,规划新建一批小(1)型、中型和大型水库。正在新(扩)建中的铁岗水库、公明调蓄工程和清林径水库,将成为深圳建市以来首批库容超亿立方米的大型水库。将大中型水库和部分小(1)型水库同来自东江的供水干线相串联,形成"一江两线、长藤结瓜、分片调蓄、灵活调度"、基本覆盖全市的供水水源网络。在解决水源保障问题的同时,深圳依据城市供水规划,以社会融资为主,政府投资为辅,不断加大城市供水基础设施建设力度,一批现代化水厂,如东湖水厂、梅林水厂、朱坳水厂和龙岗中心城区水厂等,相继建成投入运行,确保了城市供水能力相对社会经济发展需求的适度超前。

同时,还从观念、法制、管理、技术等方面入手,采取多种措施节约用水;开发非传统水资源,推广循环用水。到 2007 年,全市万元 GDP 水耗已达 27.7 m^3,相当于全国平均水平的 1/10;中水利用量 4 949 万 m^3 左右,海水利用量达 75 亿 m^3,规模居全国大中城市前列。目前,深圳正在致力于水资源和城市供水的联合调度研究,力争通过合理安排境外水源两条供水干线在全市的供水区域,逐步形成完善的水源调配体系;通过城市供水区域联合调度,加强供水设施的互联互通,提高供水网络抗风险的安全保障能力。

三、以水质监管为重点,不断提高城市供水水质

供水水质直接关系到市民的身体健康甚至生命安全,是城市供水管理工作的重点和难点,也是市民关心的热点。在水资源开发和城市供水量基本得到保障的前提下,保障提高供水水质逐渐成为城市供水管理工作的重要议程。为此,我们主要开展了以下工作:

(1)加大水资源保护力度,确保原水水质。针对深圳市境外引水入境后先进水库调蓄再供应水厂的现状,我们首先加大了对水库水源的保护力度。通过截污治污,降低了水库污染负荷,减小了水源直接遭受污染的风险;采取工程措施对一级水源保护区进行隔离围网封闭管理,并由市财政每年安排专项经费预算用于保护区的管理。同时划定了城市水系保护范围,编制了控制范围达 258 km^2 的城市蓝线规划,明确了全市河道、水库、湖

泊、水渠和湿地等城市地表水体的保护控制范围。由此使深圳市近年来饮用水源水质达标率一直保持较好水平,主要水源地水质可达Ⅱ类以上。

(2)发挥政府引导职能,敦促企业提高水质管理水平。一是通过开展水质化验机构达标活动,敦促供水企业完善水质检测设备,提高水质化验人员专业素质,强化企业水质自检环节。二是制定水质发展规划,督促供水企业通过编制和落实本企业水质专项规划,逐步改善水处理工艺、更新改造供水管网、建立水质事故应急机制。目前,深圳市梅林水厂、笔架山水厂、东湖水厂均配套建设了臭氧活性炭深度处理工艺,使出厂水质达到了直饮标准。三是针对生活饮用水箱(水池)二次污染现象,建立了全市水箱的基础档案,规范了水箱定期清洗消毒程序,对清洗消毒人员进行统一培训,发布清洗消毒公告并委托专门机构开展水箱水质年度抽检等。从而将全市饮用水箱纳入政府监督管理范围,使得二次供水水质得到有效保障。

另外,针对企业在水质管理中遇到的普遍问题,不定期组织课题研究、技术交流和培训,将研究取得的成果、国内外行业发展的新技术和动态及时介绍给企业,引导企业不断提高供水水质管理水平。

(3)强化政府监督职能,加强供水水质监管。自1994年至2008年,连续14年开展城市供水水质督察工作,委托水质化验机构每月对各供水企业的原水、出厂水、管网水水质进行抽检,根据抽检结果对供水企业进行水质督查管理。2004年,还进一步实施了水质公报制度,每月将水质督察结果在报刊和网站上公布,开辟了公众参与水质管理的途径。全市供水水质综合合格率、综合评价优良率逐年提高。

为更好地履行政府水质监督职能,1997年,深圳率先在全国成立了第一家隶属政府的水质检测部门——深圳市水质检测中心,并先后投资4 400余万元用于水质中心的软硬件建设。当前,水质中心已通过了国家级水质化验室认证,水质检测能力达147项,为政府履行和强化水质监督职能提供了有效手段。2007年,市政府投资1 200万元建设了城市供水水质在线监测系统,在全市供水管网上安装了99个水质和水压在线检测设备,实现了政府对主要供水区域供水水质、水压的实时监督。

为了进一步适应深圳城市社会经济发展的要求,根据国家建设部的统一部署,2004年我们编制了《深圳市水质发展规划》,提出到2012年深圳经济特区内的直来水水质实现直饮、2015年全市范围内水质实现直饮。逐步推进水处理工艺的改进、供水设施的改造,全面提高城市供水水质。

四、以行业规范为手段,提升供水企业服务管理水平

城市供水是一个直接面对公众的服务行业。在水量得到保障、水质不断提高的同时,以多种方式促进供水企业不断提高服务管理水平,是政府行业管理的重要任务。

(1)推进服务承诺。1996年,在全国供水行业中率先实施服务承诺制度,要求各供水企业在每年第一季度公布本年度供水服务目标和措施及上一年度服务目标的达标结果,接受公众监督。

(2)开展服务达标。2001年起,在供水行业中开展了规范化服务达标活动,邀请市区人大、政协、消委会、信访办、供水专家和媒体代表,对全市26家供水企业服务工作进行现

场考核,对考核结果进行公示,要求企业对未达标的项目进行整改。使企业内部各项管理制度得以完善,从业人员的服务行为得到规范。深化了供水行业精神文明、职业道德和行风建设,树立了供水行业在社会的良好形象。

(3)集中力量解决社会热点问题。由于历史原因,深圳市形成了许多供水"中间层",用户对水质、水压、乱收费的投诉大部分是供水"中间层"引起的。针对这一情况,经过深入调查研究,于1996年起率先在供水行业开展了取消供水"中间层"工作,要求供水企业向最终用户抄表到户并负责用户供水设施的维护更新。目前,全市供水企业共接收用户分表近80万块,多层中间层接收工作已基本完成。有力地改善了投资环境,保障了用户利益。

(4)制定行业服务规范。针对全市供水企业多,供水服务标准不一的问题,制定了《深圳市供水行业服务规范》。从业务办理、抄表收费、供水设施维护、用户接访、常见投诉处理、费用支付等六大方面对供水行业与用户直接相关的服务进行了规范。

通过以上工作的开展,深圳市供水服务保障水平不断提高。用户满意度调查表明,2006年用户对供水行业的服务评价为满意和非常满意占78.4%,基本满意以上占94.3%。说明供水行业的服务得到了广大用户的认可。

(5)建立法规体系,依法行业管理。在深圳供水行业管理发展之初,我们就非常重视法律法规的建设,实行法制化、规范化、标准化管理,为供水行业的发展创造了公平、公开、公正的市场环境。先后颁布实施了《深圳经济特区城市供水用水条例》(1996)、《深圳经济特区生活饮用水二次供水设施管理规定》(1997)、《深圳市供水行业服务规范》(2006)、《深圳市优质饮用水工程技术规程》(2007)以及正在起草中的《深圳市城市供水水质督察管理办法》(2008年)、《深圳市供水行业技术进步规范》等十余部法律法规和技术规程规范,逐步形成具有深圳城市供水行业管理特点的法规体系,从而规范了政府、企业和用户的行为,使得政府的行业管理有法可依,企业的服务管理有章可循,用户的利益得到切实保障。

五、以解放思想为武器,创新供水管理体制

从作为社会福利的计划经济体制中改革成长起来的城市供水行业存在着许多先天弊病,如政企不分、水价倒挂、资金不足、效率低下等。作为国家的经济特区,我们在城市供水管理中,对凡是有利于提高供水保障水平的、有利于提高供水服务水平的、有利于供水行业发展进步的,都大胆尝试、不断创新,探索城市供水管理体制的改革。

(1)政企分开,实施资产与行业双向管理。在实施水务管理体制改革之初,深圳市政府就明确了政企分开的行业管理原则。供水企业作为国有资产的独立法人自主经营,自负盈亏。政府对企业的管理分为两方面,一是资产管理,由深圳市国资委对供水企业的资产和经营实行宏观管理和监督,保证国有资产的安全和保值增值。二是行业管理,由深圳市水务局依法对供水企业实行行业管理。重点是抓规划、促发展,监督供水企业的水质、水量和水价,协调、帮助企业解决实际困难。由于政府部门与供水企业不存在直接的利益关系,政企分开的模式有利于政府的行业监督和管理,有利于保障广大用户的权益,有利于供水行业的健康发展。符合现代社会管理、城市管理的发展方向。

(2)完善价格管理机制,保障企业良性发展。由于我国长期以来实行福利水价,自来水销售价格低于制水成本,使企业难以积累扩大再生产,加之政府的投入不足,导致市政

供水设施建设滞后于社会经济发展。实行水务管理改革后,我们于1996年率先以立法的形式规定了城市供水保本微利的定价原则,规定了供水企业年度经营的净资产利润率,超过部分将作为水价调节基金。促使企业加强管理、降低成本、提高服务,逐步走上正常运营和健康发展的道路。从1998年起,深圳市政府原则上不再对供水企业直接投资,企业生产、建设和发展所需的资金完全通过市场化途径融资。

(3)实施特许经营管理,引进战略合作者。2000年以后,深圳市城市供水已进入稳步发展期,深圳市水务集团无论在技术上、管理上和经营上都居于全国前列。面对新的情况,为进一步提高城市供水服务保障水平,市政府通过国际招标方式引入战略合作伙伴,法国威利亚水务集团和北京首创集团成功入资,使深圳市水务集团成为国有控股的合资公司。引进了国际先进的水务管理经验,强化了供水企业的经营风险和自我约束意识,促使其通过加强内部管理,降低成本,提高效率,改善服务。引入战略合作者之后市水务集团,我们实行特许经营制度,对企业的经营进行特许授权,对企业的产品质量、服务质量、价格形成机制等进行规范,既保障了投资者的权益,又进一步保障了公众的利益。

(4)整合供水市场,提高资源的科学配置和有效利用。伴随社会经济的快速发展,深圳供水市场的早期发展蓬蓬勃勃,市、区和特区外每个镇都建立了自己的供水公司。但由于缺乏资金和管理,供水企业表现出数量多、规模小、资源分散,难以形成规模效益,企业间发展不平衡,运营管理水平、水质管理水平和服务管理水平参差不齐,限制了供水市场的进一步发展。

为解决这一问题,深圳市政府于2007对全市供水市场进行了整合,由市水务集团实行资本输出和管理输出,分别对其他20多个供水企业进行控股,新组建了深圳水务宝安集团公司和深圳水务龙岗集团公司,在全市范围内形成三个大型的供水集团,日供水规模均超过100万t。供水市场的整合实现了企业间优势互补,将使得中、小型供水企业快速提高经营管理水平,全市供水系统的安全保障能力和应变能力将得到提高,全市的供水服务标准将达到统一,政府的行政监管成本将有所降低。

(5)建立供水企业评估体系,保障行业管理科学合理。根据供水行业管理和特许经营管理的需要,我们建立了供水企业的综合评价体系。从2006年起,通过对全市26家供水企业上一年度生产运营、经营效益、产品质量和保证、供水服务等方面进行量化考核,综合分析评价,在各供水企业之间形成比较竞争机制,促进供水企业加强管理,提高供水水质和服务水平,降低成本,实现共同提高、共同进步。

六、城市供水行业管理中应注意的问题

(1)打破条块分割,实施水务一体化管理。十五年的城市供水行业管理实践使我们充分认识到实施水务一体化管理的重要性。在水务局成立之前,深圳市的涉水事务由四个政府职能部门同时管理,这种"多龙管水"的体制违背了水的自然规律,不可避免地出现了水务规划难协调、水源工程和供水设施的建设难同步、水源配置和供水调度难统一、利益难协调、责任分不清的现象,降低了行政效率。

1993年,深圳市在政府机构改革中,打破了"多龙管水"局面,把规划、建设、城管等部门的管水职能集中划入水务局,由水务局统一管理全市水资源、供水和节水工作。由于水

务局统一负责水源和城市供水的规划和建设计划,能够统筹考虑各方面的要求,协调各方面的关系,使水源和城市供水布局更合理,水源工程和供水工程能同步进行,促进了城市供水保障体系的协调完善和快速发展。特别是近年来,水务一体化在缓解深圳市水资源供需矛盾、推动水环境治理等方面,发挥了应有的效能和优势。深圳市以有限的水资源承载力,保障了1 000多万人口和6 700多亿元生产总值的正常用水,促进了人口、资源、环境的协调发展。

(2)水源、供水、排水、节水要多头并行,未雨绸缪。水资源的开发利用是一个循环过程,因此对水的管理也必须紧扣这个循环的每一个节点,其中一个节点管理不到位,势必影响到整个循环过程。在深圳市水务管理过程中,虽然较早实施了水资源和城市供水的一体化管理,但由于节水管理有机构无人员编制、城市排水仍由其他部门负责管理,因此在城市供水高速发展时期节水管理和排水管理没有得到同步发展。造成的结果:一是城市用水需求增长过快,连续多年超过10%,给水源工程和供水工程建设带来很大压力;二是排水设施建设滞后,未经收集和处理的城市废水直接排入河道,污染了水环境,破坏了水资源,加剧了水危机。2004~2005年,为推动节约用水和水环境综合治理工作,市政府充实了节水管理机构人员,又将分散于各部门的水污染治理和排水管理职能划入水务局,才使深圳市的节约用水工作和排水工作得到迅速发展。

深圳市城市供水发展经验提醒大家,在城市供水发展的同时,要注意水源、排水、节水多头并行,未雨绸缪,不要等水源短缺、水环境污染之后才去治理。

深圳市供水水质管理与发展规划[46]

城市供水水质直接关系到市民的身体健康甚至生命安全,是城市供水管理工作的重点和难点,也是市民和社会关心的热点和焦点。城市供水水质的好坏更直接关系到深圳的社会环境和对外形象。因此,在城市供水水量基本得到保障的前提下,全面提高供水水质,已成为深圳城市供水管理工作新的着力点。为了满足深圳作为区域性国际化经济中心城市发展的要求,满足社会生产和人民生活对城市供水水质日益增长的需求,以安全健康为目标,全面提高城市供水水质,逐步与国际标准接轨,已成为深圳城市供水管理工作的当务之急。

一、城市供水水质管理现状和存在问题

(一)水质管理现状

几年来,通过开展供水企业资质审查、水质化验机构达标评审、强化供水企业水质自检环节等工作,深圳供水企业的水质管理水平得到进一步提高。通过推行供水行业规范化服务达标以及供水服务承诺制,供水企业的水质服务意识得到增强。有效的二次供水管理体制已初步建立,供水水质得到一定保障。全国第一家隶属政府的水质检测部

门——深圳市水质检测中心的建立,为政府履行和强化水质监督职能提供了有效依托。引导供水企业开展水厂水处理工艺以及供水管网的更新、改造工作,使深圳城市供水水质管理的科技含量得到不断提升。自1994年以来,连续11年开展了每年一度的城市供水水质监督检查工作,2002年又将此项工作延伸到直饮水企业,对全市供水企业、直饮水企业原水、出厂水、管网水水质进行抽检,使全市供水水质综合合格率、综合评价优良率逐年提高。2003年进行的全分析抽检表明,受检供水企业出厂水(25个取样点)、管网水(50个取样点)各项指标全部符合国家标准,各单项指标合格率达到100%,出厂水、管网水平均浊度分别达到0.43 NTU、0.52 NTU。

(二)存在问题

深圳城市供水水质管理还存在以下不足:一是自来水水质总体水平虽符合国家卫生标准,但室内建筑给水管网、用户水龙头的水质,出现黄水、锈水的情况还时有发生,难以与市民、社会的要求相适应,与发达国家相比,还有一定的差距;二是城市供水水源水质下降趋势虽有所减缓,但仍不能令人满意;三是供水企业之间管理水平、水质状况参差不齐,个别村镇供水企业管理水平亟待提高;四是公众参与水质管理的途径不够广泛;五是随着我国加入WTO和供水企业投资多元化、供水市场对外开放,原有的供水水质保障体系需要进一步完善、充实和提高,政府监管供水水质的模式有待深化;六是水质监管的法律法规还不健全,现有法规力度不够,对水质事故的处理以及非供水企业管理的住宅小区供水水质监管缺乏足够的法律依据;七是政府水质监督检查经费还缺乏稳定来源,一定程度上影响了水质监督工作的开展。

二、城市供水水质发展目标

深圳城市供水水质管理发展的总体目标是:适应深圳建设国际化城市的要求,以突出供水企业水质自检为基础,以强化政府监督职能为手段,以强调公众参与、社会监督为保障,逐步建立和完善城市供水水质督察体系,对水质实行全面监督和管理;通过净水工艺改造、实施深度处理和管网改造、更新等措施,全面提高供水水质,切实保障市民的用水安全。

(一)《深圳经济特区2010年生活饮用水水质发展规划》

深圳市于2002年8月开始在全市组织开展城市供水水质发展规划的编制工作,经过一年多的调查收集资料、技术分析论证和广泛征求意见,于2004年3月制定完成并通过专家评审《深圳经济特区2010年生活饮用水水质发展规划》。同时,作为该规划的配套文件,《深圳市2010年生活饮用水水质目标》《深圳市2010年生活饮用水水质目标编制说明》及《深圳市2010年生活饮用水水质检验方法也相继制定完成。规划文本共分为总则、概况、供水水质现状、生活饮用水水质目标、实施水质目标的供水方案优化、水厂净水工艺规划、供水管网更新改造规划、投资估算、年度实施计划与成本分析、实施水质规划的管理机制、实施水质规划的存在问题和建议等。

依据该规划,特区内供水企业可根据各自的原水水质状况,在进行试验研究、优化水处理组合工艺的基础上,对现有水厂进行技术改造,强化常规净水工艺,解决好现状工艺中存在的问题,充分发挥常规处理工艺的功效。同时根据原水水质的变化趋势,制订计划,筹措资金,分阶段实施预臭氧及臭氧活性炭深度处理工艺的技术改造,达到全面提高供水水质的目的。目前,深圳市水务(集团)有限公司梅林水厂(60 万 t/d)的深度处理工艺改造工程及配套试验小区的管网、用户管道改造工程已经完成,笔架山水厂(改扩建后规模达到 52 万 t/d)的深度处理工艺改造工程正在进行,近期拟新建的南山水厂(一期 20 万 t/d)也将采用新的深度处理工艺。

城市供水管网改造及水质管理是水质发展规划的重要内容。改造和更新现有不符合要求的市政、小区供水管网,如采用 PE 管等新型优质管材,积极采用不停水开口技术,推广新型内防腐材料等;加强供水管网的水质管理,如定期排放消火栓,开展管网水停留时间调查、分析与模拟研究,合理加氯,加强管网水质的监测和预测等,提高管网水质的稳定性;加强供水管道建设的施工管理,提倡文明施工;加强二次供水管理,如定期清洗、消毒二次供水水箱,杜绝水质污染等,以保证用户水龙头的出水水质达到规划目标。据初步统计,从 2004 年至 2010 年,仅深圳市水务(集团)有限公司供水范围内需改造和更新的市政供水管道长约 118 km、小区供水管道长约 360 km。特区内全部供水企业(6 家)需改造和更新的市政供水管道长约 195 km、小区供水管道长约 539 km。水厂改造与扩建,市政管网、小区管网新建和改造的总投资预计达 29 亿元。

(二)《深圳市 2010 年生活饮用水水质目标》

在符合现有国家饮用水水质标准的基础上,参考美国《饮用水水质标准》(2001)、欧盟《饮用水水质指令》(98/83/EC)及世界卫生组织《饮用水水质准则》(1998),依据中华人民共和国建设部《城市供水行业 2000 年技术进步发展规划》中提出的一类水司水质目标和中华人民共和国卫计委 2001 年颁布的《生活饮用水卫生规范》,结合《深圳城市总体规划(1996~2010)》及深圳城市供水水质现状,以保证饮用水的卫生、安全、健康为原则,提出了深圳市生活饮用水水质目标。

该《深圳市 2010 年生活饮用水水质目标》基于水的终身饮用安全性要求,通过风险性分析及科学合理的界定,将现有国家生活饮用水卫生标准的 35 项增加到了 102 项,其中微生物学指标 6 项,感官性状和一般化学指标 21 项,毒理学指标无机组分 18 项、有机组分 29 项、农药类 12 项、消毒剂及消毒副产物 14 项,放射性指标 2 项,对水中细菌、病毒和原虫、有毒有害的无机物、有机物、消毒剂及其副产物和农药在水中的含量做了严格的规定和控制。同时,该目标还将 Ames 试验、生物可同化有机碳(AOC)、藻类、余氯高限值等 4 项指标列为试验性项目。达到这一目标的自来水水质将健康安全,感官良好,可以直接饮用。

根据深圳市水务局的统一规划要求,深圳特区内以及宝安、龙岗两区的中心城区内最终用户水龙头水质将于 2010 年,宝安、龙岗两区其他地区所有用户水龙头水水质将于 2015 年达到《深圳市生活饮用水水质目标》。目前,全市 26 家供水企业已组织开展了本企业水质发展规划的编制工作且大部分已完成,内容包括水质现状调查与分析、水质发展目标、水处理工艺更新与改进、管网改造与更新、人员技术培训、水质检测、水质管理与服务、资金落实及保障措施等多方面内容。

三、加强水质管理,实现水质发展规划目标的具体措施

（1）实施自来水深度处理工艺,加强陈旧管网改造。在充分挖掘、完善现行常规处理工艺能力基础上,开展自来水深度处理工艺研究,如常规水处理工艺加"预臭氧化"和"臭氧-生物活性炭"技术等,逐步实施水厂深度处理工程建设。在臭氧生物活性炭工艺、膜过滤技术、活性炭-硅藻土过滤及深度氧化等多种深度处理工艺中,臭氧生物活性炭工艺,是目前在国外饮用水深度处理中使用较为普遍、国内也进行了较多研究和少量应用的一种工艺,深圳市水务（集团）有限公司承担的国家"863"科研课题,对此工艺进行了深入、系统地研究,是一种理论和经验都较为成熟的深度处理工艺形式。

在陈旧管网改造,特别是市政及小区管网改造方面,随着 PE 管等新型管材的应用和推广,将大力推行不开挖修复技术,特别是管道翻衬技术和内衬管技术等;在新建市政供水管道的接驳中,积极采用不停水开口技术,逐步取消在市政管网上设置预留口或切除已经设置但闲置的预留口,既可避免因停水导致水质的二次污染,又可避免因停水开口对水资源的浪费;积极推广应用新型管道内防腐材料,如环氧系列涂料、氟碳涂料等;在建筑给水管网改造中,积极进行成本优化分析,完善投资机制,争取用户配合和支持。

（2）加强供水企业的内部水质管理。根据国家、省、市水质规划、服务标准和目标,督促供水企业通过编制和落实本企业水质专项规划,运用新技术和新工艺,提高和改善水处理工艺,改造和更新城市供水管网,制定和完善水质管理制度,建立水质事故应急机制,提高水质检测手段和自我监控水平等措施,突出自检,全面加强供水企业的内部水质管理,以保障供水企业的供水水质。

（3）保护水源水质,建立水质预警机制。水源水质是保障城市供水水质的源头,将依照国家、省、市的相关法律法规,加大对水源保护区的监督管理,保障水质安全。特别要采取有效措施,如控制人口、调整水源保护区的产业结构、加强污染治理,建立长效的城市卫生管理机制,控制水源保护区的面源污染。对通过水源保护区的公路、桥梁等交通及其他设施,应防止突发事件对水源造成的污染。对水源水质的突发性变化,建立相应的预警机制。通过建立水质在线监测系统,实时监测水源水质及管网水质的变化,对突发性的水质事件做出预测预报,启动相应预案,降低事故发生的风险率,减少事故造成的损失。

（4）强化政府监督职能。2002 年 3 月,深圳市被列为联合国开发计划署技术援助项目"中国城市供水水质督察"项目试点城市,在国内外专家的技术指导和援助下,该项目已正式启动并正在顺利完成。该项目目标是帮助中国政府建立"中国城市供水督察体系",促进城市供水行业改革,强化水质监督,保障用户权益,加强公众参与。深圳城市供水水质督察体系试点工作主要包括:制订水质督察工作方案,依据有关法规开展水质监督检查工作;建立供水信息管理系统,实施水质公报制度,定期发布水质信息和公报,充分发挥政府的服务作用;及时解答、反馈市民的咨询和投诉,建立和完善市民、政府、企业之间的沟通渠道,自觉接受市民和社会的参与和监督;提高市水质检测中心检测水平,规范监测程序,强化监测效能;继续开展供水企业规范化服务达标考核和供水服务承诺制度,全面提高供水企业供水水质和服务水平。

（5）完善公众参与水质管理途径,加强社会监督。建立深圳市供水水质咨询中心,邀

请包括人大、政协、新闻媒体、专业人士、行业代表、市民代表等各阶层人士参与,及时了解和反馈社会公众对城市供水水质的意见和建议,使其成为公众参与管理水质的有效途径。通过多种形式的宣传教育,增强市民关心水质、参与水质管理的意识。督促供水企业主动接受社会对供水水质的监督,如在指定网站上定期发布城市供水水质信息,使市民能够从网上查询到所关心的饮用水质量状况,并对相关问题进行咨询;鼓励市民通过电话、新闻媒体、网上、信件等多种形式参与水质监督,使政府部门能够及时了解到市民对水质的意见,及时加强监督、监察和管理。

(6)完善配套法规建设。目前,深圳市已相继制定、出台了《深圳经济特区城市供水用水条例》《深圳经济特区生活饮用水二次供水管理规定》《深圳市公用事业特许经营监管办法》《深圳市节约用水条例》以及《深圳市水务局城市供水投诉处理管理办法》等法律、规章、制度,《深圳市供水行业特许经营监管办法》《深圳市城市供水水质督察管理办法》《深圳市东江水源工程保护条例》等多部法规也已列入深圳市立法计划并已完成初稿。配套法规体系的建立和完善,将有利于明确政府、企业、用户三者之间的责任、权利和利益,使深圳市城市供水水质管理走上法制化轨道。

强化政府监督职能,全面提高城市供水水质[48]❶

很高兴参加这次由建设部、联合国开发计划署和国际经济技术交流中心共同组织的"中国城市供水水质督察体系国际研讨会"。深圳市被选为"中国城市供水水质督察体系"试点城市,是对我们城市供水水质管理工作的肯定和信任,我们将充分利用这次机会,向来自国际、国内的专家学习,向北京、乌鲁木齐市等兄弟城市学习,使深圳的城市供水管理及水环境建设工作全面提升。作为全国改革开放的窗口,历经二十多年的努力,深圳社会经济发展取得了可喜的成绩,截至 2001 年底,全市常住人口达 468.76 万,其中户籍人口达 132.04 万。国内生产总值达 1 954.17 亿元,工业总产值达 3 079.63 亿元,地方预算内财政收入 265.65 亿元,为完成深圳市"十五"国民经济计划打下了良好基础。

作为城市重要基础设施的供水事业,我们坚持以水资源的可持续利用保障社会经济的可持续发展为目标,建设与管理同步,开源与节流并重,大力开展水源工程建设,不断完善城市供水网络。去年底,历时五年建设、被列为市政府重点基础设施项目"重中之重"的大型跨流域境外引水工程——东部供水水源工程正式通水并投入试运行。该工程由水源工程和网络干线工程两部分组成,水源工程从位于广东省惠阳区境内的东江和西枝江取水,引水线路总长 56.3 km,总投资 20.8 亿元,引水流量近期 11 m³/s,远期 22 m³/s。网络干线工程全长 46.9 km,总投资 17.1 亿元。东部供水工程充分利用深圳市东西狭长、东高西低的地形特点,自流输水,按"长藤结瓜"的方式将全市主要水厂、水库串连起来,形

---

❶ 本部分根据在中国城市供水水质督察体系国际研讨会上的书面发言整理而成,2004 年 1 月。

·147·

成统一调度的供水大动脉,打破了过去仅依靠一个水库、一条河道、一个水厂的单一供水方式,供水保证率得到极大提高。同时,该工程还是一座全部由隧洞、箱涵、渡槽及倒虹吸组成的全封闭式、环保型输水工程,使原水水质从取水点到水厂都得到有效保障。截至2002年7月,深圳市已有镇以上供水企业26家,水厂56座,日供水能力达398万 m^3。2001年,全市城市供水总量达到9.7亿 m^3。以城市供水为中心的水资源优化配置体系正在形成。

在城市供需水量基本得到满足的同时,我们充分意识到,供水水质直接关系到市民的身体健康甚至生命安全,是城市供水管理工作的重点和难点,也是市民和社会关心的热点和焦点。在各级政府的大力支持和社会各界的热切关怀下,我们狠抓了全社会的供水水质管理,加强政府监督,强化行业管理,鼓励公众参与,保障用户水质。几年来,我们主要做了以下几方面工作。

一、深圳城市供水水质管理所做的工作

(1)开展城市供水企业资质审查和水质化验机构达标评审工作,强化供水水质自检环节,全面提高供水企业管理水平。由于历史原因,深圳市供水企业发展极不平衡,水厂工艺、管理水平、服务水平、供水保障程度等均参差不齐。为了加快深圳市镇级供水企业由乡镇供水向城市供水的转变,1998年,根据国家建设部的要求,我们以供水企业资质审查工作为依托,制定了2000年底以前所有供水企业通过资质评审的工作目标。通过对供水企业的资金、技术援助,通过供水企业引进技术、人才和先进设备、改造生产工艺、强化水质自检、提高经营管理水平、开展供水企业水质化验机构达标评审等措施,2000年底前,全市26家供水企业全部通过资质评审,其水质化验机构也全部达标。全市供水企业水质管理和经营管理水平得到明显提高。

(2)加强行业引导,鼓励供水企业制定水质规划。通过改造生产工艺、更换供水管网、采用新型管材、加强生产管理等多种方式提高供水水质。目前,深圳市内的自来水厂深度处理改造工作已经启动。1999年,深圳市水务集团公司在改造东湖水厂早期建设的10万 m^3/d 老厂的同时,投入资金近1亿元,增加了35万 m^3/d 的预臭氧处理系统。该系统已在2000年5月正式投入运行,对提高东湖水厂的出厂水质发挥了很好的作用。另外,该公司还将在2002年下半年进行两项与提高水质有关的水厂改扩建工程:一是梅林水厂(60万 m^3/d)深度处理系统工程,该工程总投资约为1.34亿元,将于2003年底建成投产;二是笔架山水厂扩建工程,除将该水厂制水能力从32万 m^3/d 扩大到52万 m^3/d 外,同时增加52万 m^3/d 的深度处理系统。该工程总投资约3.0亿元,全部采用自筹资金和银行贷款解决,预计2004年下半年建成投产。深圳市即将新建的投资近2亿元,日供水能力达20万 m^3 的南山水厂一期工程也将采用深度处理工艺。届时,特区内每日132万 m^3 的出厂水将采用深度处理,出厂水质将达到国际先进水平。

改造陈旧、腐蚀的供水管网、使用新型管材是全面提高城市供水水质的重要措施之一,也是深圳市供水企业每年更新改造工作的主要内容。在特区成立初期埋设的供水管网中,大部分金属管道内壁未做防腐处理,如今锈蚀较严重。另外,当时普遍采用的镀锌管容易腐蚀穿孔,对管网水质影响较大。近几年来,根据深圳市水质规划目标,全市供水

企业供水管网改造力度逐年加大。据不完全统计,仅市水务集团从 1997~2001 年的五年中就投入 1.3 亿元改造供水管网(不包括改造加压泵站和新铺管网)。目前,深圳市的供水管网改造正集中在腐蚀较严重或由于管径偏小、水压偏低,亟需进行管网改造的项目进行。

在管材选型方面,2000 年,深圳市已禁止在管网建设及改造中使用镀锌管,全市供水工程建设已开始选用大量新型管材,如,UPVC、PE、钢塑管、球墨铸铁管等。

(3)开展城市供水水质监督检查工作。几年来,供水企业通过加强管理、强化常规水处理工艺等措施,使城市供水水质得到进一步提高。在供水企业自检基础上,自 1994 年开始,深圳市水务局与市质量技术监督局连续九年联合开展了每年一度的城市供水水质监督检查工作,对全市 26 家供水企业的水源水、出厂水、管网水进行四次抽检,每季度一次,前三次为常规检查,第四次为全分析检测,各供水企业水质化验机构同时取样、同时检测、同时上报市水务主管部门。对于检查中个别供水企业出厂水或管网水水质有不达标现象的,予以及时跟踪,认真分析原因并组织专家进行技术指导,提出具体改进措施,加大了水质的保障力度。使全市各供水企业水质综合评价优良率逐年提高。

(4)建立和完善二次供水管理体制,保障居民饮用水水质。二次供水作为城市供水的重要组成部分,解决好城市二次供水中存在的问题、保证正常供水是关系到社会稳定、经济发展和市民安居乐业的大事。1997 年 9 月 9 日,市政府发布了《深圳经济特区生活饮用水二次供水管理规定》。《深圳经济特区生活饮用水二次供水管理规定》对二次供水设施设计、运行与管理、清洗消毒、水质检测与监督、责任分工等方面都予以了明确的规定,并在水样的现场取样、水箱(池)的进出水水样对比检验等方面建立了专门的管理模式。几年来,我局认真贯彻《深圳经济特区生活饮用水二次供水管理规定》,通过开展二次供水设施普查,定期举办专业清洗消毒人员培训,加强二次供水水质宣传教育,强化政府水质监督检查力度、运用计算机自动管理等措施,使深圳市二次供水管理单位的水质意识逐步加强,专业清洗消毒市场逐步走向规范,二次供水水质不断提高,有关水质的投诉大大减少。行之有效的二次供水管理体制已在深圳市已初步建立。

(5)成立深圳市水质检测中心,强化政府监督职能。根据深圳市政府 1997 年 9 月 9 日二届七十七次常务会议精神,成立了深圳市水质检测中心,从水利基金中拨出专款用于前期工作。该中心隶属深圳市水务主管部门,除负责全市一万余座水箱(池)水样取样、检验工作外,还承担着供水水源、供水企业水质的监督抽查以及市民有关自来水、二次供水水质投诉处理等等水质检测工作。经过几年的筹备和努力,该中心现已通过省级计量认证,对进一步强化政府监督职能、保障市民饮用水水质发挥了重要作用。

(6)结合当前实际,加强管道直饮水管理。提高城市供水水质,为市民提供健康、优质饮用水,是把深圳市建设成为现代化国际性城市的重要内容。目前,在深圳市现有水厂和供水管网进行全面提升改造尚未完成的情况下,正在部分居民小区进行分质供水的试点。为了规范不断发展的小区管道直饮水工程,市人大就《深圳经济特区城市供水用水条例》中城市供水管理的范畴进行了定义,将管道直饮水纳入了城市供水管理的范畴。为了加强管道直饮水的管理,市水务部门一方面起草、制定了相关的政府管理规定,一方面与市质量技术监督局在进行调查研究的基础上制定颁布了《管道优质饮用水安全技术规程》，并组织专家对深圳市已投入使用的管道直饮水工程进行了运行许可审查。

（7）在供水行业大力推行供水承诺制和规范化服务达标活动，增强供水企业服务意识。率先在全市公用事业行业推行社会服务承诺制，并在市人大通过的《深圳经济特区城市供水用水条例》中将此项工作以法定的形式纳入经常化、制度化的日常管理之后，为了促使供水企业更好地为市民服务，深圳市于 2000 年在全市供水行业推行了规范化服务达标活动，邀请市、区人大和政协代表，各行业用户代表及供水专家组成考核组对市自来水集团公司等八家影响较大的供水企业进行了考核。

通过开展供水服务承诺和规范化服务达标活动，进一步加强和推进了全市供水行业精神文明、职业道德和行业作风建设，各供水企业内部各项制度得以进一步完善，从业人员的服务标准和行为得到规范，供水水质、水压得到了切实保障，进一步树立了供水行业的良好形象。

（8）积极组织开展科研活动，不断提升城市供水水质管理的科技含量。自 1996 年起，深圳市开展了多项改善城市供水水质的课题研究。在与清华大学联合进行"深圳市城市水源水饮用水的水质状况与饮用水水质改善对策研究"专项课题研究的基础上，又以建设部《城市供水事业 2000 年技术进步发展规划》中一类水司 88 项指标为标准，委托中南市政院、清华大学、同济大学等单位在大冲水厂开展了深圳水源水处理工艺流程研究科研项目，该项目已列入"九五"国家科技攻关项目，其研究成果已在深圳市东湖水厂深度处理扩建改造工程中得到运用。《城市自来水中"红虫"的治理与研究》课题已通过专家评审并获得市科技进步奖，有关成果已用于供水企业生产实际中，困扰深圳市多年的居民投诉"红虫"现象大为减少。同时，我们还开展了《二氧化氯净化微污染水源水的应用研究》《西丽水库原水内源污染物的研究》《超声波在饮用水深度处理工艺中的应用》等课题研究，使深圳市城市供水管理工作中的科技含量不断提高。

通过几年坚持不懈的努力工作，深圳市城市供水的水质管理水平和供水质量正在不断提高。根据城市供水水质监督检查结果，全市 26 家供水企业水质综合评价合格率连续三年为 100%，2001 年水质综合评价优良率达到 96%。

二、深圳城市供水水质管理工作中存在的不足

在取得成绩的同时，我们也充分意识到，深圳市城市供水水质监督管理工作还存在以下不足：一是城市供水水源水质下降趋势虽有所减缓，但仍不能令人满意；二是供水企业之间管理水平、水质状况仍不平衡，个别村镇供水企业管理水平有待进一步提高；三是供水水质与市民、社会的要求仍有一定差距，公众参与水质管理的途径不够广泛；四是随着我国加入 WTO 和供水企业投资多元化、供水市场对外开放，原有的供水水质保障体系需要进一步完善、充实，政府监管供水水质的模式有待深化等。

三、深圳开展"中国城市供水水质督察体系"建设试点城市工作情况及计划

（1）召开了试点城市深圳启动会。2002 年 4 月 27 日上午，在深圳市迎宾馆召开了"联合国 UNDP 技援项目'中国城市供水水质督察体系'试点城市深圳启动会"，成立了以分

管副市长为组长、政府各相关职能部门为成员单位的领导小组,同时成立了项目办公室。

(2)为城市供水水质管理信息系统的建设做了前期工作。2002年6月,签署了深圳市水质管理信息系统开发的委托协议,并正在开展资料收集和前期调研工作。

(3)在深圳市水务局信息网站上建立了二次供水水质信息。将深圳市二次供水设施的清洗消毒情况及时在网上发布,使用户能够通过网络了解到他们所关心的二次供水水质情况,为广大用户提供了一个参与水质管理的信息平台,逐步满足公众参与水质管理的要求。

(4)配合UNDP项目的开展,深圳市政府加大了对市水质检测中心的投入。2004年5月,先后招标采购了ICP-MS、GC-MS、总有机碳测定仪、总有机氯测定仪、离子色谱仪、液相色谱仪、流动注射分析仪等大型检测仪器。预计2005年初这些设备即可到位,下半年将可达到建设部2000年规划提出的全部水质目标的检测能力。

(5)向市政府申请了UNDP项目配套资金。主要用于建立深圳市城市供水水质信息网络,完善市水质检测中心质量管理和办公自动化、信息化系统建设等。

(6)完成了《深圳市城市供水水质督察管理办法》文本的起草工作。

(7)制定了深圳市城市供水近、远期发展规划目标。2005年,全市一类供水企业(日供水能力100万 m^3 以上)供水水质达到欧共体饮水指令标准(98/83/EC),特区内三类以上供水企业(10万 m^3/d 以上)及宝安、龙岗二类供水企业(25万 m^3/d 以上)达到世界卫生组织《饮用水水质准则》(第2版)标准,其他供水企业达到同期国内先进水平;2010年,全市一类供水企业供水水质达到同期国际水平,特区内三类以上供水企业及宝安、龙岗二类供水企业供水水质达到欧共体饮水指令标准,其他供水企业达到世界卫生组织《饮用水水质准则》标准,特区内大部分地区,宝安、龙岗中心城区及部分镇域小区实现直饮。针对上述目标,全市26家镇级以上供水企业已开始本企业水质发展规划的编制工作,内容涉及水处理工艺更新与改进、管网改造与更新、人员技术培训、水质检测、水质管理与服务等多方面内容。深圳市将于2005年初就供水企业的水质发展规划进行专项评审,以保证全市水质发展规划目标的落实。

今后,深圳市将继续利用试点城市的有利契机,在《城市供水水质督察导则》大纲的指引下,逐步建立和完善政府有关水质管理的政策和法规;提高市水质检测中心的检测能力,完成深圳城市供水水质管理信息系统建设并投入运行,以进一步加强政府对水质的监督管理;充分利用各种新闻媒体,特别是政府信息网站,宣传政府关于水质管理的法律法规及标准,培养公众参与水质管理的意识,接受社会的投诉和监督;多方筹集经费,充分利用深圳在人才、技术上的优势,高起点、高水平、高效率地完成深圳城市供水水质督察体系建设工作,做好试点城市工作。

各位领导、各位专家,女士们、先生们,深圳城市供水水质管理工作刚刚起步,要做的工作还很多,任务还很重。我们希望并相信,此次国际研讨会一定能够带给我们新的思想、新的观念和新的技术,我们热诚欢迎国内外专家对深圳城市供水水质督察工作继续给予关注、支持和帮助。我们亦将继续努力,"中国城市供水水质督察体系"在深圳的试点工作一定能够取得成功,深圳城市供水水质管理工作一定能够迈上新的台阶。在此,我们诚挚感谢国家建设部的领导和专家多年来对深圳城市供水工作的关心和支持,感谢此次会议主办各方对筹备会议召开所付出的辛劳。

第七章　城市节水管理

对建设节水型社会若干问题的研究和思考[50-51]

一、一些应当引起大家共同思考的问题

第一要思考的问题是,现代社会科学技术发展的速度越来越快,水平越来越高,这种发展有没有极点? 伴随着社会科学技术的发展,人类生活水平日益提高,提高的高度有没有最高点? 第二要思考的问题是,现代社会科学技术的进步、人类生活水平的提高,是以什么为代价的? 会对未来社会经济技术的发展、人类子孙后代生活水平的提高产生影响吗? 会产生什么样的影响? 第三要思考的问题是,为什么要建设节水型社会? 建设节水型社会的理论和实践带给我们什么样的经验和思考。

(1)人类社会科学技术的发展。科学技术的发展带给人类社会文明的进步。从火的发现、使用到劳动工具的使用,特别是农耕技术的发明和进步,标志着人类社会脱离原始文明而进入现代文明。蒸汽机的发明与使用,电力的发明、电动机的使用,将人类文明带进工业化的时代。电子信息技术、现代生物技术的发展进步,人造地球卫星、宇宙飞船技术的成功,预示着人类社会文明进入后工业化的时代!

有一本科幻小说《赶往火星:红色星球定居计划》,设想从 2014 年开始发射飞船,经过 233 d 到达火星,在火星上设置大规模太阳能蓄能装置,把火星的两极熔化。由于火星两极是二氧化碳结晶,可释放出大量二氧化碳,经过一系列复杂的化学变化,在火星的大气层里形成氧气,然后让火星干涸的河流重新充满水,形成可供人类居住的环境,准备在21 世纪开始向火星移民。

也许这就是我们可以预测到的科学技术发展的愿景之一,那么下一个进步是什么呢?

(2)人类生活水平的提高。简单地说,人类社会的生活方式从采摘果实开始,到狩猎、茹毛饮血,从刀耕火种的耕作到灌溉农田,经历了漫长的原始生活。从"三十亩土地一头牛,老婆孩子热炕头"的自给自足生活,到"三转(自行车、缝纫机、手表)一响(收音机)一咔嚓(家用照相机)"的近代生活,到准电气化时代、"三子(房子、票子、车子)年代"的现代生活,以至于当前太空旅游也即将成为现实。

已经有人开始憧憬向火星移民了,那么下一步我们的生活是什么样子呢?

(3)社会生产经济发展的代价。据文献记载,以我国为例,从主要产品的单位能耗来看,我国的火电供电煤耗比国际先进水平高 22.5%,大中型钢铁企业吨钢可比能耗高21%,水泥综合能耗高 45%,乙烯综合能耗高 31%。但从人均消费能源的水平来看,美国人均年消耗电能 3 万 kW·h,而我国只有 1 500 kW·h。美国以占世界 2.5% 的人口,消耗

· 152 ·

了占世界25%的能源。如果我国要达到美国的能源资源消耗水准,把全世界的资源能源都拿过来还不够,这根本是不可能的。

从统计的温室气体排放来看,我国的排放量已居世界第二位,造成酸雨面积和频率不断扩大。据统计,全国酸雨频率大于全年降雨40%的城市已占统计城市的30%。由于干旱和人为造成的水土流失面积达356万km²,占国土总面积的37.1%,形成沙化土地面积约100万km²,且还在继续增长。相比较而言,我国的草地退化面积占到草地总面积的2/3;我国的森林覆盖面积为18.21%,而全世界的平均覆盖率为29.6%;在全球1 121种濒临灭绝动物中,中国有190种。

在全世界144个国家的水资源量排序中,我国排在第55位以后。从水资源利用和水环境保护的状况来看,我国的水资源浪费严重、水环境污染严重,已经是不争的事实。

(4)节水型社会与节约型社会。简单地说,节水型社会就是要节约、保护和高效利用有限的水资源。我国是一个水资源匮乏的国家,经济正在发展中,人口众多,环境状况不佳,要想维持经济快速、健康的发展,要想环境质量得到不断的改善和提高,只有走节约用水、建设节水型社会才是唯一正确之道。另外,水是人类社会的共同财富,热爱水、节约水、保护水是人类社会文明进步的标志,社会文明要持续进步,科技经济要持续发展,生活水平要持续提高,我们这一代人有责任为后代留下可持续利用的水资源。

除了水资源,我国同时也是一个资源贫乏的国家。建设资源节约型社会是人类社会可持续生存发展的必需,是我国的一项基本国策。由于水资源的自身特性,水在社会经济发展中的支撑作用和水对人类生存的至关重要作用,建设节水型社会是节约型社会的主要内容,建设节约型社会必须从节水开始。

二、我国的水资源简况和存在的水问题

(一)水资源简况

我国的淡水资源总量约为2.81亿km³,居世界第6位;但人均水资源占有量很少,仅为世界人均占有量的1/4,美国的1/5,印度的1/7,加拿大的1/70,在缺水国家中位于第13位。

我国的水土资源分布极不平衡。南方水多地少,长江等南方河流的径流量占到全国径流总量的80%,而耕地只占全国的36%;北方水少地多,北方和西北的水资源量不到全国总量的20%,但耕地却几乎占全国的64%,其中最缺水的黄河、淮河、海河流域的耕地面积占全国的40%,而水资源量只占全国的6.2%。

我国水资源在时间上的变化极不均匀。夏季水量多,冬春水量少,大部分水量集中在6~9月的汛期,汛期洪水频繁,经常泛滥成灾。

(二)存在的水问题

我国是一个农业大国,农业年均缺水量约为30亿m³,受旱农田有2亿~3亿亩。全国许多地方农村人畜饮水困难,受影响人口约8 000万。城市供水严重不足。2001年,全国600多座建制城市中,有近400座缺水,其中严重缺水的达130多座,年缺水量达60亿m³,日缺水量超过1 600万m³,已严重影响到城市的生活和工农业经济发展。

我国的水环境污染严重,水生态系统遭到破坏。我国每年排放污水总量接近600亿

t,其中约80%是未经处理的污水,直接排入自然水域。根据调查评价结果,在我国700多条重要河流中,有近50%的河段、90%以上的沿河水域已经遭到程度不同的污染。淮河、昆明的天池是我国污染最严重的河流和湖泊之一。

三、节水型社会的基本概念及认识

(一)什么是节水型社会

关于节水型社会,目前还没有一个统一的概念和定义,可以说正在研究和认识过程中。根据作者的学习和吸纳,认为节水型社会就是以尽可能少的水资源创造更多的价值和服务的社会。这里所说的价值既包括我们特别关注的经济价值,同时也包括其所产生的生态价值和社会价值;这里所说的服务是指水资源为我们提供的各种功能性服务,如游泳、划船、水景观以及改善气候条件等。

节水型社会的本质特征是水危机的意识已经深入人心,全社会人人爱护水,时时、处处节约水的局面已基本形成;以水权、水市场理论为基础的水资源管理体制,以经济手段为主的节水机制已基本形成;水资源的利用效率和效益得到极大提高。

(二)节水型社会建设的目标

到2010年,全社会自觉节水的机制初步形成,全民的节水意识明显增强,浪费水资源现象得到有效遏制;水资源利用效率和效益明显提高,万元GDP用水量年均降低6%以上,力争农业灌溉用水实现零增长、工业用水量年均增长率不超过1%、服务业用水效率接近同期国际先进水平。

到2020年,我国的节水制度和水资源配置工程体系基本完善,产业结构、布局与水资源承载能力相协调;全社会形成自觉节水的风尚和合理的用水方式;在维系良好生态系统的基础上实现水资源的供需平衡,实现经济社会发展用水零增长。

(三)国家节水标志

由水滴、人手和地球变形而成,以绿色和白色为主色调构成。绿色的圆形代表地球,象征节约用水是保护地球生态的重要措施。标志留白部分像一只手托起一滴水,手是字母JS的变形,寓意节水,同时表示节水需要公众参与,鼓励人们从我做起,人人动手节约每一滴水;手又像一条蜿蜒的河流,象征滴水汇成江河。

四、我国节水型社会建设的特点和经验

(一)水资源利用的基本特点

农业用水量占到总用水量的70%以上,农业产量大幅度增加,粮食产量由1970年的2 400亿kg增加到2002年的4 571亿kg;用水效率及效益较低,灌溉水利用系数同发达国家相比,差0.4~0.5;美国1990年GDP的用水效益为10.3美元/m³,日本1989年为32.4美元/m³,我国1995年为10.7元/m³。

工业及城市生活用水量增长迅速,由1972年的19.1亿m³增加到2000年的1 420亿m³。城镇生活用水一是跑、冒、滴、漏现象相当严重。全国城市供水平均漏失率9.1%,有40%的特大城市供水漏失率达12%以上;二是节水器具、设施少,用水效率低。北方地区

245 个城市 1997 年人均家庭生活用水 123 L/d,接近挪威(130 L/d)和德国(135 L/d),高于比利时(116 L/d)。

人口膨胀,全国人口数量从 1985 年的 10.45 亿增长到 2001 年的 12.76 亿(第五次人口普查)。

全国经济快速增长,区域经济,如长三角、珠三角的经济发展在全国处于领先地位。

(二)节水型社会建设的主要成绩和基本经验

1.主要成绩

从 20 世纪 80 年代开始,我国的节水工作已取得了很大成绩。首先在用水总量控制方面,全国用水总量年增长率从 1980 年的 3.3% 下降到 1990 年的 1% 左右;1980 年以来,国民经济年均增长率达 8% 左右,但全国人均用水量基本稳定在 450 m^3 左右且呈下降趋势,从而减缓了用水总量的增长。农业用水方面,1980 年以来,全国平均每年新增灌溉面积 1 200 多万亩,粮食总产量已接近万亿斤(1 斤 = 0.5 kg,全书同),但农业用水总量却稳定在 4 000 亿 m^3 左右;特别在农田灌溉方面,亩均灌水量从 1980 年的 531 m^3 下降到 1999 年的 484 m^3,下降幅度达 17%,年节水总量达 730 亿 m^3。工业节水方面,万元工业产值取水量已经从 1983 年的 489 m^3 下降到 1999 年的 91 m^3;工业用水重复利用率已经由 1983 年的 18% 提高到 1997 年的 63%,提高了 45%,且在持续提高。1980 年以来,由于全国性的节水运动,使全国年缺水总量一直稳定在 300 亿~400 亿 m^3,维持了水资源供需形势的基本稳定。

2.基本经验

节水型社会要求的节水是大节水,包括产业布局和经济结构调整,包括蓄、供、用、排,包括非传统水资源的开发利用及对淡水资源的替代。以市场为导向,以经济为杠杆。充分发挥市场在水资源配置中的导向作用,建立以经济手段为主的节水机制,例如超量加价的水价体系等。

总量控制,计划用水。在水资源科学配置的基础上实行总量控制,确定宏观控制指标和微观定额指标,对用户实行计划用水管理。改革用水制度,建立与总量控制、计划用水相适应的水资源管理体系;调整经济和产业结构,建立与水资源承载力相适应的社会经济结构;以水资源科学、优化配置为指导,建立与之相适应的水务工程体系。

建立政府调控、市场引导、公众参与的节水型社会管理体制,实行流域水资源统一管理和区域涉水事物的统一管理。节水型社会建设应当同环境保护,特别是水污染防治及水生态修复、水环境建设统筹考虑。节水型社会建设,规划是基础,体制是保证,管理是关键。

五、我国节水型社会建设中存在的主要问题

全社会节水意识不够强,缺少水危机感。全社会缺少水资源短缺的危机感,没有形成主动爱水、节水的习惯,甚至很多人认为解决缺水问题是政府的事,和自己没关系。水价较低,以每个家庭用户为例,每个月的水费支出占其家庭总支出的比例很小,对家庭生活几乎没有什么影响,使用节水器具既要花钱,又很麻烦。

缺少市场经济的调控机制,水权、水市场机制尚未建立。用水缺少计划,用多少,算多

少，没有总量控制，特别是缺少科学有效的用水监督机制，用多用少、浪费不浪费一个样。水价偏低，没有反映水的资源价值和商品价值属性，特别是缺少市场激励机制。谁能用多少是多少，谁愿用多少是多少，不用白不用，没水就停产或向上级反映。结果造成居民的生活质量下降，影响到社会的安定，影响到生产和经济发展。

科技进步和新技术的推广还未到位。一方面，缺少节水的先进技术，特别是高新科技技术；另一方面，现有的技术成果推广难以到位，缺少资金和政策方面的支持。

配套的政策法规不够健全。国家、地方都建立了一些相应的政策、法规，但难以形成体系；特别从资源管理到生产、生活用水的管理，都缺少以节水为基础的法规支持。

政府的工作不到位。许多地方政府对缺水的严重性缺乏清醒认识，对节水和节水型社会建设的重视程度不够，认为节水就是宣传宣传，倡导倡导，喊喊口号，造造声势，没有具体的行动计划，或有计划而不抓落实，或计划仅停留在文字上，没有可操作性。

六、进一步思考的问题

(1)关于节水。节水是全社会的事业，不仅仅只是政府或政府某个部门的工作，需要全社会的重视和参与，特别是公众的参与和互动是关键。公众是用水的主体，只有公众的认识提高了，节水的习惯养成了，才能形成全社会各行各业、全体公众主动参与节水的良好社会风尚。

节水不是简单地等于少用水，而是要在不降低人民生活水平的前提下，采取综合措施，减少取用水过程中的损失、消耗和污染，杜绝浪费，最大限度地提高水的利用率和效率，有效地保护水不受污染，逐步达到用水的供需平衡，满足社会经济发展的用水需求。

(2)节水与污染防治的关系。节水对污染防治具有积极意义是肯定的，但是否用水少了，排放的污水少了，污染防治的任务就轻了？值得研究和讨论。不同的观点认为，由于污染负荷总量是一定的，节水使排放的污水少了，但污水的浓度提高了，污染防治的任务并不一定减轻，反而会增加。应当说，在一定浓度范围内，节水使污水的总量减少了，对污水处理及污染防治是有利的。

(3)节水与雨洪资源利用。节水是节流，雨洪资源利用是开源。在传统水利工程概念的前提下，洪水资源的开发利用已经到相当的程度，但雨水资源，特别是城市雨水资源的利用是一个新的课题。在城市非透水面积上修建雨水利用工程，国内外已有成功的例子。根据水利平衡原理，雨洪资源利用是区域水资源利用的深层次问题，一般不能增加当地的水资源总量，只能提高水资源的利用率。在城市雨水资源利用的实践中，雨水一般只作为环境用水。

(4)节水与水的替代战略。资源短缺，寻求替代品是人类社会文明进步的表现。什么是替代？简单而直观的回答，替代就是用其他物质或方法来完成同样的功能或达到同样的目的，以减少其用量或需求、提高使用效率(益)或舒缓对环境的压力。替代的形式很多，包括直接替代、技术或资本替代、二手替代和组合替代等。

直接替代就是用其他的物质来完成同样的功能，例如用煤替代薪柴，用天然气替代煤用于燃烧取暖等。但对水，就其功能而言，直接替代的形式是不存在的，因为水是不可替代的。我们不可能因为缺水而不喝水、不用水，改喝或改用其他物质。

技术替代是指通过技术发明或革新,提高水的使用效率、减少水的浪费或使水再生。如节水龙头的使用,喷灌、滴灌、渗灌技术的应用,就是技术替代。使用循环水、再生水是二手替代。技术替代和二手替代相辅相成,是水资源的主要替代形式。例如污水、中水的再生利用,就是典型的技术替代和二手替代相结合的产物。

资本替代。通过资金运作,包括现金投入、贷款或其他融资方式,发明了节水技术或设施并投入使用,或进行了贸易流通,节约了用水,是资本替代的结果。

贸易替代或可称商业替代,即通过贸易的交换或商业的流通达到节水的目的。近年来在国内外流行的"虚拟水"概念,应当是典型的贸易替代形式。缺水地区通过生产低耗水、高附加值的产品,出口到不缺水或富水地区,换回高耗水、低附加值的产品,其中隐含的水资源贸易顺差,就是贸易替代的结果。例如,在富水地区生产 1 t 玉米,需要消耗水 1 200 t,价值 5 000 元;在缺水地区生产一台电脑,耗水一升或几乎不耗水,同样价值5 000元;缺水地区出口销售一台电脑,进口购回一吨水稻,相当于用一升水的出口,换回了一吨水的进口,其中隐含的水顺差就是贸易节水,或称虚拟水。

组合替代。将直接替代、技术替代和贸易替代等方式,因地制宜综合运用,达到或提高节水效果,就是组合替代。

(5)节水与循环经济。循环经济是经济发展的一种模式。循环经济要求运用生态学的规律指导社会经济生产,把经济活动组成一个"资源—产品—再生资源"的反馈流程式,使资源的利用以低开采、高利用、低排放为特征。在 3R(减量化、再使用及再循环)的原则下,将经济发展过程中产生的污染,变末端治理为从输入到输出的全过程控制,以把经济发展对自然环境的影响降低到最小。

节水是一项综合性的社会工作。节水是循环经济的重要内容。在降低资源消耗、减少污染排放、提高资源利用效率方面,在从源头即用水的全过程控制方面,节水和循环经济的目的及特征是一致的。循环经济是针对整个经济发展过程中所有资源能源消耗而开展的,节水只是针对水的使用过程中对水的消耗、污染和浪费而开展的。

贯彻落实科学发展观,加快节水型城市建设[53]

党的十七大报告提出,全面建设小康社会、发展中国特色社会主义,必须坚持以邓小平理论和"三个代表"重要思想为指导,深入贯彻落实科学发展观。大力开展城市节水工作,创建节水型城市,是构建资源节约型和环境友好型社会的重要内容,是贯彻落实科学发展观的具体体现。

进入 21 世纪以来,深圳的社会经济发展面临四个方面的难以为继,一是土地、空间难以为继;二是能源、水资源难以为继;三是人口重负难以为继;四是环境承载力难以为继。这四个"难以为继"中有两个与水有关,即水资源严重短缺、水环境污染严重。为及早尽力破解这两个与水有关的、将严重影响深圳社会经济发展的短板,根据市委、市政府的统一部署和要求,必须坚定不移地落实科学发展观,坚持在紧约束条件下求发展,全面开创资源节约型、环境友好型的发展之路,努力加强节水工作,为创建国家节水型城市而努力。为此,根据新修订的《中华人民共和国水法》及相关法规,2005 年深圳市人大颁布实施了《深圳市节约用水条例》,2006 年市政府批准成立了深圳市节约用水办公室,为正处级的行政事务单位,全市节水工作力量得到加强,节水成效已初步显现。2006 年全市万元GDP 水耗下降 3.92 m³,比 2005 年下降了 11.53%,在全国大中城市中名列前茅。2006 年水利部将深圳市列为国家建设节水型社会试点城市,以节水型城市建设推动节水型社会的早日建成,任重而道远。

一、加强宣传,培养全社会节水意识

深圳是全国七大严重缺水城市之一。虽地处南海之滨,多年平均降雨量达 1 837 mm,降水充沛。但由于特殊的地理地貌条件,境内无大江大河,沿海河流短小且直接入海,没有修建大型蓄水工程的条件。如以 2005 年 828 万总人口计算,本地人均水资源占有量 203 m³/a,仅为全国平均的 1/9,75% 以上用水需依靠境外的东江引入。2002~2004 年,深圳市连续干旱少雨,水资源的供需矛盾日益突出,全力推动节水工作刻不容缓。长期以来,缺水一直是领导重视、市民担心的重大民生问题。大力宣传节水,让市民了解深圳的缺水现状,呼吁市民珍惜水、爱护水、节约水,树立节约用水光荣、浪费用水可耻的观念。

(1)加强宣传,扩大宣传的范围和层次,讲求实效。宣传是开展群众工作的法宝之一,建立节水型城市需要通过宣传来营造氛围、创造条件、扩大影响。要宣传水对人类生存生活的重要性,水资源短缺的紧迫性,节约用水的必要性和重要性。要面对各行各业、千家万户,深入工厂、社区,广泛、务实、科普地宣传节水,争取广大市民的理解和支持,形成全社会节水的氛围。

(2)培养节水意识。当前,在社会生产和日常生活中,对水资源的无节制开发、粗放型使用、用水效益低下、浪费严重、污染严重等现象还普遍存在。要逐步改变人们对水的传统认识,认识到水的珍贵性、水资源的短缺性;认识到随着社会经济的快速发展、人民生活水平的不断提高,尤其是工业化、城镇化步伐的加快,对水的需求将不断增长;节约水、保护水将成为日常生产生活的重要内容,自觉树立节水意识并付诸行动。

(3)要宣传节水的各项有效措施,使全社会不仅要知道节水,而且要懂得如何节水。既要宣传节水的政策性措施,又要宣传节水的技术性措施,要具体、有效果。如法律措施和经济措施相结合,行政措施和工程措施相结合,推广节水新器具、普及科技节水措施等,要进行全方位、见实效的宣传,使市民明白怎样去节水,什么样的环境用什么样的方法去节水最有效等。尤其在宾馆、学校等公众场所,应有明显的节水标志和行为指导,用节水理念和节水技术落实节水措施,取得实效。

(4)要宣传建设节水型城市对实现社会经济可持续发展的重大意义。可持续发展的要义是科学发展观,核心是经济发展同人口、资源和环境的自然协调。建设节水型城市,是实现可持续发展的必然要求。不通过建设节水型城市促进和保障节约用水,可持续发展就会失去水资源保障;不坚持可持续发展,节约型社会就缺乏内在动力,节水型城市就无从谈起。因此,落实可持续发展战略必须从建设环境友好型、资源节约型社会抓起,资源节约型社会必须从节约水资源开始。

二、加强统一管理,提高水资源系统应急调度能力

深圳于 1989~1991 年连续遭遇三年大旱,1992 年又连续遭遇两场大洪灾。为加大治水管水力度,市委、市政府于 1993 年 7 月成立了全国第一家水务局,实现水资源开发和城市供水的统一建设、统一管理。2004 年,在全市行政体制改革中,又将排水管理和水污染治理职能划归市水务局,实现了真正意义上的涉水事务一体化管理。实行水务管理体制,有利于水资源的综合开发、利用和保护,有利于推动中水利用和污水资源化工作,有利于提高城市的供水保障,有利于统筹考虑上、中、下水的系统治理和统一调度,提高水的利用率,推动城市节水。在上述的连续三年抗旱工作中,水务管理体制已发挥了明显作用。

(1)完善水资源供水网络工程规划和建设。近年来,市水务局先后实施了龙茜供水工程、大鹏半岛原水支线工程、布吉坂雪岗供水工程、平湖供水工程等应急供水工程;通过提高工作效率,压缩东江水源工程年度例行检修时间,及时恢复正常供水,从而最大程度地保障了供水网络工程的系统和连续供水,缓解了旱情对城市生活生产的影响。

(2)加强储备水源统一管理。按照分工,中型以上水库及市投供水工程由市水务局管理,中型水库以下及区投供水工程由区水务部门管理,但水源信息由市里统一管理和协商共享。全市一盘棋,分级制定应急供水预案,及时发现问题,及时启动相应预案,及时缓解城市供水短缺,保障城市生产生活的正常进行。

(3)加强应急供水统一调度。水行政主管部门对水资源调度实行"一支笔",在旱情严重时,分片启动应急供水预案;以人为本,在优先保障居民生活用水的前提下,以保重点区域和重要企业的供水为原则,对缺水地区采取供用水限制措施,如限制一些耗水大户及服务业用水等,确保不出现断水。

(4)加大执法力度,打击非法用水。配合市城建规划部门,优先保障向合法建筑供水,坚决取缔违法建筑用水。加大供水管网巡查力度,防止非法接入市政用水;加大用水计量设施保护力度,防止人为破坏,造成水资源损失。

(5)加强工程维修养护,防止漏损。深圳市一些水工建筑物及早期开发建设的城市供水管网已陈旧老化,跑、冒、滴、漏现象比较严重。管理部门应加强水工建筑物如涵、闸等的维修养护,防止漏水。应督促供水企业执行市政府《关于加强城市供水管网改造工作的指导意见》,加快城市供水管网技术改造,尽量降低管网漏失率。

三、完善水价格体系,用经济手段促进节水

用经济手段促进节水最能体现水资源价值、最受国家政策鼓励和节水效果最为明显,是贯彻落实科学发展观、建设节水型城市的必要措施;促进城市节水的经济手段包括按规定收缴水资源费、制定用水定额及合理水价、实行计划用水及超量加价等。水利部有关领导在讲话中指出,与水资源短缺的现实相比,我国水资源利用方式粗放,在生产和生活领域存在严重的结构型、生产型和消费型浪费,用水效率不高,节水潜力巨大。应尽快形成以经济手段为主的节水机制,不断提高水资源的利用效率和效益。国外研究资料表明,水

价涨 10%,用水总量可下降 5%。

由于深圳本地水资源量有限,水源工程直接从江河湖库取水的量所占比例较小,境外引水工程的水资源费已通过工程管理单位缴纳,并已隐含在单位水量的原水价格中。根据国务院和有关部委颁布的《关于征收水资源费有关问题的通知》和《关于印发改革水价促进节约用水的指导意见的通知》,深圳已开始研究如何征收本地水资源费并向市政府报告,开始调研如何构建合理的水价体系以促进节水型城市建设。

近年来,市水务局会同物价和相关部门对全市原水供应单位、供水企业以及周边城市的自来水价格进行全面深入的调研,提出了"小步快跑、逐步到位"的水价调整方案,用水实行计划管理,采取"超量加价,多超多付"的办法进行调控,使节约用水与广大市民、企业的切身利益紧密相联。现深圳市水库自产原水价已达 0.34 元/m^3,境外引水原水价达 0.78 元/m^3(最高为 1.15 元/m^3);自来水综合价格达 2.34 元/m^3,其中居民生活用水 1.9 元/m^3,工业用水 2.25 元/m^3,商业、服务业、建筑业用水 2.95 元/m^3,特种用水(指外轮、洗车、营业性歌舞厅、桑拿等)达 7.50 元/m^3。现深圳市居民用水已实行超定额加价收费,单位用水户已实行超计划加价收费。

2005 年,深圳大幅度调整污水处理费,综合单价由 0.58 元/m^3 提高到 1.05 元/m^3,为推动排水产业市场化奠定了坚实基础。

我们坚信,实行用水计划管理,采取超计划、超定额加价收费办法,是促进节约用水的有效经济手段,一定能够促进节水型城市早日建成。

四、优化产业结构,大力发展节水产业

由于水资源短缺,通过调整优化产业结构,促进节水型产业的全面发展,是进一步落实科学发展观,走资源节约型、环境友好型经济发展的必然之路。2006 年,深圳市委、市政府决定把发展循环经济作为落实科学发展观的重要抓手,以舍得投入、舍得时间、舍得声誉的"三个舍得",以不惜暂时把发展速度降下来、不惜放弃一些投资项目的"两个不惜",以推动循环经济带动全市社会经济的全面发展,从而明确了深圳创建节水型城市的产业发展之路。

(1)积极开展水资源论证工作。对直接从本地江河湖库取用水的项目,无论是历史已建或新建、改建项目,都必须依法依规开展水资源论证;在城市供水管网覆盖的地区,严禁开采地下水,对确需开采地下水的项目必须进行科学论证并通过水行政主管部门审批。

(2)大力发展低耗水产业。深圳已出台政策,限制进行耗水量大的工业项目建设,对耗水量大、环境污染严重的印染、皮革、电镀等企业实行关、停、并、转,大力发展低耗水高附加值产业,如计算机、互联网及与之有关的电器、电子、机械产品等高新技术产业。目前,深圳市万元工业产值的耗水量已大大低于全国平均水平,也略低于日本、美国等先进国家的平均水平。深圳是高新技术产业高度发达的城市,应鼓励企业应用高新技术改造传统生产工艺和用水方式,如推广闭路循环用水和清洁生产方式等,促进产业结构调整和产品升级换代,提高用水效益,逐步使用水增长趋于平衡或负增长。

(3)积极推广海水和中水利用。海水直接利用是淡水替代的最有效措施。据统计,2006 年深圳市海水直接利用量已达 70 多亿 m^3,主要用于以核电为主的电力行业的循环

冷却用水;日处理规模5 000 m³的盐田海水淡化工程已申报立项;大力发展中水利用产业,在总结福田中银花园住宅小区示范工程经验的基础上逐步推广,2007年将在有条件的社区继续推广4~6宗中水利用工程。对新上项目的计划用水审批,凡有条件的企业都要求直接使用海水冷却。

(4)加大雨洪资源利用力度。深圳市水务局已制定专门雨洪资源利用规划并获得规划国土部门、环保部门的支持。水务系统最早的雨洪资源利用工程为基于从美国引进的BMPs(最佳管理实践)技术,在梅林水库、西坑水库管理处的试点项目。市民中心及周边地区雨水利用工程、侨香村经济适用房小区雨水利用工程、南山区文化中心雨水及中水利用示范小区等,均已按规划和计划启动并持续推进。同时,结合本地雨洪资源深度开发利用的一批蓄水工程如公明供水调蓄工程等,已开始按规划启动前期工作。

(5)加大污水资源化力度,努力提高再生利用率。为提高污水收集率,深圳已启动以完善小区排水管网建设为主的"正本清源"行动,以促进排污纳管或雨污分流工作,这是一项针对排水管网精细化管理而又最见实效的工作,已在市区全面展开。加大原特区外各区污水处理厂建设的工程规划、结合再生水利用的提标改造工程等,均已开始实施。以罗湖区日处理规模35万t的罗芳污水处理厂为代表,一批污水资源化的再生水利用工程年内将启动前期工作或动工建设,届时再生水将作为市政杂用水、河道景观补水得到利用,深圳的再生水利用率将得到大幅提高。

五、完善法规体系,依法推进城市节水

依法治国、依法治水是落实科学发展观的工作基础,是建设节水型城市的必要保障。科学发展观所倡导的是全面、协调和可持续发展理念,是指导城市节水法规体系建设的科学支撑。科学发展观需要通过城市节水等工作来体现,节水工作需科学发展观所倡导的法治理念来保障。城市节水的法律保障是依法治市、依法治水法律保障体系的重要内容。

(一)制定节水法律法规

2005年,深圳市人大制定颁布的《深圳市节约用水条例》开始实施,为我国地方人大制定并颁布的第一部节水法规。此后,市水务局先后拟定了《深圳市计划用水办法》《深圳市建设项目节约用水管理办法》等与之配套的管理办法;现《深圳市水量平衡测试实施办法》《深圳市节水设备、工艺技术、器具名录》已于2006年发布实施,《深圳市计划用水办法》已通过市政府常务会审核并将于近期出台,《深圳市行业用水定额》也将在2007年内制定完成并发布。在国家上位法的法制平台下,这一系列的法律及规范性文件,构成了深圳创建节水型城市的法律保障体系。

(二)编制节水规划

早在1998年,深圳水务局就编制了《深圳市节约用水2010年规划》,目的是将节约用水纳入城市水务的日常工作,规范指导城市供用水管理。深圳是一座资源性缺水的城市,水的供需矛盾随时显现,尽早启动城市节水工作,对节约水资源、提高用水效率、平衡水的供需矛盾具有十分重要的意义。以此使有限的水资源能够在社会经济可持续发展中发挥更大作用,满足不断发展的社会生产和不断提高的人民生活水平对水的需求。

(三)明确工作目标

在深圳市委、市政府的高度重视和统一部署下,2006 年,市政府出台了《关于全面启动节水型城市和社会建设工作的行动方案》,强调了节水工作的重要性、必要性和紧迫性,制订了工作计划和详细步骤,明确了相关单位的职责、任务及分工,力争在 2008 年底,达到节水型城市和节水型社会的建设目标。

六、推广应用新科技,提升节水效益

重视科技研究和应用,强化科技节水是科学发展观的重要内容。推广应用节水新理念、新科技和新技术,是落实科学发展观的具体实践。当前科技进步突飞猛进,以资源节约为目标的节水新科技新技术不断涌现,为加快节水型城市建设、保障节水效益提供了坚实的科技平台。

(1)科学制定用水定额和节水指标。用水定额是科学合理用水的基础,应充分体现可行性、先进性及合法性,应能充分调动用户的节水积极性。节水指标是用水定额的表现形式,具体包括万元国内生产总值取水量、万元工业增加值耗水量、人均生活用水量及用水重复利用率、污水回用率、供水产销差率等。用水定额和节水指标构成的体系用于衡量指导城市节水。至 2006 年底,深圳已编制并发布了《深圳市行业万元 GDP 用水量》,完成了《深圳市行业用水定额》项目的招标工作,为城市节水管理奠定了科学基础。

(2)推广节水新工艺、新设备。在广泛调查研究和征求意见的基础上,深圳开展了节水型工艺、设备和器具的征集工作,经过严格的比较、筛选及审核,已于 2006 年底对外正式发布了《深圳市节水型工艺、设备、器具名录》,用于规范、指导全市节水新工艺、新设备的推广。全面推行节水型用水器具,尤其在市政公共用水和居民生活用水量大的洗涤、冲厕和淋浴等场所,重点安装使用新型节水器具,防止用水浪费。

(3)积极开展节水科技示范研究。根据“十一五”国家科技支撑计划重点项目,“城市综合节水技术开发与示范”研究,市水务局已组织市水务集团、哈尔滨工业大学、水质检测中心、水利规划设计院等单位联合投标,现已顺利中标并启动研究工作。在深圳市水务发展专项资金的使用计划中,切块专门用于节水科技研究的资金扶持。同时,深圳还大力开展污水再生回用及中水利用技术的应用开发和推广,积累丰富经验。做好海水利用规划,积极跟进海水利用技术及成本的最新进展,积累技术资料;鼓励以冷却为主的用水大户,进行海水直接利用技术和设备的研究和应用。

(4)积极开展节水科技成果交流。在 2006 年的住房产业博览会和深圳市第八届高交会上,深圳水务局在循环经济展区设立了专门的节水展区,积极组织有关单位进行节水新技术、新设备和新成果的展示、宣传及产品介绍工作,取得圆满成功。深圳市水务局获得高交会组委会颁发的“优秀展示”奖杯,参展的三个产品均通过深圳市知识产权局审核并获得“自主知识产权产品”标志证书。

节水和节水型城市建设是一项全面、系统和连续性很强的工作,只有不断总结经验,及时发现问题,找出差距,寻求解决问题的办法,才能将科学发展观全面、系统、可持续的发展思路落到实处,持续推动节水型城市建设。解决深圳的缺水问题,是一项长期而艰巨的工作。随着城市的不断扩张,人口的不断增加,经济总量的不断增大,城市的用水需求会越来越大,水的供需矛盾会越来越突出。节水型城市建设是一种手段、而不是目的,目的是促进城市节水,缓解供用水矛盾。水务部门及水务工作者,需要坚持以科学发展观为指导,不断采取行政的、技术的、经济的综合措施,持续推动城市节水向纵深发展,以水资源的可持续利用保障社会经济的可持续发展。

对创建节水型城市工作的认识及实践

如果从 20 世纪 80 年代算起,我国开展节水和建设节水型城市工作已二十余年。二十余年来,全国各地的节水工作都有了很大进展,取得了明显成效。但相对于社会经济的高速发展,人口的不断增加,环境状况的不断恶化,水资源短缺问题依然突出。特别是进入 21 世纪,缺水问题已严重影响到城市的社会经济发展。走资源节约型、环境友好型的可持续发展之路,建设节水型城市,成为城市水务部门乃至全社会的重要任务。进一步提高对节水工作重要性的认识,探索节水型城市建设的思路和方法,交流工作经验,认清存在问题和困难,将有助于推动节水型社会的建设工作。

深圳缺水,众所周知。最新的统计数据表明,深圳人均多年平均水资源占有量仅为全国的 1/5,广东省的 1/6,年需水量的 70%~80% 需从境外调入。2005 年,深圳城市自来水供水总量 14.3 亿 m^3,其中 11.4 亿 m^3 取自东江。根据规划,到 2010 年,深圳城市总需水量 19.43 亿 m^3,需从东江引取的水量将达到 15.93 亿 m^3。深圳水环境污染,问题突出。2002 年的普查结果表明,全市 310 条大大小小的河流,有 217 条受到不同程度的污染,多数河段的水质劣于地表水 V 类,水体黑臭。深圳的用水浪费较为严重。目前居民人均日用水量达到 282 L,已达到欧美发达国家以居住别墅为主的用水水平,高于南方其他城市的平均水平;据测试,单位和企业因用水设施跑冒滴漏、缺乏循环用水措施等而造成的用水浪费达 14% 左右;市政供水管网的漏耗率较高,最高达 10% 左右。

因此,对于一个国家改革开放的前沿城市,经济发达,人口众多,水资源短缺,环境压力大,要贯彻落实科学发展观,发展循环经济,走可持续发展之路,创建节水型城市是必由之路。

一、对创建节水型城市工作的认识

(一) 水是生命之源

有研究资料表明,人体有 70% 由水组成,三天的胎儿含水 97%,三个月的婴儿含水 91%。同时,人为了维持自己的生命,每昼夜需要得到近 2.5 L 水作为饮料和随食物的水,人如果活到 60 岁,所喝的水超过 650 t。在自然界,一般昆虫含水 45%~65%,哺乳动物含水 60%~68%;土豆含水 80%;苹果、梨含水 85%;黄瓜、西红柿、胡萝卜和蘑菇含水 90%~95%。说明水是构成生命并维持其延续的基本成分,不可或缺。

(二) 水是维系社会经济可持续发展的重要保证

改革开放以来,我国的工业用水从 1980 年的 457 亿 m^3 增加到 2004 年的 1 229 亿

m^3,增加 1.7 倍。城镇生活用水从 1980 年的 68 亿 m^3 增加到 2004 年的 361 m^3,增加 4 倍多。全国农业用水多年平均 4 000 多亿 m^3。支撑了全国十几亿人口和数以万亿计国民生产总值的产生。

在深圳,2006 年度的城市供水总量达到 14.5 亿 m^3,总用水量超过 16 亿 m^3,支撑了 1 000 余万人口的生活用水和 5 684 亿 GDP 的产生。

(三) 节水型社会是建设节约型社会的基础

(1)水是不可直接替代的短缺性自然资源。相对于阳光和空气,水是最短缺的基本自然资源。相对于石油、煤炭、矿产等资源,水是不可直接替代的,因为人不可能不喝水而去喝别的什么。近年来虽有研究水资源的替代战略,但对水本身而言,也只能是间接替代。

(2)水是使用效(率)益最低和浪费最为严重的自然资源。我国农业灌溉,平均每立方米水生产粮食 1 kg,而以色列为 2.5~3.0 kg。我国的平均灌溉水利用系数为 0.45,而以色列为 0.7~0.8。2004 年,我国万元 GDP 耗水量 399 m^3,为世界平均值的 4 倍,美国的 8 倍;万元工业增加值耗水量为 196 m^3,而发达国家一般在 50 m^3 以下,美国为 15 m^3,日本为 18 m^3。据分析,全国城市供水平均漏失率为 9.1%,有 40% 的特大城市供水平均漏失率达 12% 以上。北方地区 245 个城市人均家庭生活用水已接近挪威和德国,高于此比例时,说明存在明显的浪费。

(3)水是社会经济发展依存性最高的自然资源。正常年份全国每年缺水 400 亿 m^3,每年因缺水造成的工业产值损失达 2 300 亿元。在严重缺水的辽宁省,各大中城市每年因缺水影响工业产值 200 亿元,影响利税约 30 亿元。"十五"期间,全国农田受旱面积 3.85 亿亩,每年因旱减产粮食 350 亿 kg。全国 400 余座城市缺水,较严重的城市有 110 座,严重缺水的城市有 7 座,深圳市就是其中之一。

(四) 节水是人类社会文明进步的标志

凡是经济发达、科技创新能力强、社会文明程度比较高的国家或地区,对水资源节约和保护的重视程度都比较高、效果比较明显。例如早在 1982 年,日本横滨市的工业用水重复利用率就达到 92.7%。到 2000 年底,美国制造业的水重复利用次数从 1985 年的 8.63 次提高到了 17.08 次,总需水量不但不增加,反而要比 1987 年减少 45%。在俄罗斯莫斯科市,1985 年的污水处理率就达到 98%。

(五) 节水是构建和谐社会的需要

联合国前秘书长安南在"世界水日"致辞,获得安全饮用水是人类的基本需求,也是基本的人权。水是诱发局部地区冲突的因素,在国内的一些省份,包括广东的个别地方,曾经因水而发生过村子与村子之间的激烈冲突。水是影响政治与外交的因素。在亚洲地区的印度、孟加拉国,中东地区的以色列、约旦、叙利亚,非洲地区的埃及、苏丹及埃塞俄比亚,美洲地区的美国、墨西哥和加拿大,以及在欧洲地区的匈牙利、保加利亚及荷兰等,水成为影响政治外交的重要因素。

二、如何进行节水型社会建设

节水型社会建设是一项综合性的复杂的系统工程,没有现成的方法可用,没有标准的模式可学。通过解读国家关于创建节水型城市的要求,学习其他城市建设节水型城市的经验,可以概括为以下四个方面的体系建设。

(1)法律保障体系。相对全社会而言,法律保障体系所涵盖的内容包括:调整经济和产业机构,建立与节水型社会相适应的产业经济体系;制定科学合理的行业用水定额,实行计划用水;促进、保障工业用水的重复利用;鼓励使用再生水,包括污水的再生处理和中水的回收利用;促进、推广节约用水设施和器具;建立行业或区域的水权交易机制等。

(2)宣传教育体系。应建立不同行政管理层次如市、区、街道办,不同社会对象如外来劳务工、社区居民等的宣传教育机制;制定丰富、有针对性的宣传教育内容,如节水科普图片、教材等;采取灵活多样的宣传教育形式,如借助报纸、电视、电台等新闻媒体,开展节水好家庭、节水小发明活动等。特别地,应建立社会公众参与的有效机制。公众参与社会管理是现代社会文明的重要标志。通过公众参与,将节水宣传教育深入人心,依靠社会道德和良知的引导,使节水成为每个公民的自觉行为。

(3)技术创新体系。针对不同的行业,技术创新体系的主要内容包括:农业节水方面,现代节水灌溉技术的推广和发展、现代灌溉制度的研究和推广等;工业节水方面,工业用水重复使用技术的创新,提高水的重复使用率,以及海水利用技术和再生水利用技术的研究;城市生活用水方面,节水设施和器具的发明、推广,非传统水资源包括海水和再生水利用技术研究等。

(4)节水防污体系。研究区域水资源承载力和水环境承载力。水资源承载力主要反映水资源系统能够承载的用水负荷,包括生活和工农业生产用水等,二者应当是相匹配的;研究与节水规划相适应的取水规划和排水规划,取水和排水规划相联系,二者又都必须服从节水规划的要求;研究建立取水权与排污权的交易机制,这是一种新的资源节约和环境保护机制。

三、深圳市节约用水条例简介

(一)计划定额及分类管理

(1)节约用水实行居民生活用水和单位用户分类管理。单位用户指在生产、经营、科研、教学、管理等过程中发生用水行为的非居民生活用水;年实际用水量超过 3 万 m^3 的称为重点单位用户;年用水量计划在 5 万 m^3 以上的重点单位用户的用水计划由市水务部门核定,年用水量计划在 3 万~5 万 m^3 之间的重点单位用水计划由区水务部门核定,一般单位到区水务部门备案。

(2)超定额、超计划用水实行分级累进加价收费制度。居民生活定额标准以内的部分,按照基本水价交费,超过定额标准的,加价收费。加价收费的规定为:超过用水定额 50% 以内(含 50%)的部分,按照用水水价的 1.5 倍交费;超过用水定额 50% 以上的部分,按照用水水价的 2 倍交费。单位的用水计划按月进行考核,用水超过计划的,要按照用水水价的 1~5 倍交费。

(二)节约用水管理

(1)实行用水计划评估制度。设计年用水量在 3 万 m^3 以上的新建、扩建、改建建设项目,应当在可研阶段专题编制用水节水评估报告,其他建设项目的可研报告,应当包括用水节水的内容;年设计用水量在 3 万 m^3 以上的新建、扩建、改建建设项目在报建时,应当出具水务主管部门审查同意的节水建设报告。

(2)加强水的重复利用。单位用户应当采取循环用水、一水多用等节水措施,降低水的消耗量,提高水的重复利用率;设备冷却水、冷凝水应当循环使用或者回收使用,不得直接排放;以水为基料生产饮料、饮用水等产品的,生产后的尾水应当回收利用,不得直接排放;从事洗浴、游泳、水上娱乐等业务的,应当安装使用循环用水设施和其他节约用水设施……对违反规定,未按要求采取循环用水等节水措施的,由水务行政主管部门责令限期改正,逾期不改正的,处以 1 万~2 万元罚款。

(3)非传统水资源开发利用。建筑面积超过 2 万 m² 的旅馆、饭店和高层住宅;建筑面积超过 4 万 m² 的其他建筑物和建筑群,应当按照规划配套建设中水利用设施。

四、深圳市建设节水型社会行动方案介绍

(一)总目标及分阶段目标

第一阶段:宣传动员阶段(2004 年 11 月至 2005 年 6 月);第二阶段:任务分解、实施阶段(2005 年 1 月至 2006 年 12 月);第三阶段:自查、评比、验收阶段(2007 年 1 月至 2007 年 12 月);组织领导:成立市、区两级创建节水型城市领导小组,下设办公室。

(二)宣传动员阶段的主要工作

一是召开全市动员大会;二是开展创建节水好家庭、节水型企业、节水模范学校活动,拍摄节水宣传片,在全市中、小学生中免费发放节水袋;三是清理整顿不合格用水器具市场;四是加快供水企业供水管网改造步伐,降低漏耗;五是大力开展宣传活动,包括节水宣传广告牌、宣传活动及动用媒体进行宣传报道。

(三)任务分解实施阶段的主要工作

1.加强节约用水的基础管理

调整修改节约用水规划,制定供水、用水中长期规划,进行节水试点工程建设。加快立法,促进节水及水资源可持续利用。建立节水指标体系,完善定额管理,实行年度总量控制、居民定额管理、单位计划与定额相结合的用水管理。充实节约用水管理机构,加强节水管理,建立规范化、标准化的节水统计报表制度。加强地下水管理,实行计划开采和水质检验管理,严格控制自建供水设施。推广节水器具,建立节水器具推广管理名录;开展节水科研和设施建设,积极开展城市污水回用等非传统水资源利用。

2.主要考核指标要求

(1)城市计划用水率≥95%,万元国内生产总值耗水量降低率≥4%。

(2)工业节水:工业用水重复率≥75%,间接冷却水循环率≥95%,锅炉蒸汽冷凝水回用率≥60%,工艺回用水率≥50%;工业废水处理达标率≥80%。

(3)自建供水设施管理:实行水资源论证、办理取水许可。

(4)城市污水处理:城市污水集中处理率≥40%,城市污水处理回用率≥20%。

(5)城市公共供水:非居民城市公共生活用水重复利用率≥30%,非居民城市生活用水冷却水循环率≥95%,居民生活用水户表率≥98%,城市自来水损失率≤8%。

3.实现各项考核指标的要求

(1)建设一批不同类型、具有代表性和示范性的试点。

(2)在试点地区达到城乡一体、水权明晰、以水定产、配置优化、水价合理、用水高效、中水回用、技术先进、制度完备、宣传普及的水资源管理。

(3)自查、评比、验收阶段的主要工作。

(4)根据各阶段的工作要求,总结、开展自查和评比。

(5)申请上级主管部门,包括建设部、国家发改委、水利部等的审查、验收。

五、深圳创建节水型城市的主要经验

(一)加强宣传教育,强化节水意识

(1)利用世界水日、中国水周、全国节水宣传周,通过各种媒体如报纸、电台、电视、公益广告等进行宣传。

(2)开展评选节水好家庭、节水小区、节水学校、节水企业、节水征文等节水活动。

(3)将节水作为中小学生的思想品德教育内容,从青少年开始培养节水习惯。

(4)组织市民开展节水考察活动,让市民了解到深圳的水来之不易,应当重视节水;去年同深圳晚报联合举办"饮水思源——深圳市民看东江"活动,分管副市长亲自参加。

由于加大了宣传教育力度,使深圳市民对节水的认知率由 2004 年的 35%上升到了 2006 年的 70%。

(二)完善法律法规,建设保障体系

深圳市早在 1998 年就完成了《深圳市节约用水 2010 年规划》,目前正在进行新一轮修编。《深圳市节约用水条例》于 2004 年通过市人大的审批,2005 年 3 月 1 日开始实施。与之配套的《深圳市水量平衡测试实施办法》已发布实施,《深圳市节水设备、工艺技术、器具名录》已发布。《深圳市计划用水管理办法》《深圳市行业用水定额》也将于近期出台。作为全国节水型城市建设试点城市,深圳市政府在 2006 年正式出台了《关于全面启动节水型城市和社会建设工作的行动方案》,力争 2008 年底建成节水型城市。

(三)加强统一管理,发挥体制优势

深圳市水务局于 1993 年成立,但直到 2004 年才实现真正意义上的涉水事务的一体化管理,即对水管理和水工程建设实行统一规划、统一建设、统一调度和统一管理。

(1)统一规划、统一建设。对原水供水工程和自来水供水工程实行统一规划、统一建设,以形成覆盖全市的原水和自来水优化匹配的供水网络,提高城市的供水保障率。

(2)统一调度。水务部门对水资源调度实行"一支笔"。对特区内外、不同供水区域、不同供水范围、不同自来水公司之间实行原水和自来水的统一调度,以最大限度地发挥供水网络的灵活性、提高水资源的利用率。

(3)统一管理。对水源工程管理单位,按照水利部的要求,对工程安全监测、工程维修维护、水质保护、档案管理和信息化建设等,实行标准化、规范化达标建设管理。对自来水和污水处理运营单位,实行水质、水量和服务承诺的统一管理。成立了全国第一家政府部门拥有的水质检测中心,制定了《深圳市城市供水水质督察管理办法》。开展了供水企业规范化服务达标和供水服务承诺活动,每年定期进行考核。

(四)优化产业结构,加强工业节水

(1)限制耗水量大的工业项目建设。对高耗水、重污染的工业企业实行关、停、并、转,大力发展高新技术企业,使深圳的万元工业产值耗水量大大低于全国平均水平,也略低于日本、美国等发达国家的水平。

(2)加强水资源论证工作。对建设项目的水资源需求,根据节水规划的要求,严格论证,加强管理;同时,加强城市地下水资源管理,在城市公共供水网络范围内,严禁开采地下水。

(3)积极推广海水利用。鼓励海水直接利用,2006 年深圳用于工业循环冷却的海水量达 70 多亿 m^3。同时,积极开展海水淡化工程的试点工作。

(五)加强科技创新,推广应用节水新技术

同高校及水务企业合作,承担"十一五"国家科技支撑计划重点项目"城市综合节水技术开发与示范"研究。通过科学测定和技术论证,编制完成《深圳市行业用水定额》并发布实施。通过专家评审,完成节水型工艺、设备、器具的征集、筛选和审核工作,并发布名录。开展雨水利用、污水资源化利用的研究试点工作。深圳市雨洪利用规划研究报告已完成,雨水、污水资源化综合利用的试点小区侨香村已开始建设,罗芳污水处理厂 35 万 t 污水再生利用工程已启动。

六、深圳创建节水型城市工作存在的问题和困难

(1)节水管理工作面临的主要问题。节水意识有待提高。城市生活用水还存在一定的浪费现象,居民的节水意识还有待于进一步提高;法治监管有待加强。节约用水条例规定的单位超计划加价收费尚未全面开展,价格杠杆还未真正发挥作用;节水技术需持续推广。部分城市供水管网陈旧、老化,全市现状供水管网平均漏失率达 12%(局部高达 20%)。节水器具普及率不高,跑、冒、滴、漏的现象仍然存在。非传统水资源的开发利用刚刚起步,水资源综合利用率不高。

(2)对照国家关于节水型城市的考核标准,有些指标完全实现还有困难。如工业用水重复利用率(不含电厂)、城市再生水利用率、城市污水处理率、工业废水排放达标率及建设项目节水措施"三同时"制度的实施等。

七、实施综合节水战略

首先,节水不是水务(利)一个部门的事情,而是全社会的工作。需要政府高度重视,全社会的广泛动员、积极参与和实际行动,才能推动节水工作取得实效。

其次,要采取综合性的节水措施或称大节水。国内外的实践经验表明,从源头上节水是最有效的节水措施。例如,水库大坝的渗漏处理,土质输水渠道用混凝土衬砌,供水管网的更新改造,防渗闸门的推广运用,以及应用现代信息技术对供水系统进行自动控制、优化供水调度方案等。从流域管理的角度讲,流域水资源的保护和综合利用,例如地下水的科学保护及合理开发,雨水资源及污水再生资源的利用等,都是大节水的有效措施。

第八章　城市水土保持

深圳市城市生态水土保持发展与对策探讨

截至2014年底,深圳市辖区面积1 996.78 km²,常住人口1 400万,国民年生产总值GDP超过1.6万亿元。1995年8月,水利部在深圳市召开全国部分沿海城市水土保持工作座谈会,会上第一次提出了城市水土保持的概念和工作要求。1995年9月,中央电视台《焦点访谈》专栏记者,针对降雨造成深圳市布吉、龙华一带严重水土流失状况,拍摄了《警惕城市水土流失》的专题片并在全国播放。从此,城市水土流失问题引起了政府和市民的高度关注,深圳市拉开了城市水土保持工作的序幕。经过近20年的努力,深圳市水土保持生态建设工作取得显著成效,水土流失面积已从1995年的184.99 km²下降至2014年底的36.28 km²,净减少水土流失面积148.71 km²,下降幅度达80.3%,为经济社会的发展提供了坚实的水土生态安全保障,开创了全国城市水土保持工作的先河。

一、深圳城市水土保持基本概况

(一)完善法律法规,构建水土保持法律保障体系

首先,在编制完成水土保持规划的基础上,对深圳市水土保持条例进行了修订。同时,对水土保持方案编制指南、水保工程验收管理办法等进行了修订,制定了水土保持技术规范和监督监测管理办法等。

2008年6月,深圳市政府将水土保持方案行政许可,作为核发建设工程规划许可证的前置条件之一,使水土保持依法行政管理工作取得突破。近年来,深圳市开发建设项目水土保持方案年审批量维持在700宗左右,申报率达100%。有力地推动了建设项目水土保持方案的编制和实施,为实行水土保持精细化、规范化和标准化管理打下了建设基础。

(二)强化责任意识,提高水土保持方案审批质量

1.加强方案编制单位管理

为了对水土保持方案编制单位实行分类管理,印发了《关于深圳市水土保持方案编制单位实行分类评价的通知》(深水保〔2015〕91号),通知要求对编制单位报送的每个水土保持方案,要根据专家打分以及评审单位评分情况进行综合评价及考核,培养、提升方案编制单位的业务素质和依法行政水平。

2.规范技术审查流程

项目业主或代建单位将编制完成的水保方案,按照规范的流程向水行政主管部门进

行申报并接受审查和审批。①水土保持方案预审;②水土保持方案专家评审;③落实专家意见复核;④技术审查单位出具审查意见;⑤形成水土保持方案报批稿。大大提高了水土保持方案行政审批的实效性。

3.强化对技术审查单位的管理

对水保方案技术审查参照事务性行政管理工作,进行社会化服务采购,并将技术审查所需经费纳入部门预算。自2015年起,深圳市通过政府采购选定两家技术审查单位。对技术审查单位按照评分制进行考核管理,其中采购管理单位的评分占40%,方案申报单位的评分占60%,综合得分反映技术审查质量的优劣,质量优胜者将获得较高配额的评审项目数量。保障了水保方案技术审查的质量,提高了效率。

4.优化审批流程,提高审批时效

在多次行政审批改革提质提速的基础上,以保证质量为前提,经内部挖潜,继续简化程序、优化流程,提高了审批时效。目前深圳市建设项目水土保持方案报告书的审批时限,已由法定的一般项目自受理申请之日起20个工作日,重大项目10个工作日,压缩到一般项目7个工作日,重大项目5个工作日,各区审批时限已由法定的10个工作日压缩到5~10个工作日。

(三) 依法监管,严厉查处违法违规行为

1.实施监督检查分类管理

为了科学配置监督检查资源,合理安排检查频次,提高工作效率,按照动土面积和动土量两项硬指标,对建设项目进行分类管理。其中,一类项目为动土面积大于50 hm² 或挖填土石方量大于50万 m³,且处于主要土石方施工期的敏感项目,为每月检查2次;二类项目为动土面积5~50 hm² 且挖填土石方5万~50万 m³ 的,且处于主要土石方施工期项目,每月检查1次;第三类项目为除了一类和二类项目以外的其他项目,每半年检查1次。年度计划完成监督检查1 800人次以上,大大加强了监督检查的力度。

同时,增配了航拍飞行器如大疆无人机等,对区域施工现场如水库、水源工程等进行航拍,革新了监督检查的手段,提升了检查实效。

2.联合监督检查大型建设项目

对国家或省部立项的大型建设项目,如高铁、地铁和高速公路等,邀请流域管理机构珠江水利委员会和省级水行政主管部门广东省水利厅,联合开展项目水土保持工作的监督检查,有力地促进了全市建设项目水土保持监督检查工作的开展。

3.多措并举强化监管实效

每年汛前对全市各类建设项目进行拉网式清理排查,并将排查结果召开专题会议进行通报,表彰汛前水土保持工作做得好的,促进建设单位、施工单位和监理等做好汛前水土保持准备工作。以布吉河流域为例,组织开展流域建设项目水土流失专项调查,召开建设业主和施工单位等水土保持座谈会,总结经验,找出差距,制定措施,督导落实,促进水土保持工作全面开展。

2014年9月,启动深圳市第五次水土流失遥感调查,为全面了解全市水土流失状况

提供第一手资料;加强了现代信息化手段的应用,有利于监督和检查;2014年底,深圳市建设项目水土保持信息公开系统正式上线,提升了公众关于城市水土保持的参与度,有利于开展城市水土保持的全社会监督。

(四)创新理念,研究水土保持生态建设新技术

经过近20年的研究总结和治理实践,深圳已基本形成城市水土流失治理的系统模式。如在开发流失区治理上,探索总结出控制性治理措施的优化配置模式,"理顺水系、周边控制、固坡绿化和平台恢复";在裸露山体缺口的治理方面,总结出"稳定边坡、理顺水系、改善景观、生态恢复"的治理模式;在石质边坡绿化治理方面,总结提出"乔灌优先,乔灌草藤结合"的绿化理念。

经过不断的探索和努力,深圳已形成一批国家开发建设项目水土保持示范工程。如雷公山石场整治工程和南坪快速路(一期)工程,国家市场监督管理总局行政学院和水官高速公路延长段工程,被水利部命名为"开发建设项目水土保持示范工程"或"全国生产建设项目水土保持示范工程"。

2009年以来,深圳市水保科技园先后被水利部命名为"水土保持科技示范园区",被教育部、水利部联合命名为"全国中小学生水土保持教育社会实践基地",获得国际风景园林师联合会主席奖,年均接待1.2万人次以上。

一批紧密结合生产实际的科研项目获得多种奖项。1997年,《深圳市城市水土保持规划》获得全国勘测设计成果一等奖;深圳市水土保持管理信息系统研究获得水利部大禹科技进步奖;2001年,具有自主知识产权的岩质边坡喷混植生快速绿化技术获得广东省、深圳市科技进步奖;2005年,《裸露坡面植被恢复综合技术研究》获得国家科技进步二等奖;2006年,《裸露山体缺口地景生态快速修复技术研究》获得市科技进步一等奖、广东省科技进步三等奖。

(五)加强宣传,提高全民水土保持意识

1.全方位开展多层次、多渠道水土保持宣传

2002年以来,每月出版《深圳市水土保持简报》,不定期向建设单位发放水土保持法律法规汇编手册、海报、专题片等宣传材料;利用报纸、网站、电视等媒体对水土流失治理动态和违法案件进行跟踪报道;编印《施工工地临时水土保持措施》宣传折页并广泛发放等。

2.积极推进水土保持宣讲进党校

从增强党政领导干部水土保持意识入手,建立"水土保持进党校"长效活动机制,将"水土保持与生态文明建设"纳入市委党校及各区委党校党政领导干部主体班课程,请专家进课堂宣讲水土流失的危害,水土保持的意义、必要性和国家有关政策法规。

3.积极发挥专家作用

组织水保专家深入建设项目工地,给现场管理人员及工人,讲解水土保持的技术要点及法规知识;实地考察项目水土保持工作开展情况,结合工程案例进行技术指导。

4.教育从学生抓起

联合教育部门、新闻媒体开展中小学主题宣传活动;深入校园,发放中小学生水土保

持科普教育读本,开展水土保持专题讲座、板报、作文竞赛和主题日活动等科普教育活动。

2012年12月至2013年3月,水务部门联合市教育部门、新闻媒体举办"美丽深圳·生态文明从我做起"深圳市中学生水土保持知识竞赛,吸引两万余名中学生热情参赛;举办"爱水护土你我有责,亲林护绿从点滴做起"深圳市水土保持科普季活动。以征文、演讲比赛的形式促进中学生了解水土保持科普知识,爱水护土从自身做起,共收到近百所学校近千篇优秀文章。

5.创作水土保持文化作品,大力宣传推广

配合水利部水土保持司拍摄的《我们家园的水土保持》《深圳 我们的家》并在中央广播电台和中央电视台播出;在国内首次制作以水土保持为主题的3D电影《水土保持总动员》,结合水土保持科技园的参观学习循环播放,已播放3 000余场次。

6.开展"水土保持进万家"移动宣传活动

深入部队组织官兵观看《我们家园的水土保持》和《水土保持总动员》等专题片,提高部队官兵的水土保持及生态保护意识。深入社会,组织社会公众免费观看《水土保持总动员》等专题片,提高市民的水土保持意识。请词曲作家谱写《水土保持之歌》《一滴水、一方土》等水土保持歌曲,并请歌唱家或中小学生传唱,在广播、电视等媒体播放,努力普及水土保持文化。

二、城市水土保持工作若干思考

(1)城市水土保持与传统水土保持的异同。从防和治的角度来看,无论是城市水保还是传统水保,目标是一致的,都是为了防治水土流失对地表的侵蚀和植被的破坏,进而对环境和生态的影响。但传统水土保持以北方干旱半干旱地区的自然侵蚀为防治对象,强调自然外营力,即重力环境下的水力或风力破坏,人力破坏其次,一般集中在农村并以小流域为单元。

城市水土保持强调城市建设发展过程中动土所造成的水土流失或植被破坏,以人为破坏为主,反映人类活动对生态环境的影响,自然外营力的破坏其次。一般集中在城镇,以动土项目为单元,主要发生在项目的建设过程及后续管理。

(2)项目施工期遭遇强降雨是城市水土流失的突出特点。深圳市汛期一般为4月15日至10月15日,历时长达半年,6~9月为主汛期。其间突发暴雨的频次高、强度大,极易造成水土流失。部分建设项目的水土保持工作比较粗放,水保方案落实不到位,动土区或堆土区等流失高风险区缺少临时拦挡或覆盖,缺少应对突发暴雨的应急防护预案等,容易造成水土流失。

(3)城市水土流失的危害更大。由于城市人口密度高、经济比例大,一旦发生灾害,影响范围和危害程度相比一般非城市区要大,尤其如果涉及市民的生命和财产安全,则损失更大。城市水土流失可能首先会造成市政排水管网淤堵及河道淤积,引起局部内涝甚至洪灾,影响城市的正常运转;其次可能会破坏城市景观、影响生态,干扰城市生态环境的可持续发展。相对而言,城市水土保持的影响因素多,损失强度大,治理难度更大。

(4)城市水土保持的生态建设任务更重。城市水土保持的工作任务除保水保土或理水保土外,通过植被恢复等措施来修复生态也是十分重要且必需的工作。结合海绵城市建设理念,城市水保可以通过对透水面积的恢复或加大,提高对雨水的汇集、存贮和利用,加大土壤墒情或提高地下水水位,有利于绿化植被的生长和生态恢复;通过对雨水的调蓄,可以消减面源污染或洪峰流量,有利于城市的生态安全,等等;但将城市水保同海绵城市建设相结合还有很多工作要做。

(5)城市水保的监管水平还需进一步提高。由于城市水土保持的工作内容多,影响因素多,跨多学科和专业,需要在传统水保监管的基础上,结合城市化的特点,创新监管方式,提升监管手段,丰富监管内容。如利用遥感、卫星、无人机和 GIS 技术等,提升水保监管的科技水平,提高效率。建立并完善城市水保的标准规范体系和技术指南,提升水保精细化管理的软实力。

三、城市水土保持生态化发展对策

党的十八大关于生态文明建设战略和山水林田湖生命共同体的提出,对城市水土保持赋予新的内涵,提出新的要求,带来了新的发展机遇。深圳市已提出将遵循"控流速、减泥沙,蓄水流、削洪峰,优植物、净水质"的原则和方法,更加注重临时水保措施的有效性和永久水保措施的生态性,使城市水土保持工作进入生态化阶段,提高生态环境承载力,有效维护城市生态安全与健康,增强城市宜居性。

(一)合理开发、利用和保护水土资源,实现三个转变

1.加强综合管理

在经过大规模城市开发区水土流失治理、裸露山体缺口治理、饮用水源水库流域水土保持综合治理三个阶段后,深圳市提出城市水土保持将从工程治理阶段转入生态建设和环境保护阶段,工作的重点转变为:

(1)持续加强土石方管理。强化土石方管理,防治弃土随意倾倒,淤积河道或水库,造成次生水土流失,加重洪涝灾害。

(2)重视雨洪滞蓄和调节。加强水土保持工程对雨洪的蓄滞和调节作用,通过水保工程的雨水渗蓄,促进绿化植被的健康生长、削减洪峰流量。

(3)重视面源污染。重视水土保持工程对面源污染的汇集和消减功能,减轻对下游及周边环境的污染负担,有利于环境改善和生态建设。

2.建立点线面结合的立体水保格局

围绕"水、土、气、生"四要素,依托城市建设的山、海、路、城的规划为生态基线网络,将传统的点状、线状水土流失治理,向点、线、面相结合的城市水土保持立体生态治理框架转变并逐步完善,形成城市水土保持发展新格局。

3.重视源头防控

由粗放的末端监管向源头防控转变,实行法制化、信息化监管,加强水土生态保护重要性的宣传和教育,推动全社会参与。

(二)以山水林田湖生命共同体理念为指导,推动五点创新

1.创新拓展城市水土保持管理范畴

将雨水径流调蓄、植物净化面源污染纳入水土保持管理。实现源头控制雨水径流,削减洪峰,降低城市防洪压力;消减面源污染,改善水环境。重点关注城市绿地的水土流失,一般防止绿地覆土高于路缘石,以免强降雨期间泥土被冲刷进入路面影响市容和交通。

2.创新水土保持补偿费征收机制

结合水保工程,推广海绵城市理念。建设下沉式绿地、生物滞留等"绿色"设施。建立网上虚拟弃土资源调配管理中心,优化弃土资源管理,减少土方外弃;将雨水径流调蓄、项目土石方外弃量纳入补偿费征收评估指标。

3.创新城市水土保持开发建设监管模式

从定性监管向"制度+技术"的定量化监督监测转型,实行河流、开发建设项目出口泥沙检测制度。

4.创新水土保持监管技术体系

实现水土保持设施单位面积配置定量化、标准化和科学化,开展行政审批"协同办理",提高行政审批效率。

《中华人民共和国水土保持法》第二十七条规定,水土保持设施未经验收或者验收不合格的,生产建设项目不得投产使用。简化水土保持设施专项验收程序,由行政许可验收向自验核准转变,如房建类项目可以自验为主等。推行水保专项验收备案制,将能够由行政相对人自行完成的管理事项放归社会,充分调动社会主体积极性,提高行政效率,力争督促每年审批的近700个项目能够及时完成验收。

5.创新水土保持科技示范园的科技内涵

引入海绵城市理念,结合水土保示范工程,建设并展示对雨水"滞、蓄、渗、净、用、排"的系统设施。2014年10月开始,已启动水土保持科技示范园一期形象提升工程,加速二期建设进度,着重打造园区海绵城市雨水花园体系。

通过打造园区海绵城市雨水花园体系,规划海绵城市科研实验教育基地和"滞、蓄、渗、净、用、排"六个城市低影响开发展示区,展示下凹式绿地、生物滞留设施、透水地面铺装等海绵城市建设样板,丰富和发展城市生态水土保持科技体系。

引入互联网+科技园概念,建立水土保持科技示范园网站和手机APP(应用程序),实行参观导览智慧化。如通过手机移动终端APP,可接受区域地图、相关景点分布及介绍和导航,园区开放时间和相关活动等。

党的十八大和十八届三中全会提出"大力加强生态文明建设"的战略部署。水土保持同生态文明建设血脉相连,是生态文明建设不可分割的重要组成部分,新时期只能加强,不能削弱。深圳市力图创新城市水土保持的内涵和外延,将创新内容通过修订和完善相关法律法规进行法制化,并纳入日常管理工作中,形成山水林田湖全面管理的大水保格局,有效维护城市生态安全与健康,推动城市水土保持工作实现跨越式发展。

城市水土保持与生态保护应坚持的若干原则[57]

中国共产党第十九届中央委员会第五次全体会议公报(2020年10月29日)指出,推动绿色发展,促进人与自然和谐共生。坚持绿水青山就是金山银山理念,坚持尊重自然、顺应自然、保护自然,坚持节约优先、保护优先、自然恢复为主,守住自然生态安全边界。深入实施可持续发展战略,完善生态文明领域统筹协调机制,构建生态文明体系,促进经济社会发展全面绿色转型,建设人与自然和谐共生的现代化。要加快推动绿色低碳发展,持续改善环境质量,提升生态系统质量和稳定性,全面提高资源利用效率。

一、关于城市水土保持

城市水土保持是城市化带来的水土流失防治和生态保护及修复的新工作,以城市建设项目动土为主要特征,包括场地平整、高边坡开挖、深基坑开挖、临时堆土和运输等;会造成大量的松散地表,破坏植被,影响或严重影响城市防洪和景观,干扰生态;是传统水利在城市水利工作中的重要内容;城市水土流失将伴随我国城镇化的发展而更加具有普遍性和特殊性,影响更加突出,特点更加明显。

城市水土保持是为了修复已经遭到破坏的地表植被且防治新的破坏发生,保护河湖、水库及城市排水系统免遭淤积和污染,防治滑坡、泥石流等地质灾害发生,减少粉尘对大气的污染,直接或间接地达到保护水资源的目的;城市水土保持具有生态修复、保护和建设功能,兼具景观、休闲等多种复合功能,是水生态文明建设的重要内容。

二、城市水土流失的特点

以城市化为目标的城市建设和管理是城市水土流失的最突出、最明显特点,一是流失强度大,风险高。城市开发建设项目的动土面积动辄几万平方米甚至几十万、几百万平方米,动土量也达到数十万立方米甚至百万、千万立方米,建设强度大,水土流失的潜在风险高,强度也大。二是城市建设项目的种类多,水土流失的形式多样,防治难度大。如城市开发建设中的厂房建设,房地产开发的场坪工程,高速公路的边坡建设,城市供排水设施的管槽开挖等,都属于城市建设开挖动土量大面广的工程,裸露地表面积大,加之临时堆土场如果无挡护、遮盖措施,一旦遇大雨天,极易造成水土流失。三是城市的人口密度大,经济比例高,一旦发生水土流失,造成的损失也大。

城市的自然地理地貌特点及降水条件会加重水土流失。以深圳为例,每年的4~10月为汛期,6~9月为主汛期,年均降雨量接近1 900 mm,降雨集中且强度大。深圳的土壤多为花岗岩风化红壤土,极易遭雨水及地表径流的侵蚀。深圳的地貌为浅山丘陵区,地形多丘陵台地、多沟道,暴雨洪水作用下,极易形成沟道侵蚀、坍岸和崩岗等。这些自然流失的特点,提高了城市建设条件下水土流失的风险,加重了防治难度。

三、城市水土流失的危害

城市水土流失不仅仅会破坏地表植被,造成土壤流失,更重要的是,会淤塞市政排水管网,造成排水不畅而形成内涝,影响市政交通和居民出行。严重时会造成河道淤积,降低河道排洪能力,影响排洪,造成城市洪涝。落差较大的高边坡如铁路和高速公路的路基等,在施工开挖过程中如果不做好水土流失防治,则极易造成地质灾害,会造成对人民生命财产的安全风险。城市建设动土会破坏大量植被,产生大量裸露地表,会严重影响城市景观和生态环境。建筑工地的扬尘,会增加 PM2.5 的浓度,造成空气污染。

四、城市洪涝灾害的典型案例

(一)北京"7·21"大暴雨

2012 年 7 月 21~22 日 8 时左右,北京及其周边地区遭遇 60 年来最强暴雨及洪涝灾害,史称北京"7·21"大暴雨。此次暴雨造成北京市成灾面积 14 000 km²,全市受灾人口 190 万,死亡 77 人,转移群众 65 933 人;主要道路积水 63 处,路面塌方 31 处,房山区 12 个乡镇交通中断;京广铁路南岗洼路段一度因水淹而停运,直接经济损失 116.4 亿元。分析认为,此次洪灾的主要成因为暴雨强度大,排水系统大面积失灵,造成地面严重积水和路面多处塌方,形成以内涝为主的典型的城市洪灾。

(二)2008 年深圳布吉木棉湾山体滑坡事件

2008 年 6 月 29 日凌晨 5 时许,深圳龙岗区布吉街道木棉湾社区发生严重滑坡,造成 8 人死亡,多处楼房倒塌。当地村民在早期建设房屋时遗留下的裸露边坡,面积大、坡度陡、高差大、年久失修、几无防护,且在 6 月 13 日刚刚经历一场超历史记录特大暴雨,土体含水量处于超饱和状态。遭遇此次降雨强度大、持续时间长,引起山体严重滑坡,造成了屋毁人亡的悲剧。

(三)2008 年布吉水径石场群东片区整治工程堆土发生坍塌、滑坡事故

2008 年 6 月 29 日凌晨 2 时 25 分,深圳布吉街道水径社区正在整治的石场群发生山体滑坡,造成 3 死 1 伤的严重地质灾害。由于受强降雨影响,山上汇水形成的径流不断增大,临时堆放在施工便道旁的大量松散土体,不断遭受雨水的入渗及直接冲刷;加之原有的排水系统因施工而遭到改变,导致水流混乱、管渠淤堵,排水严重不畅;最后使超饱和的土体出现崩塌、滑坡,形成严重地质灾害。

从特区建立之初到 1995 年的 15 年间,由于监管缺失,城市建设高强度、大批量的土地开发,挖山填沟,采石取土,破坏植被,遗留下大量的裸露地表。在深圳丰沛的降雨条件下,曾造成严重的暴雨洪灾,引起滑坡和泥石流,淹没村庄、房屋,淤塞水库、河道和排水沟,使市民的财产和城市的经济发展遭受严重损失。水土流失面积曾经高达 180 余 km²,占到辖区国土面积的 9%,曾被媒体誉为"南方的黄土高原"。

典型且著名的案例是 1993 年 9 月 26 日发生在深圳河流域罗湖口岸一带的大水灾。当时正在深圳出访的尼泊尔比兰德拉国王一行被围困在罗湖区和平路的富临大酒店,应急救援人员不得不用橡皮艇接出。这也是国内最早的有记录的"城市看海"现象。

根据水利部《中国水旱灾害统计公报》的数据,2006~2017年,全国平均每年有157座县级以上城市受淹或发生内涝,随强降雨次数和范围的变化而年际差异较大,最高年份如2010年、2013年,发生内涝的城市分别达258座和243座;最低年份如2007年、2017年,发生内涝的城市分别有109座和104座。仅灾害程度较轻的2017年,城市内涝受灾人口达218.72万,直接经济损失达165.68亿元。

2020年6月2日至7月2日,中央气象台连续31 d发布近百次暴雨预警,降雨时间长,影响范围广,多地再现戏称的"城市看海"的内涝景象。

五、城市水土保持必须坚持的若干原则

(一)保护优先原则

党的十八大报告指出,要在保护中开发,在开发中保护;保护是为了更好的开发,开发能促进更好的保护,保护优先。这不是一个简单的概念问题,而是一种全新的充满了科学发展观和中国特色社会主义思想的发展理念,是城市水土保持必须以一贯坚持的工作原则。在城市水土保持的实践中,必须将保护优先的思想和理念贯穿落实到城市开发建设管理的全过程,从建设项目的规划到实施各个环节,始终将保护优先的理念贯彻实施。例如,在规划设计阶段,建设线路、建设场地选择等,要通过多方案比较,尽量减少动土面积和动土量,工程取土场或弃土场规划要远离环境敏感区,如湿地或动植物保护区等;在初步设计或具体施工阶段,在规范允许的范围内,要通过适当提高建筑标高等,尽量减少土方开挖。在工程建设范围内,要尽量减少对植被的破坏和树木的砍伐,要为保护一棵草、一棵树而努力。

(二)理水(保水)保土原则

所谓水土流失,水是动力因素,土是被动的。流水则流土,水不动则土不失,水不冲则土不失。这是一种关于水和土的辩证关系的哲学理解。处理好水与土的辩证关系,是水土流失治理技术路线的哲学基础。不同的环境气候因素,水土关系的辩证表现形式不一样,水土保持的侧重点不同。例如,我国北方干旱少雨,植被条件差,水土保持技术的关键是保水,保水则保土,保水是为了保土,即所谓水不动则土不失。有很多的工程措施,如梯田、淤地坝、谷坊和鱼鳞坑等,均是为了保水而保土。黄土高原曾有水保实验基地提出"洪水不出沟"的治理口号。而我国南方的气候湿润,雨量充沛,植被容易生长,水土资源环境相对较好,水土流失治理技术的关键是理水,即理顺水系,排泄雨洪,然后达到保土,即所谓水不冲则土不失。防治或减少雨水对土体的直接冲刷造成侵蚀是理水的主要目的。已有的工程措施如截洪沟、排洪渠等和沉砂池等。理顺水系是深圳废弃土石场治理实践中总结出的重要经验,也是治理技术路线的关键环节。

当然保水与理水并不是绝对的,而是相辅相成的。保水可以减轻理水的压力,理水则有利于更好的保水,缺一不可。只不过针对不同的环境气候条件,所采取的关键措施和目的的侧重不同。

(三)过程控制原则

过程控制是在指开发项目建设过程中,对每一个动土环节采取措施防治水土流失的

原则。项目在开发建设过程中,难免会出现一些临时的裸露土面,如场地平整、边坡开挖、临时堆土场等,如没有周密、及时的防护措施,一旦遭遇下雨,就会造成水土流失,轻则影响市容环境,严重时会淤积河道、下水道,甚至造成滑坡、泥石流等地质灾害。而当工程竣工验收时,水保方案中的各项永久性措施已按要求完成,过程中的水土流失问题很难暴露出来。南方气候湿润,雨季下雨的频率很高,尤其是在晚上,随时可能会下雨,施工工地的裸露土面,如没有采取系统安全的防护措施,则水土流失的风险很高。因此,必须对开发建设项目实施全过程的水土流失防控。

这是一种日常化、精细化的管理理念。随时随地为每一个动土环节设定防护措施;随时随地对每一块裸露地表、土表进行覆盖;做好建设项目度汛方案,随时随地为每一种可能发生的灾害天气准备好预案,将水土流失防治纳入建设项目工地管理的日常工作,给予高度重视。在建设项目水土保持方案编制工作中,过程控制是临时措施的关键,只有在对施工过程的每一项措施、每一种工艺准确理解的基础上,才能做出切实可行的防护方案。将永久性措施和临时性措施统一规划,统一实施,才能构建出科学系统的防护体系。一般地,认为拦挡、覆盖和沉砂池,是施工现场临时水保措施的三大件,互为配套,缺一不可。方案设计很重要,关键在实施。通过对城市建设项目施工过程关于水土流失的精细化控制,为保护好一铲土、一棵树而努力。

(四)生态建设原则

生态建设和城市管理的重要工作,是城市水土保持工作的主要任务。生态建设包括生态恢复和生态修复原则。生态恢复是通过封闭以休养生息,在不受外界干扰或少受干扰的环境下,使已遭到破坏的植被和生态得到自然恢复;生态修复是要通过人工干预,例如采取植草、种树和补水等措施,使受损的植被和生态系统得到修复。生态恢复和生态修复的目标是一致的,使受损的植被和生态系统得以再生。我国南方的降雨丰沛,水土环境好,水土流失治理宜多采用生态恢复原则,即在封闭的状态下通过休养生息,使其植被得到修复;而北方干旱少雨,植被不好,一旦遭到破坏就很难自然恢复,必须通过人工的方法进行补水、植草和种树等,如果能够在封闭的状态下加强管理,既可以使植被得到快速恢复,也可以有效地防治水土流失。

实践中,无论是生态恢复和生态修复,都与建设项目的工程计划有关,一般都要求很急,要按照纳入工程计划的水土保持方案实施,还是以生态修复的原则为主。在生态修复的方案中,以生物量平衡为基础的生态补偿方法很有指导意义,即如果损失一平草或一棵树,至少补种一平草或一棵树,结合景观和生物多样性,就可以设计出具有科学和实践意义的生态修复方案。当然,如果能有建设项目实施前的生态基线调查和评估,则修复方案就更具有科学性和合理性。

水土保持生态建设同修复受损的植被和景观再造相联系。

(五)景观再造原则

景观再造是城市水土保持工作的高级阶段,是指在恢复或修复受损的绿化景观时,不是简单的还原,而是按照城市景观学和生态学的原理进行设计和再造,是城市水土保持工作的一大特点。城市景观应用园林绿化技术,通过人工模拟自然,体现传统文化内涵等,使绿化景观呈现出多层次和立体感的美学效果、人文效果。在绿化种植的群落或个体方面，要按照生物多样性的要求，建设符合生态学原理的绿化景观。景观和生态均具有尺度化的特点，二者的有机融合或嵌套，可以提升景观建设的生态学意义，使城市水土保持中的景观建设更趋于达到生态建设的目的。

(六) 减少弃土及资源化原则

弃土是城市建设和管理的热点和难点，特别是大型或特大型城市如深圳等。尽量减少弃土是城市水土保持方案编制的重点和实施的难点。减少弃土以优化土方平衡为基础，可以采取多种方式如现场回填、科学调配和加工成建筑材料等。通过建筑场地标高的适当调整是减少土方开挖及弃置的可行措施；减少弃土可以减轻土方外弃压力，降低成本。通过科学调配就近就地利用、进行微地形景观再造等是弃土资源化的最有效方法；加工成建筑材料如制砖等是弃土资源化的经济合理途径。

六、做好城市水土保持与生态保护的积极意义

(1)有利于恢复雨洪滞蓄能力。通过恢复或加强地表植被及景观建设，有利于恢复或提高城市地表的雨洪滞蓄能力，缓解城市防洪压力。

(2)有利于水环境保护及修复。减少流失土壤特别是泥沙等面源污染物进入河、湖(库)水体，防治水质污染，并有利于水质自我修复。

(3)有利于减轻地质灾害。有利于防止滑坡、泥石流及地陷等地质灾害的发生，减轻对城市防洪排涝系统的影响和压力。

(4)有利于保护防洪空间。能够保护好河湖水系及水库的行洪、蓄洪空间，减少或防止淤积。畅通河湖水系的行洪能力，保障水库的滞蓄洪水及调度调节能力。

(5)有利于保护排水系统。防止流失水土及建筑废水进入市政排水系统，防止或减少淤堵。保障城市排水系统的排水能力，不断适应因城市发展而不断增长的排水需求。

水土保持与生态文明发展[58]

一、问题的提出

曾经有资料这样记载，在我国黄土高原的坡耕地，每生产 1 kg 粮食，造成的土壤流失一般可达 40~60 kg；预测 50 年后，东北黑土地 1 400 万亩耕地的黑土层将全部流失掉；35年后，我国西南地区岩溶区石漠化面积将翻一番，将有 1 亿人失去赖以生存和发展的可耕地；近 50 年来，我国因水土流失而损失的耕地面积达 5 000 万亩，年平均损失 100 万亩以上。

就水利工程而言，全国有 8 万多座水库年均淤积量 16.24 亿 m^3，造成水库蓄水调蓄能力严重下降。全国有严重水土流失县 646 个，其中 76%的贫困县和 74%的贫困人口生活

在水土流失区。

造成水土流失的主要原因除自然因素外,人类活动特别是开发建设项目,包括农业耕种、公路铁路交通建设和城镇开发等,引起的水土流失最为严重,占总流失面积的78.2%。

由此可见水土流失的危害及严重性。

二、生态文明的提出与发展

(一)人类文明的发展

1.人类文明的发展历程

有关研究资料表明,从人与自然的关系看,人类文明可分为原始文明、农业文明、工业文明和生态文明四个类型或阶段。原始文明,一般将其形象地比喻为"蓝色文明",大约从公元前250万~6 000年,跨度约250万年;农业文明,又被喻为"黄色文明",从劳动工具的产生开始逐步形成,跨越公元前10 000~8 000年;工业文明,被誉为"黑色文明",跨越从公元前4 000年~公元1762年,跨度约5 800年。300年前的工业文明以人类征服自然为主要特征。然而,世界工业化的发展使征服自然的文化达到极致;一系列全球性的生态危机说明地球再没能力支持工业文明的继续发展。需要开创一个新的文明形态来延续人类的生存,这就是生态文明。生态文明,被赞誉为"绿色文明",从1763年到21世纪初,跨度约300年。

用不同的颜色来比喻人类文明不同的发展阶段,从原始社会的"蓝色文明"到农业发展的"黄色文明"再到工业发展的"黑色文明",表明人类对不同文明阶段的喜爱和接受程度。显然,生态文明就是"绿色文明",是工业文明发展的必然结果,是人类社会崇尚和追求文明发展的最高境界。

从对自然的态度来讲,原始文明自觉崇拜自然,农业文明为了改造自然,工业文明力图征服自然,而生态文明则是为了同自然和谐相处。是人类自然观的伟大进步和发展。

2.工业文明发展的困境

众所周知,中国的快速发展遭遇了资源环境的巨大压力,面临资源短缺、环境污染、生态系统退化三大挑战以及所诱发的社会问题。

(1)资源短缺。水资源短缺:我国人均水资源占有量不到世界平均水平的1/4,是联合国列出的13个严重贫水国家之一。土地资源不足:我国可利用土地仅占国土面积的1/3,人均占有土地不足世界人均占有量的1/3。能源供应趋紧:我国已成为世界第二大能源消费国,能源对外依存度越来越高。

(2)环境污染。大气污染:我国二氧化硫排放量已居世界第一位,超过环境容量的81%。酸雨污染区面积已经占到国土面积的1/3;水污染:我国废水排放总量超过环境容量的82%。七大水系污染严重,2 800 km河段鱼类灭绝;垃圾污染:全国城市生活垃圾达到无害化处理要求的不到10%。白色污染已蔓延全国各地。

(3)生态系统退化。土地荒漠化和沙尘暴:我国荒漠化土地已占国土陆地总面积的27.3%;50%~60%的天然草场退化,如黑河源头的草场已退化为黑土滩;土地荒漠化成为沙尘暴频发的主要原因之一。

（4）生物多样性遭破坏。濒危或接近濒危的物种达 4 000~5 000 种,占拥有物种总数的 15%~20%。滥捕乱杀野生动物的现象十分严重,屡禁不止。

（5）水土流失严重。我国是世界上水土流失最为严重的国家之一,目前水土流失面积占国土总面积的 37%,全国 200 个贫困县中的 87%分布在水土流失地区。流失的水土使河床抬高、湖泊淤积,造成洪涝灾害频发。

（6）社会问题。由资源短缺和环境污染诱发的社会问题包括环境灾难、危及健康、群体事件及国际影响等,在各地已屡见不鲜,时有发生。

3.生态文明的提出与发展

转变经济发展方式,首先需要一场理念上的革命。人类社会已经经历了五千多年的农业文明和三百多年的工业文明时代,在工业文明时代,人类已进入太空,登上月球。但在地球系统中的生存与发展,却面临一系列环境与资源的约束瓶颈,如何破解这些问题,未来将向什么新文明时代演进,将是人类社会必须要面对和思考的问题。

人类社会在改造自然、征服自然的过程中,不断强化人类中心主义思想,造成了人与自然关系的冲突和紧张。对立或割裂了人与自然的主客体关系,认为人是主体,自然是客体,自然只是人征服和改造的对象。生态文明的理念认为,人类与自然是和谐共生的平等主体,尤其在存在意识、价值观和活动行为方面,人类首先应尊重自然,采取措施顺应自然和保护自然,按自然的规律行事。这是人类社会发展的必然和进步。

总结人类文明的数千年历史,突破点在于处理好人与自然的关系。生态文明成为新时代的必然选择。

2005 年 3 月,中央人口资源环境工作座谈会提出,要"努力建设资源节约型、环境友好型社会"。2007 年 10 月,党的十七大报告,从实现全面建设小康社会目标的新高度出发,首次提出"建设生态文明"。2012 年 11 月,党的十八大报告提出"生态文明建设",并指出"把生态文明建设放在突出地位,融入经济建设、政治建设、文化建设、社会建设各方面和全过程""必须树立尊重自然、顺应自然、保护自然的生态文明理念"。把生态文明建设正式纳入党和国家建设的五位一体系统中,即政治建设、经济建设、文化建设、社会建设和生态文明建设。

4.水生态文明的重要地位

水是生命之源,是生态文明建设的生存载体;水是生产之要,是生态文明建设的资源必需;水是生态之基,是生态文明建设的环境基础。水生态文明是一种以水为核心的、具有时代特征的社会文明形态,其目的是为了社会经济的可持续发展,推动人与自然、人与社会、人与水生态三者之间的和谐统一;水生态文明是生态文明建设的前提和重要组成部分。

（1）水生态文明是生态文明的基础。水是生命之源,河流流域孕育了古代四大文明。第一个是古两河流域文明,即底格里斯河及幼发拉底河流域文明,又叫作美索不达米亚文明,出现在公元前 2 500 年左右。第二个文明是古埃及文明,由于尼罗河从西北向西南横穿埃及全境,所以又叫尼罗河流域文明。第三个是古印度文明,大约出现在古两河流域文明的 1 000 年之后。第四个文明就是我们古中国文明,主要指我们的黄河流域和长江流域文明,已有超过 5 000 年的文明记录。

(2)水与人类社会文明的发展密切相关。现代几乎所有的城市都以不同的形式濒临于水,或临江,或跨河,或滨湖等。例如,上海位于黄浦江岸上,天津位于海河岸上,重庆位于长江、嘉陵江岸上,广州位于珠江岸上,兰州、银川位于黄河岸上,长沙位于湘江岸上,福州位于闽江岸上,昆明位于盘龙江岸上,哈尔滨位于松花江岸上,乌鲁木齐位于乌鲁木齐河岸上,拉萨位于拉萨河岸上,海口位于南渡江岸上,台北位于淡水岸上,等等,几乎无一例外。

(3)水是生态系统的控制性因素。水是生态系统最为活跃的控制性因素,森林、湿地、草原和荒漠等。不同生态格局的决定性因素是水,水是生物链中物质与能量传递的核心媒介。例如,陆地生态系统,水是支撑光合作用、能量与物质转换的必备条件;湿地生态系统,水是支撑湿地生态系统包括水生动植物,特别是底栖动物的最基本要素,没有水就不成其为湿地,就没有湿地生态系统。

水生态文明建设是生态文明建设的重要组成部分,水的演变是生态演变及社会发展的重要驱动力。已有许多水要素与生态格局演变的实例,如国内沙漠化的绿洲,甘肃民勤的石羊河,国外走向消亡的世界大湖,如中亚咸海的演变等。

楼兰古国是我国历史上最著名的"因水而生、因水而亡"的例子。楼兰古国曾经"其水清澈,冬夏不减"。但到了汉代,由于现代水利技术的传入,楼兰人由游牧变为定居,屯田垦殖,引水灌溉,破坏了当地的水生态环境,加上连年干旱少雨,水就没有了,生态环境恶化了,迫使楼兰人离开了自己的家园,原来兴旺一时的楼兰古国已经湮没在茫茫荒漠之下。

石羊河位于甘肃河西走廊,从 13 世纪中叶开始,人口聚集,农业先进,林草丰茂,文化发达,古时明清两代甲第高中,曾有"人在长城之外,文居诸夏之先"之说。正是由于人类活动的取用水增加,水循环通量减少,石羊河流入的内陆清土湖,已于 20 世纪 80 年代彻底干涸,水生湿地生态系统逐渐转变为荒漠生态系统。仅在中华人民共和国成立之初 50 年代之前的 100 多年里,河西走廊的民勤县就有 1 000 余个村庄被沙所埋。到 20 世纪 90 年代,湖区已有 7 000 多户、3 万多人外迁,为典型的生态灾难。

位于中亚的咸海,原为世界第四大湖。由于过度取水截断径流来源、河流堰闸及污染等,咸海已成为干涸的盆地,曾经活跃的渔船,如今只能"驻足远望"。不仅如此,水循环通量降低导致生态格局演变,湖水盐度增加 6 倍、生物物种锐减;农田盐碱化加剧、农业生产严重受损;疾病大量增加、沿岸儿童患病率增加 20 倍。成为又一典型的生态灾难。

(二)水土保持与生态文明建设

水是生命之源,土是生存之本。作为自然资源的重要组成部分,水土资源是人类赖以生存和发展的物质基础。水土流失是中国头号生态环境问题,水土保持是生态文明建设的重要内容。

1.我国的水土流失概况

水土流失是在指水力、重力、冻融和风力等自然外营力作用下,水土资源特别是土地表层遭受的侵蚀和流失,土地生产力遭受破坏,我国是世界上水土流失最严重的国家之一。水土流失主要有水力侵蚀、风力侵蚀、冻融和重力侵蚀等几种类型,广泛分布于全国各地。据统计,全国水土流失面积约为 356 km²(占陆地总面积的 37.1%),其中水力侵蚀面积 165 km²(占流失总面积的 46%),风力侵蚀面积 191 万 km²(占流失总面积的 54%)。典型侵蚀分布区如下:

(1)黄土高原区:黄土高原面积 64 万 km²,龙羊峡至河南桃花峪区间的水土流失面积 45.4 万 km²;其中内蒙古河口镇至陕西、山西的龙门区间 7.86 万 km² 水土流失最严重。侵蚀类型以水蚀为主,北部毛乌素沙漠地区有风蚀。

(2)长江上游及西南诸河区:总面积 170 万 km²,水土流失面积 55 万 km²。山高坡陡、人口密集、坡耕地多,滑坡泥石流严重;侵蚀类型以水蚀为主兼有重力及冻融侵蚀。

(3)南方红壤区:长江中游、珠江中下游以及福建、浙江、海南和台湾等地,水土流失面积 50 万 km²;地表风化壳深厚,遇水极易侵蚀。侵蚀类型主要为崩岗等,危害严重。

(4)草原区:内蒙古、新疆、青海、四川和西藏等地,风力侵蚀面积 191 万 km²;气候干旱,风蚀严重;过度开垦、超载放牧,生态环境十分脆弱。

(5)冻融侵蚀区:西部青藏高原、新疆天山、东北黑龙江流域等高寒地区;人为活动影响较小,以自然侵蚀为主。

2.水土流失的危害

(1)耕地减少,土地退化严重。据统计,黄土高原地区坡耕地每生产 1 kg 粮食,流失的土壤达 40~60 kg;研究测算,水土流失每年损毁耕地约 100 万亩;按现有土壤流失速度算,50 年后东北黑土地 1 400 万亩耕地的黑土层将流失掉,粮食产量将降低 40% 左右;35 年后西南岩溶区石漠化面积将翻一番,将有近 1 亿人失去赖以生存和发展的可耕土地。

(2)泥沙淤积,加剧洪涝灾害。据统计,每年约有 4 亿 t 泥沙淤积在黄河下游河床,致使河床每年抬高 8~10 cm,形成"地上悬河"。水土流失导致江河湖库遭受泥沙淤积,降低水利工程使用寿命,影响防洪安全。

(3)加剧干旱的发展。据测算,全国因泥沙淤积减少水库库容约 200 亿 m³,严重影响水库蓄水,影响下游的农业灌溉及防洪安全。

(4)破坏交通运输、生态环境,危及人民生命财产安全。

3.水土保持重要性

水土资源是地球上一切生物繁衍生息的根基,是人类社会可持续发展的基础性资源。如果没有土壤和水,地球上所有动植物包括人类将不复存在。"皮之不存,毛将焉附"。离开水和土壤,谈人类社会的发展和生态文明就失去意义。因此,水土保持是实现生态文明建设的资源基础。

水土保持是防治水土流失,保护、改良与合理利用水土资源,以利于充分发挥水土资源的生态效益、经济效益和社会效益,建立良好生态环境,支撑社会生产和生活可持续发展的公益事业,是实现生态文明建设的重要途径。随着我国城市化进程的加快,开展城市水土保持,必将成为水土保持工作的一个重要内容。

水土保持是防治水土流失的重要举措。《中华人民共和国水土保持法》中明确规定,水土保持是对自然因素和人为活动造成水土流失所采取的预防和治理措施。2010 年 12

月新修订的《中华人民共和国水土保持法》,考虑了中国工业化、城镇化过程中水土流失防治的新问题,将生产建设项目的管理范围从原"三区"(山区、丘陵区、风沙区)扩展到"四区"(山区、丘陵区、风沙区、其他区),增加了其他容易发生水土流失的区域,为城市、平原等地区开展水土保持监管提供了法律支撑。国内一些大中城市如北京、天津等已制定了水土保持条例或水土保持法实施办法,对防治城市水土流失起到了积极作用。

三、城市水土保持工作

(一)城市水土流失严重

自 20 世纪 90 年代初以来,城市水土流失以其广泛性、特殊性和严重性而备受关注。珠江三角洲地区,包括深圳、广州、珠海等 12 座城市在内的水土流失面积年平均达 40 多 km²。深圳市在 1980 年建市前水土流失面积仅 3.5 km²,到 1995 年发展到 185 km²,占全市辖区面积的 9.1%,其中由于城市化和工业开发建设造成的水土流失面积达 80% 以上,城市建设开山采石取土遗留的废弃土石场,学界称为裸露山体缺口 669 处。

(二)城市水土保持的兴起

城市水土流失的危害引起了国家水行政主管部门的高度重视。1995 年 8 月,水利部在深圳市召开了全国首次沿海城市水土保持座谈会,第一次正式提出了城市水土流失与水土保持问题。1996 年,水利部又在大连市召开了全国城市水土保持工作会议,明确在全国 10 个城市开展水土保持试点,标志着我国城市水土保持工作的正式展开。

(三)城市水土保持的概念与内涵

城市水土保持是针对城市水土流失而提出来的。城市水土保持是为防治城市开发建设项目造成水土流失和生态景观破坏的管理和技术措施,以确保城市各种动土设施的建设过程对环境的影响和破坏最小,并能在建成后发挥正常功能。其内涵包括,对城市水土流失的预防和治理,对城市基础设施的环境保障,对城市生态用地(河流廊道、各类林地)的恢复和保护等。与传统水土保持相比,最显著的差异在于城市水土保持是以城市建设服务为主要目标的水土资源保护,主要考虑生态和社会效益。

(四)城市水土保持工作的特点

城市水土保持工作主要面向城市,城市具有人口比较集中、经济发展比较快、社会文明程度比较高的特点。同时城市也具有资源消耗量大、环境污染负荷重、生态系统比较脆弱的特点。尤其是我国社会经济正处在快速发展期,城市发展及基础设施建设强度大,地表动土量很大,水土流失的风险很高。

城市水土保持主要服务于城市建设,要通过法律、行政和科技等手段加强监管,将建设项目的水土流失风险降到最小。城市水土保持在地表植被恢复方面,不仅注重绿化和覆盖,而且更加注重绿化的生态和景观效应,为城市的生态文明服务。

四、深圳城市水土保持工作

(一)面临的形式和任务

党的十八大报告指出,良好生态环境是人和社会持续发展的根本基础。要全面保护和节约水、土资源,控制开发强度,加大水土流失综合治理,强化水、大气、土壤等污染防治。习近平总书记在2012年的"长汀批示"中指出,水土保持工作"进则全胜、不进则退",点明了水土保持工作的要点,需要全社会增强水土保持工作的紧迫感和责任感;2014年,习近平总书记对水利工作提出了"节水优先、空间均衡、系统治理、两手发力"的治水思路。将水土保持工作纳入国家生态文明战略,对水土保持工作提出了更高的要求、给予更大的期望。需要水土保持在治理理念、法律支撑和技术创新等方面继续加大力度。

2014年,全市审批水保方案689宗,涉及水土流失防治责任范围26.7 km²,水利水务工程总投资15.37亿元,弃土总量达4 896.56万 m³。截至2015年5月,全市在建工程686个,其中重大、重要工程133个。如此大量的开发建设任务,面临的水土流失风险很高,一是施工期的临时水土保持措施能否及时到位,二是大量弃土是否能得到有效管理。

深圳光明滑坡事故,是近年来弃土管理不善造成的重大生产安全责任事故。

2015年12月20日11时40分许,深圳光明新区凤凰社区恒泰裕工业园发生弃土受纳场溃坝引起的山体滑坡,共造成76人失联,33栋建筑物被掩埋或不同程度损坏,覆盖面积约38万 m²。

现经权威认定,这是一起特别重大生产安全责任事故。导致事故发生的直接原因是,建设、经营者没有在该受纳场修建导排水系统,没有排出受纳场底部原石料矿坑的大量积水就开始堆填弃土。随着周边泉水和降雨的不断汇集和渗入,致使堆填体内部含水量过饱和,在底部形成软弱滑动层;在严重超量超高加载渣土的重力作用下,大量渣土沿南高北低的山势滑动,形成了破坏力巨大的高势能滑坡体,加之事发时应急处置不当,造成了重大人员伤亡和财产损失。事故发生后,政府有关部门对事故原因进行了认真的调查研究和科学研判,进行了严肃的事故责任认定和严厉的惩处。

对弃土管理而言,应当从该重大生产安全责任事故中汲取经验和教训。一是应当高度重视排水,水是高边坡或坝体发生滑塌的诱因。首先应当排出受纳场底部原石料矿坑里的积水。废弃石料矿坑本应是很好的弃土受纳容体,前提是要处理好内部的积水或地下水。按规范设计,应当在受纳场底部和内部设置立体的导排水系统并同周边的排水系统有效联通。二是应当尊重并严格执行规划。严禁违反前期规划和设计而随意加大受纳场容量,特别严禁超量超高加载渣土。三是要重视高边坡的安全稳定。高边坡首先应当进行安全评估,设置监测系统进行实时监测。四是要重视应急处理。要在安全风险评估的基础上,制订应急预案,及时处置安全险情,将灾害的损失降到最底。

由此说明,城市水土保持工作也面临着很高风险的安全生产管理责任。既要认真落实各项水土保持措施,又要坚持依法行政,更要促进安全生产。

(二)坚持依法行政

党的十八届四中全会关于《中共中央关于全面推进依法治国若干重大问题的决定》指出,用严格的法律制度保护生态环境,加快建立有效约束开发行为和促进绿色发展、循环发展、低碳发展的生态文明法律制度,强化生产者环境保护的法律责任,大幅度提高违法成本。行政机关要坚持法定职责必须为、法定无授权不可为,勇于负责、敢于担当,坚决纠正不作为、乱作为,坚决克服懒政,坚决惩处失职、渎职。

2010年12月25日,《中华人民共和国水土保持法》已由中华人民共和国第十一届人民代表大会常务委员会第十八次会议修订通过,并自 2011 年 3 月 1 日起施行。其中第四十七条规定,不依法做出行政许可决定或者办理批准文件的,发现违法行为或者接到对违法行为举报不予查处的,对直接负责的主管人员和其他直接责任人员依法给予处分。

1.依法查处水土保持违法案件

在日常水土保持监管工作中,常见的违法种类有:①未申报水土保持方案擅自动工的;②水土保持方案未获批准擅自动工的;③不按批准的水土保持方案实施的;④因施工破坏防洪排涝体系功能的;⑤因建设向江河、水库、山塘、沟渠倾倒余泥、砂、石和渣土的;⑥土地使用权人在建设和生产过程中造成水土流失,不进行治理的。

2.要求编报水土保持方案

《深圳经济特区水土保持条例》及市政府相关配套文件中规定,凡在深圳市行政区域内从事下列开发建设项目的开发建设单位,必须向市、区水务局报送水土保持方案。包括①需先期或单独进行的土石方工程(含推山平整土地、劈山造地、挖山取土);②场矿类(含开山采石、砖厂);③公路建设类;④机场、电力工程、港口码头、水利工程、市政工程、环境工程及房地产开发等大方量挖填土方、大面积破坏植被的建设项目;⑤其他可能造成水土流失的开发建设项目。

3.依法加强项目管理

注重施工招标投标文件与水土保持方案要求的衔接。项目建设单位要把方案确定的各项水保责任义务明确写入施工合同、监理合同和监测合同,加强施工过程水土保持管理。注重项目前期工作的质量和协调,落实建设项目各项水土流失防治费用并将其纳入项目初步设计及工程概算。

4.加强弃土弃渣管理

(1)建立土石方需求信息平台。建立开发建设项目土石方信息网络平台并向社会公布,以方便社会团体和个人及时掌握土石方信息;实现区域内土石方调配供需平衡,促进开发建设活动土石方循环利用;避免土石方的长途运输所产生二次污染,降低项目建设成本;避免社会资源的浪费,切实减少水土流失危害。

(2)优化场地规划设计,减少土石方弃置。从保护水土资源角度出发,在建设用地规划和纵向高程设计方面,首先应科学规划用地,尽可能保留用地内的山体作为项目配套的永久绿化用地;同时,场地纵向高程设计应尽可能依照原有地形,减少用地内的动土量,努力将土石方弃置量降到最低。

(3)利用微地形造景减少弃土弃渣。微地形在现代城市景观绿化中的应用越来越广泛,适宜的微地形建造有利于形成景观层次的多样化,给人以更大的视觉冲击,达到增强园林艺术性和改善生态环境的目的。将"微地形"造景理念引入弃土弃渣管理过程中,应用园林景观建设新理念和新技术,提高建设项目弃土弃渣管理效率,改善并丰富生态景观建设。

(4)以立法的形式加强弃土弃渣管理。研究建立专门的法律法规来规范弃土弃渣管理。开展违法弃土弃渣专项整治活动,加强巡查力度,实施多部门联合执法,严格集中处理违法弃土弃渣行为。

五、结语

水土流失是人与自然和谐共生面临的重大问题。实行水土保持是生态环境保护的重要内容,是社会可持续发展的必然选择,是政府为市民、为社会提供公共服务的公益性工作,非常重要。

国家有《中华人民共和国水土保持法》,水土保持是一项国策,全体公民和法人都必须严格遵守。水土保持是一项专业性很强的工作,需要全社会的理解和参与,必须加大宣传和科普教育。期望领导干部们能够带头学习,积极宣传,并结合自己的本职工作,从生态文明建设的高度重视并支持水土保持工作。

抓好水土保持宣传教育　推进水土生态文明建设[60]

2011 年是中央一号文件首次聚焦水利,加快水利改革发展的关键之年, 是新水土保持法施行的第一年,是深圳经济特区迈上新 30 年征程的第一年,也是深圳的大运之年。一年来,我局以科学发展观为统领,以贯彻实施新《中华人民共和国水土保持法》为主线,以落实中央 1 号文件和中央水利工作会议精神为动力,精心组织、加大投入、创新手段、丰富载体,进一步营造了全社会关心、重视和支持水土保持工作的良好氛围,增强了水土保持"软实力",提升了城市水土保持各项硬指标。现将主要做法汇报如下。

一、加强组织领导,凝聚工作合力

(一) 加强组织领导,落实保障措施

(1)成立领导机构。专门成立宣传工作领导小组,制订年度宣传工作方案,坚持常年部署、常年宣传、常抓不懈,做到年初有部署、年中有检查、年末有总结。

(2)落实经费保障。每年安排不少于 60 万元经费专项用于水土保持宣传。制订宣传工作计划并周密部署,根据年度宣传任务完成情况,及时调剂增补费用,建立水土保持宣传教育长效工作机制。

(3)建立考核制度。实行宣传工作年度考核制度。采取上级考核下级、同行评议等方式,将考核结果作为单独子项纳入政府绩效管理。

(4)市区联合行动。整合市、区、街道办三级水务部门的宣传力量,采取上下联动、分类指导、分工合作、协同配合的方式,全面推进宣传工作。

(二) 争取各级领导和部门对水保工作的关注与支持

按月出版《深圳市水土保持简报》,并通过报纸、网络等定期向各级领导及有关部门反映水土保持工作动态;利用修订《深圳经济特区水土保持条例》和办理人大、政协提案议案等契机,争取人大代表、政协委员和政府部门对水土保持工作的关注与支持,合力推

进城市水土保持工作。

二、坚持"三面向、五深入",加强国策宣传力度

(1)坚持"三面向""五深入"。

①坚持"三个面向"。即面向领导、面向群众、面向建设单位,全方位向社会各界,尤其是建设单位做好水土保持国策宣传。

②做到"五深入"。即深入机关、深入社区、深入学校、深入企业和深入项目。全面深入工作一线,扎实、仔细,努力实现水土保持国策宣传全覆盖。

(2)依托科技示范园工程,开展科普教育、科技示范和技术交流。以深圳市水土保持科技示范园为依托,首创市场化模式运作。自开园以来已累计接待国内参观考察约5.2万人次,其中团体186批次,共约3.1万人次,成为深圳市乃至全国水土保持国策宣传的重要基地,被教育部和水利部联合命名为"全国中小学水土保持教育社会实践基地"。为进一步发挥其作用,深圳市已计划再投资1 500万元,用于对其进行二期扩建,现已进入施工招标阶段。

(3)依托3D主题电影工程,开展"水土保持进万家"移动宣传。由我局制作的全国第一部以水土保持宣传为主题的3D电影——《水土保持总动员》,已在全市各工厂、社区、军营和学校等场所累计播放超2 000余场次。部队官兵在营地、企业员工在厂区、社区居民在社区、一般游客在公共广场都能观看到《水土保持总动员》,创新、丰富了水土保持国策的宣传方式。

(4)依托立体宣传工程,将水保国策宣传渗透到社会生活各个方面。制作宣传海报2万份,在各种公共场所张贴;制作公益广告,在公交、地铁、机场和楼宇间的移动电视频道滚动播放;制作宣传袋、雨伞、杯子、餐具、玩偶等日常生活用品等,向广大市民发放近5万份;让水土保持理念更加贴近、走进市民生活,使水土保持国策宣传不断深入人心,宣传效应日益显现,宣传效果不断加强。

三、抓好新法宣贯,提升法制意识

法制宣传是守法、执法,提升管理效能的最有效手段之一。为此,我局抓住新《中华人民共和国水土保持法》的实施及深圳市筹办大运会等契机,新修订的《中华人民共和国水土保持法》于2010年12月25日颁布,2011年3月1日起施行,因而将2011年3月定为水土保持宣传月,组织开展了以"珍爱一方水土,共享和谐大运"为主题的系列宣传。

(一)组织召开水土保持宣传月动员大会

在2011年3月1日新《中华人民共和国水土保持法》正式施行当天,召开水土保持法宣传月动员会,在水源大厦一楼布设祝贺新《中华人民共和国 水土保持法》正式施行标语和水土保持宣传展板。发布宣传计划,安排宣传任务,动员全体水土保持工作人员积极投身宣传月活动。

(二)举办深圳市水土保持成就图片展

以"珍爱一方水土,共享绿色发展"为主题,在市民中心、少年宫和科技示范园布置了

深圳市水土保持成就图片展;开展水土保持法规宣传咨询活动,现场布置了国家新水保法宣传展板,设置了咨询台,就水土保持法律法规接受公众咨询,并现场派发宣传材料、开展问卷调查等。

(三)组织开展新《中华人民共和国水土保持法》宣贯培训

为了宣传贯彻好国家新的《中华人民共和国水土保持法》,特别策划邀请了水利部水土保持司的领导来讲解新《中华人民共和国水土保持法》形成的背景、要点和贯彻要求等,邀请水利部水土保持监测中心的专家领导来讲解全国水土保持的新形势、新法律和新标准。

(四)抓好水土保持科技宣传

11月16日,中国水土保持学会城市水土保持生态建设专业委员会在深圳市成立并召开成立大会,水利部领导和深圳市政府分管副市长出席会议并作重要讲话,会议特别邀请中国工程院孟兆祯和王浩两位院士分别做了专题学术报告。

(五)举办宣传月专题文艺演出

以"珍爱一方水土,共享绿色大运"为主题,组织专场文艺演出。演出由"和谐·美""珍爱·家""水土·颂"三个篇章组成,以大型舞蹈、歌唱、创意表演、诗歌朗诵、少儿话剧小品、精品音乐演奏、优秀音乐剧片段等丰富多样的形式,演出了"一滴水一方土""水土颂""春之声"和"水土保持之歌"等优秀节目,深情传递了珍爱水土、珍爱环境、珍爱家园的爱之情境。

宣传月活动得到了水利部和广东省水利厅,深圳市委、市政府、市人大和市政协等上级部门的高度重视和支持,水利部水土保持司领导和深圳市委、市政府领导亲自参加活动并致辞。

四、抓实项目指引,强化工作效果

开发建设项目是深圳市水土流失的主要策源地,具有鲜明的城市建设特点。抓实建设项目管理,防止水土流失,就牵住了城市水土保持工作的"牛鼻子"。为此,我局组织开展了以"合理开发建设 保护水土资源"为主题的水土保持进工地宣传活动。结合迎大运创全国文明城市标兵200 d水土保持专项行动、汛前专项检查和日常监督检查等同时进行,加大了新《中华人民共和国水土保持法》的宣传和监督检查力度,强化了工作效果。

活动通过检查现场、召开座谈会、张贴宣传海报、发放宣传材料、观看水土保持宣传短片及现场解答管理技术问题等多种形式,发布《迎大运 加强水土保持工作倡议书》;派送新《中华人民共和国水土保持法》单行本和水保法律法规文件汇编等宣传资料;组织建设项目水保工作人员集中观看《合理开发建设 保护水土资源》宣传短片,不断提高建设项目设计、施工、监理和监测等各参建单位和人员的水土保持法制意识、水土流失防治技术水平,提升水土保持方案编制质量和实施率。

五、从中小学生抓起,建设未来水保生态

(1)与教育部门联合开展水土保持科普教育活动。印发深圳市中小学水土保持科普

教育读本,联合教育部门,举办水土保持中小学读本发放仪式。以开办专题讲座、主题班会、观看科教影片等形式,开展水土保持科普知识教育,以培养中小学生对水土保持的重要性、必要性的认识,激发他们从小对水土保持、对大自然的理解和热爱。

(2)开展水土保持社会实践。通过市教育主管部门,联合各相关学校开展户外实践。分批组织学生到水土保持科技示范基地参观学习,观摩具体的水土保持措施和效果,推动把水土保持纳入学生社会实践选修课题,计入学生社会实践总学分。结合示范基地参观学习活动,举办知识竞赛、歌咏比赛及文艺演出等,寓教于乐,有效提高学生对保护水土资源、改善生态环境的认知和理解。各区政府都相继组织开展了水土保持国策宣传教育学生实践活动,如宝安区、南山区和盐田区等。

水土保持是政府为社会、为市民履行的一项具有公益性质的公共服务职能,是水土环境保护、生态建设的重要内容,需要各级领导的重视和大力支持,需要全体市民的理解和全社会的参与,宣传工作十分重要。尤其在深圳市委、市政府确立创造"深圳质量"发展战略的今天,城市水土保持宣传工作更显重要。这次会后,将认真学习汲取其他城市的先进经验,进一步做好水土保持宣传工作,努力将深圳的水土保持生态文明建设推向新的高度。

第九章　水环境治理

城市河流污染治理的辩证思考[64]

河流是人类文明的发祥地。城市河流是城市的水源地、排洪通道、运输通道及水景观等,在城市生态环境的构造中发挥着极为重要的作用。但在当前社会经济的快速发展过程中,由于忽视了对河流水环境的有效保护,使得河流污染成为城市水环境污染的集中表现。研究资料表明,水环境污染严重,水生态系统遭到破坏,几乎全世界所有的河流均遭到程度不同的污染。目前,全球每天大约有 200 万 t 垃圾被倒进河流、湖泊和小溪中,所有流经亚洲国家的城市河流都已被污染。在欧洲,55 条大河中只剩下 5 条河流还没有被污染。在我国,每年排放污水总量接近 600 亿 t,其中约 80%未经处理直接排放进河道或其他水域。根据调查评价结果,在我国 700 多条重要河流中,有近 50%的河段、90%以上的沿河水域已经遭到污染。深圳市河流普查结果表明,全市河道排污口至少 850 个以上。有些河道的雨水排放口成了排污口,污水基本上未经过处理就直接排入河道。大部分河流的水质不达标,通过城镇的河段,水污染尤为严重。如布吉河,大部分河段在城中穿过,沿河倾倒垃圾、污物,河道又脏又臭,水环境质量十分低劣。在全市 310 条河流中,已经有217 条河流的水质受到不同程度的污染,占河流总数的 70%。

河流水环境质量的优劣反映城市水环境的总体质量,河流污染治理可以带动整个城市水环境的综合治理。河流污染已经引起各级政府的高度重视,不惜计划投资几亿元、几十亿元甚至上百亿元进行治理。广大专业科技工作者对河流污染治理表现出极大的兴趣,纷纷献计献策。广大市民已对河流污染深恶痛绝,对河水变清、不臭寄予很高的期望,从而使河流污染治理成为当前城市管理工作的重点及水环境综合治理的成果体现。

但在城市河流污染治理的理念、方略及技术观点方面,当前存在着一些值得讨论、澄清的问题。这些问题已经或将会影响到河流污染治理工作的开展。结合作者自身的工作经验和学习体会进行分析讨论。

是先发展经济,后治理污染,还是发展经济与治理污染同步?河流污染的主要原因是什么,到底是河脏还是水脏?是防洪优先,还是治污优先?是单纯建立一条生态河流,还是首先建立一条安全河流?对于这些在当前河流污染治理的理念、方略及技术观点方面存在的争议或模糊概念,作者根据自身的经验和学习体会,进行了辩证的分析和讨论。污水截排、河道清淤、垃圾管理及河流水源利用,是作者认为的最有效的河流污染综合治理措施。为创建一条干净河流而努力,是作者倡导的河流污染治理理念。

一、发展经济与治理河流污染

社会经济要发展,人民生活水平要提高;河流污染要治理,水环境质量要改善。是先发展经济,后治理污染;还是发展经济与治理污染同步。虽然我们十分清楚,只有把发展经济和治理河流污染放在同等重要的地位,才能保障社会经济的可持续发展。但就目前学习和掌握的国内外众多资料来看,"先污染,后治理",似乎成为发展经济与治理河流污染、保护环境关系中不可避免的"规则"。英国的泰晤士河,流经德国、瑞士等国的莱茵河以及加拿大的圣劳伦斯河等的治理,均未摆脱这一"规则"。深圳的社会经济发展了,但河流污染的形势却十分严峻,治理污染的工作依旧任重道远。

能不能在经济发展的同时治理河流污染,保护好环境呢?这是一个辩证的问题。要发展经济,必须进行河流污染治理;治理河流污染是为了更好的发展经济。一是必须认识到河流污染治理的复杂性。河流是整个城市水环境体系的核心,遭受污染的时期已经很长,污染的因素很复杂,因而治理工作是一项系统工程。不可能在一个理想的短时期内,通过一项措施或一项工程就能达到预期的目的。二是河流污染治理的社会性。在日本、美国等国家,环境保护工作是全社会的,几乎人人都懂得环保,人人都主动环保。而在我国,环保工作似乎只是政府环保部门的事情。城市河流不仅要进行污染治理,还要进行长效的保护,治理与保护不只是靠政府或政府的某个部门,而需要全社会的广泛参与和行动。三是对经济发展观念的革新。不以单纯的发展求发展,不以 GDP 论发展。循环经济理论为我们提供了最新的改革支撑。循环经济要求运用生态学的规律指导社会经济生产,把经济活动组成一个"资源—产品—再生资源"的反馈流程式,使资源的利用以低开采、高利用、低排放为特征。在 3R(减量化、再使用及再循环)的原则下,将经济发展过程中产生的污染,变末端治理为从输入到输出的全过程控制,以把经济发展对自然环境的影响降低到最小。因此,应用循环经济的理念指导河流污染治理,是协调经济发展与河流污染治理关系的理想途径。

二、河流污染是河脏还是水脏

对于专业技术工作者来讲,这是一个过于简单的问题。但由于河流污染的主要表现是河里的水又黑又臭,是摆在人们面前看得见、闻得着,同日常生活息息相关的现象。因而许多人认为,河流污染就是河脏,应当治河。由此引发了河流污染治理是治河还是治污的争论。尤其一些人认为,河流污染主要是河里的净水太少了,应当大量引入净水对河流进行冲洗。

深圳的大部分河流属雨源性河流,汛期洪水暴涨暴落,旱季河道里几乎没有水或仅有少量的地下水补给成基流。大量的污水排入河道,加之生活垃圾及面源污染等负荷,远远超出了河流的自净能力,使河道实际成为排污通道,怎能不黑不臭?因此,河流污染只是表象,是整个流域排水系统污染的末端。河流黑臭不是河脏而是水脏,这是一个简单的因果关系。污染是内因,河道是外因,是污染使得河道变得又黑又臭,且在众多污染因素中,又以污水污染为主导。

实际上,污水排放进河道的主要原因可概括为以下几个方面:一是市政排水设施建设滞后,污水直接排入河道或进入雨水管网。二是管道错接乱排,许多用户将污水管直接或间接的接入雨水管网,污水经雨水管网系统排入河道,或将雨水管接入污水管网,造成整个排水管网包括雨水管和污水管淤积堵塞。三是部分村镇、小区的排水系统建设缺少规划,造成虽有市政管网或截污干管却收集不到污水。四是污水处理厂与排水管网的规划建设不协调,造成污水处理厂建成了,排水管网还没建成,即使建成了却将污水接不进去;或排水管网建成了,污水处理厂还没建成,只好将污水排入河道或雨水管网。

是否应当引入大量净水对河流进行冲洗?深圳市正在进行两个项目的论证:一是从盐田大鹏湾引海水冲洗深圳河,二是从珠江口引咸淡水入深圳河各支流及沿途各河流上游,如新洲河、福田河、布吉河等,进行冲洗。跨流域、跨境引水进行河流冲洗的关键问题还是技术经济效益及生态环境影响,特别是生态环境影响,必须引起重视,应当慎重研究。

三、防洪与治污的关系

什么是河流,河流的主要功能是什么?这个问题曾经在深圳市的河流普查工作中引起广泛争议,并将成为河道管理工作的基础。由于特殊的地形地貌条件,深圳境内仅有流域面积 100 km² 以上的河流 5 条,且多数河流短小,直接入海,但却有大大小小无数的山洪冲沟。小河、冲沟的河床及两岸,平时干涸,多成为外来人员的临时寄居地,一遇山洪暴发,极易引起生命财产的损失。同时,这些小河、冲沟几乎全部成为直接的排污沟,既污染了下游的河道,又影响了城市景观。因此,如何界定河道、准确定位其功能并依据有关河道管理的法规进行管理,成为河流污染治理问题的关键。

一种观点认为,河流既然污染了,最方便快捷的方法是干脆把它覆盖,在覆盖顶上搞好绿化美化,既改善了城市景观,又加快了河流污染“治理”的速度。对有些河流,在防洪与治污的关系问题上,即使要进行真正意义上的治理,也是治污优先。另一种观点认为,河流最重要的天然功能是排洪,是联通陆地与海洋之间重要的水文循环路径。城市化不仅影响了河流的水文情势,还将大量污水直接排入河道,严重干扰了河流功能的正常发挥,已使河流不堪重负。简单的将污染河流覆盖,是治标不治本,是“遮丑”的方法,不仅会扰乱或破坏城市的水系,还可能会加重洪涝灾害发生的概率。防洪是人类生存安全的需要,治污是为了保障和改善生存环境质量的需要,当然是防洪优先,兼顾治污。

其实,防洪与治污是一个辩证统一的关系问题,不能简单地将其割裂,甚至对立起来。防洪工作做得不好,发生了洪灾,会影响甚至破坏环境,例如淤塞河流、冲毁河岸、淹没农田房屋,造成人畜死亡甚至发生瘟疫等。相反地,污染治理工作不到位,污染、淤塞了排水道及河流,会加重洪涝的灾害损失。现代环境伦理学的研究观点认为,河流应当是有生命的,有与人类共生共存的权利,而不应当被人类只作为工具使用并加载超越其自身能力的负荷。欧美等发达国家关于河流治理的新理念也认为,应当“还河流以空间”“还河流以本来面目”。从自然科学的学科划分上,防洪与治污同属于环境的大学科,不可分割。因此,治污应当从源头开始,防洪应当兼顾治污,才是处理防洪与治污关系的辩证方法。

四、安全河流与生态河流

当前,以河道防洪为中心的城市防洪体系建设已经取得很大进展。许多河流经过整治,防洪能力已有很大提高,有的已经达到国家或部颁防洪标准,河道两岸或洪泛区居民的生存条件已经有了很大改善。进入21世纪,一方面,科学技术在不断进步,社会经济在不断发展,但另一方面,水环境条件也在不断恶化。人们开始对过去的治河理念进行思考。提出质疑或批评最多的是,在治河工程的规划设计理念上,只重视了河流自身的防洪安全,没有考虑将治河工程同河流的污染治理相结合,没有同以河流为中心的生态环境系统的保护和改善相结合。传统的治河工程以工程力学为基础,只强调建筑物的坚固与稳定,忽视了河流水体在流域生态系统中的作用,隔断了河流与岸上及流域生态系统的有机联系。尤其是,随着城市生活质量的不断提高,人们期望河流的生态功能能够尽快得到保护和恢复。因而在治理的思路上,一种观点认为,应当尽快规划建设成生态河流;另一种观点认为,河流整治的前提是首先必须保证安全。

其实,河流的安全与生态环境建设并不矛盾,不应当也不可能将它们对立起来。安全河流是指在采取一定措施,包括工程措施和非工程措施对河道进行整治和管理后,河流在通过一定标准如五十或一百年一遇的洪水时是安全的,即能将其灾害损失程度降到最低程度。所谓生态河流,当前的定义并不明确或统一。作者理解主要是指通过一定的环境保护和生态修复措施,当然也包括工程措施和非工程措施,例如河流的水质改善、流域的点源和非点源污染治理、河岸的景观绿化美化以及河流的生物种群、植物种群的保护等,以使河流的生态功能得到保护和恢复。

作者认为,当安全成为生存第一需要时,人们希望河流是安全的;当经济发展的能力不足以支撑生态河流的建设时,人们首先要解决的是河流的安全问题。生态河流建设是处理人与自然和谐相处的具体实践,是社会经济可持续发展的需要。当社会发展到具有一定经济和技术支撑时,生态河流的建设将成为可能。可以说,根据社会发展的不同阶段,安全的概念是基础、是前提,生态的概念是发展。安全河流是河流水环境综合治理的初级阶段,生态河流则是其"与时俱进"。安全河流的建设应当与生态保护相协调,生态河流的建设则首先应当是安全的。二者的有机结合才是河流整治的现代化理念。

五、为创建一条干净河流而努力

综上所述,河流污染成为流域水环境系统污染的集中体现,必须辩证施治,综合治理。根据作者学习和研究的体会,应当主要采取以下措施。

(一)污水截排

由于污水是河流遭受污染的最直接、最主要因素,首先应当截排干净。对已有的市政排水管网进行维护、疏通,保障、恢复其排水功能;通过河道排污口的调查,从每个小区着手,完善小区管网的建设,理顺小区管网同市政管网的衔接;从每家每户开始,检查、纠正其排水管道同小区管网的接驳。对于一些由旧村镇城市化的小区,从每家每户到小区,排水系统管网存在诸多问题。有一种决心表达不知是否恰当:既然我们有能力把自来水送入每家每户,就应当有能力把每家每户的污水排放接入系统管网。国内外许多河流治理的成功经验,已经清楚地证明了这一点。

(二)河道清淤

由于长时期排放污水,河道的底泥已经遭到严重污染,底泥发酵产生的臭气成为河水发臭的直接原因;感潮河段的水流具有流速慢和往复性,污染物的沉积量更大;有的河段,如布吉河口和深圳河口,底泥中还含有有毒重金属,成为环境系统污染的有害物质。因此,河道底泥必须得到尽快清理和安全处理。河道清淤不仅有利于河流生境的恢复,还有利于河道排洪。

(三)垃圾管理

垃圾管理主要指河道两岸城区的垃圾管理。城区中的河流,由于岸线长、穿过的城区面积广、违章建筑多,沿途的垃圾直接抛入河道,加上排污口排放污水中带进的垃圾以及雨期冲入河道的面源污染垃圾,成为河流污染的又一直接污染物。据估计,布吉河中捞出的垃圾,最多曾达到每天数吨之多。垃圾中含有不可降解的塑料、金属及建筑垃圾等,既可能淤积、堵塞河道,又严重影响了河流及其穿过城区的景观,更严重的是,可能进一步污染环境系统,必须严加管理。

(四)河流水源利用

尽量利用河流集水区的水源向河道补水,增加河道的环境容量,是河流污染治理的更有效措施。一般地,由于河流本身为集水区内的最低点且具有一定比降,区内的地下水总是要向河道汇集。通过一定的工程措施,如溢流堰、橡皮坝、翻版闸等,将地下水汇集、壅起并形成水面,既改善了河道的环境容量,又增加了水景观,必须予以重视。如果集水区上游有非饮用水源水库,合理调配适当水量于河道作景观用水亦是可行的方法。如深圳市新洲河整治设计方案中关于河流环境用水的考虑就是一个很好的例子。

以上所述污水截排、河道清淤及垃圾管理主要是为了要减轻河道的污染负荷,污水截排和垃圾管理是为了防止或减轻新的污染物进入河道,河道清淤是为了清除旧的污染沉积,三项措施应当同时实施,缺一均不能达到降低污染负荷的目的。河流水源利用的目的则是为了增加或修复河道的环境容量,对河道进行"漂洗",以达到保洁增容、改善景观的目的。

"如果你有本事把一条河变成排污沟,你也有本事把它重新变成一条河"。让我们为创建一条干净河流而努力!

治理深圳河工程环境影响评价及监察与审核

一、前言

深圳河是深港两地的界河,在河口以外通过深圳湾与珠江口相连。深圳河口两侧有大面积的泥滩和红树林,深圳一侧为国家红树林鸟类自然保护区,香港一侧为米埔自然保护区。整个深圳湾的泥滩和红树林湿地均加入国际拉姆萨尔公约,受到公约保护。深港联合治理深圳河工程可能对两岸、河口及深圳湾的生态环境造成影响,两地政府高度重视,一致同意联合开展工程的环境影响评价及环境监察与审核。

深港联合治理深圳河工程可能产生的环境问题,最关键的就是对深圳河口和深圳湾生态系统的影响,特别是一、二期工程距离深圳河口及深圳湾较近,属于生态缓冲区,生态敏感性较高。河道拓宽挖深进行的大量水下疏浚会对河底产生扰动,造成的悬浮泥沙会释放污染物进入水体,并随水流将其带入河口泥滩,对生态系统中食物链的初级生物产生影响;河道疏浚物特别是污染土的弃置可能对弃置点周围环境产生影响。对陆地生境的潜在影响主要是因工程需要将挖除双孖鲤山的一部分,可能对白鹭和苍鹭的栖息产生一定影响;因工程施工会造成河道沿岸大量鱼塘和红树林丧失,将可能打破该地区的生态平衡,从而有可能影响到全球与之相关的生态环境。另外,施工期间还可能对空气、噪声、水土保持、景观与视觉及古物古迹产生影响。这些影响有些是短期的,会随着工程建设完成逐渐消失,有些可以采取有效措施给予舒缓。

鉴于深港两地的法律法规和标准各不相同,经谈判协商一致,双方应用各自的法律与标准进行评价,在时间安排上以最后完成的为准。

二、工程建设环境影响评价

(一)环评的内容、要素和影响

环评的主要内容包括,确定环评范围及现状,分析主要的潜在影响因素,预测及评价环境影响程度,提出相应纾缓措施,制订环境监察审核计划。

(1)大气和噪声。主要是粉尘、噪声对大气和沿岸敏感受体的影响,包括居民点、学校办公区及生态敏感区等。

(2)水动力学。工程实施后,将导致深圳河湾水动力学条件的改变,影响深圳河湾泥沙输移、冲淤特性。

(3)泥沙输移。工程施工期间,疏浚作业将导致泥沙悬浮和输移,影响深圳河及深圳湾沿程泥沙输移特性。

(4)水质。工程疏浚作业会扰动河道底泥,引起泥沙悬浮,悬浮泥沙会释放污染物,恶化水质;会输移到河口地区对河口生态造成影响;但工程施工不会直接导致深圳河污染物总量增加。

(5)弃土处置。本工程需开挖土方共约有 774 万 m^3,其中一、二期工程占 72%;总挖方中 117 万 m^3 浅层淤泥重金属含量超标,其中一、二期工程占 88%,污染程度超过了香港疏浚物 C 类标准,定义为污染土。根据有关条例,不允许直接在水上或陆上弃置。

(6)生态。本工程对生态的影响主要是对生态资源的潜在影响,其中最重要的是生境损失、污染物释放、泥滩沉积速率改变导致对底栖生物的影响等。

生境损失是本工程的关键。其中主要为潮间泥滩损失,因为沉积速率增加可能造成红树林向泥滩扩张,引起泥滩生境损失并可能在河口小范围内造成对泥滩底栖动物的影响,从而间接对河口鸟类群落产生不良影响;沿深圳河分布红树林的损失,将影响野生动物沿河的活动,减少鸟类的筑巢和栖息生境。工程将导致两岸部分鱼塘损失,从而导致白鹭、苍鹭、黑脸琵鹭、鸬鹚以及其他鸟类的觅食生境减少,影响鸟类种群的数量;工程需开挖香港一侧双孖鲤鱼山北部山体,损失约 5 hm² 次生林,会使某些鸟类栖息巢域地减少;施工可能影响到紧邻河口的小范围水质,对其底栖动物可能产生影响;施工期内,包括河道在内的整个工地的机械设备、交通工具和人员进出将大大增加,预计会对附近鸟类会产生短期干扰,而对其他野生动物影响甚小。当然,这些影响的大小将取决于施工挖掘过程中对水质和噪声控制的有效程度。

(7)水土流失。工程施工期间,河道清淤、场地开挖、弃土处置、堤防填筑、物料堆放以及其他动土活动,将不同程度地改变工程区内地表形态、破坏原生植被和水土保持设施,使土地丧失原有的水土保持功能。

(8)景观与视觉。工程对视觉的负面影响主要表现在施工期,属临时性影响。景观资源的损失与破坏,可采取环评报告推荐的措施给予舒缓,大部影响及损失均可降至中等及以下。

(9)古物古迹及文化遗产地点。受工程影响的罗湖铁路桥和人行老桥具有历史价值。罗湖铁路桥的主体桥梁将予以保存;人行老桥将被拆除,但其档案资料会被详细保存下来。

(二) 环评提出的舒缓措施

针对上述潜在的环境问题,环境影响评价报告提出了对应的纾缓措施,须在施工图纸和合同文件中进行约束,最终由承建商(施工单位)在工程施工中落实。

1.防止扬尘

施工期间,除尘设备应与生产设备同时运行并保持良好运行状态。场地内卡车的车速及推土机的推土速度限制在 8 km/h;经常清扫工地和道路,保持工地和所有场地道路清洁;为避免施工场地及机动车在运行过程中产生扬尘,需及时向工地及路面洒水;道路每天至少四次,施工现场每天至少两次。

对可能产生扬尘的物料运输及搬迁均应采取湿法作业。在产尘物料搬运过程中,应洒水或喷洒湿润剂;在物料堆场应安装固定喷洒系统,装卸前先行润湿多尘物料。产尘物料应在固定地点由传送系统装载,该装置应设排气口并排入袋式过滤系统。传送带应装有防风板、清洁器并三面加盖,所有的转折点和漏斗排放区应加以封闭。如采用敞篷车运输产尘物料,其车厢两侧及尾部均应配备挡板,物料在车内的堆放高度不得高于挡板并用干净的防雨布覆盖,防雨布应覆盖严密并超出挡板至少 30 cm。

应尽量避免将易产尘物料储存或堆放在施工场界和敏感受体附近,仓储出口及车辆运输的路线亦应尽量远离施工场界和敏感受体;水泥应由封闭系统从罐车卸载到水泥储存塔,储存塔应装有高级防尘警报器,所有出口应配有袋式过滤器。当现场需要水泥时,应将水泥湿法装在混合车中运输;砂石物料的堆放应使用储存塔或储存箱,避免敞开储存,且物料堆放高度不得超过箱边高度;在运走物料或堆放新料时应适当喷水加湿或喷洒湿润剂。

安装冲洗车轮设施并冲洗所有离开工地的车辆,确保车辆不把泥土、碎屑及灰尘等类似物体带到公共路面;洗车池的水应经常更换,沉淀淤泥应定期清理。在清洗设施和公共道路间应修建一段用以过渡的硬化路面。

不得安装和使用任何可能对空气产生污染的锅炉及炉具,不得使用产生烟尘或其他空气污染物的燃料,不能在工地焚烧残物或其他废料。

施工期间,当扬尘监测结果达到或超过环境监察的标准时,承建商应及时启动相应的行动计划。

2.防止噪声

鉴于工地的位置,须在深圳侧安装临时隔音屏障,以保护敏感受体免受施工噪声的影响。

承建商在制订施工计划和施工方法时,应充分考虑噪声对周边环境的影响,采取相应降噪措施并委派环保专职人员监督实施,使施工场界或敏感受体附近的噪声水平能达到国家和香港特别行政区的噪声控制标准。

施工期间,应尽量避免在施工场界或敏感受体附近同时布置或运行多套动力机械设备,且尽可能远离敏感受体;采用低噪声动力机械设备或在使用前安装消声、隔音装置;航运船只应采用低声级、指向性强的喇叭,尽量减少鸣笛次数或以灯光取代喇叭;各种动力机械设备临时停用时应关掉或减速,必要时应限制车辆行进速度。

3.保护河道水质

应仔细筛选河道疏浚方法,尽可能采用干式开挖,尽量减少疏浚过程中底泥扰动产生泥沙悬浮和污染物释放,同时应尽量避免在雨季进行疏浚工作。

根据设计图纸分段、分区开挖污染土和非污染土。按环评报告要求,一、二期工程污染土开挖对水质的影响不得大于封闭式抓斗的扰动,同意采用绞吸式挖泥船;对弃于落马洲弃土场时流入深圳河的水体悬浮物不得超过规定值。三期合同 A 和合同 C 工程将污染土弃于香港东沙洲污染土专用场,须严格按照香港环保部门的操作程序执行;三期合同 B 对污染土的处理采用固化技术,其方案经深港双方环保部门批准后实施,固化后的污染土用作填筑河堤,非污染土则运至内伶仃洋海上弃土区或施工图纸标明的回填区;三期工程施工期每月的水下开挖量不得超过 40 400 m³。在开挖及装运疏浚河道底泥期间,驳船内淤泥装载不得溢出;船只需沿深圳河的路线航行,避免闯入鸟类觅食区。

建造专门的污水处理设施并经常维护,对工地的污水特别是生活污水达标处理后排放;防止各种废弃水、污泥及其他废弃物流入或撒落到邻近的土地和水体。将各种燃料、油类等保存于合适的安全容器中,以免渗漏外溢并放置在远离河道的安全地点。分离可再生利用的施工废弃物,将其堆放在指定的处理场或临时储存处。

4.防止水土流失

弃土运输须采取防漏措施。老河道开挖应采用适当的疏浚设备,以减少疏浚期间的底泥扰动和泥沙悬浮;新河道与重配工程开挖应尽量采用干式;河道疏浚和开挖作业,尽量安排在旱季进行。河道开挖土的临时堆放,应选择不易受径流冲刷侵蚀的场地,并在其周边修建临时排水沟。新修堤防外坡须采用草皮绿化,并修建排水设施。

物料运输须采取防漏措施。物料露天堆放应选择不易受冲刷的场地并加盖,场地周边须修建临时排水沟。施工迹地应按设计尽快植草种树,恢复植被。

5.景观与视觉

精密设计、精心施工,尽量减少林地、草地、鱼塘及沼泽的损失;当每一工区施工结束后,及时拆除各种临时设施,恢复其临时占地及植被;及时恢复施工迹地原来用途及植被。

各种临时施工设施(如临时住房、仓库、厂房等)在设计及建造时应考虑美观和与周围环境的协调;各种临时停放的机械车辆应整齐有序。弃土运输道路应远离视觉敏感受体。新建堤防用草皮绿化;有直立墙的河段,在堤顶种植藤本植物(如爬墙虎)进行垂直绿化。

6.生态保护

(1)补偿生境损失。恢复或补偿施工期鱼塘及湿地的临时和永久性损失。如二期工程施工期在深圳红树林区域范围分别对 15 hm² 鱼塘进行改造和加强管理,营造一个更适合于鸟类栖息的环境,以补偿施工期临时性损失;在施工后期,恢复占用的 38 hm² 鱼塘,在落马洲旧河道改造恢复约 20 hm² 湿地,以补偿永久性鱼塘损失;三期工程也需对鱼塘进行恢复,尽量保留因裁弯取直留下的旧河曲。

(2)补偿红树林损失。在南岸靠近米埔自然保护区和北岸深圳福田红树林自然保护区内分别种植 5.8 hm² 和 3 hm² 红树林,并在深圳河两岸河堤上各种一排与红树林较接近或较适合本土生长的树种予以补偿。

(3)补偿山林地和草地损失。采取施工期禁止爆破和对完工后所有的裸露地面通过植树喷草等尽快予以补偿。

(4)其他保护措施。应尽量避免在工地内造成不必要的生境破坏或砍伐树木,严禁在工地外砍伐树木;工地外生境用围栏屏障加以保护,防止施工人员及其他人员进入对其进行扰动。减少对野生动物的滋扰,尤其是在 11 月至次年 3 月(包括这两个月)的鸟类越冬季节,应尽可能减少对其扰动;合理安排鸟类迁徙期的施工作业,尽量减少运输船只对鸟类的滋扰。在二期工程污染土弃置场尚未完工、污染土尚未覆盖封闭时,需采取措施驱赶雀鸟。严禁打猎、捕猎及滋扰野生动物。在施工场地内标示出有特殊意义的树木及野生动物生境,设置必要的围栏以提供临时保护,工程完工后及时撤销。

当施工不需要时,承建商应当关闭各种设备、车辆或船只发动机,并将其定点停泊。

承建商开始在施工场地内进行树木砍伐和植被清除之前,须得到管理部门许可。在进行施工迹地绿化时,只允许选用环评报告中推荐的本地已有树种或草类。三期工程应在沿河堤顶敷设草皮混凝土路面,在水下平台种植挺水植物。

7.文物保护

将旧罗湖铁路桥桥梁按准文物保留在香港侧原桥址附近,收集其文字、图纸,拆除前进行测量及拍摄影像等,对其立档保存。将罗湖人行老桥拆除前的影像资料立档保存,并保存少量具有特别工艺和材料的桥墩建筑块。

(三)环评文件及审批程序

根据国家建设项目环境影响评价程序,工程项目环境影响评价需提交环境影响评价报告。香港工程项目环境影响评估程序除要求提交环境影响评价报告外,还需提交一份环境影响评价报告的简写本——《执行概要》,一份约束施工建设环境行为的准则——

《合同条款》,以及工程建设期间进行环境影响监察(环境监理)的技术文件——《环境监察与审核手册》,施工中将主要按照该手册进行环境监察与审核。

环评报告的审批也按深港双方各自的程序进行。深圳方面首先由专家组评审通过后,由市环保局审批并发放施工环境许可证;香港须发布在政府对外网站上征求公众意见,获得香港环境咨询委员会审查通过(该委员会是直接对香港特首负责的社会民间组织,由民间环保团体组成,具有较强的专业性和独立性),最后由环保署发放施工环境许可证。

三、施工期环境监察与审核

(一)环境监察与审核制度的由来

治理深圳河工程在施工期间,基本采用香港环境监察与审核制度,由业主聘请(通过公开招标)专业环境保护机构组成环境监察与审核小组(环监小组),全过程监督环境保护措施的实施。香港的环境监察与审核制度,有别于国内的环境影响评价程序,重视的是工程施工期全过程控制。监察方式为环境监测与现场巡查同步进行;监测点位较多、频率较高,以能监测巡查全部施工活动为准。

而国内重视的是建设项目"三同时"(同时设计、同时施工和同时验收)制度,强调工程投入运行时环境保护措施的实施情况;工程建设期安排环境影响监测,注重对重点保护对象的影响监测及对环境要素的总体影响监测,一般监测点位较少、监测频率较低;正在试行的环境监理则以现场巡查为主,环境监测为辅。

(二)环境监察与审核工作依据

治理深圳河工程环境监与审核工作的依据是《治理深圳河工程环境监察与审核任务合同文件》(简称合同文件)、环评报告、深圳市环保局批复文件、香港环保署颁发的环境许可证及其所附条件,以及本工程技术规范中的环境保护章节。

(三)环境监测

工程建设期间,环境小组根据《合同文件》中《治理深圳河第三期工程环境监察与审核手册》(简称《环监手册》)规定的监测项目、监测点位(地点)和频率,安排水质、空气、噪声、生态及其他监测。环境监察把环境影响的程度划分为三个控制水平,即启动水平、行动水平和极限水平,定义为:

启动水平:表示周围环境质量开始有不良的变化趋势。

行动水平:环境监测结果表明环境质量继续恶化,或公众对环境问题提出投诉并经调查证实确因工程建设所致,必须采取适当补救行动以防止环境质量超出极限水平。

极限水平:如果环境质量已超过确定的环境标准,或环境监察审核小组连续接到公众对环境问题的投诉并经证实确因工程建设所致,则认为环境质量已达到极限水平。

如环境质量达到或超出上述三级水平,则应采取相应的行动措施。

(四)环境监察行动计划

环境监察与审核工作除前述监测工作外,根据《合同文件》还需按照设计文件中环境保护技术规范的要求,审查承建商编制的《环境管理计划》和《废物管理计划》,其中《废物管理计划》尚需得到香港环保署的批准。审核批准承建商在各主要分项工程和变更设计施工方案设计中提出的相应环境保护措施。督促承建商在每个工地出入口显著位置公布环境许可证及投诉电话,以方便公众了解许可证条件并参与监督。

施工中还须对工地影响范围的空气、噪声、水质、废物、生态、水土保持、文物、景观与视觉,以及河口泥滩沿程变化速率和粒径分布进行现场监管。《环境管理计划》和《废物管理计划》是环境监理单位(环监小组)实施现场监察的依据。

1.水质监察

禁止将生活污水直接排入深圳河,原则上生活污水应进入城市污水管网,不能进入污水管网的生活污水应收集于临时建造的化粪池,由承建商联系环卫部门定期进行清理。三期工程严禁将施工泥浆排入深圳河,此亦是环监的重点之一。

水质监察的重点是防止工程施工特别是水下疏浚对深圳河水质的影响。当发生水质超标时,应及时寻找原因并采取适当措施停止超标。以三期工程为例,水中悬浮固体物SS值在建造期的监察启动、行动和极限水平规限值如表1所示,对应行动计划特别是须采取的纾缓措施如表2所示。

表1　治理深圳河三期工程建造期水质监察启动、行动和极限水平规限

水平	规限
启动水平	控制点SS含量同时: (1)高于243 mg/L; (2)一个监测日内高于对照点含量的30%(高于SS+SS×30%)
行动水平	两个连续监测日中控制点值均超过启动水平
极限水平	三个连续监测日控制点值均超过启动水平

表2　治理深圳河三期工程建造期水质监察行动计划

事件	行动计划		
	环境监察审核小组	雇(业)主	承建商
启动水平	1.复查监测数据; 2.识别影响源; 3.如确因施工引起,通知雇主; 4.检查实验室和仪器设备以及承建商工作方法; 5.与工程主任及承建商讨论纾缓措施; 6.超标停止后,通知工程主任	1.与环监小组、工程主任和承建商讨论纾缓措施; 2.批准纾缓措施的实施; 3.评估纾缓措施实施效果	1.检查施工方法和施工设备; 2.更正不当作业方式; 3.接工程主任通告3 d内提交纾缓措施; 4.实施经批准的纾缓措施

事件	行动计划		
	环境监察审核小组	雇(业)主	承建商
行动水平	同启动水平,另增加: 1.超标的第二天继续监测; 2.如持续超标,与工程主任、香港环保署及深圳环保局商讨纾缓措施; 3.向雇主、香港环保署及深圳环保局报告纾缓措施实施情况	1.立即通报香港环保署和深圳环保局; 2.责令承建商采取必要的纾缓措施防止水质进一步恶化; 3.评估纾缓措施效果; 4.责令承建商采取进一步的纾缓措施	同启动水平,另增加: 1.如有必要,改变施工方法; 2.接工程主任通告3d内提交进一步的纾缓措施
极限水平	与行动水平相同,另增加: 1.立即向雇主、工程主任提交超标成因的调查报告及防止超标的建议	同行动水平,另增加: 1.指令承建商仔细检讨工作方法; 2.如继续超标,应责令承建商停止或放慢全部或部分施工活动或进度	1.立即采取措施避免超标继续发生; 2.检查施工方法、机械设备,并考虑改变施工方法; 3.接工程主任通告3d内提交更进一步的纾缓措施; 4.实施经批准的纾缓措施; 5.如超标未得到控制,再次向工程主任提交新的纾缓措施; 6.按工程主任指令放慢或停止全部(或部分)施工活动,直至超标停止

2.固体废弃物处置

环境监察的主要内容是检查并督促承建商严格执行《废物管理计划》,及时纠正承建商在废物管理中的违规行为,令其及时整改。

在开工前,承建商需提交一份《废物管理计划》供香港环保署批准,环监小组审核《废物管理计划》是否满足环评报告和环境许可证条件对废物管理的要求。《废物管理计划》需说明废物产生的时段、类型、数量、处置(方法、程序和地点),以及废物管理和处置的负责人;还需说明减少废物产生的方法和途径,废物收集、临时存放、回用的地点和方法。

3.空气监察

治理深圳河工程的主要空气污染物是粉尘和施工机械排放的尾气。承建商需加强施工物料、道路和场地的管理,采取洒水等措施防止和减少粉尘产生。工地内车辆应加强维护,不准尾气排放黑烟的车辆运行。承建商须经常清洗车辆,严禁施工车辆将泥土带出工地。环监对粉尘的监管亦需按启动水平、行动水平和极限水平三级控制。一旦发生超标,承建商应及时向工程主任及业主报告,及时查找原因采取措施防止超标,必要时启动经批准的纾缓措施直至粉尘不再超标。

4.噪声监察

承建商须经常对施工机械进行维护,保证其处于良好运行状态。对高噪声机械和施工项目须采取降噪措施,施工区和影响区的噪声须控制在相应标准以内,尽量避免扰民。

对工地周边的噪声敏感受体,承建商须按环评报告的建议和要求修建临时隔音屏障并进行日常维护,以保证其正常发挥作用。环境监察的主要任务之一是对噪声按启动水平、行动水平和极限水平进行监测和督察,及时要求承建商采取相应措施降噪,防止噪声持续超标。

5.水土保持

承建商应尽量保护工地内现有树木和植被,不得随意砍伐和毁坏。经批准确需砍伐和清理的,要按照工程进度和分项工程的施工时间和地点,有步骤分时、分段进行,严禁乱砍滥伐。施工期特别是在雨季施工,土方填筑的裸露面及容易产生水土流失的地方,应及时用土工织物进行覆盖。高边坡施工应采取相应安全措施,防止滑坡、垮塌等造成水土流失。

6.野生动物保护

对受保护的动物生境安装围栏,防止施工人员擅入滋扰鸟类及野生动物。严禁在工地内捕杀任何野生动物,对捕获的野生动物要及时通知环监小组,在环监小组的监督下放还合适的生境。沿工程区进行鸟类观测,观察施工期内鸟类种类和数量的变化情况,鸟类观测在10月至次年3月每月进行一次,4~9月每两月一次。

7.景观与视觉

承建商须尽量保护工地内现有景观资源。施工人员须统一着装,施工机械须停放整齐并经常清洗和维护;物料堆放须整齐有序,必要时须进行覆盖防护,保证工地内有良好的视觉感受。完工后的工地要及时实施景观与视觉补偿措施。

四、环境监察与审核的成效及经验

(一)环境监察工作成效

在治理深圳河工程建设过程中,环监小组按照《环监手册》和业主或深港政府环保部门的要求或建议,持续进行空气、噪声和水质监测,进行鸟类观测;每天巡视工地,发现问题即时解决。通过环境监察艰苦努力的工作,环境影响评估报告中规定的各项环境保护纾缓措施得到有效执行,未发生严重污染环境、破坏生态的事件。环境监察过程中还解决了诸如保护对象与保护目标的变更,污染土处置方案的变更等重大环境监测问题,接受并处理多次施工违规行为和居民投诉,保证了工程建设和环境保护的和谐双赢。

(二)环境监察工作经验

治理深圳河一、二及三期工程的环境监察与审核,历史长达八年,借鉴香港的成功经验,完成了大量的环境监察与审核工作,有效保护了工程建造期的环境及生态,科学处理了建设与保护的矛盾,取得一些基本经验,值得国内建设工程借鉴。

（1）三个层面的环境监察与审核制度。治理深圳河工程执行一套完整的环境监察与审核制度,涵盖技术、法律和行政三个层面。环境保护技术规范将环评报告建议的纾缓措施具体化,规定了实施方案、规格和细则等;环境许可证则将环评报告的要求和建议以法律条文的形式加以规定,并规定了违反这些条款可能受到的法律处罚,强制要求实施,否则视为违法,可提出法律诉讼。深港两地政府环保(局)署作为行政执法部门负责监督许可证的实施,从而使工程环境保护措施的实施和监督得以顺利进行。

（2）三级控制水平的行动计划。工程建设对自然环境的影响不可避免,应使这种影响控制在法律和标准允许的水平。因此,在进行巡查的同时,加强现场监测,制订相应控制水平如启动、行动和极限水平的行动计划是必须的。既可减少工程施工对环境的影响,也可控制工程建设导致环境质量不可接受的损害。

（3）完善的责任体系。将工程建设各方,包括业主、承建商和工程监理纳入环境监察工作队伍。业主和工程监理有责任督促承建商落实环保措施并保证效果,使业主、工程监理和承建商共同负起落实环境保护纾缓措施的责任。

（4）全过程环境监察与审核。建设项目应实行全过程环境监察。环境监察须贯穿工程招标设计、工程建设和运行维护全过程,以保证环境保护措施执行与监督的一致性和有效性。

实施工程建设后环境影响监测与评估,特别是对湿地生境,对生态系统如鸟类、鱼及底栖动物等的影响,需要有一个时间过程才能反映出来,用以检验建造期环境舒缓措施的实施效果。

中国生态环境污染现状及治理策略

一、背景和意义

中共中央十九大报告中指出,建设生态文明是中华民族永续发展的千年大计。必须树立和践行绿水青山就是金山银山的理念,坚持节约资源和保护环境的基本国策,像对待生命一样对待生态环境,统筹山水林田湖草系统治理,实行最严格的生态环境保护制度,形成绿色发展方式和生活方式,坚定走生产发展、生活富裕、生态良好的文明发展道路,建设美丽中国,为人民创造良好生产生活环境,为全球生态安全做出贡献。

2018年4月16日,中国国务院机构改革新组建的生态环境部正式挂牌成立,属国务院组成部门。其目的是整合分散的生态环境保护职责,统一行使城乡各类污染排放监管与行政执法职责,着力解决突出环境问题,加强环境污染治理,保障国家生态安全。国家生态环境部成立的意义在于,提高环境污染治理效率,降低污染治理成本,减少环境污染治理责任空间,实行生态环境保护和污染治理的全覆盖。

二、生态环境污染现状

所谓生态环境(Ecological Environment),是指由生态关系组成的环境,包括影响人类生存和发展的水资源、土地资源、生物资源和气候资源等的数量与质量的总和,关系社会经济的可持续发展。良好的生态环境是人类生存和发展的理想状态,现在有生态城市、生态食品和生态旅游等。

中国过去四十年经济的快速发展,不合理或过度地开发利用自然资源,造成生态环境的破坏,如水土流失、土壤污染、水资源减少、水源污染和生物多样性减少等;城市化和工农业高速发展引起的"三废"(废水、废气、废渣)所造成环境污染、噪声污染以及过度使用农药所造成的污染,概括为以下三大类。

(一)土壤污染

土壤污染的种类包括有机污染和无机污染。有机污染包括氮、磷等的过度使用;无机污染包括酸、碱、重金属、砷、硒、非金属化合物等,超过了土壤的自净能力。受污染的土地类型包括工业污染、油气田污染、矿区污染和农田污染等;受污染的行业包括工业污染、农业污染、生活污染和其他污染等。

2017年4月公布的调查结果表明,全国土壤污染总超标率16.1%,其中重度污染1.1%,镉重度污染0.5%;土壤镉超标率7.0%,重污染企业及周边土壤超标率36.3%;固体废物集中处理场地超标率21.3%;主要污染物为镉、镍、铜、铅、汞,残留农药如滴滴涕等。

农业方面,单位面积化学农药的平均使用量比世界平均用量高出2.5~5倍,每年受残留农药污染的作物面积达12亿亩。据估算,每年排放到大气中的镉高达2 186 t,直接进入农田的达1 417 t。全国各地区的土壤现状为:长三角地区,至少10%的土地基本丧失生产力,南京和浙江省分别有30%和17.9%的土壤受到污染;华南地区,50%的耕地、40%的农菜地受到重金属污染;东北地区,黑、吉、辽三省的污水灌区,土壤中的铅、汞、镉、镍、砷等严重超标;西部地区,云南、甘肃、内蒙古和四川的土壤污染较严重,其中云南省单个元素超标率在30%以上的县达37个,内蒙古河套地区有近30万人受到砷污染的威胁。

(二)大气污染

大气污染是指大气中一些物质的含量达到有害的程度以至破坏生态系统和人类正常生存和发展的条件,对人或物造成危害的现象。大气污染物是指由于人类活动或自然过程排入大气并对环境或人产生有害影响的诸类物质,已知的有100多种。

造成大气污染的因素有自然因素(如森林火灾、火山爆发等)和人为因素(如工业废气、生活燃煤、汽车尾气等)两种,并且以人为因素为主,尤其是工业生产和交通运输所造成的污染。

大气污染现状:当前中国大气污染主要表现为煤烟型污染。城市大气环境中总悬浮颗粒物浓度普遍超标,二氧化硫污染一直在较高水平,机动车尾气污染物排放总量迅速增加,氮氧化物污染呈加重趋势。

(1)二氧化硫。煤炭消耗量不断增加,随之带来二氧化硫排放总量急剧上升。在各类排放源中,电厂和工业锅炉排放量占到70%。由二氧化硫排放引起的酸雨污染范围不断扩大,现已扩展到长江以南、青藏高原以东的大部分地区。目前年均降水 pH 值低于 5.6 酸雨临界值的地区已占全国面积的 30%左右。

(2)烟尘、粉尘。烟尘的主要排放源亦是火电厂和工业锅炉,由于地方电厂使用的大多为低效除尘器,所以烟尘排放量一般是国家大型电厂的 5～10 倍。

(3)机动车排气污染。受经济增长的推动,我国机动车近年来数量增长迅速,尤其是一些大城市如北京、上海、深圳等机动车数量增长速率更是远远高于全国平均水平。汽车排放的氮氧化物、一氧化碳和碳氢化合物排放总量逐年上升。由于城市人口密集,交通运输量相对大,机动车排气污染在城市大气污染中所占比例也不断上升。

2017 年上半年全国大气污染数据表明,在 366 座城市中,主要空气污染物的浓度同比没有明显改善。其中 PM2.5、PM10,二氧化氮(NO_2)、二氧化硫(SO_2)、臭氧(O_3)和一氧化碳(CO)在所有检测城市中有升有降。

大气污染的危害,可分为对人体健康的危害,包括吸入颗粒物、皮肤接触和污染食物;对生物的危害,包括使生物的抗病能力下降、枯萎死亡等。大气污染可形成酸雨,导致水质恶化,植物枯萎死亡;大气污染可破坏大气臭氧层,形成臭氧空洞等。大气污染对全球的气候产生影响,包括气温上升、温室效应、热带风暴和海平面上升等。

(三)水环境污染

我国水污染形势严峻,并有加剧之势。水污染治理与生态修复工作时不我待。根据 2014 年国家水资源公报的数据,全国 121 个主要湖泊的水质状况为,Ⅰ～Ⅲ类水质占比 32.30%,Ⅳ～Ⅴ类水质占比 47.10%,劣Ⅴ类水质占比 20.70%。2014 年全国 21.6 万 km 河流的水质状况为,Ⅰ类水质占比 5.90%,Ⅱ类水质占比 43.50%,Ⅲ类水质占比 23.40%,Ⅳ类水质占比 4.70%,Ⅴ类水质占比 4.70%,劣Ⅴ类水质占比 11.70%。

2015 年全国七大流域及浙闽片河流、西北、西南诸河 700 个国家控制断面的水质监测显示,海河流域的水质污染状况最为严重,劣Ⅴ类的水质占比高达 40%;西南诸河的水质状况最好,Ⅰ～Ⅲ类水质的河段占比达 97%,其他诸流域的水质状况有逐步恶化的趋势。

2015 年,全国废污水排放量 747 亿 m^3,全国地表水水功能区达标率为 47.4%,562 眼监测井中,水质在Ⅳ～Ⅴ类的监测井占 72.1%。

我国是世界上水土流失最严重的国家之一,黄土高原是典型的水土流失重灾区。目前我国的水土流失面积为 150 万～160 万 km^2,每年流失土壤 50 多亿 t,占世界流失总量(600 亿 t)的 1/12,相当于毁坏耕地 100 万亩。

水环境污染会影响到水生态安全。水质污染造成生态型或水质型缺水,加之地表水资源过度开发及地下水超采,造成复合性、叠加性环境污染,形成河流断流、湖泊萎缩、湿地退化、水土流失及海水入侵等生态损害,使淡水生态系统的功能整体呈现"局部改善、整体退化"态势,环境承载力下降,大范围的生态功能退化。

造成水环境污染的主要原因之一是管理缺失。水环境保护监测及监控能力薄弱,水环境保护管理体制与机制尚不完善。

三、生态环境污染治理策略

改革开放以来,中国政府高度重视生态环境污染治理和保护,中央十八大报告明确指出,要全面落实经济建设、政治建设、文化建设、社会建设和生态文明建设五位一体的总体布局。中共十八届三中全会《中共中央关于全面深化改革若干重大问题的决定》提出,"要加快生态文明制度建设,改革生态环境保护管理体制"。

2013~2016年,中国政府连续发布了《大气污染防治行动计划》《水污染防治行动计划》和《土壤污染防治行动计划》,俗称环保三大行动计划及多项配套政策措施,坚决向污染宣战。其中,《水污染防治行动计划》又称为"水十条",是为切实加大水污染治理力度,落实生态文明战略决策;建成水资源保护和河湖健康保障体系;实现水质、水量和水生态的统一保护;保障水资源可持续利用与水生态环境系统良性循环;推动经济社会与水资源水环境保护协调发展;保障国家水安全而制定的法规。

(1)树立人与自然是生命共同体的自然哲学观。人与自然是生命共同体。人类要学会尊重自然、顺应自然和保护自然;推行节约资源和保护环境、节约优先、保护优先,重视自然修复和恢复的绿色生活和生产理念;建设人与自然和谐相处,生产发展、生活富裕、生态良好的社会。

(2)切实解决突出环境问题。坚持全民共治、源头防治,持续实施大气污染防治行动计划,坚决打赢蓝天保卫战;加快水污染防治,实施流域环境和近岸海域综合治理;加强农业面源污染防治,开展农村人居环境整治行动,强化土壤污染管控和修复;有效防范和化解环境风险,加强固体废弃物和垃圾处理处置,严格核与辐射安全监管,坚决守住环境安全底线,打赢环境保护三大攻坚战。

(3)重视水污染治理及生态保护。水资源是国民经济和社会发展的基础资源,水生态是生态系统的核心,水污染治理和水生态保护是整个环境系统保护的重中之重,直接涉及民生。首先要保证城镇供水的安全,保障供水水源地的水量和水质。特别地,要在保护地下水质和稳定地下水水位的同时,努力提高地下水资源的储备容量。重视江河源头区的湿地保护,加快城镇污水处理厂和配套管网建设,保障河湖生态水量需求,建设江河湖泊健康保障体系。

(4)加大生态环境污染治理的供给侧结构性改革。积极推进能源消费结构改革,使中国成为世界新能源、可再生能源利用的第一大国。加大化解钢铁、煤炭等过剩产能和淘汰落后产能的工作力度,单位产品主要污染物排放强度、单位GDP能耗要继续降低,资源能源效率要不断提升;加速推进环境基础设施建设,使中国成为全世界污水处理、垃圾处理能力最大的国家。

(5)完善法律体系,实行最严格的生态环境保护制度。加大各项法律的立法和执法力度,持续推进环保督察。中国国家关于环境保护法、大气污染防治法、水污染防治法、环境影响评价法、环境保护税法、核安全法等多部重要法律已完成修订或制定,土壤污染防治法已进入全国人大常委会立法审议程序。要完善规范开发行为,促进绿色发展、循环低碳发展的生态文明法律体系;构建产权清晰、多元参与、激励约束的生态文明制度体系;建设源头严防、过程严管,后果严惩的环保督察体系。

（6）加快推动形成绿色发展方式和生活方式。构建并严守生态功能保障基线、环境质量安全底线、自然资源利用三大红线，建立健全绿色低碳、循环发展的经济体系，推进能源生产和消费革命，推进资源全面节约和循环利用。开展全民绿色行动，倡导简约适度、绿色低碳的生活方式。

（7）加大生态系统保护力度。实施重要生态系统保护和修复重大工程，构建生态安全屏障体系，提升生态系统质量和稳定性。完成生态保护红线、永久基本农田、城镇开发边界三条控制线的划定工作，坚持依法保护。加强自然保护区综合管理，构建生物多样性保护网络，增加优质生态产品供给。

（8）深化生态环保领域改革。切实抓好中央已出台改革文件的贯彻落实，谋划推动新的改革举措。完善生态环境管理制度，加快构建以政府为主导、企业为主体、社会组织和公众共同参与的生态环境治理体系。强化排污者责任，健全环保信用评价、信息强制性披露、严惩重罚等制度，坚决遏制环境污染和生态破坏行为。

（9）积极参与全球环境治理。深度参与环境国际公约谈判，承担并履行好同发展中大国相适应的国际责任。加强与世界各国、区域和国际组织在环境治理领域的对话交流与务实合作，引进先进理念、人才、技术装备、管理经验和资金。推动生态文明理念走出去，做全球生态文明建设的重要参与者、贡献者和引领者。

四、正确处理好生态环境保护与污染治理的若干关系

通过学习 2018 年 4 月 26 日，习近平总书记在深入推动长江经济带发展座谈会上的讲话，来思考如何处理好生态环境保护与污染治理的若干关系，以保障生态环境污染治理策略的顺利实施。

（1）正确把握整体推进和重点突破的关系。生态是统一的自然系统，是各种自然要素相互依存而实现循环的自然链条。必须按照生态系统的整体性、系统性及其内在规律，统筹考虑各自然生态要素，包括山上山下、地上地下、陆地海洋以及流域上下游、左右岸，实行整体规划、全面保护及综合治理，增强生态系统循环能力，维护生态平衡。坚持标本同治，环境保护和生态修复相结合。在加大环境保护力度的基础上，重视江河湖泊水生态系统的保护。坚持整体渐进推进和重点突破相结合，近期以黑臭水体治理为目标，逐步恢复或修复受损的河湖生态系统，全面提升水生态系统功能。

（2）正确处理生态环境保护和经济发展的关系。坚持生态优先，绿色发展。绿水青山就是金山银山的理念，不是将经济发展和生态保护相对立、相矛盾，而是要将二者有机的统一。首先必须转变发展方式，坚持保护优先。过去那种以资源消耗为代价的粗放式发展，已完全不符合新时代生态文明建设和发展的要求。不实行保护优先，发展就不可持续。健康良好的生态系统是社会经济可持续发展的基础，保护优先就是生态系统保护优先。保护生态就是保护自然价值和增值自然资本的过程，就是保护经济社会发展潜力和后劲的过程。要坚持和贯彻新的发展理念，像对待生命一样对待生态环境。坚持在保护中发展、发展必须保护，平衡处理好经济发展和生态环境保护的关系。特别地，要在水资源开发利用同保护水资源质量、保护水生态系统之间，处理好发展与保护的关系，形成良性循环，以水资源的可持续利用支撑经济社会的可持续发展。

（3）正确把握总体谋划和久久为功的关系。要从贯彻落实国家生态环境污染治理的大政方针例如"水十条"出发，坚持系统规划、全局设计，统筹各方面、各层次、各要素，集中有效资源，立足于解决实际问题、抓住重大问题、不设思想框框、重在治理实效。形成定位准、标杆高，能够真正为群众办好事、办实事的顶层设计方案。

生态环境污染治理不是一蹴而就的工作，既要立足当前，又要放眼长远，要有打持久战的耐心和耐力，要以持之以恒、锲而不舍、久久为功的精神抓落实。以一张图、一张表的形式，明确治理的任务和时间表，合理分工、明确任务、落实责任，坚定不移抓落实。同时也要结合客观实际情况，做好分期、分阶段实施计划，稳扎稳打。不断反馈实际需求、不断校准治理目标、不断完善治理方略，不断加快生态环境污染治理步伐。

（4）处理好发展新旧动能转换和培育新动能的关系。发展动力决定发展速度、发展效能和发展的可持续性。所谓旧动能，是指传统动能，它不仅是指高耗能、高污染的"双高"的制造业，还泛指以传统模式经营的第一、二、三产业；所谓新动能，是指在新一轮科技革命和产业变革中形成的新技术、新产业、新业态和新模式，成为当今经济社会发展的新动力。所谓新旧动能转换，一是要通过发展新动能来替代旧动能，加快培育新技术、新产业，找到新的经济增长点；二是要通过大众创业、万众创新等创造出新业态、新模式，丰富和拓展社会经济发展空间；三是要通过"互联网+"等新技术的应用来改造升级传统动能，以全新的生产方式体现新动能的质量和效率。在生态环境污染治理方面也是如此，要创新绿色、低碳的生产和生活方式，为社会提供安全的生态产品，形成新的经济增长极，推动社会经济的高质量发展。

当然，新旧动能转换是一个过程，是动态发展的。随着时代发展和科技进步，旧动能通过升级换代成为新动能，新动能也可能落后成为旧动能，是相对的。只有以发展的眼光、改革的精神，不断吸收新动能、摈弃旧动能，才能使新旧动能的转换稳定、可持续，以此推动和保障社会经济发展的可持续。

（5）正确把握自身发展和协同发展的关系。一座城市、一个地方自身的经济发展直接与当地的生态环境质量密切相关，而污染治理和生态保护又与区域例如流域的生态环境水平和经济发展相关联，需要同不同尺度（或称生态圈）内城市的生态环境污染治理密切合作、协同治理。国家主题水功能区可能跨省市、跨流域，需要建立国家层面的环境污染治理和生态保护协调机制。不同环境地理和水文条件的地区，例如南方和北方、城市和乡村、沿海和内陆、大东北和大西北等，要因地制宜，制定相应生态环境保护策略。如深圳属于地方性城市，茅洲河的治理需要同东莞市相协调、龙岗河的治理需要同惠州市相协调。

这是一项系统性、协调性很强的工作，既要发挥自身优势，又要团结协作、形成合力，才能共同打赢生态环境污染治理这场硬仗。

第十章　水生态文明建设

深圳市水生态文明建设的实践和认识[68]

一、前言

党的十八大将生态文明建设放在突出地位,融入经济建设、政治建设、文化建设、社会建设各方面和全过程,努力建设美丽中国,实现中华民族永续发展。水是生命之源,是生态文明建设的生存载体;水是生产之要,是生态文明建设的资源必需;水是生态之基,是生态文明建设的环境基础。城市与水的关系更加密切,几乎所有的城市都以不同形式与水相连,或江河穿越,或滨临湖海,与城市血脉相连,不可分割。水生态文明是一种以水为核心的、具有时代特征的社会文明形态,其目的是为了经济社会的可持续发展,推动人与自然、人与社会、人与水生态三者之间的和谐统一。显然,水生态文明是生态文明建设的前提和重要组成部分。2013 年 1 月,水利部党组《关于加快推进水生态文明建设工作的意见》,明确全面贯彻党的十八大关于生态文明建设的战略部署,提出把生态文明理念融入水资源开发、利用、治理、配置、节约、保护的各个方面和水利规划、建设、管理的各个环节,加快推进水生态文明建设工作。深圳市经过 30 多年的高速发展后,水问题成为制约经济社会发展的瓶颈之一,水生态文明建设的提出为深圳市经济社会的发展指明了方向。从水生态文明建设的角度审视现有水务工作,是深圳市未来水务改革和发展的指导思想和必然之路。

二、深圳市水生态文明建设的基础

在建设"和谐深圳、效益深圳"的发展目标和"生态立市"的战略思路指引下,围绕水生态文明建设,深圳市做了很多积极而有益的工作。开展流域综合整治,推进水库水生态保护与修复;建设了一批蓄、引、提工程及供水管网工程。积极推进污水处理设施建设及改造。积极开展非传统水资源利用,建设一批再生水利用工程和雨水利用示范工程;积极跟进海水利用技术发展。开展以废弃土石场治理为核心的城市水土保持工作,恢复水土生态。积极探索水生态文明体系框架的建设,取得显著成效。

(1)基础设施日益完善。已建成东深、东部(一期、二期)两大境外引水工程,已建及在建各级输配水支线 17 条,调蓄水(水库)工程 168 座。建成供水水厂 57 座,日供水能力达 692 万 t。建成污水处理厂 28 座,日处理污水处理能力接近 470 万 t,污水收集管网总长 4 567 km。划分水源保护区 27 个,一级水源保护区实行全封闭围网隔离式管理。按照"生态治河"的理念,加快全市河流水环境综合治理,重点推进对龙岗河、福田河、新洲河等河流的生态化改造。共同构建了深圳市城市供水、防洪、治污的网络基础。

(2)水环境质量持续改善。主要饮用水源水质良好,水质达标率连续三年保持100%。14条主要河流中,11条水质污染指数比2013年有所下降;部分河段在部分时段氨氮、总磷等指标超标,其他指标均达到国家地表水Ⅴ类标准。东部近岸海域海水水质达到国家海水水质Ⅱ标准,西部近岸海域海水水质劣于Ⅳ标准。

(3)水生态经济初具形态。大力发展循环经济,在审批和确定投资项目时,将节水减排作为项目审批和投资的主要基点,通过节水管理引导城市产业结构调整,将单位水耗(万元GDP取水量)作为产业导向目录的考核指标,限制耗水量大的工业项目建设,对耗水量大、严重污染环境的企业实行关、停、并、转,大力扶持发展低耗水的高新技术企业。通过合理的水价调整,使全市工业、城市生活等各个方面,达到了节水型城市和节水型社会的要求,顺利通过国家和水利部的验收。

(4)制度保障体系初步建成。经过十多年的努力,深圳市已经建立起较为完备的防洪、供水、排水、水土保持、节约用水、河道管理、水源保护等方面的法律法规体系,涵盖了涉水事务的规划、管理、执法、宣传教育等多个方面。

三、深圳市水生态文明建设存在的问题

在现有水生态文明建设的基础上,对照全国水务(利)改革发展的步伐和水生态文明建设的要求,深圳在水生态文明建设方面还存在以下问题。

(1)水生态空间安全存在隐患。水生态空间是水生态文明建设的空间载体。2007年,深圳市制定了《深圳市蓝线规划》,划定了河道、水库(湖泊)、滞洪区和湿地(包括公园湿地)、大型排水渠、原水管渠的蓝线范围,对保护城市河流水系、水源工程的完整性、安全性和功能性,实现水系连通、景观和谐、功能完善,改善城市水系生态和人居环境,保障城市防洪安全和水源工程的供水安全具有十分重要意义。但蓝线管理的具体实施比较滞后,蓝线范围甚至堤线范围内还存在大量违章建筑,非法填河、占河的行为还时有发生。严重影响了全市水生态空间的安全管理。

(2)经济结构性矛盾仍突出。与中国香港、新加坡等国际先进城市相比,经济发展与资源环境之间的矛盾依然存在,经济结构调整滞后与污染物减排刚性要求的矛盾依然突出。"两高一资"的低端产业仍存在,低附加值加工业和早期引进的大量"三来一补"企业,对经济贡献小,但排污量大,而且可能排放含有对环境毒害性大的重金属污染物,对环境的影响大,在环境污染中占据主导地位。产业结构有待进一步优化,服务业占GDP比例不高,与北京、广州、上海仍有一定差距。

(3)水资源环境承载力已透支。深圳持续快速发展呈现出来的环境问题具有累积性、结构性和压缩型的特征。尽管近年来推出了一系列举措,但水资源环境的刚性约束不断强化。主要表现为,资源型缺水和水质型缺水二元结构矛盾突出,饮用水源70%~80%靠境外引水;主要河流中下游及大多数支流普遍受到污染,水质劣于Ⅴ类,西部河流和海域污染更加严重;龙岗河、坪山河和观澜河3条跨界河流断面水质经常达不到省政府考核目标的要求。

(4)水生态文化体系尚未成型。近年来,通过"世界水日""中国水周"等活动,广大市民

对节约保护水资源有了一定的认知,节约用水的理念正在深入人心。但水生态文化是一种内涵更加丰富、层次更加多样的文化形态。全社会对水生态文明的认识有待深化,且"唯GDP论"的传统发展观、政绩观、价值观还普遍存在。城市的水生态文化水平亟待提升。

(5)体制机制完善任重道远。水生态文明建设是生态文明建设的重要内容,应与生态文明建设各部门紧密结合。目前,水生态文明建设与生态文明建设各部门,在市级层面上还没有形成统一的规划和部署,部门间缺少沟通交流,统筹协调不足,推进力度有限,很难形成有效合力;同时,水生态文明建设相关各部门间的协调力度也有待提升。水生态文明制度体系与建设的要求还存在一定差距,不能完全适应新形势需要;法律、经济手段对水生态环境保护作用尚不明显。社会资本参与水生态环境保护投资的积极性不高,政府资金的引导作用有待加强。党政领导干部环保实绩考核机制、水生态环境补偿机制等体现水生态文明要求的制度尚未得到全面有效实施。

四、构建"五大水生态文明体系"

推进深圳市水生态文明建设水生态文明建设的主要任务是构建科学的水生态格局,创造发达的水生态经济,建设优美的水生态环境,培育浓厚的水生态文化,建立完善的水生态制度。

(一)构建科学的水生态格局,打造生态宜居之城

水生态格局优化是水生态文明建设的前提。

(1)推进"四带六廊"建设。推进羊台山—梧桐山—坪山河生态廊道坪山河段、观澜河—福田中心区生态廊道观澜河段、西部沿海—深圳河生态廊道深圳河段建设。完成连通平湖东区域绿地与梧桐山、羊台山—凤凰山与塘朗山、塘朗山与银湖山、梧桐山与梅沙尖、大鹏半岛南北重要山体、平湖东区域绿地与银湖山7个生态节点的建设,保证重要植被斑块之间的连通,确保生态安全格局基本确立。

(2)完善供水水源和供水网络建设。以一江两线——东深供水、东部供水两大境外水源为依托,以深圳市水源网络规划为基础,实施大鹏半岛水库联通工程、坂雪岗支线工程、坝光支线工程、公明—清林径水库联通工程等一批水源连通工程。开展珠江三角洲水资源配置——西江引水工程,结合地下水、再生水、海水淡化利用工程,建成"长藤结瓜、东西贯通、区域互补"的水资源宏观配置格局,实现丰枯调剂、多源互补的水资源时间与空间调度。

(3)创建生态宜居示范区。充分利用盐田区"国家生态区"和光明新区"国家级绿色建筑示范区"的有利条件,结合盐田区、光明新区得天独厚的自然环境资源,在盐田和光明两区推广低冲击开发建设,提升城市生态品质,促进生态人居建设。

(4)落实河道、水库的管理空间。按照《深圳市河道管理条例》《城市蓝线管理办法》等对管理范围内的涉水工程、涉水行为依法进行严格管理,为建设集约高效的生产空间、宜居适度的生活空间、山清水秀的生态空间提供管理支撑。

(二)创造发达的水生态经济,打造创新驱动之城

经济转型是水生态文明建设的关键。在水生态文明建设融入经济建设的过程中,应

严格按照水生态文明理念和深圳质量的要求,突出集约、整合、优化发展。

(1)推动经济结构调整,发展水生态经济。结合建设项目水资源论证制度、规划水资源论证制度、排水许可等制度的实施,限制"两高一资""三来一补"产业的发展,推动经济结构战略性调整。

(2)强化水资源集约利用,推动循环经济发展。全面统筹规划深圳水资源的开发利用,在雨洪资源、再生水资源、海水资源等非常规水资源利用领域,加大力度,深入推进深圳节水型城市发展。开展城区雨水收集利用及山区雨洪资源利用工程建设。推进污水处理厂再生水利用工程建设,为河道提供生态补水,为工业、市政及景观提供替代用水。开展海水资源综合利用,培育海水利用产业链;积极跟进海水利用技术经济的发展,重点推进南山区、盐田区、大鹏新区等海水利用工程前期研究,适时开展技术项目示范工程建设。

(3)增强环保产业绿色支撑能力。推动以污水处理设备、节水器具等为主的装备制造业的发展,推动环保设施建设和运营的专业化、社会化、市场化进程。

(三)建设优美的水生态环境,打造水净岸绿之城

良好的水生态环境是社会经济可持续发展的前提条件之一,建设水生态文明的直接目标是保护好人类赖以生存的水生态环境。

(1)统筹防洪排涝、截污治污、生态景观建设三大任务。坚持"生态治河"理念,全面推进河流水环境综合治理。加强深莞惠、深港界河等跨界河流综合治理合作,推进五大河流(深圳河、茅洲河、观澜河、龙岗河、坪山河)支流及西部沿海、东部沿海河涌的综合整治,逐步修复河流生态系统。加强湿地自然保护区和城市湿地公园建设,建立以"五河、两岸(东部海岸、西部海岸)多库(各水库)"为基本格局的湿地保护和建设体系。

(2)大力加强污水管网建设,提高污水收集率。完善污水处理设施建设,提高设施利用率。加大畜禽养殖污染治理和面源污染治理力度。

(3)保护饮用水源水库水质安全。对铁岗水库、石岩水库、西丽水库等饮用水源一级保护区实施征地补偿、清拆违建和退果还林等措施;完善一级保护区的隔离管理措施。开展供水水库消落带、入库河口前置库及库滨带建设。推进铁岗水库入库小流域治理工程和西丽水库入库支流河口前置库水生态修复试验示范工程。

(4)开展饮用水源水库流域水土保持综合治理。开展清洁小流域建设,构筑"生态修复、生态治理、生态保护"三道防线。加强自然山体水土流失治理,积极推进废弃采石场、取土场、崩岗及裸露山体缺口与边坡整治。对已保留的采石取土场,开展环境整治和生态修复;完成已关闭采石场的复绿工程。

(5)加强饮用水安全监察执法力度。持续开展"雨季行动",全面清理饮用水源保护区内的非法养殖、地下作坊及非法弃置垃圾等。严厉打击违法排污行为,加强环境风险排查和环境整治。建立全封闭防护和全天候的监察体系。

(四)培育浓厚的水生态文化

打造水文化品质之城,水生态文化的弘扬是水生态文明建设的灵魂,大力加强水生态文化建设是水生态文明建设的迫切需求。只有传播和弘扬水生态文化,才能使水生态文

明的理念深入人心,使人民群众自觉参与水生态文明建设实践。

(1)深入推进水情教育与水生态文明宣传。把水(利)务发展史、水(利)务历史人物、水环境和水生态等水生态文明知识纳入国民教育体系,重点加强青少年水生态文明意识教育。采取多种途径,开展广泛、持久、深入和有效的全民水环境、水生态保护知识的宣传教育。

(2)传承与发展深圳特色水文化。植根于"岭南文化""客家文化"等传统文化,对全市有文化价值的水景观、水利工程和关于水的文学作品等进行普查,深入挖掘体现岭南和客家特色的深圳山海文化、渔业文化等水文化的符号和元素。将深圳传统的民俗文化和改革开放的现代都市文化元素融入水务规划和工程设计中,提升水利工程的文化内涵和文化品位。

(3)提升水生态文明科技创新能力。联合国家、省、市重点科研单位和高校,重点就水生态文明的内涵、水生态文明建设关键影响因素及评价指标体系、水生态与环境补偿机制、河湖水生态健康状况评价与保护策略等水生态文明建设的重大理论和科学技术问题开展研究,创新水生态文明建设理论、技术和方法,为水生态文明建设提供有效的科技和技术支撑。

(五)建立完善的水生态制度

打造生态统筹之城,水生态文明制度是确保水生态文明建设有序推进的根本保障。根据中共中央十八届三中全会决定的总体要求,必须建立系统完整的水生态文明制度体系,实行最严格的水资源源头保护制度、损害赔偿制度和责任追究制度,完善水环境治理和生态修复制度,用制度保护水生态环境。

(1)全面落实最严格的水资源管理制度。确立水资源开发利用控制、用水效率控制、水功能区纳污限制"三条红线",建立和完善市、区两级行政区域的水资源管理控制指标,纳入各区经济社会发展综合评价体系。

(2)创新河流治理领导机制,全面推行"河长制"。在全市全面推行"河长制",由相关领导担任河长,让河流治理责任落实到人,实行"分段监控、分段管理、分段考核、分段问责"。按照水陆统筹、整体改善的原则,制订基于流域水环境功能保护和恢复的行动方案。

(3)建立健全水生态文明建设法律法规及标准体系。未来在涉水法律法规修订过程中,强化水域环境保护、水生态修复等内容,使水生态文明建设、管理、规划与设计等工作更具有法律依据。

(4)完善管理制度体系。配套完善水生态文明建设日常管理制度、考核制度、监督制度和评估体系与监控体系,理顺水生态建设体制机制。

五、结语

水生态文明建设是国家生态文明建设的重要内容,关乎人与自然的和谐共生、关乎社会经济的可持续发展。关于深圳建设水生态文明城市的五大体系构想,构建科学的水生态格局,打造生态宜居之城是目标;发展发达的水生态经济,打造创新驱动之城是基础;建设优美的水生态环境,打造水净岸绿之城是条件;培育浓厚的水生态文化是内涵;建立完善的水生态制度是保障。很有针对性、挑战性和可操作性,需要继续认真学习中共十八大和十八届三中全会精神,深入贯彻落实习近平总书记关于生态文明建设思想,加大投入,不断努力,狠抓落实,使深圳市的水生态文明建设不断取得新进展。

深港联合治理深圳河工程的生态文明管理与启示[61]

一、治理深圳河工程概况

(一) 深圳河流域简况

深圳河全长 37 km,主要支流包括深圳一侧的沙湾河、布吉河、福田河和皇岗河,香港一侧的平原河、梧桐河和新田河。深圳河水系形态呈树枝状扇形,集水面积达 312.5 km^2,60%在深圳一侧,40%位于香港新界西北部。自平原河口以下,经三期工程治理后,原有长约 18 km 的深圳河被拉直并拓宽和挖深为 13.5 km 的新河道。

深圳河流域濒临热带海洋,属干湿季分明的南亚热带海洋性季风气候。深圳河水源补给属雨源型,径流与降雨密切相关,多年平均降雨量约 1 930 mm,多年平均径流量为 3.19 亿 m^3。降雨量主要集中在雨季(4~10 月),约占年降雨总量的 90%,旱季(11 月至次年 3 月)则仅占 10%左右。降雨以锋面雨、台风雨及地形雨为主,强度大、暴雨多。台风是本流域危害最大的灾害性天气,一次台风过程的降雨量可高达 300~500 mm,台风还常常带来狂风大作和海水倒灌,加重了洪涝灾害。

(二) 深圳河主要生态环境问题

20 世纪 60 年代,深圳河沿岸基本处于自然状态,水质良好,"水草丰茂、渔歌互答"。深圳经济特区成立后,大规模开发建设活动在成就深圳市经济发展奇迹的同时,也造成了严重的水土流失;城市建设及工业生产直接将大量的废水、污水排放进深圳河及其支流,作为深圳经济特区内主要的河流,深圳河的生态环境问题日益突出。

(1)深圳河泄洪能力严重不足,洪涝灾害频发。大规模的开发建设活动造成的水土流失,严重淤塞河道。据统计,城市开发建设期间即人为造成水土流失面积占全市总水土流失面积的 93%。城市建设用地填河,大量的弃土及建筑垃圾弃向河道,严重挤占行洪通道和沿河漫滩,致使深圳河的行洪能力只有 2~5 年一遇,造成洪涝灾害频发。

(2)河道淤积严重,内源污染日渐突出。深圳河长期存在泥沙淤积问题,泥沙来源一是布吉河上游水土流失,二是来自深圳河口外湾内泥沙。泥沙的大量淤积,不仅影响河流排涝泄洪,同时,水土流失作为载体,挟带大量污染物进入河道并在河道中沉积,也加剧了深圳河水质污染,长期得不到有效解决,泥沙的吸附作用使底泥受到污染,深圳河内源污染问题突出。

(3)污染负荷大大超过深圳河水环境容量,河水污染严重。深圳河作为深港两地最大的河流,成为深圳市最大的纳污河流,香港方面也有大量农业废水与生活废水流入深圳河,使得河水发黑发臭,鱼虾绝迹,沿河居民深受其害。深圳河主要遭受城市废水排放的有机污染,主要污染物是氮磷营养物质,这两项指标均超过国家地表水 V 类质量标准的十几倍,有时甚至高达 30 多倍。不同季节的水质监测结果显示,深圳河水质状况并无明显的季节性变化,深圳河所接纳的污染物已经远远超出水体本身的稀释自净能力。

(三)治理深圳河工程概况

深港双方政府于 1981 年 12 月将联合治理深圳河提上议事日程,组成联合工作小组展开合作谈判及工程前期准备,先后完成《深圳河防涝计划报告书》和《深圳河防洪规划报告》,确定了治理方案和分期实施原则。方案计划通过裁弯取直、拓宽挖深,重建边防巡逻设施,改造沿河排水口和过境设施及景观绿化等,将自平原河口至深圳河口河段的防洪能力,从 2~5 年一遇提高到 50 年一遇并兼顾污染减排和航运改善。工程计划分四期实施:第一期工程对落马洲及料坐河段两个弯段进行裁弯取直,1995 年 5 月开工,1997 年 4 月 18 日竣工;第二期工程对罗湖铁路桥以下至河口的未治理河段进行拓宽、挖深、构筑河堤,1997年 5 月开工,2000 年 6 月竣工;第三期工程对罗湖桥以上至平原河口段进行裁弯取直、拓宽挖深,2001 年 12 月开工,2006 年 11 月竣工;第四期工程对平原河口以上至莲塘-香园围口岸上游 620 m 处河段进行整治,2013 年 8 月开工,已于 2017 年底全部完工。

二、治理深圳河工程的文明管理特色

随着深港合作的不断深入,深圳河治理的理念不断进步,工作与时俱进。工程逐步由防洪为主转向防洪与水污染治理兼顾。因此,治理深圳河工程将生态文明管理贯穿于工程全过程,坚持将生态环境保护融入工程建设工作中,更加注重工程建设与动植物生境的和谐共处,注重工程建设的生态安全及保护,坚持走基础设施建设和生态文明建设共同发展的道路。

(一)理念超前,涵盖始终

(1)前期阶段开展生态环境影响评估研究。在前期阶段,就工程建设可能对空气、噪声、水质、废物、生态、景观与视觉,以及文物等环境要素的影响进行定性定量评估,确定纾缓措施;重点对生态即底栖动物、鸟类等进行调查,评估工程对生境的影响;并评价工程施工造成的水土流失范围、流失量、危害及对策等。

(2)规划设计阶段充分考虑生态因素。从保护区规划和发展、河道平面布置、工程用地及拆迁、土方开挖、堤防结构等综合因素考虑,以生态保护优先为原则,加入生态保护设计。

(3)建设阶段加强监管。建设过程中,成立环境监督小组与环境审核小组,订立环境保护技术规范,建立控制环境质量三级水平,设定相应行动计划,对空气、噪声、水质、废物、生态等连续监测;对水土流失加强控制管理,按一级标准订立防治目标。

(二)与时俱进,不断创新

1991 年《中华人民共和国水土保持法》颁布实施,1992 年深港联合治理深圳河重开谈判,首先进行环境影响评估研究;2007 年党的十七大报告首次提出"建设生态文明",

2008年4月启动的深圳河第四期工程的设计理念,更为注重生态河道的建设与水环境的改善;同年11月,完成了深圳河河口及新洲河口湿地修复研究,迈出了重建深圳河生态系统的第一步。2012年十八大报告中提出"生态文明建设",深圳河水土保持工作更进一步深入,对已建成的深圳河沿线生态进行系统规划与改造,提升沿河景观。

(1)治理深圳河第四期工程的生态设计理念。一是河道平面布局方面,摒弃了传统的拉直河道的治河方法,尽可能顺应原有蜿蜒曲折的河势形态,保持河道现有中心线。二是通过兴建占地面积2.2万m^2、蓄洪容积8万m^3的滞洪区,通过进出口控制实现滞洪区运行调度,削减对下游河道洪水位抬高的不利影响,并营造河滩湿地,种植水生植物,净化水质,美化环境。三是实施深圳侧沿河截污工程,截流该河段全部旱季漏排污水,收集到罗芳污水处理厂处理达标后排放,以改善河道水质。四是采用生态护岸材料,如多孔混凝土块、生态袋、土工网等生态环保型材料。五是进行堤岸覆绿设计,根据不同河段的特点进行多样性设计,通过河道这个轴线将各段不同的景观元素串联起来,形成变化的空间序列,创造一个绿意盎然的生态河道。六是断面设计从修复和维护现状河道生态环境考虑,结合用地条件,在保留现状河漫滩的基础上,分别采用半直立式、梯形、复式三种断面形式。

(2)沿线景观的系统规划与提升。一是对沿线历史遗留下来的违规搭建、私人苗圃等进行全面梳理和清拆。二是对深圳河北岸的福田口岸、皇岗口岸和罗湖口岸三个口岸及其辐射区域沿岸生态景观建设及部分河段驳岸美化,总面积约17.85万m^2。三是在深圳河北岸福田保税区段建设纪念林小广场和绿化给水管线的修建及相关绿化、种植。

(三)科学管理,重点突出

土方开挖和土方弃置是治理深圳河工程水土保持工作的重点。深圳河一至三期工程产生弃土634万m^3,其中100.9万m^3为遭受重金属不同程度污染的污染土。若处理不当,会造成潜在的生态危害。

(1)土方工程重点防止水土流失。开挖时优化施工方式,分片开挖,尽量保留原有植被的水土保持功能;开挖料堆放选择不易受冲刷的场地,及时覆盖;物料堆放地周边修建临时排水沟,防止冲刷;施工迹地及时植树种草恢复植被,防止水土流失。

(2)弃土管理追求资源化利用。一是通过设计方案优化比选,开挖料筑堤回填等方式,尽量减少弃土产生。二是弃土资源化利用。将部分污染土固化无害化处理,满足环境和工程要求后用于筑堤回填;其余污染土用装有"黑匣子"的封闭式船只运送到经深港双方政府批准的弃土场进行弃置,一至三期工程的污染土均弃置在香港东沙洲海上倾倒区。非污染土部分用于规划的填海造地(如珠海黄茅岛),部分就地填埋封盖,种植植被,用作生境补偿。

三期工程弃土管理模式为治理深圳河第四期工程提供了借鉴。第四期工程土方开挖约60万m^3,外运弃土约44万m^3,其中污染土9万m^3。四期工程环境影响评估对土方管理进行了详细评估,建造合同条款对土方弃置进行了严格规定。

治理深圳河工程的河道疏浚及弃土管理,须严格按照国家疏浚物海洋倾倒类型评价程序(见图1)进行。

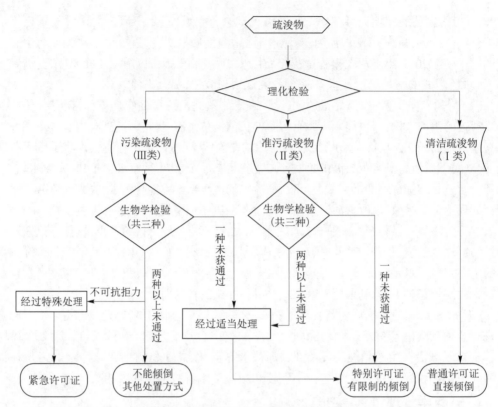

图1 国家疏浚物海洋倾倒类型评价程序

由于弃置空间的严格管理和环保要求,治理深圳河工程的河道疏浚弃土有一部分需弃置香港水域,须严格按照香港疏浚物海洋倾倒类型评价程序(见图2)进行。

(四)生态补偿,增强修复能力

深圳河工程不可避免造成原有生境的损失,且深圳河河口处为极具生态价值的国际生态湿地,生态保护在治理深圳河工程中具有极其重要的地位。治理深圳工程通过各种管理措施和补偿修复措施,适当进行生态干预,改善生态结构,提高生态价值,恢复和提高深圳河湿地生态系统功能。一至三期工程共恢复湿地面积 5.88 hm²,补偿种植红树林 10.8 hm²,恢复南岸鱼塘 20 hm²,施工期间管理鱼塘 30 hm²,植树 84 900 棵,植草 80 万 m²。

(1)生境保护与补偿措施完善。一是保护工程区外邻近生境,禁止倾倒任何废弃物,用围栏隔离防止人员擅入。二是为了防止南岸红树林鱼塘的退化,工程设计中采用提高该河段排水管底板高程的方式,以保持鱼塘所需的水位,并进行水位观测,一旦水位低于 0 m,即采取补水措施。三是在堤顶铺设混凝土草皮以恢复损坏的植被,在直立墙种植攀缘植物以改善景观。四是在双孖鲤鱼山开挖边坡进行绿化,以防止水土流失,补偿树木及生境的损失。五是在香港南坑弃土场附近山坡种植乔灌林木,补偿湿地面积的损失。六是在深圳河口滩地和深圳湾滩地,种植红树林,补偿红树林面积的损失。

(2)生境恢复与再造因地制宜。对裁弯取直留下的河道旧河曲,根据不同的河曲类型进行改造。一期工程落马洲旧河曲保留用作补偿鱼塘的损失;三期工程圆岭仔河曲和

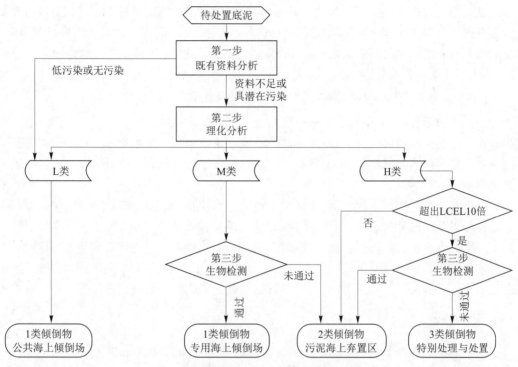

图2　香港疏浚物海洋倾倒类型评估程序

文锦渡河曲被改造成人工沼泽,种植本地沼泽植物,提升生态功能;文锦渡河曲因有水流流入,其排水闸在设计中采用单向阀门。其他河曲填平,植树种草,补偿林草损失,改善景观。工程完成后恢复临时占用的鱼塘,对鱼塘进行改造,如设置水中小岛等,改善鸟类栖息觅食场所,提高鱼塘生态功能。

在堤顶植草皮混凝土补偿草地损失及改善景观、在防浪墙及直立挡墙种植爬藤植物改善景观。在河道内平台种植湿地禾本植物补偿湿地损失。

三、治理深圳河工程的生态效益

治理深圳河工程是深港两地政府联合建设的防洪除涝工程,经过三期工程的治理,深圳河的防洪标准提高到50年一遇,堤坝可抵御200年一遇洪水。从1998年至今经历多次洪水考验,深圳河沿岸未发生严重的洪涝灾害,工程发挥了显著的防洪效益。深港两地政府在治理深圳河工程谈判初期虽经历了是保护鸟类还是保护人类的"争论",但最终仍就工程建设目标和生态环境保护达成一致,逐步探索出一条独特的生态文明建设之路,从而取得了良好的生态效益。

(一)改善水质,减轻环境污染

工程实施后,河水入海时间缩短,河槽槽蓄量和洪潮交换量有较大增加,有助于污染物的迁移转换和稀释降解,使深圳河水质有一定程度的改善;水体散发的异味明显减弱,工程地区空气质量明显提高。此外,河流行洪和水力条件得到明显改善,为今后治理深圳河水质污染创造了一定条件。

以正在建设中的四期工程为例,通过铺设截污管道、修建截污口等工程措施使河道水质逐步达到地表水 V 类(景观用水)标准,并持续稳定达标。根据水质改善工程的规模以及深圳市目前的污水处理费,按照管网和污水处理厂的投资比例分摊污水处理费,经估算,工程年水质改善效益为328.5万元。

(二)保护和改善生态系统,提升周边资源价值

工程实施后,沿岸生境免受洪水淹没增加深圳河生态系统稳定性;因水浸导致的环境污染减少改善工程地区生态系统;水质的改善也利于改善河流水生生态系统。同时,工程在采取各种生境恢复措施后,河面宽阔,堤坝覆绿,区域景观得到美化,形成开阔明快的视觉走廊,增强视觉美感。

以正在建设的四期工程为例,在保障河道安全行洪的前提下,结合堤岸覆绿、设置河滩湿地等工程措施使河道恢复生态系统,激活自然净化功能,改善和保护河道水体、恢复河道自然生态环境,建设人与自然交融的景观。从而使得工程附近地价升值,由此产生的生态效益按引起的土地升值进行估算,参照当地附近同类项目实施后同类土地升值情况进行估算,土地开发按 10 年考虑,则本项目的效益为753.5万元。

四、几点启示

(1)实施精细化管理。生态文明建设和管理是一项精细化和精准化的工作,要本着对生态系统每一位生命体成员负责的态度,努力将建设项目实施对生态环境和系统的影响降到最小。

(2)坚持多学科多专业合作。建设项目生态文明管理是一项跨学科、跨专业、综合性的系统工程,保护的内容从自然生命体到历史古迹和文化遗产等,学科门类多,内容丰富,对知识面的要求较宽、较高。

(3)从前期规划阶段开始。建设项目的生态文明管理应从工程的规划阶段开始,通过生态环境基线调查等,了解、评价工程规划及整个影响范围内应保护的对象、特性和尺度。

(4)采取生物量补偿措施。基于简单生物量平衡的原理,在建设项目工地范围内及周边,通过恢复、重建和加强管理等补偿措施,实现项目实施期和建成后的生态平衡是可行的。

(5)环境监察与审核。环境监察及审核是一项很有效的手段,能够保证各项保护措施、舒缓措施和生态补偿措施落到实处,使对生态系统的保护最大化。

(6)重视滞洪区生态功能。传统水利工程滞洪区,因城市化而具有新的功能,包括湿地、防洪、景观、生态和洪水资源利用等,应给予高度重视。城市滞洪区不仅能够滞蓄洪水、削减洪峰,调节洪水过程;而且能增加城市湿地水面积,改善水生态和水景观;通过科学配置和优化调度,可以提高雨洪资源利用率。

(7)研究利用洪湖滞洪区。深圳洪湖滞洪区位于布吉河中游,始建于1981年,滞洪库容约250万 m³,能够调节 20 年一遇洪水;同深圳洪湖公园一体化管理,已发展成为集休闲、娱乐、赏花,滞洪、景观、湿地和雨洪资源利用于一体的城市水生态综合体,值得深入研究和保护。

(8)保护利用好河滩湿地。河滩湿地具有强化植物自身对水体的净化保育功能;应根据地形条件尽可能保护或恢复河漫滩草甸湿地、草本沼泽湿地等;发挥其生物繁育与多样性保护功能。

五、结语

深港联合治理深圳河工程借鉴了香港发达地区和与国际惯例接轨的生态文明管理经验,始终坚持人与自然和谐共生的可持续发展之路,重视环境及生态保护,实施保护性综合治理,尽量减少对生态的干扰,不断增强生态系统的自然修复能力,值得我们结合国内的生产实际,总结、学习和借鉴。但深圳河生态文明建设之路任重而道远。深圳河的水污染治理、水生态修复是长期而艰巨、迫切又必需的工作。我们将继续坚持以自然和生态为原则,贯彻"以人为本""人水和谐"的理念,以城市河流生态的可持续性和维持城市河流健康生命来支撑城市生态环境的可持续发展。

当前,我国正在进入以城镇化建设为核心的快速发展期,大量的建设项目实施不可避免,如何树立敬畏自然、尊重自然,与自然和谐相处的理念,实行在保护中建设和建设必须优先保护的理念,大力加强建设项目的生态文明管理,是我们持续努力的方向。

论城市水土保持与生态文明建设

党的十七大首次在政治报告中提出,要建设中国特色社会主义的生态文明。党的十八大政治报告中,做出"大力推进生态文明建设"的战略决策,明确将其融入经济、政治、文化和社会"五位一体"建设的总体布局。生态文明建设的关键是人与自然的和谐,是"五位一体"建设的基础和环境保障,是实现人类社会永续发展,建设美丽中国的必然之路。水是生命之源,是生态文明建设的生存载体;水是生产之要,是生态文明建设的资源必需;水是生态之基,是生态文明建设的环境基础。水生态文明是一种以水为核心的、具有时代特征的社会文明形态,其目的是为了经济社会的可持续发展,推动人与自然、人与社会、人与水生态三者之间的和谐统一。显然,水生态文明是生态文明建设的前提和重要组成部分。

一、水土保持与生态保护的重要性

(一)自然生命共同体

首先,分享一个正在不断生长的生命共同体—山水林田湖草沙冰。从山水林田湖到山水林田湖草,从山水林田湖草到山水林田湖草沙,再到山水林田湖草沙冰,这个生命共同体里的要素正在不断生长,符合马克思主义的唯物发展观。如果有人问这个生命共同体里的要素还会不会再生长,我想还是会的,例如有学者提到的山水林田湖草沙冰海。在山水林田湖草沙冰的自然生命共同体里,共有八个要素,其中四个直接与水相关,即水、田、湖和冰,四个与土有关,即山、林、草和沙,说明水和土是自然生命共同体的支撑要素。这是各行各业科技工作者们共同学习和努力的结果,说明关于生态文明建设的理念已经深入人心,各行各业和各个学科都开始重视生态文明建设,将自己的工作对象和研究方向纳入自然生命共同体里,实行统筹谋划、系统治理。

水和土是自然生命共同体里的主成分。水和土的辩证关系可以用来表征整个共同体的基本特性。水是生命之源,土是生存之本。如果没有水,世界将一片干涸;如果没有土,万物将无立足之本。如果水无序流动,土壤将受到侵蚀;如果土壤被冲蚀或淤积成碍,环境将受到影响。水能使土壤流失,土能阻挡水的流动。水和土同样也是地球自然界为人类生存和发展服务的两种基本资源,水和土,同阳光和大气一起,构成了山水林田湖草沙冰生命共同体的生态基础。

认识到水土生态保护对自然生命共同体的重要性,就抓住了事物的主要矛盾。了解水土生态保护在生产生活实践中的重要意义,有利于推动水土保持及生态建设的系统性和规范化。

(二) 生态文明论述要点

十八大以来,在中央全会报告和习近平总书记讲话中关于生态文明建设论述的要点概括如下:

坚持绿水青山就是金山银山理念,推动绿色发展,促进人与自然和谐共生;坚持尊重自然、顺应自然、保护自然,与自然和谐相处;坚持节约优先、保护优先、自然恢复为主,守住自然生态安全边界。深入实施可持续发展战略,完善生态文明领域统筹协调机制,构建生态文明体系;促进经济社会发展全面绿色转型,建设人与自然和谐共生的现代化。加快推动绿色低碳发展,持续改善环境质量,提升生态系统质量和稳定性,全面提高资源利用效率。

这里要特别强调的是,什么是自然生态安全边界?

首先,是要坚持国土空间格局与人口资源环境相协调、经济社会与生态效益相统一的原则,划定红线,合理布局,为自然生态留下休养生息、自我更新的空间。例如我国为什么必须坚持18亿亩基本农田,就是为农业生产、为老百姓的粮袋子划定的耕地保有红线;又如我国提出在2030年全国用水总量须控制在 7 000 m³ 以内,就是对水资源管理的总量控制红线;还有如大气污染控制、污水排放控制及固体废物处置等,国家都有划定的红线。其次,要保护和修复好生态系统功能。按照自然生命共同体的理念进行系统管理和服务,提高生态系统的自我调节和修复能力,为人类提供质优量足的生态产品。最后,是要强调生态保护责任,强化保护和责任意识,加强监管,防范化解各类生态风险。例如近年来发生在祁连山的系列环境污染事件,当地的生态系统遭到严重破坏。党中央和国务院有关部门组成中央督察组进行专项督察,一批责任人受到党纪政纪处罚,祁连山的生态环境系统保护工作得到加强。

二、城市水土保持及生态保护的特点

城市水土保持的主要任务是预防和治理城市开发建设项目造成的水土流失,保护和修复生态。建设项目是地球上最大的人类活动,是人为造成水土流失的最大潜在因素。

建设项目的特点是种类多,如城市建筑,包括住宅、办公、商务及餐饮等建筑;市政建设,包括街道、公园、停车场和供排水管网系统等;水利建设,包括堤防、水库、水电站及江河湖泊的整治等;交通建设,包括公路、铁路、高速公路、高速铁路等,几乎涵盖社会生活的方方面面。水土保持及生态保护的任务重、形式多样,水土流失防治难度大。

建设项目的几何特点以点、线、面为表征。对于水利水务工程而言，经常讲点多、线长、面广、施工技术复杂、难度高，需要有多专业、跨学科领域技术的共同合作。如城市开发建设中的厂房建设，房地产开发中的场地平整、深基坑开挖，高速公路建设中的高边坡处理，城市供排水设施中的管槽开挖等，都属于开挖动土量大面广的工程，裸露地表面积大，需临时堆土和外弃土方等，是水土生态保护的重点对象。建设项目与水土关系的主要特征是动土，动土的面积动辄几万平方米甚至几十万、几百万平方米，动土量也达到数十万、百万立方米甚至千万立方米，水土流失的潜在风险很高。

建设项目造成的水土流失一般强度大，泥沙含量高，成分复杂，影响范围广，危害严重。建设项目动土会破坏大量的植被，产生大量的裸露地表和临时堆土，如无有效的防护措施，一旦遇大雨天，极易造成土壤流失，严重影响城市景观和生态环境。流失的土壤会淤塞市政排水管网，造成排水不畅而形成内涝，影响市政交通和居民出行；造成河道淤积，影响河道排洪，引发城市洪涝。高差较大的边坡或深基坑在施工开挖过程中，则极易造成地质灾害，会给人民生命和财产安全造成风险。建设项目的工地扬尘，会增加 PM2.5 的浓度，造成空气污染。建设项目主要集中在城市，城市的人口密度大，经济比例高，一旦发生水土生态破坏，造成的经济损失也大。

水土流失和城市洪涝是一种伴生灾害，暴雨洪水引起或加剧水土流失，水土流失反过来又造成或加重城市洪涝灾害，甚至影响环境质量。建设项目水土生态保护是在传统水土保持的基础上，既具有生态修复、保护和建设功能，又兼具景观、休闲等多种功能，是水生态文明建设的重要内容。

三、深圳城市水土保持及生态保护

同城市的发展和社会管理进步相适应，深圳的城市水土保持工作大体分为三个不同的阶段，即保护缺失、水土流失严重阶段，治理力度加大、监管逐步完善阶段，监督管理加强、预防为主阶段。

深圳从特区建立之初到 1995 年的 15 年间，由于监管缺失，城市建设高强度、大批量的土地开发，挖山填沟，采石取土，破坏植被，遗留下大量的裸露地表。在丰沛的降雨条件下，曾造成严重的暴雨洪水和滑坡、泥石流等洪涝灾害，淹没村庄、房屋，淤塞水库、河道和排水系统，使市民的财产和城市的经济发展遭受严重损失。深圳的水土流失面积曾经高达 180 余 km^2，占到辖区国土面积的 9%，曾经被媒体誉为"南方的黄土高原"。

城市水土流失影响到深圳市的投资环境和社会经济的可持续发展。中央电视台《焦点访谈》专栏记者于 1995 年 9 月针对雨后造成深圳市布吉、龙华一带严重水土流失状况，特意拍摄并编辑了《警惕城市水土流失》。从此，城市水土流失问题引起了政府和市民的高度关注，深圳市拉开了城市水土保持工作的序幕。

从 1995 到 2005 的 10 年间，深圳市政府痛定思痛，从人才引进、机构设置到财政投入，全面加大治理力度。编制了《深圳市水土保持生态环境建设规划》《深圳市废弃石场水土保持生态环境建设规划》，发布了《深圳市治理严重影响城市景观裸露山体缺口工作实施方案》，出台了深圳市《水土保持条例》《土石方管理办法》等一系列治理规划和法律法规，对违章动土和人为造成水土流失的行为进行了依法严格监管和处罚。不断引进、推广和创新废弃土石场治理和生态修复的先进技术、新设备,加大治理力度,顺利完成第一批废弃土石场的治理,使全市水土流失面积下降70%。

2005年以后,深圳市政府逐步将水土保持方案行政许可作为核发建设工程规划许可证的前置条件之一,加强了水土保持方案编制、实施和验收管理,完善、规范了建设项目水土保持方案的审批内容,使开发建设项目水土保持方案年审批量维持在700宗左右,申报率达到100%。同时,针对深圳汛期长、雨水多的气候特点和弃土管理无序的特点,要求建设单位申报度汛方案和弃土方案。成立了深圳市水土流失监测总(分)站,使深圳市的水土保持工作逐步进入监督管理加强、预防为主阶段。

城市水土保持工作具有很强的地域特点,废弃土石场治理曾是深圳城市水土保持工作最具挑战性的工作。深圳的地形地貌特点为浅山丘陵区,能够就地取材,为城市开发建设提供必要的土石资源,同时也遗留下大量废弃的采石场和取土场,成为城市"千疮百孔"的伤疤,严重影响了城市的生态环境和自然景观,被学界称为"裸露山体缺口"。

据2000年9月的一项调查表明,深圳辖区内的废弃土石场高达669座。废弃土石场的大部分边坡属于裸露岩质边坡,无植被、无土壤、无天然的地下水分供应,且高度较高,平均超过30 m;坡度十分陡峻,大部分在45°~90°甚至更陡,一般客土及植被很难生存。废弃土石场的治理,面临着水土环境恶劣,没有现成技术可用,更没有成功经验可参考的前所未有的困难。

深圳的水土保持科技工作者们,经过不断的研究和探索,在以场平为特征的开发区水土流失治理方面,总结出"理顺水系、周边控制、固坡绿化、平台恢复"的控制性治理措施;在裸露山体缺口的治理方面,创新性地总结出了"理顺水系、稳固边坡、微地植生、喷草种树、加强养护"的技术路线,引进开发出了以喷混植生为核心的客土喷播,微地形植生槽、植生盆种植等系列及其组合的种植技术;特别在石质边坡的植被修复方面,强调乔灌草藤结合,乔灌优先的绿化结构技术。经过十余年的不懈努力,深圳的废弃土石场得到全面治理,大面积的水土流失得到控制,地表植被得到有效修复,生态环境得到明显改善。

深圳废弃土石场治理成功的经验和技术,不仅在深圳得到了普及,而且在华南地区得到推广,取得了明显的生态效益和社会效益。成为水土保持生态文明建设在经济高速发展城市取得成功的典型案例。

经过努力,深圳市水土保持生态建设工作已取得显著成效,从1995~2012年,深圳市、区财政共投入约10亿元用于水土流失治理,累计治理水土流失面积142.26 km²,水土流失总量由年平均411万t下降至约20万t。从加大治理力度到加强监管效果,城市水土生态得到进一步保护。

四、城市水土保持的生态文明意义

水土流失是我国自然与人类活动共存的重大环境问题,城市水土流失将伴随我国城镇化的发展而更加具有普遍性和特殊性,也更加突出。城市水土保持是针对城市水土流失而提出的,是为了防治城市开发建设造成水土流失和生态景观破坏,保障城市各种基础设施和生态廊道免受水土流失的侵害并能正常发挥功能,所采取的综合性管理和技术措施;与传统的水土保持相比,城市水土保持的显著特点是以城市建设项目服务为目标的水土资源保护,主要考虑生态和社会效益。城市水土保持和生态建设血脉相连,以城市水土流失治理为核心的城市水土保持生态建设将是水生态文明建设的基础和重要内容。

城市水土保持是在水生态文明理念的基础上,正确处理好人与水、人与土的关系,实现水土资源的有效保护和综合利用,促进城市社会经济发展与人口、资源和环境相协调,实现人与自然的和谐共生。在人、水、土的哲学空间里,人是主动的、最活跃的因素;水和土是被动因素,而其中水又是活跃因素。因此,在城市开发建设过程中,应以水土资源的承载力为基础,以水土流失的自然规律为准则,以城市环境的可持续发展为目标,充分发挥人的积极性和主动性,坚持开发是为了促进保护、保护是为了更好开发,保护优先的理念,理水保土,维护生态,构建一种人与水、人与土的和谐共生、良性循环、全面发展的城市开发建设新环境。

水生态文明建设的主要目标是要最大限度地保护和利用好水资源,使其既不受到污染,也还能高效利用,从而显著提高水资源的承载能力,使有限的水资源能够为社会经济发展起到永续的支撑作用。城市水土保持是为了修复已经遭到破坏的地表植被且防止新的破坏发生,从而保护河湖、水库以及城市排水系统免遭淤积和污染,防止滑坡、泥石流等地质灾害的发生,保护大气免遭粉尘的污染,直接或间接地达到保护水资源的目的。因此,城市水土保持同水生态文明建设是血脉相连的,是水生态文明建设不可分割的重要内容。同时,城市水土保持又区别于传统的水土流失治理,在保持水土的基础上,还具有生态修复、保护和建设的功能,并兼具景观性和休闲性等多种复合功能,是对水生态文明建设的贡献。

五、结语

城市水土保持与生态保护的核心是人与自然和谐相处,本质是发展与保护的辩证关系,是生态文明建设的时代特征和实践要求。努力做好城市发展建设中的水土保持与生态保护,是每一位水土保持工作者的责任和担当。唯有此,才能保障水土资源的可持续利用,促进生态文明建设和发展。

第十一章　水务科技研究

发展水务科技　加快基本实现水务现代化步伐

　　江泽民同志在九届人大二次会议广东代表团讨论会上指出,广东要在全国率先基本实现现代化。广东省委、省政府要求深圳市作为率先基本实现现代化的示范城市,继续在建设有中国特色社会主义的现代化文明城市的道路上发挥改革、探索、示范、辐射和带动作用。率先基本实现现代化已成为深圳市在 21 世纪到来之际的既定目标。作为为城市经济建设提供服务和保障的水务工作,在防洪减灾、保障供水及环境保护等方面具有十分重要的战略地位。城市经济现代化,水务现代化是基础。从现在起,到 2005 年或更超前一点,我们要推动水务基本现代化的实现。我们提出的总体奋斗目标是:紧跟时代发展,实施科教兴水战略,建设高标准的防洪排涝、防风抗旱保障体系及功能完善、质量可靠的供水服务体系;治理和防止水土流失,保持良好的水生态环境;依法治水、改革创新,建立廉洁、高效的水务管理体系。加快基本实现水务现代化的步伐,为深圳市率先基本实现现代化做出贡献。

　　科技是第一生产力,基本实现水务现代化,科技的发展和支撑作用十分重要。近年来,深圳水务系统的科技工作在局党组、局领导的高度重视和支持下,广大水务科技工作者踊跃参与、积极行动,撰写出一批高质量、高水平的优秀科技论文,受到局里的表彰和鼓励。同时,启动了一批科研项目,加强了项目的合同管理,推动了科技项目的研究计划和成果应用。这些论文,不仅仅只是写在纸上,而是写在深圳水务事业发展的大地上;是水务科技工作者经过不断努力所取得的科研成果,是深圳水务工作科技含量全面提升的综合反映。从 1997 年开始,局里每年都召开科技工作会议,对当年的科技工作进行总结,表彰先进科技工作者,颁发优秀论文和科技成果奖,对下一年的科技工作进行部署。

一、近年来水务科技工作基本情况

　　近年来,深圳水务科技工作在局党组的重视和支持下,在科技办全体工作人员的共同努力和有关处室的大力支持下,取得了可喜的成绩。局科技工作呈现四大特点:

　　一是机构加强了,局主要领导亲自担任科技领导小组的组长和副组长,结合机构改革人员调整,对科技办的人力加强了,有专兼职科技人员 20 余人,且大部分都是年青的博士、硕士,他们既身体力行搞科研,又兼职参加科研工作管理。

　　二是年轻干部热爱科技,投身科技的事多了。我们在座的年轻干部中,都具备硕士以上的学历,对科技创新有特别浓厚的兴趣。他们撰写科技论文,参与科研项目,及时把工程、计算机、遥感、自动测报、通信和自动化等领域的高新技术应用于工程实际,解决了一个又一个工程技术难题,掀起了新一轮水务科技热潮。

三是科研项目多了。2002 年,局科技办共收到各单位上报科研项目 60 余项,相当于前几年的总和,为扶持科研项目的开展,在财政经费相对紧张的情况下,局里想方设法拓宽经费渠道,从小农水费、原水水费、水土保持经费中提取一定比例的资金,用于科技工作。我们本着对局机关部门项目主要扶植、侧重补贴,对下属单位项目适当补助,鼓励经费自筹的原则,下达了 22 个立题项目和补助额度。各项目承担单位要大力支持,利用自有资金弥补经费不足,当然,额度投入较大的,要按规定报计划处审核。科研经费的管理要实行专户储存、专款专用,保证有限的经费发挥出最佳效益,力求搞出几个精品项目来。

四是科研项目重点突出,今年立题的 22 个科研项目突出了四个特点:①突出理论和实践相结合;②突出软科学项目和技术硬件项目的结合;③突出信息化建设的重点;④特别突出水务生产实际的需要。

二、与时俱进,水务科技水平再上新台阶

近年来,在水务局党组和局科技工作领导小组的领导下,水务系统积极实施科技兴水,依靠科技进步和提高队伍素质,加快水务现代化进程,水务、三防科技含量、信息化程度、现代化水平、水务队伍科技文化素质不断提高。

(1)不断探索城市河道整治的新思路、新方案、新技术。城市河道整治是城市水务基础设施建设的重点、难点。为了解决河道整治工作出现的难点和问题,几年来科技办组织有关部门人员积极开展了城市水文特性、感潮河段洪潮特性及流域水文特性、深圳河干流、河口区泥沙运动淤积对策、布吉河、福田河、新洲河等淤积规律及清淤方案优化研究、流域防洪规划与市政、城建规划交叉问题、复式断面形式、结构与景观生态措施和深槽水文水力分析计算等方面的基础性研究,为科学确定治理标准、合理计算水文水力学参数、优化设计方案提供了决策依据。在河道治理过程中,积极采用先进技术,如治理深圳河二期工程采用土工合成材料用于堤坝基础及边坡的加固及反滤、污染土与非污染土隔离等技术,其中土工合成材料的应用被国家经贸委、建设部及水利部等五部委列为全国水工合成材料推广应用示范工程。另外,还积极推行河道整治、防洪标准提高与景观改造、美化、绿化相结合的原则,福田河、新洲河综合整治设计充分考虑景观要求,结合河道普查工作,积极开展水资源及水环境承载力与社会经济可持续发展关系的研究。目前正在开展的坪山河河道整治工程,为治理河道污染、改善河道生态环境,积极探索采用人工湿地等新的途径。

(2)运用先进技术高效优质建设重点工程。深圳市东部供水水源网络干线工程是深圳今后供水水源的生命线。由于工程规模大、线路长、工程技术要求高,在整个勘测、设计、建设过程中广泛应用了新技术、新设备及新工艺,起到了节约投资、缩短工期、保证质量的作用。在勘察阶段,针对长距离水工隧洞贯通测量难度大的特点,应用全球定位系统完成了洞外平面施工控制网的测量工作,使工期大大缩短、测控精度大大提高。在大流量渡槽设计中,通过对其结构在经济分析、水头损失动态折现值比较等基础上,采用三维有限元分析,对渡槽的断面形式进行优化,使布仔河渡槽、深圳水库渡槽等成为目前国内跨度最大的全封闭双向预应力箱式渡槽之一,东部输水结构优化设计小组也因此而荣获水利部优秀质量管理小组称号。在施工设计中,对大坝河倒虹吸管的施工,通过应用有限元

技术进行分析计算,提出管道内防磨采用水泥砂浆增加钢丝网的方式,使其抗磨性、抗裂性大大提高,如此大管径大跨度的倒虹吸管在国内应属少见。

(3)依靠科技改善水质让市民喝上放心水。自来水水质问题关系千家万户。依靠科技、加强管理,确保自来水水质安全。在局科技办的指导下,各供水企业根据本企业水源水质特征及水处理工艺流程,积极开展了多项提高供水水质的研究课题,如深圳市水库水源生物净化技术、饮用水的水质现状与饮用水水质改善对策、受污染水库水处理工艺集成技术示范研究、深圳水库水源自来水处理工艺流程、二氧化氯净化微污染水源水应用技术研究、自来水生物繁衍机制及其治理研究、供水过程中藻类影响及去除技术研究、供水管网水质变化规律与控制研究等。其中自来水生物污染即二次供水红虫问题曾在社会上引起较大影响,成了市民投诉、新闻报道的热点。

为了满足人们对供水水质不断提高的要求,我们参加了联合国 UNDP 技援项目关于"城市供水水质督察体系"的研究,鼓励各自来水生产企业积极推行新工艺、新技术、新材料,通过采用生物预处理、臭氧、活性炭、膜过滤等技术,优化了水处理工艺流程。积极采用计算机处理技术,对水质实行在线检测。大力推广应用无毒、防腐性能可靠、维修量少、使用年限长、粗糙系数低的新型管材,逐步对旧管道系统进行改造。采取积极措施,不断提高深圳市的城市供水水质。

近年来深圳市部分小区配套管道优质饮用水供水工程,针对国家及地方尚无管道优质饮用水水质标准的现状,为保障用户的用水安全,我局供水处与市质量技术监督局、市自来水公司共同开展了管道优质水安全技术研究与应用课题,对不同水处理工艺、不同运行参数下的管道优质水出水进行了试验研究和分析,在此基础上提出了《深圳市管道优质饮用水安全技术规范》。该规范是国内第一部关于管道优质饮用水的水质标准。同时,课题小组还在研究的基础上提出了管道优质饮用水安全运营管理措施,为政府规范管道优质水市场提供了借鉴,保障市民用上放心安全的管道优质水。本课题获得了市科技进步三等奖。

(4)积极探索提高城市水土保持生态环境建设的科技含量。自局水保办成立以来,科技领导小组办公室和水保办大力合作,在水土保持工作方面坚持高起点规划、高标准建设、高效能管理的原则,充分调动各方面积极因素,全面开创了城市水土保持工作的新局面。使科技在水土保持生态环境建设中发挥了巨大作用。为加快城市水土保持生态环境建设,积极开展了"城市水土流失治理途径的研究",同时采用先进的规划思想和技术进行全面系统的规划,制定了"深圳市水土保持生态环境建设规划",该规划通过水利部有关专家评审,认为达到国内先进水平。应用遥感技术,建立了水土流失监测网络,及时掌握其动态,为科学治理提供了决策依据。根据深圳的自然地理、气候条件、土壤条件,经科学试验,正确选择树种、草种,大力开展绿化治理,使大面积的裸露地在短短几年内基本消除,昔日黄土已绿荫葱葱。针对不同时期,水土保持工作的不同特点,及时将治理工作的重点转移,积极开展高边坡岩石绿化技术,即喷混植生技术的试验及推广,该技术利用特制喷混机械将土壤、肥料、有机质、保水材料、植物种子、接合剂等混合干料搅拌均匀后加水喷射到岩面上,能达到理想的快速直接绿化效果,从而达到使岩质坡面恢复植被、改善景观的目的,在同类技术中处于国内领先水平,该技术获市科技成果二等奖。

（5）加速信息化进程，推进水务现代化。深圳市水务系统以信息化推动现代化的工作开展较早。三防信息网络系统已于2001年获得市信息委员会办公室颁发的《深圳市信息工程使用许可证》，该系统有40多个局域网用户，17个远程用户，与广东省防总专线联网，并在去年汛期初显身手。水务局国际互联网上网系统（外部网）、三防400 MHz无线对讲系统、三防水情卫星遥测系统、三防GIS系统及深圳河流域防洪排涝仿真模型系统均已初步建成。《都市防洪排涝水情仿真和灾情评估系统》被列入水利部引进国际农业先进科技项目计划，已全面启动。局机关办公自动化系统已正式投入使用，使所有传阅文件资料基本达到了无纸化。引入先进的3S技术，建成了水土保持信息管理系统，全面提高了水土保持现代化管理及监测水平。深圳市水文站网的规划、技术设计工作已经完成，该站网能够通过合理的无人值守水位站、雨量站、蒸发站等布局，实现雨量、水质、含沙量、蒸发量、水位多元数值实时自动收集、分析及处理，并依靠决策支持系统提供决策参考。为了进一步发挥资源优势，该站网正在同现有三防水情站网进行整合，并进一步报市计划局立项。

三、进一步推动水务科技的发展

水务工作基本实现现代化是宏大的目标。要实现这个目标，靠什么？靠的是科技创新和发展。科学技术是第一生产力，科技工作是基本实现水务现代化的推动力和重要保证。因此，必须从以下几个方面努力来持续支持和推动水务科技工作的发展。

（1）领导重视，措施得力。各级领导必须首先从思想上树立科学技术是第一生产力、科技工作是保证的思想，从基本实现水务现代化要求的高度来认识科技工作的重要性。要继续落实"第一把手亲自抓第一生产力"的措施，要从组织机构、管理体制、经费来源等各个方面，切实加强对水务科技工作的领导。要采取一切有力措施，从人力、物力、财力给予水务科技工作以最大支持，组织、人事、财务部门要抓落实，工会、共青团、妇联各群众组织及各学术团体要紧密配合，要把科技工作作为一切水务工作的头等大事来抓。

（2）创新体制，广纳人才。当前，在知识经济和经济全球化浪潮的推动下，世纪之交的世界经济正进入大发展、大调整时期。世界经济发展的战略已成为人才战略，谁拥有人才，谁就掌握竞争发展的主动权。市委、市政府号召，要实施高级人才战略，加快科技创新步伐；要加大人才引进和培养的力度，构筑人才高地。首先要在全市水务系统营造尊重知识、尊重人才的风气，树立人才就是生产力、就是财富，知识就是生产力、就是财富的观念。要继续采取人才内部培养和外部引进相结合的方针，有计划地引进一批水务基础设施建设和发展水务经济急需的高级人才。继续支持和鼓励水务系统职工开展学历教育、自学和岗位培训等多种形式的继续教育，要培养和建立一支既懂管理，又能掌握现代科学技术及文化知识的水务职工队伍；要积极支持和鼓励水务职工开展科学研究，逐步培养和建立一支既具有一线生产实践经验，又具有较高科研素质的水务科技人才队伍。凡是人才，无论是内部培养还是外部引进的，都要在政策上予以支持和倾斜。要改革用人制度，创造干事创业的大环境，要为科技人才的发挥创造条件。

（3）广开财源，加大投入。科技工作离不开财政的支持，水务系统不是专门的科技部门，缺少专项资金用于科技研发。近年来，深圳市水务局克服重重困难，每年从小农水费中提取不少于50万元的经费用于科研项目的资助，并计划从原水水费、河道采砂管理费以及将要开征的水资源费、水土保持费、围堤防护费等有关费用中提取一定比例的经费用于科技工作。同时，还积极组织、支持和鼓励从事科研项目研究的单位或个人，向部、省、市科技主管部门争取科研经费资助。这些工作，无疑对推动水务系统科技工作的开展，起到了很大的作用。更可喜的是，一些工程建设和管理单位，能够将科技开发研究同工程项目建设相结合，极大地支持了科研工作的开展。科研成果保证了工程的质量，节约了投资，工程建设支持了科研的开展。二者相辅相成，值得鼓励和推广。但是，应当看到，缺少经费仍然是水务科技工作发展的制约因素。今后，我们要进一步研究和探索新的财政支持的路子，广开财源，加大投入。例如，可考虑在水务发展基金中设立专项水务科技基金，以保证科技资金的投入能够同水务事业的发展相适应，并能使科技基金的使用和管理更加规范化和制度化。

（4）积极引导，大力扶持。科技发展，日新月异。要在科研方向、科技开发和探索方面对水务科技工作进行积极引导和大力扶持。一方面，要有计划、有步骤地组织。另一方面，要积极支持和鼓励水务科技工作者不断学习，不断更新知识，了解和掌握科学技术的最新发展和应用动态，瞄准科技前沿，将最新的科学技术和科技成果应用于水务事业的发展。要重点资助和扶持具有一定推广应用价值或推动水务科技进步的科研项目，要特别重视开展重大科技推广应用项目的研究和管理；要积极资助和扶持具有开拓性和探索性的科研项目；要重视对年轻水务科技工作者科研工作的资助和扶持。要开展新技术、新材料、新工艺的研究及应用；要重视信息技术、生物技术等高新技术成果的推广及应用。

四、做好明年科技工作的几点具体要求

（1）要高度重视科技工作，以科技创新推动水务发展。科技以人为本，各单位要着力培养水务科技带头人，人、财、物上给予适度倾斜。科技工作人员要紧密结合深圳水务实际，搞好水务高新技术的创新，改造传统技术，以提高工作效率。

（2）进一步拓宽投入渠道。要充分发挥政府、市场两方面的作用，调动各方面资金的积极性，投入水务科技开发。一方面，政府继续对水务科技工作实行投入倾斜政策，保证城市水文特性等基础性研究及人才培养的资金需要；另一方面，通过制定相关市场开发的政策，吸引企业及社会资金。积极开展节水器具、污水回用、中水利用、海水利用等朝阳产业的研究，以市场吸引资金、以资金促进开发。

（3）要完善水务科技项目验收制度。水务科技项目验收制度是科技项目质量和项目合同履行的重要保障。早在1998年，我局已经制定了《水务科技项目验收暂行规定》，1998年至今，共有53个项目在局科技办立题，其中全部或部分付给补助经费的有36项，已有10余项的负责人认真执行规定，进行了项目验收，但大部分项目却出于各种原因，仍未结题。因此，科技办要加大督办力度，经常性地检查科技项目进展情况，经费使用情况，帮助查找原因，尽快组织验收，结清财务账目。只有严格验收制度，水务科技工作才能规范、有序地健康发展。

（4）完善科技项目扶植方式。抓重点项目也是实施"科技兴水"战略，提高科技进步水平的关键。自1997年科技大会以来，逐渐改变了将科技经费"撒胡椒面"，全面开花的做法，而是采取抓关键项目，重点扶植的方式，一方面尽力创造条件把各单位申请立项的

科研项目扶上马,实现量的积累,另一方面也有意识地集中物力财力,对针对性强、见效快、效益显著的重点科研项目,实行重点支持,争取质的突破。从目前的进展情况看来,方向是对的,但是也还存在许多具体困难,比如怎样科学地鉴定重点项目,耗资耗时却效益明显的项目要不要支持等。所以,如何集中资金,抓大出精,使重点科研项目的水平不断迈上新台阶,是科技办需要继续探讨和解决的问题。各二级单位可以自主立项,有了研究成果以后,报局科技办鉴定(验收),鉴定成果同样可以报市科技办评奖。

(5)重视科技成果的整理汇编。众所周知,科研项目的开展需要花费大量的时间、人力、物力,科研成果的取得是对大家辛勤劳动和所有投入的最好回报。如果不将成果及时总结整理,扩大宣传,推广利用,不仅是极大的浪费,而且使科研工作毫无意义。因此,为了总结科技工作成绩,使大家了解、利用和推广已有的技术成果,局科技办准备将结题的各项科技成果汇编成册,供大家交流、参考,希望大家提高认识,引以重视,抓紧提交科技成果简要内容,积极配合科技办完成汇编工作。

21世纪是科技的时代,水务科技的发展靠谁,靠全体水务科技工作者的共同努力,局党组和局领导对科技寄予厚望。希望大家继续发扬特区人敢创敢试、开拓进取、勇于创新的精神,继续在各自的工作岗位上,坚持理论与实践相结合、科研与生产相结合,不断探索管水、治水的自然规律和经济规律,多写论文,多出成果,快出成果,开拓水务科技发展的新局面。

方向已经明确,目标已经确定,让我们紧密团结,开拓、实干,为加快基本实现水务现代化的步伐,为新世纪水务事业的发展而共同奋斗!

深圳水务科技发展研究(一)[78-79]

深圳市水务局于1993年成立,迄今已二十余年。二十多年来,得益于国家全面实行改革开放、大力发展经济的良好环境,得益于国家在深圳建立经济特区的政策支持,得益于水务科技工作者的不懈努力,深圳水务的科技工作从起步到发展,从应用到开发,从重复到创新,得到全方位、多元化的发展,取得丰富研究和应用成果,综述如下。

一、城市水文及水资源

在城市水文研究方面,根据深港联合治理深圳河工程的需要,按照干流及主要支流对流域洪水实行有效控制的原则,重点考虑雨量、水位、流量及泥沙的观测,考虑对感潮河段及河口水文要素的控制,历史上第一次较为全面地在深圳河深港两岸设立水文观测站网并进行同步观测,测站布设、测验方法及成果整编参照深港两地政府的技术规范进行。河口的潮位、泥沙及潮流量观测,采用了高精度、高频率的方案,填补了该地区潮汐水文观测的空白。观测采用当时国内较为先进的水文测验设备,如SLC9-2型直读式海流计和SDH-88超声波测深仪等。感潮河段的潮水位、潮流量计算及洪水(潮)过程线分割,采用潮流要素控制法,可为水文资料短缺地区感潮河段的洪潮计算所借鉴。

深圳河河口为感潮河段。在对深圳河口潮差、潮位、潮周期和憩流现象进行认真分析的基础上,研究了潮差同涨、落潮流量的关系,潮位的时空变化,水(潮)位流量关系,平均潮周期以及憩流期间断面流速分布的变化特征。特别对涨、落潮期间含沙量的变化同潮流速及潮流量的关系进行了深入分析,研究了潮型、潮相及潮流速对泥沙颗粒分布的影响。总结建立了输沙量同涨、落潮流量的经验关系。研究同时考察了流域降雨的时空变化特征,特别是地形变化对降雨的影响。对造成洪水灾害的暴雨进行了分类统计研究,分析了大暴雨、特大暴雨及成灾暴雨发生的概率。结合治理深圳河工程设计洪水计算实践,对当时国内同香港现行设计洪峰流量计算方法在原理和参数选择等方面进行了比较。对洪潮遭遇状况下的河道水动力特性进行了一维及二维非恒定流模型的分析计算,验证了工程设计的安全性及河口底部高程设计的合理性。

时隔近十年,在深港联合治理深圳河工程一、二期和三期工程全部完成后,为了验证河道的防洪能力和减灾效益,研究通过建立数学模型,分析计算了深圳河治理工程后,河口淤积、福田红树林保护区发展、深圳湾填海工程等对河道泄洪能力的影响,复核了深圳河主干流段的设计洪(潮)水面线,评价了河道的现状防洪能力。拟定了以加强河口段堤防建设为重点,综合提高干流防洪能力的工程措施和非工程措施。

为了建立布吉河流域洪潮预报模型,应用小波理论、神经网络法和综合统计法,在多尺度上将原始数据进行分解,在各尺度上进行重构及合成,建立布吉河河口潮水预报数学模型。将潮水预报模型应用于布吉河流域防洪调度,建立基于潮水预报和洪水补偿调度的实时调度模型,提高了布吉河流域洪水适时预报和调度精度。为了研究深圳东部工业区组团特别是大工业区的建设和发展对流域水文特性的影响,应用国内外通用的城市水文模型,采用瞬时单位线法模拟计算城市化后的洪峰流量和峰现时间等,分析城市化的影响程度。

为解决工程设计中使用《广东省暴雨参数等值线图》的选择标准、原则和典型性问题,从广东省、深圳市和惠州等地主要水文站的470个站年的雨量资料中筛选出97个雨量系列,对不同时段的点暴雨频率及统计参数进行计算及合理性分析,最终确定覆盖整个深圳市区所有河流的14张暴雨参数等值线图,作为《深圳市暴雨参数等值线图》。在此基础上,通过调研分析北京、香港、广州和青岛4市(区)的内涝成因及治理经验,对照研究了深圳市内涝的主要成因,结合低影响开发理念,提出了完善防洪治涝基础设施建设、提高内涝应急处置能力的具体建议。

在水资源管理方面,为了科学评价深圳的水资源承载力与社会经济及人口可持续发展的适应性,研究结合深圳市水资源的实际情况,论证了水资源承载力的定义,采用驱动力-压力-状态-影响-反应模型(DPSIR模型),提出广义的水资源承载能力综合评价指标体系,建立适合深圳市水资源承载能力的综合评级指标体系;应用模糊综合评价方法,评价了深圳市水资源承载能力的现状。

在复核深圳市2020年各组团供水需求预测成果的基础上,结合境外水源分配方案,境内蓄水水库、输配水工程的布局和规模情况,对现状供水水源工程规划方案进行优化,提出调整意见和新增供水水源工程方案。论证了优化后水源及供水工程布局方案的必要性和可行性。通过建立水源网络系统的拓扑结构模型,研究其动态存储、关系还原、遍历算法优化等问题,探索解决复杂水源网络结构模型的可扩展性和通用性。建立多目标的水源优化调度模型,同多输入多输出的水质模型进行耦合,构建水质水量双相控制的多目标优化调度模型。通过分析研究东部供水系统各单元的供水特征及其相互关系,进行网络化建模处理,建立东部供水系统网络模型。并以大系统理论为基础,建立深圳市东部供水系统水资源优化配置模型。以"引水量最小、弃水量最小、保证率最高"为铁岗和石岩水库联合调度原则,建立防洪兴利优化调度模型。通过典型洪水过程的调度和调节计算,对不同方案调度过程中各效益因素进行分析,综合评估了铁岗、石岩水库实行防洪兴利综合调度决策方案的效益和优越性。

二、水务规划及防洪减灾

在水务规划的综合协调方面,水务规划同城市总体规划和其他行业规划的协调,一直是水务规划的重点和难点。深圳市流域防洪规划与市政、城建规划交叉问题研究,系统总结分析了河道堤防建设及河岸保护区与城市土地利用规划的矛盾,公路交通桥梁、涵洞与所在河流防洪标准不一致的矛盾;市政排水入河口缺乏统一规划协调,平面布置及出口高程不符合防洪要求的矛盾等,指出市政交叉工程规划必须首先满足城市防洪及排水安全的要求;同时,城市防洪及河道治理规划应结合水污染治理、景观生态用水及河岸园林景观建设进行。在填海工程的影响研究方面,针对城市扩张需填海造陆而引起的洪灾及内涝问题,后海湾填海工程对出海河流泄洪能力的影响和对策,通过建立深圳湾平面二维水动力数学模型,系统分析了填海工程使岸线变化对深圳湾、深圳河水动力特性的影响,提出了填海工程满足深圳河湾区防洪(潮)要求的对策和建议。

在非工程措施的防洪减灾方面,城市防洪系统非工程措施减灾作用研究,系统分析研究了布吉河流域洪水特性,建立了流域洪潮预报模型,强调应重视非工程措施在流域防洪及减灾中的作用。深圳是国内最早开展洪水保险研究的城市,深圳市城市洪水保险方法与实施技术研究,系统介绍了美国等发达国家开展洪水保险的特点及经验,提出以洪灾风险图为基础,建立洪灾风险赔偿的计算模型和方法,设计了洪水保险模式选择激励机制,进行了布吉河流域洪灾保险的情景演示。

三、水工结构设计及试验

在水工模型试验研究方面,为了研究深港联合治理深圳河第二期第二阶段工程中存在的一、二期工程的水力衔接问题,复核规划性设计方案,研究河道与河口衔接的水流状态及水力条件,进行了定床和动床水工模型试验研究。定床模型在深圳河干、支流不同频率洪峰流量和河口潮汐过程的组合下,验证了深圳河治理前后干流的设计水面线和潮汐特性;动床模型进行了冲刷和淤积试验。研究了二期整治河段在不同频率洪水作用下,可能因整治而引起冲刷出险的部位、流速和冲刷深度等;复核了一期工程整治后河床的冲淤变化、淤积部位、数量及形态等。通过建立二维水沙数学模型,对深圳河复式断面的水流形态、流速、流量等,运用二维铅垂纯射流和掺气射流理论进行模拟和分析;结合具有水幕帘、气幕帘水力特性的物理模型实验及数值计算方法,对深圳河干流、河口区泥沙来源及分布规律,对深圳河水力和潮汐运动规律等进行深入研究,预测了深圳河河床稳定性及未来的演变趋势。为了对深圳河河道淤积后的防洪能力进行评估,揭示深圳河泥沙淤积的基本规律,制定较为合理的清淤及弃土策略。在总结国内外河口治理经验的基础上,采用数学模型与物理模型实验相结合的方法,提出通过改善河口水动力条件来减缓深圳河淤积速率,并对其效果和潜在生态环境影响进行分析。提出了提高深圳河防洪能力的近期工程方案建议。

通过建立一维和二维水沙数学模型及物理模型,试验研究了东江取水口的河势演变和泥沙变化,提出了优化取水口工程布置与体型尺寸,以改善取水口的水流流态,达到防淤减淤的综合效果。

在新型水工结构应用方面,深圳水库渡槽是深圳市东江水源工程跨越深圳水库局部库尾地带的交叉建筑物,受地形地貌及水库管理条件的限制,全封闭大型双向预应力混凝土箱形渡槽工程技术研究,提出了在常规预应力混凝土箱形渡槽两侧腹板中,设置预应力钢绞线来提高渡槽跨度和抗裂防渗性能的工程结构,是箱形渡槽结构上的一种创新。研究解决了大型整体式钢模制作、槽身混凝土一次性浇筑、施工温控、单侧预应力束张拉、附加应力控制等新型结构在施工方面的技术难题。东江水源工程跨越惠州布仔河渡槽的泄空管,需研究解决高差近 30 m 的高水头、大流量的泄空消能问题。大流量高水头撞击式消力箱的研究与设计,在学习借鉴美国斯坦福大学关于"小流量撞击式消力箱"试验研究成果的基础上,深入分析高速水流的特点和撞击紊乱消能规律,结合泄空管的水力特性,提出了优化撞击式消力箱的设计参数,取得良好的消能效果和示范推广作用。深圳小梅沙水库设计采用一种新的坝型面板堆石坝,坝体堆石料采用库区花岗岩石料进行填筑碾压,即充分利用了当地材料,又扩大了库容,既节约投资,又便于施工。是深圳地区第一座面板堆石坝且由企业投资新建,也是全国 1994 年以前建设的 7 座钢筋混凝土面板堆石坝之一。

在工程结构安全监管方面,东江水源工程输水隧洞衬砌体的结构安全容易受到外水压力的影响,研究在渗流外水压力下,多工况如隧洞开挖后、衬砌支护完成后和设置排水孔后等,围岩渗流场变化而引起的衬砌位移及应力分布。根据衬砌体的应力分布,对隧洞衬砌产生裂缝的机制进行研究。提出采取补做或疏通排水孔、进行二次固结灌浆、衬砌壁后回填灌浆等工程措施。针对北线引水工程茜坑水库隧洞工程的新奥法施工,通过原位监测,测试不同岩石类别围岩在施工过程中的变形和不同支护、衬砌结构受力变形的数据,进行分析计算和工程类比,确定混凝土衬砌的荷载、应力,复核其可靠性,优化衬砌结构设计。

四、地基加固及地质处理

在河口或滩涂软土地基处理方面,深港联合治理深圳河二期工程采用真空预压配合排水板和砂井桩技术对淤泥质软土地基进行加固处理,系统地开展了排水板真空预压、砂井桩真空预压、排水板潮间带真空预压及真空堆载联合预压等组合技术实验研究和理论分析。研究建立了真空预压配合排水板和砂井桩加固软土地基的理论分析方法和简便实用的设计计算方法,考虑了土体的流变、施工损伤、黏弹塑性、砂井井阻及涂抹等因素。研究开发了潜水式真空泵、水陆真空排水系统、密封系统、水上铺设加固土工布、打设排水板和砂井桩以及竹筋沙袋围堤造陆等配套的技术与工艺。为了对深圳河河口堤基深厚软土地基进行加固处理,首次开发应用混凝土芯砂石桩复合地基技术。通过现场观测和原位测试,研究了该技术的加固机制、固结变形规律以及地基承载力随排水固结历时的变化规律。验证了混凝土芯砂石桩对复合地基排水固结作用的有效性,以及在提高地基强度、承载力和稳定性方面的技术优势。

通过建立典型断面的有限元应力应变分析模型及海堤稳定的有限元塑性极限分析模型,对深圳西部海堤加高加固工程的运行进行了应力应变和稳定分析计算,对固结沉降变形进行了预测。提出优化的软基加固处理方案,并对加固后海堤的稳定性、安全性进行了评价。

在施工新材料应用方面,作为部级科技成果推广研究项目,深港联合治理深圳河二期工程中应用土工合成材料,分别在堤坝护坡反滤、土体加筋、软基加固处理、土体隔离中应用了过滤土工布、加固土工布、塑料排水板、土工膜等多种土工合成材料。过滤土工布主要用于河堤内侧坡面上及部分软基处理清基面上,起反滤作用;加固土工布用于软基处理中,以改善地基的应力条件,减少最大沉降和提高地基承载力;塑料排水板主要用于真空预压软基加固中,在淤泥软基中形成纵向排水通道,通过抽真空促使软基排水固结以提高土体强度。加筋土挡墙是一种新型的堤防结构工程。依托深圳河治理挡墙工程,通过室内试验、现场试验和理论分析计算,对加筋土挡墙的设计计算理论及方法、设计指标的选定、挡墙与地基的相互作用机制、施工工艺与养护等进行了系统研究。提出考虑土–筋带–挡墙联合作用下,土体内插加筋单元的有限元计算与简化计算分析方法。

由于历史的原因,深圳的土坝均存在坝体稳定和坝基渗流风险。深圳市典型土坝稳定、渗流分析与加固方案研究,对1998年底前已建成200座水库土坝的安全稳定和加固方案进行了系统研究,在渗流分析计算中,采用有限单元法,归纳得出5个典型土坝渗流计算成果。在稳定分析计算中,推荐选用瑞典圆弧法、简化毕肖普法和任意滑动面的有限单元法,得出5个典型土坝坝坡稳定计算成果。分析归纳了土坝安全风险的形式和成因,按土坝总体加固、坝体结构及构造加固和坝基防渗处理三大类型,提出了具体的加固方案建议。

深圳罗屋田水库库坝区的断裂及溶洞极为发育,岩体完整性极差。断裂构造呈岩溶强发育带,地下水活动强烈、水库渗漏性强烈。应用物探自然电位法,圈定了五个集中渗漏漏斗入水口、五个管道渗漏出水口,水库属治理难度极大的库底多管道垂直渗漏类型。建议在未进行库坝渗漏有效处理前,不能加大水库蓄水容量或增高坝体。

五、城市水土保持与植被恢复

在城市水土保持规划与建设方面,深圳市于1996年制定了我国第一部城市水土保持规划。采用卫星遥感和地理信息系统与实地调查、科学分析相结合的方法,摸清了该市水土流失面积分布、成因及危害等状况。建立了1995年和1987年两个时相的深圳市城市水土流失信息遥感成像库、背景值或因子属性数据库,为城市水土流失动态监测提供了基础资料。结合建立数字地形模型,研究开发了水土流失治理规划排序模型和其他土壤侵蚀模型等,配合编制了《深圳市水土保持技术手册》。

通过研究深圳地区降雨、地形、植被、土壤及人类活动5项因子对水土流失的影响及相互关系,建立符合深圳水土流失特点的土壤侵蚀预测模型(A=MRKLSP),适用于坡度小于 15°、面积小于 1 hm² 的城市开发建设缓坡地的水土流失预测,给出了各参数的估算方法及适用条件。模型综合了美国通用土壤流失方程的特点及华南和台湾等地的研究成果,体现了深圳地区降雨分区的特点。

废弃土石场边坡安全加固、景观再造及生态修复是深圳城市水土保持的一大特色。通过对废弃土石场治理各种方法和途径包括迹地和石壁的生态恢复及景观再造的系统研究和总结,首次提出裸露山体缺口景观影响度的概念,构建了景观影响度计算的指标体系。总结了花岗岩风化物土壤开发平土区的治理实践,提出了"理顺水系、周边控制、植被固坡绿化"的治理模式。推广应用了岩质斜坡喷混植生新技术,为废弃土石场石壁治理和岩质斜坡治理开辟了新的技术途径。岩质边坡工程植被恢复及绿化技术,在满足边坡稳定的同时,采用工程措施与生物措施相结合的方式,最大限度地恢复植被,修复受损的区域生态系统。通过对深圳市 50 处已治理裸露山体缺口的系统调查,统计分析了治理所采用的岩壁加固技术、景观绿化技术和水土流失防治效果。在国内第一次总结提出应用多种岩质边坡绿化技术组合的治理效果要远远优于应用单一治理技术,并创造性地提出了针对不同类别边坡的绿化技术组合模型,夯实和发展了岩质边坡治理工程技术理论。为了研究岩质边坡工程绿化技术的效果,以深圳市已治理 215 个裸露山体缺口为总体,采取分层抽样与随机抽样相结合的方法,通过聚类分析和主成分分析,对调查的样本进行分类,统计研究各样本岩质边坡治理技术的优缺点和适应性;研究绿化种植植物群落的类型、特征、生物多样性及演化趋势;根据各岩质边坡汇水、排水系统及缺水状况,分析绿化配水和灌溉技术措施的适应性;计算已治理裸露山体缺口的生态效益和社会效益。评价各类岩质裸露边坡治理技术的推广应用价值。裸露山体缺口快速生态修复技术,是在前期边坡安全加固及植被修复经验基础上提出的,涉及生态工学等新型学科。研究证明,喷混植生(客土喷播)技术的适用临界角度为 75°,即只适用于 75° 以下裂隙发育的(岩质)坡面,对 75° 以上岩质坡面需采用挂笼砖等绿化技术。规范了不同边坡条件的施工工艺,优化了喷混植生的基料配比,区分了干喷、湿喷和无挂网喷混植生的工艺要求,结合推广应用了人工植生盆绿化技术。总结出"乔灌优先、乔灌草藤结合"的近自然恢复的岩质边坡生态绿化模式。

在具有水土保持功能的植物种类的优选方面,针对本地草种假俭草和竹节草,在盐田上坪水库大坝下进行了试验种植,记录、分析了不同种植方式和不同时段草的生长情况,结合种植和管理成本,总结出假俭草、竹节草以其固土性强、耐瘠薄、生长速度快、价格低廉等特点,适合于生长环境差的坝坡及堤防的固坡护土,但不适用于大面积快速覆盖兼顾景观绿化的水土保持工程。

为了探讨竹林在库区水土保持及生态恢复中的作用,以深圳市茜坑水库水源保护区 11 种竹种的生长状况、理水防蚀功能、生态效益和经济效益为研究内容,同库区现有的几种乔木进行了比较。研究表明,供试竹子的适应性较强,保存率高,生长迅速,部分丛生竹的年平均生物蓄积量高于或接近乔木林的年平均蓄积量,具有快速生态修复的功能。竹林林冠的截留量大,地表枯落物较多,坡面产流量较小,能够起到较好的径流调节和蓄水保土等作用。林下土壤物理性质的对比分析发现,竹林能有效增大土壤孔隙度,增加土壤有机质含量,在土壤理化性质方面能起到疏松土壤、调节土壤三相比和提高养分等作用。

水库水源林不同群落生态效益研究示范工程,通过构建9个植物群落,包括海南红豆+荷木+白木香群落、观光木+海南菜豆+格木群落等,对比各群落植物的生长速率、光合作用与蒸腾作用强度等相关生态效益指标。经过3年多的种植实践,筛选出一批树干高大、材质优良、具有较高经济价值和生态价值的优良树种。

深圳水务科技发展研究(二)[78-79]

六、水生态保护与修复

水库消涨带由于水位涨落交替,一般植物难以生存,其岸坡生态防护是水源保护及水库管理的重要课题。应用恢复生态学理论和生态修复技术,研究水库消涨带生态修复方法,从水淹胁迫类型分析、水淹对植物的影响、改善栖息地的效果、水生动物访问栖息地状况等方面对修复效果进行验证。研究表明,在轻度和中度水淹胁迫下,水生植物均能正常生长。但在重度水淹胁迫下,水生植物互现生长不良状态;代表性库岸水生植物,芦苇、菖蒲、香蒲和菰四种植物,能够在库岸水陆交错带正常生长,成活率高、繁殖快且根茎抗阻拉力大,具有很强的固岸防侵蚀能力;修复后的水陆交错带改善了栖息地质量,为鱼类、蜻蜓和昆虫等提供了栖息、繁殖的场所;人工协助演替法能够协助改善土壤和微生境环境,为原有乡土植物定居和群落扩张提供了基础,促使其快速恢复。经过茜坑水库消涨带3年的种植试验研究,成功筛选出具有"三耐"(耐水淹、耐干旱和耐瘠薄)特性的植物铺地黍、水榕等。芦苇是构成库岸水陆交错带的代表性植物种群。通过铺设芦苇秆、芦苇捆,种植芦苇幼苗+营养袋、芦苇秆+维网和直接铺设芦苇植株五种种植技术,对比研究芦苇的生长适宜性、水质净化能力、植物根系抗拉能力及合理的种植密度,开发库岸适宜的芦苇种群修复技术。

利用生物操纵技术治理水库水污染是开创性的研究工作。运用生态学和生物操纵原理,通过引进顶级消费者鳜鱼和铂鱼抑制中小型鱼类,采用较大规模河蚌笼式分层养殖生物过滤技术,开展河蚌净水能力的围隔、不同环境因子影响的滤水率试验及其食性与摄食率试验,采取箱栏方式在表层种植水生植物等,对水库污染的生态治理进行技术对策性研究。利用营养级串联效应、贝类滤食作用和水生植物吸收等优化集成的组合技术,建立茜坑水库生态修复模型,制定了水库富营养化治理的生物操纵技术规程。经3年的研究和工程示范,水库水质基本达到了Ⅱ类水标准。

在流域管理最佳实践(BMPs)应用研究方面,从美国引入国际上先进的、进行流域污染控制的最佳管理实践(BMPs)技术理念,结合茜坑水库的实际情况,从结构形式、几何尺寸和建造材料等方面进行优化,拟定出工程与非工程相结合的BMPs方案,使其具有更好的适应性和更高的面源污染去除效果。同时,参照美国有关BMPs测试与评价标准,对所建BMPs工程进行监测和分析评价,提出符合深圳特点的水库流域面源污染控制BMPs

方案,制定相应的技术标准和管理法规。这是国内最早应用 BMPs 技术理念的研究工作。在深圳市水利学会(SZHES)和美国土木工程师协会(ASCE)战略合作协议的支持下,得到美国国家环保局(EPA)的资助。BMPs 理念同国内后来发展的低影响开发理念(LID)和最新推广的海绵城市理念(Sponge City)是一脉相承的。

长距离输水管线贝类生长规律及防治研究,是具有较长历史的特色研究。采用三维光谱、分子生物学、激光粒径分析及建模分析等先进技术,对东江水源工程输水管线上贝类的生长分布、繁殖代谢、食物状况、控制技术、对水质的影响变化规律等进行普查;试验投加臭氧、过氧化氢、液氧,进行排水露空、不投加食物等方法对贝类的杀除作用;采用 CFD 对管道中水流进行三维模拟,分析引水过程中贝类生长对水质影响的变化规律。提出东江水源工程贝类控制技术对策。

在河道污水处理及生态修复方面,河流生态修复理论研究与工程示范,提出"生态水利工程学"的概念、理论、技术及方法,全面分析了水利工程对生态系统的胁迫效应,提出了"水文-生物-生态功能河流连续体"概念;诠释了"可持续利用生态良好河流"作为健康河流的要义;结合示范工程,系统总结了河流廊道生态工程的技术体系和评估准则,探索定量研究自然河流水文情势变化及河道地貌形态变化与标志性生物变化之间关系的途径。

最早从日本引进的自然循环法,是一种基于自然循环方式的河道污水现地处理技术。在大沙河的应用研究中,对原技术的工艺流程、净水过滤材料进行优化配置,进一步发挥自然的生物化学和物理化学作用,提升装置内各种微生物和微小动物的综合净化能力,提高自然循环方式处理污水的能力。KIC 是一种生物飘带技术,主要用于河道水体净化,包括河道雨、污混流的水体及生态补水的水质。在深圳河道污水处理的应用研究中,经同几种常用污水处理工艺的比较,提出适合河道特点的生物飘带污水处理工艺流程,进行了工艺设计和相关处理效果的观测分析研究。

在污染底泥及淤泥处理方面,深港两地联合开展的深圳河污染底泥治理策略研究,研究了深圳河底泥污染的性质和分布特征,污染物释放机制和迁移变化方式,评估其对水质、空气质量、生态及附近地区其他敏感受体已有和潜在的环境影响。通过向底泥中注射硝酸钙,提高其氧化还原电位,抑制酸挥发性硫化物的生成,能够去除底泥中部分有机污染物,有效解决底泥释放硫化氢臭味的问题,改善底泥沉降性能,降低生物毒性。针对不适合进行原位修复的污染底泥,开展底泥淋洗和固化/稳定化试验研究。污泥减量化和不排放剩余污泥的工艺技术研究表明,污泥停留时间与生物污泥产率系数之间呈现很好的对数关系;得到有机物和生物污泥在处理系统内的质量平衡关系;通过优化运行参数,可使反应器的水力停留时间和气水比达到较优值,能有效地减少占地面积和能耗。研究成果在深圳大沙河公园再生水利用示范工程中得到应用。城市淤泥集中处理和资源化利用模式研究,通过对处理场中快速排水和淤泥转化为土材料的关键技术研究,实现了淤泥场地处理后土地利用和淤泥固化利用,达到了资源化利用的目的。构建城市淤泥集中处理场快速脱水的土地还原技术,提出淤泥固化处理转化为可利用填筑材料的专用技术。结合深圳市宝安机场规划用地的开发,首次开展城市淤泥集中式综合处理和资源化利用的工程应用。

在河流生态化建设管理方面,高污染城市河流综合治理技术集成创新及示范研究,以观澜河为例,首次提出将截留倍数向初期雨水截流转变,发现以 7 mm 为初期雨水截流规模为合适。发现底泥微生物处理对外源控制尤为敏感,微生物处理的有效深度为 0.3 ~ 0.5 m。创新性地采用生态氧化池、生物砾石床、太阳能动力系统作前处理,构成人工湿地集成技术。发现植被、生物砌块、生态石笼等护岸周边的底栖动物多样性指数是硬化护岸的 4.6 倍。建立以污染物平衡为核心的工程集成模型及城市河流健康评估体系。

深圳河湾生态健康改善工程系统集成与示范研究,构建包括"污水收集—处理与回用—原位修复—生态保障"四层次多目标工程系统集成示范。研究不同标准截流系统对河道水质的影响,比较不同类型深度处理工艺出水在河道中的水质变化和生态响应,提出再生水对河流生态的影响及水质标准,优化深圳湾干支流的生态补水量和补水布局。监测红树林中水质、生物种类和数量变化,揭示水质改善对红树林生态系统的影响;研究不同红树林群落结构对水质的净化效果,提出深圳河河口红树林生态修复技术。关于河口湿地研究,以深圳河及新洲河河口的福田自然保护区红树林湿地为基础,研究分析湿地生态系统的基本内涵、评价标准和方法,建立湿地生态系统健康评估体系。依据生态学原理,从水质改善、生态保护和景观构造三个方面,提出系统长效的河口湿地生态系统保护与修复方案。

城市河流生态环境需水量及其配置研究,提出城市水系生态建设的 4 个目标,即四季水常流、生物多样性、河流景观长存和水体洁净安全。定义城市水系生态需水量为维持城市水系生态多样性及景观长存的具有一定水质的河流最小流量。以平均水深和流速为物理参数,制定适宜于深圳市河流的 R^2-Cross 法栖息地标准,并与蒙大拿法计算结果进行对比,提出了深圳市干支流河道生态需水量的高、中、低方案。根据深圳河流冬春枯水期可能的引水水源条件,结合生态环境用水的特征,提出了可能的生态环境用水配置方案。

七、城市供水水质监管

在城市供水水质监管方面,定期对主要供水水库如深圳水库、西丽水库、石岩水库和铁岗水库等的原水质量进行取样分析。重点监测其有机污染物如氨氮、总氮、总磷等浓度的变化,评价其污染的程度和风险,大多时间表现为微污染。各自来水出厂水水质监测的结果表明,各水厂出厂水的氨氮和亚硝酸盐氮时有超标、生物稳定性差、管网腐蚀和二次污染问题比较突出;自来水经常有较强的氯味和泥腥味,口感不好。水处理工艺中,药剂混合反应效果差,沉淀池排泥不畅,红虫时有出现等。研究发现,加大各种铝盐混凝剂对有机物的去除率一般可比常规混凝高出 10% ~ 15%;筛选推荐三种生物活性滤料,能使出水的浊度保证在 1 NTU 以下,且能降低水的致突活性。对氯化消毒副产物的处理,可采用预臭氧、过氧化氢或二氧化氯预氧化的方式替代预氯化工艺;降低以腐殖酸为代表的有机物浓度和减少投氯量是降低消毒副产物浓度的最有效、最可行的方法。

对以红虫为代表的生物虫类的治理研究表明,供水系统中的红虫以粗腹摇蚊亚科、直突摇蚊亚科和摇蚊亚科为主。自来水中红虫的产生和存活与水中 pH、光照、溶解氧、温度和藻类等环境因子有关,其中温度、藻类和溶解氧影响较为显著。紫外光能近距离直接杀伤红虫、卵块及蛹,灭蚊灯诱杀红虫成虫-摇蚊能防止摇蚊交配产卵,控制虫患,二氧化氯、乙醇、漂白粉和过氧化氢均能有效杀灭红虫。

饮用水中典型矿物质浓度对健康影响的相关性研究,直接关系到市民的饮水健康。

研究主要矿物质浓度与疾病的相关性及致病形式,调查分析典型矿物质浓度偏离的危害,全面分析和客观评价饮用水中矿物质浓度的健康水平。结合国内外试验研究结果,给出饮用水中矿物质合理浓度建议。

借鉴欧共体、美国、日本等发达国家饮用水安全管理经验,通过实验室模拟及工程现场试验,研究不同饮用水深度净化工艺(组合),在不同运行参数、不同水质条件下的处理效果。提出管道优质饮用水安全控制目标、控制技术和控制手段。

在微污染水的处理方面,工艺集成技术研究认为,生物预处理工艺的挂膜受水温影响,在设计负荷条件下,对氨氮、藻类、TON 和浊度的去除效果均较好;季节性的水体异味可采用投加粉末活性炭去除;对藻类含量高,氨氮、亚硝酸及有机物浓度较高的水源,可采用生物预处理+常规处理+GAC 工艺流程;生物预处理+常规+O_3-BAC 工艺出水水质最好。预氧化技术研究认为,二氧化氯能够有效去除锰、亚硝酸盐、藻类、氨氮及有机物等,但应有合理的投加量、投加点,适宜的应用场合及条件。对氯气消毒产生的有毒副产物,应通过优化工艺,合理控制氯气的投加量和管网水中二氧化氯的残余量。在自来水深度处理工艺中,过氧化氢高级氧化技术对一些副产物的去除效果较好,推荐使用过氧化氢-超声高级氧化技术。水库水中藻类的发生,是南方湿热地区原水的特点。6 种氧化剂的单独及复合预氧化除藻效果表明,臭氧与过氧化氢复合预氧化效果最好。结合原水微污染的特点和微絮凝原理,首次从理论和实践上提出了强化混凝除藻的最佳工艺参数;发现二次微絮凝直接过滤除藻工艺及采用臭氧-生物活性炭深度处理工艺,可实现 99% 以上的除藻率。

八、节水技术及管理

雨洪资源利用是城市节水及水资源开发的重要内容。以观澜河流域为例,分析观澜河大和水闸断面洪水时程变化规律,推算不同频率洪水下观澜河可引水的时段和可引水量;探索重新启用观澜河引水工程的可行性;规划“蓄得住、调得出、引得进、用得上”的雨洪资源利用时空配置模式,保障雨洪资源利用的最大化。根据观澜河清湖地区城市降雨的规律、雨水资源的可利用量和需求,通过系统模拟试验,确定满足清湖地区雨水利用工程实际运用的设计参数;结合清湖地区面源污染严重的现状及拥有大片适合建设人工湿地的河畔条件,建设人工湿地对初期雨水进行处理,消减面源污染。

计划用水、定额管理、超量加价和节水设施“三同时”制度,是城市节水管理的关键内容,水量平衡测试是节水管理的重要基础工作。开展了水量平衡测试的目的、概念、分类、定义、相关指标体系及含义的研究;建立了水量平衡模型图及方程式、制定了水量平衡测试的步骤、方法、程序框图等统一图表格式等;制定了用水合理性评价分析和用水单位水量平衡测试验收办法等。

非传统水资源开发利用的管理政策研究表明,应当优先推动再生水的利用,结合已建污水厂进行再生水厂的布局和供水管网建设,建立起完备的再生水供水系统;在城市建设区推广“低冲击开发”模式,通过渗透、滞蓄等措施提高雨水资源利用率;生态控制区可以通过非水源的小型水库、河湖等收集、储备雨水,与再生水联用;海水利用主要集中于沿海电厂冷却、港口码头清洗等;海水淡化只作为战略水源进行技术跟踪和储备。

再生水利用是城市节水的重要内容,其安全保障是首要任务。再生水安全性评价研究对水厂二级出水及再生水中污染物的种类及浓度进行检测分析,评价不同污水厂再生水处理的工艺效能;开展水厂出水及再生水中污染物的浓度分布规律统计研究,评价不同用途再生水中污染物浓度安全保障率的利用风险,计算不同用途对人体健康影响的风险概率和定量评价;筛选工艺控制因素及控制因子,优化生产运行参数。寻求总氮和氨氮的最佳去除效果、运行参数及安全风险区间。再生水利用安全保障体系包括水厂规划建设合理,回用水水质达标,选择和开发具有广泛的适用性和示范性的工艺技术,建立全方位多部门参与的运行管理制度四个方面。遵照"优水优用、一水多用、重复利用"的原则,将再生水利用工程与城市水资源工程进行综合规划,将再生水充分用于工业、市政杂用、环境以及农业用水;利用污水处理厂的出水作为再生水的源水,集中处理后再统一向用户输送。针对再生水设施的建设与管理,研究其水源选择与调度、处理站场址选择、应用途径与水质标准、消毒方法等,提出再生水设施的设计与建设技术体系。特别研究民用建筑小型再生水设施正常运行的控制因素及运维管理。构建以市场化运营为导向,全过程监察与管理为核心,以安全预警应急管理为保障的统一管理机制。再生水市场化运营政策研究表明,建立再生水生产各环节的协调监督机制,构建以水质管理为核心的再生水安全利用监督体系,制定相关的鼓励扶持政策和实施细则,稳步建立多元化投融资体制,推广采用特许经营模式,加强再生水利用的市场建设。

可利用海水水质是海水淡化的水源地,是其工程规划和建设的基础。通过在深圳湾、珠江口、沙头鱼、大鹏湾和大亚湾开展近海水质调查研究表明,深圳湾和珠江口海域水质污染较严重,水体富营养化程度较高;沙头角、大鹏湾及大亚湾海域水质状况较好,监测指标均优于国家Ⅱ类海水水质标准,属于清洁或较清洁海域。

九、水务信息化

深圳三防 GIS 技术应用系统,以图表结构的方式,将各类水利设施、断面点、避险中心、抢险物资储存地等都标注在全要素图上;所有属性数据都可以进行空间查询、表查询及统计分析,且可以以报表或图的形式输出;建立抢险物资、人力资源调配和人员疏散等调度管理网络图,可对图形及图像等附加属性进行空间查询;DEM 数据具备与其他子系统接口的查询功能,查询结果可在任意图层上叠加,具有相关图件的输出功能。供水管网地理信息系统,将地理信息系统(GIS)开发应用于坪山街道办供水行业管理中,可根据水量、水压数据的实时监测与分析,确定最优的供水调度方案;指定事故发生处,系统能够自动搜索出需关闭的阀门和停水用户等,给出合理的处理方案;辅助设计子系统,可生成管道设计说明和材料统计表;自动记录管道维修数据,及时发出管件更换预警信息等。整体可实现供水管网全方位实时监测的数字化和可视化。

GPRS 技术在国内试用阶段中存在的掉线恢复、接入方式和工作体制等问题,基于GPRS 技术的水文数据自动采集系统,采用 GPRS 技术和超短波混合组网,结合深圳三防水情遥测系统中大量数据分析,建立 GPRS 水情参数自动传输系统,大大提高了水情信息的实时性和准确性,提升了三防决策指挥的信息技术支持能力。

西丽水库管理信息系统是国内较早开发的专用于水库管理的信息系统,主要由大坝安全监测子系统、水情自动测报与防洪调度子系统、供水调度子系统以及中央控制室四部分组成。各个子系统既能相对独立工作,又能互相配合。本系统可自动进行大坝安全监测、水库水情自动测报和水文分析、定时供水预报、人工干预洪水预报和调度,自动更新数据库信息等。该系统还能与市"三防"指挥网络系统、市"供水"网络系统实行动态联网,为其提供有关信息,执行其调度指令。水质检测数据库的开发建设,采用与共组紧密结合的方式进行。与适时监测工作密切配合,边开发、边应用、边修改、边升级,实现快速开发–快速应用。先在内网进行数据处理,然后通过规定的接口将数据从内网导出到外网,在外网(互联网)实现处理后的信息数据发布,即实现内外网的物理隔离,保证了网络数据信息的安全性。

深圳市东部供水工程永湖—松子坑段全长 27.3 km,其中隧道长约 23.0 km。在施工测控中应用 GPS 技术,建立首级(C 级)GPS 平面控制网和首级三等水准网,采用施工独立坐标系,布设包括 12 座墩标、27 个柱石标共计 39 个点的 GPS 网,达到国家三等水准网的测控精度。施工测量包括平面控制和高程控制采用珠江高程系。经检索,该项目为水利工程建设中首次采用先进的 GPS 全球定位系统。

应用 AutoCAD 2000 版的水利水电工工程地质 CAD 绘图系统,构建了水利水电工程地质 CAD 自动绘图系统、数据管理系统和三维立体图绘制系统。工程地质三维立体图绘图系统,可将平面图的数据转换成三维立体图数据,也可以根据钻孔的孔口高程生成二维数字地面模型等。

高可靠多功能智能变送终端是运用计算机技术和通信技术,集水文、气象、泵站于一体的遥测设备。能够进行实时数据的无线传输,与中心站组成水文自动测报系统,提高流域洪水预见期;可实现固态存储,并自动进行水文资料整编、建立数据库,真正起到无人值守站的作用。

采用高性能低空测绘型无人机,对赤坳水库一级水源保护区范围进行航拍,获取地面分辨率达 0.1 m 的高清影像资料;构建无人机低空遥感数据处理平台,制作水库一级水源保护区范围数字高程模型(DEM)、数字线划图(DLG)和数字正射影像(DOM)等地理信息产品。无人机低空摄影测量技术在抢险救灾应急保障、水土保持监测、水源保护监测、水污染监测、土地利用调查等领域具有广泛的应用前景。

在水利自动闸门的开发应用中,全面对比分析各类常用水力自动闸门的优缺点和适用范围,提出渐开型水力自动翻板闸门控制性能较好,可广泛应用于拦河坝、溢洪坝和水景观工程等。应用水力自动翻板闸门,需要考虑上游防洪和冲淤要求、闸门的抗震动与抗撞击性能;可采用柔性止水方案,保障水力自动翻板闸门的正常运行。运用控制理论对设立水力自动闸门的渠道建立数学模型,对单渠道、多渠段联合运行系统的运行机制、动态过程和稳定性进行研究。对单渠道水力自动控制系统的动态过程进行仿真研究,发现长、缓渠道更有利于稳定及更优化的调节过程;对多渠道串联控制系统进行仿真,得出距离扰动点最近的渠池先达到稳定,水位以及闸门开度的振荡较小,而距离扰动点最远的渠池最后达到稳定,水位以及闸门开度的振荡较大。这一规律的发现对水力自动控制渠道系统的设计具有指导意义。

水务科技的现状与发展趋势[80]

一、前言

水务科技的现状与发展趋势是一个大题目,内容较广,涉及多学科、多专业的问题,如果全面介绍,本人的知识、手头掌握的资料及时间均有限。如果只限于某一学科或某一方向,又很难满足大多数同志的需要。因此,结合工作的实际,以城市水务工作为中心,对带方向性的、趋势性的水务科技发展问题做一些简要介绍,以期能为各位领导和专家们今后的工作提供参考。

二、对我国科技发展历程的简单回顾

(一)四大发明——中华民族对人类文明的历史贡献

一般地,凡是谈到科技的发展,人们总是首先要回顾一下科技发展的历程。四大发明:火药、指南针、造纸术、印刷术,是中华民族对人类社会的伟大贡献,推动了人类社会历史文明的进步,每一个中华儿女无不为之感到骄傲和自豪。但是,当回首现在,同我们的祖先们相比,对人类社会又有哪些值得骄傲和自豪的贡献呢? 在我们记忆中所能说出的几位曾获诺贝尔奖的华裔科学家:李政道、杨振宁、丁肇中、李远哲、朱棣文和崔奇,他们无疑永远都是中华民族的骄傲。但也不得不承认,他们都基本不是在中华文化的氛围中培养出来的,他们的研究成果不是在中华文化的环境中取得的。

因此,难道不能试问一下,我们有什么理由不重视科技,有什么理由不下大力气推动科技的发展呢?

(二)封建的政治及人文科学对中国科技发展的制约

在中国的历史上,人们认为封建的政治及人文科学限制了科技的发展。封建政治所庇护的是强权专制的中央集权国家,例如秦始皇,他所采取的"焚书坑儒"和集中收缴兵器、铁器铸造"金人"的政策,严重束缚了人们的思想,限制了科技的发展,阻碍了社会的进步。封建人文科学以孔夫子的儒学思想为代表,崇尚封建礼教,推崇"三从四德""三纲五常"等,禁锢了人们的思想,束缚了科技的发展。

当然,我们也曾经有过历史的辉煌,也曾经是科技的输出国。例如在唐朝,当时就有大批外国留学生来中国的朝廷留学、为官。据说当时的朝廷规定他们最多只能呆七年,然后必须回国(当时也许还没有像现在这样的护照或绿卡等)。但是,也正是在所谓的康乾盛世的时候,在各位王公大臣们向皇帝山呼万岁的时候,西方的工业革命得到迅猛的发展。我们没有发明并首先使用蒸汽机,没有用铁来制造机器,没有得到进行工业革命的机会。

有权威人士指出,中国近代科技的发展之所以落后,是因为:

(1)政治封闭,经济落后。传统的自给自足的自然经济,限制了经济的发展,没有开拓市场,特别是海外市场。

（2）没有设立独立的、专门的学院和科研机构。同世界上最早的两所大学,英国的牛津和剑桥大学相比,他们的建校历史已有六七百年,而我国最早的大学也不过百余年的历史。

（3）社会不重视科技,"夜郎自大"。历史上的封建王朝自认为是天朝帝国,"世界中心"。

（4）"学而优则仕"。中国的知识分子崇尚儒学,学而优则仕,读书是为了升官。科学研究、发明创造,多数在皇宫大内进行,目的是讨好皇上,混得一官半职。官场的人际关系十分复杂,"整人术"可以说是传统中华文化的一种精髓,而对社会进步起不到什么推动作用。

（5）缺少对自然科学的深入研究。有对复杂社会系统的深入研究,没有定量分析,对自然的理解全凭猜测。1949年新中国成立以后,在党中央和国家政府的领导下,我国的科技事业得到很大发展。特别是改革开放二十年,我国的科技事业成就辉煌。这是大家有目共睹的,不再赘述。

(三) 我们所处的科技时代

一般地,在20世纪四五十年代,由于原子弹、氢弹的爆炸,核能的和平利用,例如核电站、核反应堆等,人们称之为原子时代或原子能时代。

在20世纪五六十年代,苏联的第一颗人造地球卫星上天,标志着航天事业有了很大发展,人们称之为航天时代。当时有一个很有趣的事件,苏联国家主席赫鲁晓夫访问美国,送给美国总统艾森·豪威尔的礼物为一个人造地球卫星模型,艾森·豪威尔总统回赠给他的礼品为一套彩色电视机模型。这在当时看来,人造地球卫星代表了人类社会的最高技术水平,彩色电视机虽未引起人们的很多关注,但却代表了下一个新的科技时代——电子时代的到来。

到了20世纪七八十年代,由于半导体技术,电子计算机技术的长足发展,人们将其称之为电子时代。

20世纪80年代以后,信息技术不断发展,信息产业在国民经济中占的比重越来越大;生命科学突飞猛进,人类基因工程、克隆技术等,反映了生命科学的最新进展。有资料表明,在美国,每年大约有30%的博士学位授予生命科学的学生。在1997年和1998年度的诺贝尔奖得主中,有两位华裔科学家,朱棣文教授和崔奇教授。崔奇教授和斯托尔默教授于1982年对强磁场和超低温试验条件下的电子进行了研究,发现在此种条件下大量相互作用的电子可以形成一种具有一些特异性质的新的量子流体。在此基础上,科学家们又陆续得出一些重大发现,从而为现代物理学许多分支中新的理论发展做出了重要贡献。

因此,有人把现在所处的时代称之为信息科学时代或生命科学时代。

三、水务科技发展的现状

（1）传统工作方式与现代科学技术的共存与互补。谈到水务科技发展的现状,首先举两个方面的例子来说明问题。一方面,正在建设中的长江三峡水利枢纽工程和黄河小浪底水利枢纽工程,可称得上是水利工程中的两个"超级工程"。三峡工程在工程效益、工程规模及移民安置等三个方面都堪称世界之最,其水电站总装机1 820万 kW;防洪库容 221.5 亿 m³,削减洪峰达 27 000~33 000 m³/s;双向五级船闸,总水头高达 113 m;移民安置人口 113 万,在世界上都是首屈一指的。黄河小浪底工程创造了三项世界之最、六项中国之最,其中泄洪系统进水塔呈"一"字形排列在左岸地下,由 16 个进水口、10 座进水塔、16 条隧道和 19 个洞口组成,形成上下重叠、纵横交错的蜂窝状洞室群,在世界上独一无二;此外,小浪底工程还首次在国内采用环境监理和工程监理同步。另一方面,最近的中央电视台《焦点访谈》栏目曾报道过,在某地的乡村小镇里,仍然有人沿用传统的木工墨斗放线进行水库修建,既无正规的设计,也无合格的施工及监理人员,结果造成水库垮坝失事,群众的生命及财产遭受严重损失;再如广东省某地的水闸失事,是由于施工质量不过关,基础处理不好所造成,也给国家的财产和人民的生命财产造成严重损失。

因此,应当承认,目前所处的仍然是一种传统的、落后的工作方式和先进的、现代化的生产技术共存与互补的现状。

(2)区域经济发展的不平衡和科技发展水平的差异。改革开放 20 年,由于地域上的差异及相应思想、文化、经济观念方面的差异,造成我国经济发展水平的不平衡。大家都知道,目前的经济水平是南方好于北方,沿海好于内地。但是,从科技实力来讲,在过去计划经济的体制下,北方许多中心城市,例如西安、沈阳等地,无论是科技人员的数量还是科技人员的素质,还是科技装备,都具有相当的实力。随着改革开放事业的发展,深圳市创造了良好的外部及内部环境,从内地引进了大量的科技人才,深圳市的经济腾飞得益于他们的重要贡献。随着经济体制改革的进一步深入,我国南北方、内地及沿海在经济和科技发展水平方面的差异会逐步缩小。

(3)政府的投入不足。有资料表明,改革开放以来,政府在水利事业方面的投入,同在国民经济其他方面的投入相比,是偏少的。因此,在水利科技方面的投入也相应减少。水利产业是基础产业,相对于具有短、频、快特征的其他商业经济活动来讲,是有一定的滞后。人们在谈到九八长江、松花江及嫩江洪灾时,无不提及这一点。可喜的是,我们已经了解到,政府正在下大力气增加水利方面的投入,相信不久的将来,形势会有很大的改观。

(4)传统思想的束缚,理论脱离实际,科研脱离生产。中国的知识分子受传统思想的束缚,"两耳不闻窗外事,一心只读圣贤书","万般皆下品,唯有读书高",特别是在传统计划经济的僵化模式下,科学研究脱离实际、脱离社会,缺少产业化及市场意识,很多方面没有起到应有的推动社会进步的作用。

四、水务科技发展的总体趋势

(一)水利——水务,水工作思想的根本转变

大家都知道,水利就是要兴利除害,这是传统的农田水利及水利水电工作思想。水务,这并不是一个简单的名称的变更,而是要兴利除害,服务社会,这是一种思想观念的根本转变。从国际国内的发展趋势来看,作者特别强调这一点。从某种意义上来讲,这是对城市水利工作思想的一种发展,是体制上的一种创新,深圳市改革开放的成功经验之一就是体制上的大胆创新。城市的人口密度和经济密度都较高,开发水资源,建设水务工程,为城市的防洪、供水、水环境保护提供质、量,以及时间和空间上的支持,保障城市人民生活用水,促进工农业生产发展,维护城市人民生命财产及工农业生产的安全,应是城市水

务工作的根本思想和基本任务。

(二) 电子、信息技术的广泛应用

电子、信息技术的广泛应用几乎可以渗透到生活的各个方面。电脑、多媒体电脑,电视、数值化电视,国际互联网 Internet 等,正在突飞猛进的发展。国际互联网已经打破国界,人们坐在家里,通过网络可以进行通信、购物、娱乐及学术研究。相应地,电子、信息技术也正在水务行业的各个领域得到应用,如"三防"行业的信息管理及决策支持系统;西沥水库、罗湖小区应用遥控、遥测及远程通信技术所进行的水文信息遥测管理系统;治河办应用的超声波测流技术等。特别是地理信息系统(GIS)技术的应用,给水务及土木工程行业带来了极大的方便。所谓地理信息系统,是指利用现代技术,例如遥感、电子扫描及数字化等,将地球表面的各种信息,如地貌、植被、土壤、降雨、土地利用及人类活动的影响等,输入计算机,在综合的意义上进行存储、加工、管理及应用。国外(GIS)的应用几乎覆盖农、林、水土、环境、海洋、气象、城规、地质、地理、地震及军事研究等各个领域。

(三) 新材料、新技术的应用

在新材料的应用方面,可以举出 4 种例子:

(1)信息材料:信息材料方面的例子当首推光导纤维,应用光导纤维可进行大容量信息传输,在信息的传输、调制、存储等方面均有着良好的性能和广泛的应用前景。在国际互联网上,光导纤维的传输速度要比一般电话线的传输速度快 10 倍以上。

(2)耐高温、高强度材料:具有代表性的耐高温、高强度材料当属复合材料。复合材料在机械零部件的耐高温、耐高压、抗磨损等方面有着极其广泛的应用前景,例如水轮机的叶片,在耐高压、抗磨损、抗腐蚀方面有着很高的要求。

(3)耐久性混凝土:长寿命、抗腐蚀、抗磨损混凝土,水下速凝混凝土等,是人们正在积极探索和应用的新型混凝土材料。提高混凝土的耐久性,延长工程寿命,已成为全球关注的重大课题。

(4)新型灌浆材料:近年来,在防洪干堤的灌浆防渗工程中,由长江水利委员会研制或应用研究的 3 种干堤防渗灌浆材料:丙凝、甲凝和环氧树脂灌浆材料,正在得到推广应用,特别是丙凝灌浆材料,已在长江干堤的防渗抢险中成功应用,解决了大量的防渗问题。

在新技术的应用方面,重点介绍在水利防洪工程中应用的 3 种新技术:

(1)新奥法施工:主要应用于隧洞施工中,我国 20 世纪 70 年代引进,后得到很大发展。其主要特点在于形式上多为薄层支护,可使围岩的应力应变有一定的调整能力,趋于稳定和均衡,支护刚度不大但作用有效。

(2)真空预压处理软土地基:真空预压为利用排水固结原理处理软土地基方法的一种。可节省工期,有利于环境保护等,特别是水下真空预压技术,可在施工期间不断航,不影响河道的泄洪能力。

(3)模袋混凝土护坡:将流动性混凝土或砂浆,用泵压入由高强度机制土工膜制成的模袋中而成。20 世纪 60 年代发明,美国专利,80 年代得到快速发展。我国在钱塘江海塘护坦修复工程及治理深圳河一期工程中使用过。其施工速度快、凝固快、质量高,节省费用,特别适合水下施工。

(四)风险意识——非工程防洪措施

非工程防洪措施针对工程防洪措施而提出,是一种减缓洪灾损失的新思维和新方法。其原理不是去改变洪水的自然特性,而是立足于通过有计划的规划和管理,从法律和行政两个方面对洪泛区进行控制。通过对洪水易淹地区的土地利用和建设事业的及时指导和限制,达到减小洪灾损失的目的。主要内容包括:

(1)洪泛区管理及规划。

(2)采取紧急措施。如洪水预警、警报,重要建筑物防洪,抗洪抢险,临时救灾等,减轻洪灾损失。

(3)损失分担。通过灾后重建、救济及洪水保险来分担洪灾损失。

(4)启动应急计划。制订防止和减轻洪灾损失的应急计划。

非工程防洪措施的基本思想认为,一切工程防洪措施,并不能防御所有的洪水,尤其是突发性的机遇很小的特大洪水。如果所有洪水都用工程措施去解决,经济上是不合理的,同时也是国力所不容许的。人们不仅不能防御某一地区的所有洪水,也不能防御所有地区的洪水。对洪泛区平原上的居民,应该使其适应洪水环境,并强调适度控制洪泛区城乡工农业生产的开发和建设。这是一项经济的,尊重自然、适应自然的,有组织和管理的软措施。

(五)产业化——水工程投入产出的效益控制

产业化是水务工程和科技事业发展的必然之路。在国外,包括自来水在内的所有水产品的开发都是市场化的,政府只是通过必要的法律和行政手段,从宏观上对投资、水质、水量和价格进行指导和控制。虽然目前还没有完全做到这一点,但可以预料,这是一个方向。

"建管结合,滚动发展",是我国三峡工程建设和管理的一个值得推荐的重要经验。

(六)水环境保护——21世纪水资源可持续开发利用的中心议题

水环境在人类生存环境中占有十分重要的地位,水环境的保护和改善成为21世纪水资源可持续开发利用的关键。传统的观念正在改变,水资源量不是无限的,而是有限的;在整个水循环过程中,各个环节的交替和转换有一个资源流的问题,是一个平衡的过程;一旦平衡被打破,水环境就会遭到破坏,就会发生水资源量方面的亏缺或过剩,就可能造成干旱或洪水。质的方面,水体的纳污或自净能力是有限的,水体污染会造成水环境的恶化,会给整个生态环境带来严重影响。

(七)知识经济——水务科技发展的推动力

知识经济是一个热门话题,是一个新的学术名词。它是一种以知识的生产、传播及应用为基础的经济形态,其内容包括自然科学、管理科学和人文科学。农业经济的关键要素是土地,工业经济的关键要素是资本,相应地,知识经济的关键是知识。知识已成为一种生产要素,一种经济资源。

创新是知识经济的内核。例如我国科学院系统正在开展的知识创新工程。

信息产业的迅猛发展和产业的信息化已成为知识经济的重要特点。例如,1992年以来,作为知识经济第一支柱的信息产业,在深圳得到了迅猛的发展,高新技术产业年均增长速度达到58.56%。2010年1～8月,深圳高新技术产业产品产值达到该项指标的

38.8%,经济增长率达到14.1%,远高于其他城市的发展速度。

知识经济的发展必然推动水务科技的发展。水务信息的产业化,水务产业的信息化,水务科技知识的创新,将成为水务知识经济的核心。

五、世界各主要国家城市防洪及水资源管理的特点

(1)日本——加大投入,完善设施;尽早修复,防止再发生。日本是一个洪涝灾害发生频繁的国家,据统计,在过去的20年里,日本全国平均受灾房屋12.5万栋,年平均受灾损失以1990年的不变价计算达7 630亿日元。因此,从20世纪四五十年代开始,日本政府制定了一系列的法律来加大对防洪减灾工作的立法保护和投资决策,例如《灾害基本法》《治山治水紧急措施法》及《公共土木设施修复事业国库负担法》等。

在防灾减灾方面,日本政府积极采取"尽早修复""防止灾害再发生"的原则,加大投入,完善设施。据资料介绍,在1987~1996年间,日本政府用于防洪的投入占国家公共事业费的比率为14.6%~15.0%。在投资策略方面,日本政府采取国家和地方共同投入的办法,凡属国家管理的防洪设施及其修复工程,由国家财政集中投入;对地方管理的设施及修复工程,原则上由地方自行投入,但对财政状况相对薄弱的地方,由国家财政进行补贴,补贴的额度将依地方的标准税收额而定。

(2)以色列——世界节约用水的典范。以色列是一个缺水的国家,缺水成为整个民族的忧患意识。几乎每一个以色列人,每当同你谈到他们的国家时,"我们缺水",是他们告诉你的第一句话。

因此,以色列政府始终将水视为民族生存和发展的第一需要,将水资源作为国家重要的战略资源,通过教育、立法、发展高科技和金融支持,来发展节水技术,提高水的利用率,保护水环境。以色列早在1959年就颁布了水法。水法规定,水资源归国家所有,必须受到国家的控制。从水法颁布之日起,以色列国家实行限额供水政策,政府每年发布自来水许可证及供水许可证,优先保证市政及居民用水。为鼓励节约用水,以色列政府规定,凡三口之家的普通家庭,每月的用水基数为8 m³,超出部分将逐级加价。为保护环境,凡废水排放达不到排放标准的,政府将不颁发用水许可证。

废水利用、海水淡化和先进的节水技术是以色列国家节水方面的三大特点。据资料介绍,以色列的废水利用已达70%,处理后的废水主要用来进行农业灌溉。海水淡化是一条开发水源的新途径,但其技术复杂,成本较高,以色列目前主要用在一些偏远地区或供水不便的小岛上,发展经济价值较高的工业。以色列的节水技术世界领先,优以节水灌溉或水处理设备,例如自流式滴灌系统、微型喷灌系统、蝶式旋转式滤水器及双层抽水马桶等。

(3)美国——利用高科技手段防洪。美国的科技、经济发达,利用高科技手段防洪是其一大特点。美国全国现有7 000多个卫星数据收集平台,每半小时传送一次数据;有400个洪水自动预警预报系统;有165个多普勒雷达站,控制面积覆盖全国,每15 min收集一次信息,用于监测降雨和面雨量估算。由美国国家天气局历经二十几年开发研制而成的洪水预报系统,集实时数据检索、查错、处理,实时预报、交互校正及预报发布等功能为一体,可进行多模型、多方法预报比较,已在全美13个河流预报中心应用,基本实行了全国统一的洪水预报系统。这一点体现了美国政府的先进的指导思想,即预报软件标准

化,中央开发,地方应用。其优点是,建立预报方案快,预报软件系统完善、更新快,统一标准,避免重复。

此外,美国的洪水预报系统还强调通俗化和实用性,实行计算机系统的高度网络化。各地的天气办公室都可以根据当地的降雨和土壤含水量情况,适时计算或模拟可能发生的洪水,编制并发布预报方案。水情资料不仅可以在预报系统内部查询,还可以在社会公众网络甚至在国际互联网上查询。雷达测雨技术已在美国洪水预报系统中广泛应用,将水文预报和天气预报结合起来,实行资源共享和定量预报,提高预见期。

(4)巴西——加强规划管理,与洪水和平共处。巴西是世界上河网发育最好的国家之一,举世闻名的亚马孙河有 3 615 km 的河段在巴西境内。亚马孙河几乎每年多发洪水,但由于流域内人口密度较低,经济不发达,洪灾损失较小,当洪水到来时,只要将居民迁移到安全的地方就行了。20 世纪七八十年代,由于巴西政府的发展计划和国内移民,曾经使亚马孙河流域上游约 16 万平方英里的热带雨林遭到破坏。近年来,巴西政府控制了对亚马孙河流域的开发计划,致力于洪水预测及保护森林植被,国际社会如欧共体、美国等发起组织了保护巴西热带雨林的计划署,对亚马孙河流域的热带雨林通过现代化的手段如卫星等进行监测。

巴西的防洪经验认为,人类在不断加高堤坝的同时,是否也应该反省自己。洪水是一种自然现象,是自然界自身的一种平衡和调节。人类应该尊重自然,学会与洪水和平共处。只有保护好自然、保护好环境,才能从根本上减轻洪水的危害及其损失。

(5)澳大利亚——重视非工程防洪措施。澳大利亚是一个干旱半干旱的国家,多年平均降雨量仅 465 mm。但每年降雨量的变化幅度却很大,地域分布也很不均匀,洪水成为澳大利亚最频繁的自然灾害之一。据有关资料介绍,澳大利亚的洪灾损失平均每年达 4 亿美元。

澳大利亚政府在防洪减灾方面非常重视非工程防洪措施,主要通过洪水规划、洪水警报及公众教育来实施。任何受洪水威胁的地区,都要制定相应的洪水规划。洪水规划按照一定的程序,阐明洪水发生的可能性及对人民生命和财产可能造成的威胁,相应的防洪减灾措施、社会保障工作及水毁工程修复等。洪水警报由澳大利亚政府气象局提供,并同水利部门、紧急救援服务中心和地方议会合作。洪水警报的发布分预报和警报,预报只在政府从事预报工作的系统内发布,警报则向全社会发布。发布洪水警报的目的是为最大限度地为有关个人及组织在洪水期间发挥能动作用创造条件,以便及时采取措施,增加安全性,减少洪灾损失。公众教育是澳大利亚对付洪灾损失的重要的非工程措施,通过广泛发放防洪减灾手册,向市民介绍所在地区的历史洪水情况,宣传洪水警报中使用的术语,告知有关紧急救援部门如紧急救援服务中心、警察局、医院及社会保障部门等的电话号码,如何在洪水期间有组织地听从政府部门的指令,安全地转移人员及财物,以及洪水过后如何安全地使用电器,清理被淹财产,进行卫生防疫等。

(6)荷兰——奋发治水,成就瞩目。荷兰人是世界上抗洪减灾最有毅力、成就最为辉煌的民族之一。20 世纪以来,荷兰国家进行了三项大的治水工程。第一项是在 1916 年,荷兰须德海地区遭受了严重的潮灾,政府于 1918 年通过了须德海围垦方案,1920 年开工建设。据介绍,该项工程历时 60 余年,直到 80 年代才完工。第二项是在 1953 年,由于莱茵河、马斯河及斯耳德河下游的三角洲地区遭受了严重的水灾,荷兰国会于 1958 年批准了该三角洲的治理方案。第三项是在 1995 年 1 月 31 日,莱茵河和马斯河流域都发生了历史特大洪水,大片的农田和房屋被淹,受灾人口达 25 万,直接经济损失 1.5 亿荷兰盾,间接损失达 10 亿~15 亿荷兰盾。洪水过后,荷兰政府立即着手莱茵河及其两条支流和马斯河的治理,称为荷兰历史上的"主要河流治理工程"。该工程于 1995 年动工,计划 2015 年完工,预计投资 10 亿荷兰盾。

"主要河流治理工程"除要构筑河堤、拓宽和加深河道外,还特别强调要清理河床上的非水利设施,疏浚河流两岸的沼泽地和水洼,加强河流中上游的蓄水蓄洪能力,同时还需注意保护沿河两岸的自然生态和人文景观,其指导思想体现为"还河流以流淌空间,还河流以弹性"的主动治水方略。

(7)法国——重视水资源的现代化管理。法国是世界上水资源管理和水处理方面的先进国家之一,它不仅在水处理技术方面处于世界领先地位,在水资源管理方面的手段也相当先进。法国人首先从指导思想上将水资源作为一种非取之不尽、用之不竭的稀有资源来进行管理,把提高水资源的合理利用率、避免浪费作为水工作的指导原则。法国最早在各大城市以及各大农业区设置了水资源循环的管理体系,建立了卫星系统对自来水的供应、水灾的预测以及蓄水工程的调节等进行监测和分析。现在,法国已经能够通过卫星图片判断地面上哪些作物能够在那些土地上生长,或则某一地区生长的农作物是否已经缺水,从而制定出相应的对策,例如修建蓄水或引水工程进行灌溉等。

在应用先进的、现代化手段的基础上,法国人还认为,水资源管理技术的提高,应当建立一些分析和预测体系,以对水循环过程有一个更准确、更深入的了解。目前,法国自来水总公司同联合国教科文组织签署了一份关于改善全球水资源管理的协议,正在向全世界推广他们先进的水资源管理技术和指导思想。

六、结语

我们已经迈入一个崭新的科技发展时代——21 世纪,我们面临新的机遇和挑战,相信水务科技会有更加蓬勃兴旺的发展。由于长期工作在生产第一线,受时间和空间的限制,以上所谈难免有疏漏或不严密之处,本人已深感在新材料、新技术在水务工程的应用方面谈得不够深入和全面,敬请各位领导和专家批评指正。愿今后能有机会同大家一起学习、共同提高,不断增长自身的科技文化知识,为水务科技的发展做出新的贡献。

第十二章　水务信息化

坚持四个统一　大力推进水务三防信息化建设[1]

　　深圳市于 1993 年 7 月组建市水务局,到 2003 年正好是 10 周年。10 年来,深圳水务坚持在改革中求发展,在发展中求创新,不断调整治水思路,全面推进水务现代化建设。经过 10 年的努力,全市已投入 100 多亿元用于城市防洪、供水和水污染防治建设。10 年前,深圳缺水、洪涝问题十分突出;10 年后的今天,深圳水务现代化已初具雏形,深圳人民欣喜地尝到了"水旱无忧、山清水秀"的初步成果。可以说,水务三防的快速发展为城市现代化起到了强有力的支撑和保障作用,而水务三防的信息化则为水务大发展提供了腾飞的舞台。

　　大力推进水务信息化,"以水利信息化带动水利现代化"是我国新时期治水思路的重大调整和水利发展战略的重要部署。深圳市作为全省率先实现水利现代化试点城市,在省水利厅的统一部署下,围绕实现水务现代化的总目标,坚持与时俱进,开拓创新,不断总结经验,不断跟进信息化技术的发展和进步,坚持实用、先进、安全的原则,采取全局统筹规划,统一技术标准,多方筹措资金,分步重点实施的方针,近年来信息化建设取得明显成效。现将深圳市水务三防信息化工作简要汇报如下。

一、水务三防信息化建设初具系统和规模

　　深圳市水务三防信息化工作起步于 1996 年,经过多年努力,信息化建设已初具系统和规模。

(一)信息基础设施建设

　　在基础设施建设方面,首先抓了网络建设,网络建设是信息资源共享的基础。依托深圳市政府的光纤专网,结合自行建设的部分光纤专网,建成了主干为千兆,与区水务局、主要水利工程管理单位连接为百兆的宽带计算机网络,为市、区水务局及市水务系统各单位信息资源的交换及共享提供了良好的网络支撑。

　　在水情采集系统建设方面,建成了以卫星与超短波混合组网,拥有 1 个中心站、7 个中继站、17 个卫星站、18 个雨量站、40 个雨量/水位站的水情遥测采集系统,基本满足了城市防洪和水库安全管理的需求。

　　在基础数据库建设方面,基本建成水雨情数据库、工程数据库、灾情数据库、综合地理信息数据库、水土流失数据库,奠定了三防指挥决策、水务防灾减灾及工程管理的基础信

---

❶　根据 1949 年及 2002 年度深圳市水务局科技工作会议上的讲话稿整理而成,2021 年 10 月。

息平台。

(二) 应用系统建设

在应用系统建设方面,坚持实用为本、服务第一的原则,在1997~2001年间实施了以下应用系统:

(1)局机关办公自动化系统:2001年建成公文流转、日常事务管理的局办公自动化系统,实现了公文网上办理及日常事务管理电脑化。

(2)深圳三防GIS系统:1999年开始建设集三防信息、空间信息一体化查询与分析的三防GIS系统,通过在三防信息管理中引入GIS技术,实现了属性数据与图形数据的双向查询,提供了可视化效果好的专题图、图表等查询分析结果。由于GIS技术在水利行业的应用具有一定的创新,该项目分别获得了深圳市科技进步二等奖、广东省科技进步三等奖。

(3)深圳水土保持信息管理系统:深圳市于1999年在全国率先提出建立《深圳水土保持管理信息系统》,2000年项目建设正式启动。系统应用当前比较成熟的计算机和网络技术、信息技术、地理信息系统(GIS)技术、遥感(RS)技术和全球定位系统(GPS)技术,实现了水土保持的信息获取、分析、处理、检索的自动化和数字化。在2003年中国水利学会颁发的首届大禹水利科学技术进步中,《基于3S技术的深圳市水土保持管理信息系统》荣获三等奖。在资金投入有限的情况下,近两年重点推进了实用性强、服务效率和社会效率比较明显的应用系统建设,仅花了不到300万元就在信息化实用系统方面取得了较大突破。

(4)深圳水务信息网站(www.szwrb.gov.cn,外网):2002年建成以政务公开、便民服务为宗旨,面向社会公众服务的深圳水务网站,向社会各界披露重大水务事件,提供信息服务,接受电子投诉;向全市水务系统发布国家、部、省最新水利政策、思路以及国内外最新治水技术、先进管水经验,目前点击次数已达8万余次,成为深圳市一流的政府网站。

(5)深圳水务工作网站(内网):该网站以三防信息发布系统为主,整合了办公自动化系统、综合业务信息系统及水土保持GIS系统。三防信息发布系统于2003年8月刚刚建成,该系统能够向市委、市政府等5套班子领导及时提供台风路径、卫星云图等灾情动态、灾情报告以及实时灾情监视信息。通过针对不同的服务对象提供不同层次的信息服务,改进了机关工作方式,增强了服务意识,促进形成了深圳水务局公开、透明、务实、高效的工作作风,产生了良好的服务效益和社会效益。

(6)应急指挥系统:为了应对突发事件,深圳市建立了连接16个相关部门的应急指挥电视会议系统,作为三防事件的应急指挥部门,从灾情收集、灾情监视、灾情分析以及联动指挥四方面,全面规划与建设了三防应急指挥系统、新建了电话自动应答系统,分类处理市民的咨询电话与报灾电话;接入公安城区干道交通图像监控系统,在台风暴雨期间可及时、全面监视城区受灾情况,实现了资源共享;利用原三防GIS系统,实时监视及分析雨、水、风情;新建视频会议系统(向上连接市应急指挥中心,向下连接区三防办、主要水利工程管理单位),作为各级领导会商及联动指挥的主要手段。应急指挥系统的建设,基本实现了突发事件处理的全过程跟踪与支持。

二、四个统一为水务三防信息化建设奠定基础

水务信息化建设涉及专业多而广,技术难度高,协调管理难度大。如何加强对水务三防信息化建设工作的管理,引导水务信息化工程高起点、高标准建设,避免重复投资与低水平建设,保障网络互联互通及资源共享,一直是信息化建设管理工作的重点与难点。我们的体会是:坚持四个统一,即"统一认识、统一规划、统一标准、统一管理",以规范化管理为重点,以服务为目标,以应用为先导,与先进技术相结合,循序渐进,稳步推进深圳水务三防信息化建设工作。

(一)统一认识

随着治水思路的调整,水务信息技术的广泛应用已成为水务现代化发展的必由之路。面对新的形势、新的要求,深圳水务局领导站在"以水利信息化带动水利现代化"的战略高度,把水务信息化工作纳入水务事业发展的整体布局中,成立了由局主要领导亲自担任组长的局信息化建设领导小组,研究制定全局信息化工作发展大计,落实人员,安排资金,形成信息化工作主要领导亲自抓、分管领导具体抓、具体工作有人干的良好氛围。我们大家都知道,领导对信息化工作重视的关键在于用,用才能发现问题,用才能产生效益,用才能产生感情。目前深圳市务局的领导班子,由局长亲自带头,都能在网上审批公文、查阅信息。由于局领导高度重视,全局上下统一认识,各级水务部门都将水务信息化工作切实摆到重要位置,使全市水务三防信息化工作得以稳步推进。

(二)统一规划

为了明确深圳水务三防信息化工作今后几年的建设总目标及重点,避免重复投资与低水平建设,我们于2001年着手开展了水务信息规划的编制工作;在《全国水利信息化规划纲要》及《深圳市"十五"国民经济和社会信息化规划》颁布后,又根据新的要求对规划进行了修订。2002年,该规划通过了由水利部信息化工作领导小组办公室主持的全国专家的评审。实践证明,随着规划的实施,深圳水务三防信息化工作的思路更加清晰,目标更加明确,系统更加完善,特别是基层单位在规划的指导下,全面开展了单位水务信息应用系统的规划与建设,在很大程度上避免了低水平重复建设和资源浪费。

(三)统一标准

在编制水务信息化规划后,如何保证网络互通互联、资源互利共享是摆在我们面前的又一难题。在完成水务信息化规划修订工作的同时,水利部已开始水利信息技术标准体系的编制工作,出台了《水利信息化技术标准指南》,为地方水务信息技术标准体系的编制工作指明了方向。2003年,在全国率先启动水务技术标准体系的编制工作,优先编制水务工程术语与代码,信息采集与传输标准,数据存储标准以及空间数据存储标准等在当前信息工程建设中急需要使用的标准及技术指导性文件,为深圳市水务行业的资源共享以及与国家、部、省的数据交换提供了技术保障。经过招标投标,目前该项工作已取得初步成果,在经过广泛征求意见后,我们将在深圳水务行业推广运用,彻底解决深圳水务行业计算机网络互通互联以及资源难以共享的问题。

(四)统一管理

在局信息化建设领导小组的领导下,成立了由局办公室、局综合计划处、市三防办以及市水利规划设计院相关人员组成的以兼职为主的局信息化工作办公室,承担全局水务三防信息化的日常管理工作;依照国家有关信息化工作的政策、法规,负责水务三防信息化规划的实施,技术标准的制定和推广;负责局系统各单位信息化规划、技术方案的审查及技术指导。局信息办采用招标及委托管理等方式,将信息化建设与维护工作委托出去,从而实现了技术专业化、管理合同化、协调统一化的信息化工作管理模式,使全局水务三防信息化建设工作纳入统一管理,全局一盘棋,促进全市信息化工作得以顺利推进。

三、再接再厉,推进水务三防信息化工作再上新台阶

在回顾业绩、总结经验的同时,也清醒地认识到,深圳市的水务三防信息化工作与深圳市建设国际化城市的要求,与厅领导的期望和要求,与兄弟城市的先进工作相比还有相当大的差距。下一步,将进一步实施《深圳水务信息化"十五"规划》,优先推进水务信息化基础设施建设,推进全市水务行业的信息资源整合,全面启动网上电子政府工程,实施区一级三防应急指挥系统的建设,力争在 2005 年以前再投入 1 500 万元资金,使深圳水务三防的信息化工作迈上新的高度。

(1)加快水务信息化基础设施建设。在现有三防水情采集系统的基础上,按照《深圳市水文站网规划》,先期实施一期工程,建成站点布局合理、观测项目齐全,功能完善,站网密度与深圳市经济发展水平相适应的水文站网系统,既满足三防指挥决策支持的要求,又能满足城市水文、城市防洪及城市水资源管理等的要求。完成同局系统各单位的计算机联网,开展信息互动与交流,建成覆盖全市的水务政务信息网(内网)。

(2)整合已有信息资源及系统,完善深圳水务三防工作网站。在深圳水务信息化技术标准体系的指导下,整合已有的信息资源,新建实时灾情数据库,建成水务三防政务、业务信息统一发布平台,同时,集成各种内部业务系统,如深圳市三防 GIS 系统、水土保持管理信息系统,形成深圳水务三防一站式内部门户网站。

(3)全面推进区一级三防指挥系统的建设。在现行市三防指挥系统工程建设的基础上,启动区一级三防指挥系统的建设。统一规划,分区实施,重点推进,建成深圳市应急指挥中心——市(水务)三防应急指挥分中心——区三防应急指挥部的视频网络系统,全面提升基层三防指挥部门的信息化手段与决策支持水平。

(4)全面启动网上电子政府工程。按照《深圳市党政机关电子公文交换规范》的要求,结合新的工作需求,对原水务办公自动化系统进行升级及改造。通过利用近年来出现的新技术手段,进一步强化办公自动化系统的实用性及可操作性,实现水务局与其他部门的公文自动交换,最终实现网上无纸化办公。同时,全面推进网上电子政府工程,在深圳水务网站(外网)上开辟专栏,试行深圳水务局行政审批内容的网上预申报和审批结果查询;定期发布自来水、二次供水及管道直饮水的水质信息,接收和处理市民的咨询和投诉,进一步扩大对市民、对社会的服务,提高服务质量,让市民、企事业单位能足不出户,就可享受政府及时、优质的服务。

(5)进一步提升信息化服务水平。水务信息化对社会、对市民的主要服务窗口就是

水务网站,包括办公网站(内网)和信息发布网站(外网)。网站的质量关乎到水务信息化的服务水平。我们的经验是,网站的页面开发一定要简单、明了,要好看、好学、好用,关键在一个"用"字。用,才能产生感情,要让用户感到能用、有用、离不开;用,才能产生效益,要为使用者提供便利,提高工作效率;用,才能发现问题,只有使用才能产生改进的需求,例如信息是否丰富、准确、方便等;用,才能不断完善、吸引更多用户,不断提升网站的质量,不断满足用户的需求,才能使水务信息化服务产生最大的效益。

回顾过去,深圳水务三防信息化工作取得了一定成绩,展望未来,信息化工作面临的任务仍异常艰巨。我们相信,在省水利厅、省三防办的领导下,在厅领导的关心和支持下,在各兄弟市先进经验的带动下,深圳水务三防的信息化工作一定会有更大的发展。

大数据时代(Big Data Time)

——水务科技的创新工具与应用

一、引子——负引

生活在信息网络时代,我们每个人都是透明的。例如,去医院体检,如果将你的 X 光片、CT 片、B 超等结果放到网上,也许只需 1 s 或几秒钟,全世界都对你了如指掌;手机和互联网已成为我们生活中不可分割的重要部分。你的通话、短信、微信、视频、博客等,会使你的思维和心理活动暴露无遗;无论你是购物还是开车出行,各种各样的监控设备、传感器、POS 机等,会随时掌握你的空间位置和行为爱好。

二、引子——正引

生活在信息网络时代,我们每个人都是受益的。有人生病,只要将其病情资料放到网上,只需 1 s 或数秒钟,全世界同样或类似的病情和治疗方案便会汇总上来;有了手机和互联网,使得我们生活的地球变小了。我们的思想和感情交流,不需要面对面,而是可以通过对话、短信、微博、微信甚至视频等直接进行;打开电商如淘宝网页,你的习惯和爱好商品便扑面而来;只需轻点鼠标,你想要的商品便会送到家门口;打开北斗、高德、GPS 等导航系统,你可以轻松玩遍全世界。

(一)经典案例——啤酒与尿布的故事

"啤酒与尿布"的故事产生于 20 世纪 90 年代的美国。在沃尔玛超市,管理人员分析销售数据时发现了一个令人难于理解的现象:在某些特定的情况下,"啤酒"与"尿布"两件看上去毫无关系的商品会经常出现在同一个购物篮中,这种独特的销售现象引起了管理人员的注意,后经继续调查发现,这种现象更多出现在年轻父亲的身上。在美国有婴儿的家庭中,一般是母亲照看婴儿,年轻的父亲前去超市购买尿布。父亲在购买尿布的同时,往往会顺便为自己购买啤酒,这样就会出现啤酒与尿布两件看上去不相干的商品经常会出现在同一个购物篮中。如果这个年轻的父亲在某个商场只能买到两件商品之一,则他很有可能会放弃购物而到另一家商场,直到可以一次同时买到啤酒和尿布为止。沃尔玛发现了这一独特的现象,开始在商场尝试将啤酒与尿布摆放在相同的区域,让年轻的父亲可以同时找到这两件商品,并很快完成购物;而超市就可以让这些客户一次购买两件商品,而不是一件,从而获得很好的商品销售收入。这就是"啤酒与尿布"故事的由来。

当然"啤酒与尿布"的故事必须具有技术方面的支持。1993年,美国学者艾格拉沃提出通过分析购物篮中的商品集合,从而找出商品之间关联关系的关联算法,并根据商品之间的关系,找出客户的购买行为。艾格拉沃从数学及计算机算法角度提出了商品关联关系的计算方法——Aprior算法。沃尔玛从20世纪90年代尝试将Aprior算法引入到POS机数据分析中,并获得了成功,于是产生了"啤酒与尿布"的故事。

这就是大数据对我们生活影响的简单例子。有了大数据和互联网,我们的身体会更健康、社会会更安全、生活会更方便、环境会更友好。

(二)大数据的定义

什么是大数据(big data),是指无法在可承受的时间范围内用常规软件工具进行分析、管理和处理的数据集合。在维克托·迈尔–舍恩伯格及肯尼斯·库克耶编写的《大数据时代》一书中,大数据是指不用随机分析法(如抽样调查)这样的捷径,而采用所有数据进行分析处理。

一般通俗的理解,大数据就是数据量很大、种类繁多、变化很快、很有意义和价值的数据集合。

三、大数据产生的时代背景及特征

量化信息——数据在经济发展和社会管理中的作用越来越重要。获取信息的手段发展很快,越来越丰富,互联网、微信、博客、QQ等各种软件平台,各种监测仪、传感器等硬件平台,使得大量信息的及时甚至在线获取成为可能。每天会有大量的监测数产生,包括自然的、社会的、经济的和行为的等;海量数据的产生和积累,使当今时代成为信息爆炸的时代;现代计算机和互联网技术的发展,使得计算机的处理速度越来越快,容量越来越大,精度越来越高,使大数据的量化处理成为可能。

(一)大数据的基本特征

大数据有四大特点,即四个(V):大量(volume)、多样(variety)、高速(velocity)和价值(value)。

(1)大量。数据体量特变巨大,基本数据单位从Tb级跃升到Pb级(1Pb=1 024Tb);最小的单位是Bit,从小到大的单位顺序是Bit、Byte、Kb、Mb、Gb、Tb、Pb、Eb、Zb、Yb、Bb、Nb、Db;按照进率1 024(2的10次方)来计算。

(2)多样。即数据种类繁多。从网络日志、视频、图片、博客、微信、交通量、销售量等,不胜枚举。

(3)高速。以很快的速度从各种不同类型的数据中获取有价值、高价值的信息,称之为 1 秒定律。

(4)价值。只要合理利用数据并对其进行正确、准确的分析,就可以获得很高的价值回报。

(二)大数据与云计算

大数据由于数据量特别大(海量数据),必然无法用单台的计算机进行处理,必须用云计算,向数台、数十台、数百台甚至数千台电脑分配任务;采用分布式架构,建立大规模并行处理数据库,对海量数据进行分布式数据挖掘,因而必须依托云计算的分布式处理、分布式数据库和云存储、虚拟化技术等。

云计算,云是网络、互联网的一种比喻说法,是基于互联网相关服务的增加、使用和交付模式,通常涉及通过互联网来提供动态易扩展且经常是虚拟化的资源。把电脑和网络、或者说把终端、网络、服务器以及信息采集设备组成的网络看成是一台电脑,用来进行计算服务工作。云计算甚至可以让我们体验每秒 10 万亿次的运算能力,拥有如此强大的计算能力可以模拟核爆炸、预测气候变化和市场发展趋势。用户通过电脑(台式或笔记本)、iPAD、手机等方式接入数据中心,按自己的需求进行运算。

(三)大数据与数理统计的比较

大数据的理论基础是数据关系和数据结构,研究的对象是数据整体或全体数据;大数据的数据关系很重要,但结果更重要;研究所用主要工具是关系型数据库,用于挖掘数据的行为特征等;认为结果就是结果,知道有误差;有研究认为是行为统计学和数理统计学的结合;主要用于预测,需要数据积累,数据量越大越好。

数理统计的理论基础是随机变量与概率论,统计研究的是样本与总体的关系,研究现象具有严格的物理成因,输入输出的是黑箱子模型(概念),不完全了解甚至完全不了解中间过程,结果会有误差,用置信度和保证率的概念来设定误差风险,需要积累和应用大量数据,主要用于预测。

四、大数据应用概况

(一)2009 年甲型流感 H1N1(禽流感)的预测

2009 年,禽流感发生。世界卫生组织非常担心会像 1918 年发生在西班牙的大规模流感,5 亿人患病,数千万人失去生命。没有现成的预防疫苗,不知道它出现在哪里,只能采取一般的隔离措施来减缓其蔓延速度。

在 H1N1 暴发前几周,Google 公司的工程师在《自然》杂志发表论文,预测了冬季流感的传播。不仅在全美范围,而且可以具体到特定的州和地区。使世界卫生组织的官员们感到震惊。Google 公司通过观察人们在网上的搜索记录,处理了 4.5 亿个不同的模型组合,优选出 45 条检索词条的组合,再用特定的数学模型进行推演,预测出上述结果,比官方发布的信息早了几个星期。

(二)购买最优惠机票

2003 年,美国一位人工智能工程师提前预订机票准备去参加弟弟的婚礼,本以为越早预定机票越便宜。可他上飞机一打听,周围乘客的机票都比他的便宜,让他很伤脑筋,有一种被"敲竹杠"的感觉。

他决心建立一个系统来预测当前的机票在未来一段时间内是上涨还是下降。他从一家旅游网站上找到了 41 d 之内 12 000 个价格样本来建立模型。一个称之为 Farecast(公平价格)的票价预测网站诞生。如今,Farecast 已经拥有惊人的 2 000 亿条飞行和价格记录,为出行者购买机票提供参考,预测准确率高达 75%,平均每张机票可节省 50 美元。现在,这一票价预测系统已经应用到其他领域,如宾馆预订、二手车购买,以及股市预测等。

(三) 在弹性城市[1]规划中的应用

弹性城市一般从三个方面衡量:经济、环境和社会。应具有:①应对外部经济动荡的能力,以多元经济结构为新的发展目标;②应对外部自然灾害的能力,体现为城市空间及城市基础设施留有余地,灾害来临后有应对和复苏能力,这是关键;③应对社会变化的能力,对社区有归属感,具备通过社会整合实现自我振兴的能力。大数据在弹性城市规划方面的应用包括:

(1)城市应急。包括在交通应急、三防应急、人防战备、森林防火等城市综合管理方面的应用。

(2)疫情发展。主要结合气温变化、环境指数、人口流动等因素建立预测模型,实时提供当地一种或几种流行病的发病指数。包括活跃度、流行指数,以及各种疾病相关的城市和医院排行榜。

(3)环境变迁。森林和农田面积缩小、野生动植物种群变化、海岸线上升,温室效应等空间定位分析;通过监测诸如春运期间旅客的流量和流向的变化、节假日景点人流量的变化等,可判定各城市设施的在线状态和功能发挥。

(4)基础设施和交通。城市各类基础设施的智能化网络,供电、供水、燃气等大数据,可以为民生基础设施的规划建设提供参考;智慧型交通数据的引入,通过大数据采集和分析,可以为人们的出行方便、交通调度、交通设施规划建设提供参考。

(四) 大数据在水务科技中的应用前景

(1)台风预报预警。通过台风形成时的空间位置、风速、风力、风向、气压、温度以及周围环境要素,如邻近海域气象状况等的大数据监测和分析,可及时、准确地判定台风的登陆路径和可能造成的灾害损失,及时做好应对。

(2)水务发展规划。通过全市各行政区域水务能力的大数据监测,如水务基础设施建设、防灾减灾能力、应急供水能力、防洪排涝能力等的大数据分析和评价,可了解各行政区域水务能力的差异,有目的、有针对性地指导和制定分区发展规划,推动全市水务事业的发展。(注:第一次全国水利普查结果是很好的数据资源,应当充分利用)

(3)水务设施运行维护管理。利用大数据的信息技术优势,制订科学合理的管理目标与完善计划。通过对运维大数据的监测分析,可以制订减少能源消耗及节约运营成本的方案;可以为对落后排水系统进行整体升级改造提供重要数据支持;可以为水务设施备品备件的采购提供科学决策等。

---

[1] 现在又称为韧性城市。

(五) 大数据应用的限制

(1) 网络隐私：非常重要。如利用社交媒体进行数据分析，会涉及个人的恋爱婚姻状况、家庭状况、经济状况等，是非常敏感的个人隐私问题。

(2) 数据质量：由于数量庞大、速度超快、种类繁杂，难免会有伪数据，如重复数据等，影响数据的质量。

(3) 存储和更新：存储设备需要有庞大的存储容量和扩展能力，且管理系统需满足方便查询和及时更新；存储周期涉及成本问题。

(4) 数据安全：特殊行业如金融、医疗和政府信息数据等，有安全标准和保密要求，但大数据分析需多类数据相互参考，涉及多种数据库混合访问，需要制定相应的安全规则。

(5) 法律法规：任何一项新技术的诞生，都需要制定相应的规范、标准和法律法规，大数据也不例外。

五、大数据发展的战略动向

(一) 正在颠覆性改变全球战略格局

(1) 正在成为经济社会发展的驱动力：随着现代互联网和通信技术的发展、应用和普及，社会信息化进程进入数据时代，全球数据量将呈几何式快速增长，海量数据的产生及流转将成为常态；人人有终端、处处可上网、时时在链接将成为新的生活和生产方式，数字经济将涵盖经济社会发展各个领域，成为新的重要驱动力。

(2) 重新定义了大国博弈的空间：大数据时代，国家间竞争的焦点已从资本、土地、人口、资源的争夺转向了对大数据的争夺；未来国家层面的竞争力将部分体现为一国拥有数据的规模、活性以及解释、运用的能力，数字主权将成为继边防、海防、空防之后另一个大国博弈的空间。一个国家获取和处理大数据的能力，将在一定程度上反映其经济发展的实力；国家不论大小，都可以通过大数据开展竞争和博弈。

(3) 大数据将改变国家治理架构和模式：大数据时代将是一场国家治理体制和能力的变革。大数据可以通过对海量、动态、高增长、多元化、多样化数据的高速处理，快速获得有价值信息，为政府公共管理提高决策支持能力，传统单纯依靠政府管理和保护数据的做法已很难奏效。

数据主权的提出也使国家治理结构逐步发生变化，政府、企业和个人的角色发生转变。治理结构将实现从政府独大转向多元共治，从封闭性治理结构转向开放性结构，从政府配置资源模式转向市场配置资源模式转变，作为基础设施的大数据和作为基础性制度的大数据同时存在。

(4) "大数据安全"已上升为国家安全：在大数据时代，各种国家信息基础设施和重要机构承载着庞大数据信息，如由信息网络系统所控制的石油和天然气管道、水、电力、交通、银行、金融、商业和军事等，都有可能成为被攻击的目标，大数据安全已经上升成为国家安全极为关键的组成部分。

(二) 大数据成为全球大国国家博弈的关键手段

世界各国已纷纷利用大数据提升国家治理能力和战略能力，抢占新时期国际竞争制高点。如美国政府最先对大数据技术革命做出战略反应,利用大数据提升国家治理水平和竞争优势。

(1)美国政府在大数据方面实施了三轮政策行动。第一轮是 2012 年 3 月,白宫发布《大数据研究和发展计划》,并成立"大数据高级指导小组",该计划有两个目标:一是用大数据技术系统改造传统国家治理手段和治理体系,二是形成新的经济增长业态和板块。这一行动的目的是要利用大数据在国家战略关注领域实现突破,包括科技创新、教育体系、环境保护、工程技术、国土安全、生物医药等,涉及美国国家科学基金会和多个政府部门及研究机构,并已在斯坦福、伯克利等大学开设全新的大数据课程,为大数据时代储备"数据科学家"。

第二轮是 2013 年 11 月,白宫推出"数据-知识-行动"(Data to Know-ledge to Action)计划,进一步细化了利用大数据改造国家治理、促进前沿创新、提振经济增长的路径,这是美国向数字治国、数字经济、数字城市、数字国防转型的重要举措。美国国防部等多个政府部门和研究机构正在推出各自的大数据创新行动。

第三轮是 2014 年 5 月,美国总统办公室提交《大数据:把握机遇,维护价值》政策报告,强调政府部门和私人部门应紧密合作,利用大数据最大限度地促进增长和利益,减少风险。伴随这些战略计划,美国政府启动"公开数据行动",陆续公开健康、能源、气候、教育、经济、公共安全、全球发展等 50 个门类的政府数据,便于商业部门踊跃进行开发和创新,值得我们学习和思考。

(2)欧盟正在力推《数据价值链战略计划》。试图用大数据改造传统治理模式,大幅降低公共部门成本,促进经济增长和就业增长。欧盟正在力推一项为期两年的战略计划,把欧盟打造成云计算服务的领先经济体,让大数据技术革命渗透到经济社会的各个领域。

英国政府在 2013 年发布《英国数据能力发展战略规划》,旨在利用大数据产生商业价值、提振经济增长,承诺 2015 年之前开放交通、天气、医疗方面的核心数据库,建立世界上首个"开放数据研究所"。

(3)日本积极谋划利用大数据改造国家治理体系、对冲经济下行风险。2013 年 6 月,安倍内阁正式公布新 IT 战略《创建最尖端 IT 国家宣言》,以开放大数据为核心的 IT 国家战略,要把日本建设成为一个具有"世界最高水准的广泛运用信息产业技术的社会",把大数据和云计算衍生出的新兴产业群视为提振经济增长、优化国家治理的重要抓手。

(4)韩国在 2011 年由科学技术政策研究院正式提出"大数据中心战略"以及"构建英特尔综合数据库"。同时,韩国社会专职部门制订应对大数据时代计划。2012 年,韩国国家科学技术委员会就大数据未来发展环境发布重要战略规划。2013 年,韩国总统提出"创意经济"发展理念,韩国政府相继推出多项大数据国家发展战略。

(5)一些国际组织也十分关注大数据发展。联合国启动实施"全球脉动"(global pulse)项目,利用"大数据"准确预测某些地区的失业率、支出削减和疾病暴发,促进全球经济发展和公共服务管理。八国集团发布了《G8 开放数据宪章》,提出要加快推动数据开放和利用。

(三)各国政府及组织大数据政策措施体现出如下明显特征

一是颁布战略规划,进行整体布局。为抢占大数据先机,增强国家在大数据领域的国际领先地位。

二是注重构建配套政策,包括人才培养、产业扶持、资金保障、数据开放共享等,为本国大数据发展构筑良好的生态环境。随着数据的与日俱增及其背后所蕴藏的巨大价值,大数据正在成为信息时代发展的新潮流,谋划制定大数据发展规划及相关政策就显得非常必要。

(四)大数据时代我国面临的新挑战

(1)战略储备能力不足。大数据战略储备能力不足,尚缺乏大数据战略的顶层设计。亟需建立完整数据价值链,明确政府实践路径;用大数据技术加速国家治理体系和治理能力现代化,形成大数据发展的举国和市场体制。

(2)条块分割和体制壁垒。条块分割和体制壁垒形成的"信息孤岛",阻碍国家治理中的数据开放和共享。亟需盘活大数据资产,推动 G2G(政府与政府之间)、G2B(政府与企业之间)和 G2C(政府与公民之间)的大数据开放与共享,确保数据资源供给。

(3)思维和体制限制。传统治理思维和治理体制在大数据时代出现明显的不适应,并引发全新难题。亟需更新适应大数据时代的国家治理理念,改革行政体制、经济体制和社会管理体制,促进国家治理决策的科学化、协同化,推动政府从"权威治理"向"科学治理"转变。

(4)为大数据管理立法。法治建设滞后,维护"数据主权"的法律法规标准及配套政策严重缺失。亟需启动大数据相关立法,健全法制机制体系。依法对大数据资源进行保护、对大数据的开放共享进行监管。

(5)缺乏研发及管理人才。大数据应用研发和管理人才缺乏,核心技术瓶颈尚待突破。亟需加速培养大数据人才,保证人才培养质量;加大人力财力投入,加快关键技术研发。

(6)管理安全风险。全球大数据战略博弈不断升级,我国面临大数据安全风险。亟需健全大数据安全的保护及风险防范体系,维护数据主权安全。

让我们共同关注大数据、学习大数据、应用大数据,紧跟信息时代的科技发展步伐,为水务事业发展做出新贡献!

第十三章　考察学习报告

美国南加州大学都市计划培训班学习思考和建议

2006年是深圳市的城市管理年和基层基础年。为了贯彻落实市委、市政府关于加强以社区管理为基础的城市管理工作,受市委组织部的派遣,我们一行二十人,其中十八名学员,于2006年8月5日至9月4日,远赴美国南加州大学进行为期一个月的以"都市计划"为主题的培训。虽然只有短短三十天的时间,虽然遇到了时差、交通不便、饮食不习惯和工作方式差异等多重困难,但我们听了不少课程,考察了不少地方,讨论了不少问题,近距离地观察美国社会、思考了不少问题。使我们增长了知识,开阔了眼界,丰富了认识,更新了观念。现将学习的总结、思考和对未来工作的建议报告如下。

一、坚持多元化的发展策略

多元化是国际化城市的主要特征,是发展国际化城市的重要策略。多元化发展策略的内容很广泛,包括规划、发展、文化、教育、金融以及资源开发、利用和管理等,几乎覆盖城市管理的方方面面。这里首先要作为实例介绍的是美国洛杉矶地区在行政管理架构和经济发展模式的多元化。

在美国,行政管理架构分为三个层次,联邦和州为从上至下的第一和第二层次,县(县也译为郡。在美国,县是比市大的行政管理机构)、市和特别管理局为第三层次,也是最基本的行政管理层。洛杉矶县人口1 300余万,辖区面积10 567 km²,分为88个市。根据人口及辖区面积的不同,市有大有小,小市只有近万或数万人口,大市如洛杉矶市,人口360余万,辖区面积1 200余 km²。据说大多数市的建立是根据区域民众的意愿来决定的。最特别的是一些管理局(区),如洛杉矶大都市交通管理局、南加州大都市供水管理局、洛杉矶县市政卫生管理局及圣莫尼卡市的海湾及第三步行街管理区等,服务及管理区的范围没有一定之规,可以跨县,也可以跨市,同县、市的行政管理辖区没有直接的联系,而是根据管理的需要和历史的演变而形成。如洛杉矶大都市交通管理局隶属加州交通厅,服务管理区跨两个县。南加州大都市供水管理局的服务管理区横跨6个县,洛杉矶县的市政卫生管理区跨洛县的77个市,而圣莫尼卡市的海湾及第三步行街管理区只服务一个海湾和一条步行街的管理,但共同的特点是服务于城市基础设施管理和城市资源管理。

美国是一个私有制的国家,但在经济发展的模式上,并不只是私有经济才能得到发展,公有经济的成分比比皆是,特别在城市基础设施建设管理、城市资源开发配置及环境管理方面,大多仍然是公有经济的形式,例如城市水资源开发、利用、保护及城市供水,城市污水及固体废物处理,城市垃圾处理及回收利用,以及城市公共交通等。在这些领域,投资、建设和管理,政府仍占主导地位。只是在管理的形式上,大多采用的是非营利的、股份制的公营机构形式,也有国有民营、公私合营等多种形式,实际是一种多元的混合型的经济模式。近年来,鼓励私营经济参与城市基础设施建设和管理,特别在污水处理方面的政策正在研究、制定和实践中。

多元化的发展策略,是一种强调务实和效率的策略,调动了社会各方的积极性,节约了社会成本,提高了管理效率,最大限度地满足了现代社会经济发展的要求。深圳市要发展成为国际化城市,应当而且必须采取多元化的发展策略,特别在经济、文化发展和建筑市场管理等方面,还应当进一步多元化。

二、坚持以人为本的可持续发展观

可持续发展理念已为国际社会所广泛接受并积极推行。早期的可持续发展理念,主要是针对人类社会发展所面临的资源过度消耗和环境污染等问题,提醒并要求当代人类必须重视资源的节约和保护,重视环境保护,为子孙后代生存发展留下足够的资源和良好的环境,维持人类社会的可持续发展。

在美国,可持续发展的理念被定义为"与未来一代在经济、环境和公平诸领域保持相称。"在坚持环境保护的大原则下,经济发展的未来目标是要达到社会的公平。因此,在国家或国际层面上,可持续发展的理念重视环境的价值,强调环境系统的承载能力。在区域、大都市或一般城市的层面上,注重社区的可持续发展,重视生态、人口和环境管理,强调可持续发展的公平和等同。而在具体的社区可持续发展规划中,重视经济与生存力的发展,强调效率管理,提出一种称为"聪明增长"(smart growth)或"理智开发"的新理念或可持续发展的衍生理念。通俗而言,在社区的开发建设和管理中,重视人的居住、工作、娱乐和购物的协调,即包括人的住房、工作、学习、教育、停车、购物、交通以及资源和能源的节约保护、再生利用等。

我们曾经到过三个地方进行实地考察,分别为 Playa Vista 社区、Santa Monica 市和 Staples Center 中心。Playa Vista 社区位于洛杉矶市西部郊区,濒临海滨,是著名的休斯公司在一个废弃飞机制造厂的遗址上重建和发展起来的,已开发将近 50 年。早期的开发理念主要是为了解决居民的工作和居住地相距较远,很多时间花在交通上,既不方便,也不经济,还有可能造成交通压力。近年来,在可持续发展理念的指导下,以"环境友好型的聪明增长"为规划设计原则,集居住、工作、娱乐和购物于一体,强调小区资源的循环利用和保护,倡导提高能源的使用效率和使用高质量的耐久产品等。

因此,小区建有图书馆、警署、消防站和社区中心,将 70%的土地用于建设公园和公共开放空间并永久保留。在环境保护方面,小区建有带有沉沙池的雨水篦子,以及人工湿地和滨水长廊,用于防洪并沉淀、过滤暴雨径流中的污染物,包括石油、油脂和垃圾等。同时,小区还要求不能在街道或公路上洗车,要到专门的洗车场去洗,以便对洗车废水进行处理和再生循环使用;要经常检查车况,防止漏油;大多数建筑的停车场都建在地下,以避免汽车的油污污染地面并进入下水道系统。小区所有的树木、草地等景观建设,全部种植当地品种或耐旱植物以节约用水,其中 50%以上为耐旱作物。此外,小区要求尽量减少使用化学肥料、杀虫剂和洗涤剂,尽量使用有机肥料和保证环境安全的杀虫剂和洗涤剂。

在资源节约利用方面,小区 100%的污水得到再生处理和循环使用,主要用于小区的景观绿化灌溉。在建筑材料方面,新建小区废弃材料的 90%得到循环使用,原休斯飞机制造厂 92%的建筑材料经过加工被循环用于公路的路基建造等。在建筑节能方面,通过自然采光和通风,使用太阳能和高效节能电器等,使建筑节能率达到 28%,超过加州于 1998 年制定的 24%的标准。

Santa Monica 市是全美最早实行可持续发展计划的城市之一,是全美第一个市政设施全部使用再生电力的城市,Santa Monica 市在环境保护方面的投入和政策得到全美、欧洲以及日本和菲律宾的仿效。

Santa Monica 市的可持续发展计划有一套客观的测算和严格的评估指标体系,每年测算评估一次。其中包括 8 个目标领域:①资源保护。减少温室气体的排放,降低社区资源消耗和废物产生的增长率,对废物实行分类回收利用。②环境和公共健康。减少机动车和非机动车尾气排放对空气的污染,保护海湾水域,在公园和公共建筑物限制使用有毒有害化学物品,使用新一代清洁能源机动车,向居民提供新鲜、当地种植的有机食物。③运输。大力发展轻轨,设置自行车专用通道或行车道,实施上班时间分道行驶计划。④经济开发。发展可持续商业,协调工作同居住地之间的平衡。⑤开放空间和土地使用。建设公园和公共开放空间,发展城市绿化,以满足居民不断增长的对休闲和娱乐空间的需求。发展集居住、工作、休闲和购物于一体的社区。⑥住宅。房价猛涨,空置率下降,缺少让穷人买的起的住宅是实施可持续发展计划的最大障碍。⑦社区教育和居民参与。不断提高居民关于可持续发展的知识,鼓励市民积极参与公民和社区事务。⑧人的尊严。要满足居民的基本生活需求和做人的尊严,市议会每年拨款 900 万美元用于扶持 70 个贫困家庭、残疾人、无家可归者和再就业服务。

由此可见,可持续发展的城市管理就是要在物质和精神两个方面,以人的生存和生活需求为第一目标,保障人的生活质量并不断改善,通过均衡受益和关注弱势群体达到社会的和谐,通过保护环境,节约、高效利用和保护资源达到社会的可持续发展。

三、坚持依法治市

在洛杉矶学习时曾拍摄记录到三则法律告示牌,现将其英文文字尝试翻译成中文并作为例子列举如下:

第一则(在河道岸边的围网上),是一款关于保护河道管理范围土地的法律条文:这是洛杉矶县的地产,归公务局管理。未经许可,禁止擅自闯入。违者处罚款 1 000 美元或监禁 6 个月或二者同时执行。加州刑法法典第 555 节。

第二则(在公园边的围网上),是一款关于在公园遛狗的法律条文:将狗用绳带系好。狗必须佩戴准养证标牌。将狗牵好并将狗粪便打扫干净。这是法律。洛杉矶县法典第 10 部第 10.20.180 节等。

第三则(在一辆垃圾运输车的车身上),是一款关于禁止在街道、路面上乱喷水,防止面源污染的法律条文:禁止过多地向地面喷洒水,否则会将废弃物冲进雨水排放口造成污染,违者处罚款 250 美元。圣莫尼卡市环境计划处。

以上三个例子从一个侧面反映出美国社会具有完善、严格的法律体系,是名副其实的法治社会。其实,从城市管理的角度讲,民主和法制都是为公众服务的,民主是通过沟通、交流的方式,听取、咨询公众的意见,了解公众的利益趋向;法制是通过强制的手段,实现、保护公众的利益,二者是相辅相成的,缺一不可。

深圳虽然具有经济特区和较大市的双重立法权,但毕竟建市只有二十余年。在经济高速发展的同时,伴随着人口膨胀、资源短缺和环境压力增大等,在畅通民主渠道的基础上,尽快完善城市管理的法律体系,特别在环境监督、资源节约和保护、维护社会公平秩序等方面,应当加快立法,严格执法。坚持依法治市,是提高城市管理文明程度,实现经济快速、持续发展的根本保证。

四、建立诚信政府,培育社会诚信

诚信是中华民族的优良传统,是社会和谐和稳定的基础。一个社会如果没有或缺失诚信,则这个社会是很难和谐和稳定的。一方面,我们是对几千年封建社会文明的继承,另一方面,我们面对的是现代文明、诚信、开放的国际社会。政府是社会最高也最综合的管理机构,对社会的道德取向具有示范和带动作用。因此,建立诚信政府成为我们的首要任务。通过政府的示范、引导以至于通过法律手段的约束,逐步培育社会的诚信成为我们的重要任务。

在同洛杉矶各个政府层面的粗浅接触中,普遍的感受是政府的诚信度相当高。政府的发展计划、服务标准、监测数据、联络渠道以及相关信息的披露,政府对公众的宣传、承诺,政府同公众的沟通、交流,都是公开和真实的、平等和直接的。相应地,公众对政府的信任也完全建立在政府诚信的基础上。在社会服务的各个方面,无论是在商场、超市,或是在餐馆、酒楼,明码标价,货真价实,没有感受到任何的欺诈或伪劣。据说在美国,如果一个人的诚信(信用)出了问题,则将终身受到影响。以至于当将我们的一些社会现象,如违章建筑和拆除、排水管网乱接和污水乱排等,同授课的美国老师讨论时,他们感到无法理解。

在深圳,以诚信为基础的社会信用体系的建设和管理,已成为政府管理城市的有效手段。面对经济全球化和我国加入世贸组织的有利时机,建立诚信政府既是国际社会的要求和期望,也是提高城市管理水平的必然。因此,在政府公务员队伍诚信教育,培养提高公务员的诚信素质方面;在政府关于国民经济、社会发展重要指标和统计数据的真实性方面;在政府预算及执行情况的透明度方面;在改进政府决策方式,加强决策的科学化、民主化和规范化方面;在规划及计划执行的严肃性和连续性等方面,还需要通过制度建设,对人民群众普遍关心、涉及人民群众根本利益的问题,切实保障人民群众的知情权、参与权和监督权。同时,还需要通过政策引导和法规管理,通过宣传、教育,树立诚信光荣、欺诈可耻的社会风气,积极培育社会诚信。

五、健全机制,鼓励公众参与城市管理

吸引、鼓励公众参与城市管理,是国际社会特别在欧美发达国家通行的一种城市管理方式,被认为是民主管理的首要内容。联合国的援助项目、世界银行的贷款项目,都对公众参与项目活动有明确、具体的要求。

在洛杉矶南加大学习,我们共进行了七次实地参观和考察。每到一处,讲解人员强调

的共同特点就是居民对城市和社区管理的参与。城市和社区的规划和发展,城市和社区的交通管制,社区的重建,社区的商贸活动,社区的教育管理等,都有居民的积极参与,有些还需要通过竞选,由居民用投票的方式进行表决。例如,在艾尔蒙特联合高中学区(El Monte Union High School District),学区教育委员会的组成是由学区内居民通过自由竞选产生的。教育委员会共有五位委员,每届任期四年,每两年竞选一次,每次产生两位或三位委员,依次递推。参加教育委员竞选的原则是自愿和义务(在有些学区完全是义务的。在艾尔蒙特学区,每位教育委员每个月只领490美元的津贴。),任何人只要有自愿为公众服务的热情、能力,有义务为公众服务的牺牲精神,都可以参加竞选。也只有通过本人的竞选活动,由学区的居民投票来决定是否可以担当学区的教育委员。

能够为社区的居民义务服务,被认为是一种受人尊敬的工作,因为它是经社区居民投票选举获得的。这种委员会的选举一般不分党派、没有政治性。因此,很多人把义务参与地方或社区的管理工作,当作是自己走向政治仕途的有效途径。

在美国,这样的委员会很多,形式多样,但均由自愿为社区公众服务的热心人士或德高望重的社会贤达,经过自由竞选产生。各种委员会行使的职能不尽相同,但基本为直接监督社区的服务。城市或社区的供水、供电,学区的教育,有专门的雇佣机构从事日常工作,委员会的工作就是代表社区居民对其进行监督。这是一种没有直接利益联系的、公众参与社区管理的有效模式,很值得我们研究和借鉴。

其实,公众参与城市管理的方式很多,例如政务公开,决策咨询,信息互动和民意调查等,特别在监督和咨询层面,还有很大的空间。关键在于健全机制,畅通渠道。

六、培养社会关爱,发展慈善事业

社会关爱是现代社会文明的重要标志,是良好社会风尚、社会道德的重要表现。慈善事业是社会福利和社会保障的重要补充,是社会财富资源的充分利用,是缩小贫富差别、均衡社会分配的重要机制。国际社会,特别在发达国家或地区,政府有系统坚实的法律法规予以保障,社会有完善的关爱救助系统和慈善捐助网络,公民受到良好的爱心教育、具有健康良好的慈善捐助心态。

在美国洛杉矶学习考察期间,我们看到,在所有的停车场,无论大小,无论是公共的,还是私人的,均有专门为残疾人设的停车位,并标有明显的标志。在所有的公共场所,例如公园,我们参观过的环球影城和海洋世界等,除为残疾人专设的停车位外,为婴儿手推车、残疾人自助车专设的停放处随处可见。

据介绍,洛杉矶政府有相关的法律,规定只要是政府公共事业的需要,可以以公平合理的价格强行征用私人的土地。因此,洛杉矶地方政府同开发商联合(称PPP模式),利用政府的法律征用土地,由开发商进行土地开发,但开发商必须保证将不低于20%的地用于建设能够使低收入者买得起或租得起的住宅,即相当于我们政府所建设的安居房或廉租房。这是一种很好的做法,因为开发商具有资金或融资的能力、实力的专业队伍和丰富的建设管理经验,政府不需要自己直接进行,所需要的只是动用法律,各采所长。既可利用社会资源和力量,又可避免政府直接进行房地产开发,还可切实为低收入者解决住房问题,是一举多得的好事。这也是当前国际社会通行的,由政府同开发商联合,解决社会公共需求的建设和管理问题的良好模式,值得我们研究和借鉴。

2002年,美国总统颁布了一项最新的教育法令,即"不让一个孩子掉队(No child left behind)"法令,体现了美国在教育领域对弱势群体的关注。此外,美国政府专为老人或儿童建立的医疗救助体系、社会保障体系等,进一步体现了美国社会对残疾人、对弱势群体的关爱。

当前,深圳的社会文明和经济发展已经到了一个相当高的平台。一方面,社会关爱已经受到社会的广泛重视,社会团体、企业和企业家、热心人士正在把社会关爱当作一项最具意义的公益行动;另一方面,慈善捐助事业也在蓬勃发展,特别在社会富有阶层和高收入阶层,慈善捐助行为正在受到保障和鼓励。政府需要做的事情,就是要在城市基础设施建设方面,公共政策制定方面,宣传和教育方面,以及组织和网络建设方面,体现社会关爱,重视社会关爱,弘扬社会关爱;同时,保护慈善捐助人的利益、为捐助人解决后顾之忧;树立尊重慈善、捐助光荣的社会风尚;为慈善捐助开辟方便、安全、快捷的通道;等等。

七、运用信息技术,提高城市管理水平

信息技术已经对我们的生活、学习、工作和娱乐带来了意想不到的革命,并将进一步成为人类社会文明进步的带动力。在美国洛杉矶学习和考察期间,我们有幸接触了代表当今世界先进水平的美国社会在国际互联网及信息技术方面的应用。

首先,我们感受最深的是无线互联网络的应用。无线互联网络在我们国内也有,但相比之下没有美国发达。在我们到过的两所大学,南加州大学和加州大学洛杉矶分校,以及所住过的酒店,都有无线互联网络。无线互联网络最大的好处,就是可以随时随地上网,不会受到网线和网络接口的限制。我们所使用过的无线网络,属于局域网,是登录公共互联网络的网关,也许使用的正是目前在美国高校流行的"校园门户网"技术。在校园的任何地方,特别在操场和绿地、在酒店的任何楼层或房间,只要首先登录学校或酒店的无线网站,便可以直接进入公共互联网,是开放式的、免费的,很方便。

根据国际无线局域网协会的调查表明,无线局域网可极大地提高局域网络的应用效益,能够节约运行成本40%,提高应用单位的工作效率6%。使用无线局域网不仅可以减少对传统有线网络布线的需求和与布线相关的一些开支,还可为用户提供灵活性更高、移动性更强的信息获取方法。

其次,在浏览美国的一些政府信息网站,包括水资源及城市供水管理、污水处理、固体废物填埋及利用以及水环境保护等有关的网站时,感到信息很丰富,信息量很大,功能很全,很快捷和方便,这完全得益于美国政府对"电子政务"的建设和发展。目前,美国联邦政府一级和州一级的政府机构已经全部上网,政府各部门提交的所有文件和表格已全部实现电子化。在县和市一级,几乎所有的政府和管理机构都建立了自己的信息网站。不仅如此,美国政府还在四个层面上,即政府同公民之间、政府同企业之间、政府同机构之间和政府内部各部门之间,正在致力于将一个个独立的网络连接起来,实行网套网、网联网、网网相连,以实现网络互联互通,资源信息共享。为此,美国政府还制定了《政府信息公开法》《个人隐私权保护法》《美国联邦信息资源管理法》等一系列法律法规,保障和规范政务信息化的发展。

深圳虽然在信息化技术的应用和发展,特别在电子政务的建设方面处于全国领先水平,

但同美国相比还有一定差距。还应当在网络新技术的应用和自主研发方面,例如无线局域网络和门户网技术等,在电子资源的知识产权保护方面,在网络和信息资源的共享方面,以及在保障和规范信息技术应用和发展的法律法规体系建设方面,加大投入,加快发展。

八、坚持政府主导,改革水源工程管理

水资源由于其对人类生存和生态系统的不可或缺性、有限性和经济性,其开发、利用和保护工程的建设管理问题,一直是国内外研究、探索的热点。

美国南加州大都市供水局(Metropolitan Water District of Southern California,MWD)是一个供水联合体,由洛杉矶、圣地亚哥等 6 个县的 26 个城市和供水区组成,供水范围 14 860 km^2,日平均供水量约 660 万 t,供水人口超过 1 800 万,其主要任务是向供水范围内的居民生活、工农业生产和环境保护提供足量、可靠的优质水,以满足现在和未来在环境和经济方面可靠的用水需求。

南加州大都市供水局(MWD)定位为非营利的公营机构,属政府股份制形式。主要经营供水“批发”,有一级用户(相当于一级“批发”)26 家,二级用户及其以下包括自来水厂若干家。工程投资由政府发行债券和联合体各成员城市以股份形式分摊,投资成本在水费中逐年回收。水价实行分段计费,即供水线路越长的地方,投资越大,水价越高。现行从 2006 年 1 月开始实行的水价为原水 0.27~0.35 美元/m^3,自来水 0.37~0.45 美元/m^3。

这种公营机构的突出特点是既受政府控制又按市场经济规律运作。根据水资源的特性,公营机构的管理和水价必须在政府的有效控制之内。虽然为非营利,但政府规定既不能营利,也不能亏损。只是在水价的制定上以不营利为原则,但必须保证投资回收。运行维护和更新改造所需费用原则上自理,不足部分可向政府申请补贴。这种关于水工程管理的公营机制值得我们研究和借鉴。

深圳水源工程的建设和管理,无论在计划经济时代、改革开放初期还是到现在,均由政府全额投入,由政府设立的事业单位进行管理。但随着市场经济的发育,政府投融资体制改革的不断深入,水源工程投资和建设管理的模式也面临着改革的挑战。由于三个方面的原因造成了水源工程的垄断性:一是水的不可或缺性。由于水资源短缺,水源工程本身具有资源性和网络性,形成一种自然垄断。二是水源工程的经营性。市场经济条件下,水作为一种垄断性的商品,使水源工程具有相对稳定、可靠的投资回报。三是水源工程的政府背景。为社会稳定和经济发展提供安全可靠的水源供应,是政府的重要职能。水源工程的开发建设受到政府的高度重视、大力支持甚至直接掌控。

水源工程具有社会保障性和经营垄断性的双重属性。能否开放市场,如何开放市场?能否在坚持社会保障的前提下,使水源工程的投资和建设管理既能发挥政府的主导作用,又能符合市场经济的发展规律,是问题的关键。同时,水源工程还具有资源性资产的特性。政府特别是政府直属的事业单位,如何对资源性资产进行管理,是一个新的研究课题。管理水源工程的事业单位,既具有社会公益的性质,又具有资产特别是资源性资产经营的性质,政府如何对其进行管理,也是需要开展研究的问题。因此,坚持政府的主导作用,坚持社会保障第一,探索资源性资产管理,逐步引入市场机制,应当是深圳水源工程建设管理今后改革发展的方向。

九、实施综合战略,创新城市水管理

所谓综合战略,是指在城市水管理的政策制定和实施技术路线方面,不是针对某一单项要素的管理而制定政策或采取措施,而是综合考虑相关的要素,综合各方的力量实施管理。例如对城市水环境管理,不单是要考虑截污、污水处理和配套排水管网的建设,还要考虑城市防洪、节水、水资源保护和多种水源的开发利用等。

在污水处理方面,洛杉矶地区首先从技术路线上实现了关键性的转变,即由单项技术转变为技术集成。传统上以达标排放为目的,针对某些污染物去除而采取技术措施,现在转变到以水的综合利用为目的,将现有的技术进行综合、集成,以满足所设定的污水资源化目标。污水处理厂的技术发展已经由原来的二级达标排放处理,发展到经絮凝、过滤和消毒的三级处理。经三级处理的水为再生水(reclaimed water)。再生水可用于除饮用水外的绿化灌溉、农业灌溉、工业工艺用水、娱乐水体、野生动植物栖息地维护和地下水回灌等,称为再生回用水(water reuse)。2004~2005年,洛杉矶县的污水处理率100%,再生水生产量占污水处理总量的37.2%,再生水回用量占其生产总量的31.7%。再生水通过管网输送到用户使用后,将排放的废水通过污水管网收集回流进污水厂进行再处理和再利用,称为水的循环使用(water recycling)。特别地,将再生水用于地下水回灌,是典型的水的循环使用。

在节水方面,传统的节水概念为少用水(water saving)。在洛杉矶地区,居民家庭生活用水和商业用水量很大,占城市总用水量的70%;私家花园的用水量占家庭总用水量的30%以上。因此,政府将节水的重点放在居民生活用水上,推广了一系列的节水计划,例如"加州友好家庭计划""加州友好花园计划"等,资助居民采用先进的花园灌溉设备和控制技术、种植低耗水的景观绿化植物,鼓励社区参与和加强教育等。近十年间,洛杉矶市已经用超低冲水马桶(ULF,每桶用水6 L)更换了超过120万个旧式厕所马桶。现在,洛杉矶地区的节水概念有了发展,理解为大节水(water conservation)或可持续节水,不光是要少用水,还要防止水的损失,开发雨洪资源,提高水的利用率和保护水源等。对土质输水渠道用混凝土进行衬砌,在输水渠道的分水口和放空管口安装防渗闸门,以防止渗漏;建设自动调节控制的输配水系统,优化供水时间表;修建截洪沟,蓄引洪水,提高本地水资源的利用率;从全流域的角度研究制定和实施水源保护措施,利用人工湿地蓄积洪水或用再生水进行地下水回灌等,都是大节水的具体措施。

海水淡化方面,由于洛杉矶同深圳一样,80%以上(深圳70%左右)的城市用水依靠境外调入。为了减少对境外引水的依赖,或者说为了减少对天然淡水资源的消耗,洛杉矶将淡化海水作为一种具有可靠性和潜在性的水源,能够为城市未来水资源的可持续供应提供多一种水源和多一种投资的途径,正在进行海水淡化项目的可行性研究,包括技术上的可行性、环境方面对海洋生态的影响、用户的可接受程度和鼓励政策以及成本和经济效益的评价等。我国正在建设节水型社会,深圳正在创建节水型城市。实施综合战略,能够在技术、经济和政策的不同层面上,对城市涉水事务实行系统的、集成化的管理,以达到水资源的可持续利用,环境和社会的可持续发展。

由于时间紧、任务重,报告未能就仅一两个方面专题展开深入讨论,未来需继续学习、研究和总结;加之语言和文化背景的差异,报告的疏漏和谬误之处在所难免,敬请批评指正。

赴新加坡参加国际水周情况报告

根据市领导指示,由深圳市水务局组团代表市政府参加了 2011 年度新加坡国际水周(以下简称水周)活动,现将有关情况报告如下。

一、水周概况

新加坡国际水周每年举办一届,2011 年是第四届。本届水周于 2011 年 7 月 3~8 日在新加坡国际会议及展览中心举行,历时六天。本届水周的主题为"为变化中城市环境提供可持续的水方案"。

来自 112 个国家和地区的万余名代表参加了水周活动,其中包括国家政要、政府官员、国际或地区组织负责人、高等院校或科研机构的教授专家、国际著名企业或私营机构的负责人等。中国国家科学院、住建部、水科院,水利部黄河委、淮河委、海河委,上海市、重庆市等国内省市的水务部门,以及广东省水利厅、水科院和水规院的相关领导或专家参加了活动。

本届水周除举行隆重的开、闭幕式外,还举行了本年度(第四届)李光耀水奖的颁奖典礼,安排了水务大会、论坛、对话、峰会、演讲、讨论及国际水展等。世界卫生组织以水周为平台,发布了最新版的《饮用水水质导则》。

本届水周的国际水展吸引全球超过 600 家企业参展,其中不乏国际著名企业,如新加坡的美能材料科技有限公司、日本的三菱电机、中国香港的博威科技集团有限公司以及我们所熟悉的 KSB 公司等。为配合水周的主题,水展的主题为"水与城市"。

二、深圳代表团活动

根据主办方的安排,深圳代表团全程参加了新加坡总理李显龙的水务对话、水务领袖峰会、水源大会及中国技术论坛等重要会议和论坛,参加了相关的学术演讲会、讨论会,参观了水行业科技展览,实地考察了新加坡公用事业局(PUB)管理的先进水科技中心、滨海蓄水堤坝及新生(注:再生水)水厂。同 PUB 助理总裁陈玉仁先生进行了交流,双方就河流污染治理及流域管理、城市供水服务及管理、污水处理及再生水利用、防洪排涝等城市水管理工作进行了深入的交谈,表达了进一步合作及交流的良好愿望。

三、水周特点

(1)规格很高。新加坡国家总理李显龙出席活动并主讲水务对话,副总理兼财政部、人力资源部部长尚达曼、环境及水资源部长维文及多位部长、副部长出席了活动。东南亚

12个国家和地区的部长或部长级代表,联合国、世界银行、亚洲开发银行和全球水协会的资深官员或代表出席了活动。

（2）主题突出。本年度水周活动的主题为"为变化中城市环境提供可持续的水方案",围绕变化中的城市环境特别是水环境,与会全体积极研究思路、讨论方法、分享经验。

（3）形式多样。水周的活动有李显龙总理的现场对话、东南亚水利部长论坛、全球市长峰会、水务领袖峰会、专题讨论、圆桌会议、论文演讲及交流(招贴),先进水科技及设备展览等,形式不同、规模不等的活动超过100项。灵活多样的举办形式,增强了水周活动的吸引力和凝聚力。

（4）内容丰富。围绕活动的主题,会议研究讨论的范围涉及水资源管理、防洪排涝、流域管理、污水及污泥处理、垃圾处理、海水淡化、再生水生产及利用、水质安全、气候变化、节水与节能,以及水生态修复等,既有古老学科的研究,又有跨学科、交叉学科、新兴学科的探索,既有新技术新理论的研究,又有应用实践的案例。

（5）产学研管结合。水周活动既有产业界最新的产品、技术和信息,又有学术界最新的理论研究和发展;既有科技界最新的研究成果,又有政府及其相关部门最新的水政策研究及实践成果。名副其实的是一次全面的、综合性的、产学研管结合的国际水事活动。

（6）接待热情。水周的承办单位为新加坡公用事业局(PUB),业务职能对口深圳市水务局。PUB委派一位女士对深圳市代表团全程接待陪同,这在国际活动中是少有的。既体现了东道主的热情周到,又体现了热情好客的文化传承。

四、李光耀水奖

李光耀水奖是一项以前新加坡内阁资政李光耀命名的国际性奖项,同水周同期举行,每年一届,2011年也刚好是第四届。旨在奖励那些通过应用技术革新、政策实践创新或任何其他有益于人类社会的途径,对解决全球水问题有突出贡献的个人或团队。

2011年度李光耀水奖的得主是被称为"生物脱氮除磷之父"的巴纳德博士。他发明了用自然微生物替代传统化学物质,去除污水中氮和磷的方法(BNR)。用该方法处理污水不会对环境水体造成危害且成本比化学方法低很多。目前,全球已有千余座污水处理厂采用了该技术。授奖词称赞,BNR方法"推动了污水处理技术的进步,为全球水资源保护、造福广大民众做出了贡献"。

五、关于最新版《饮用水水质导引》

近年来,由于H1N1和SARS等新病原的出现,加上制药业或个人美容保健等产品所产生的化学垃圾,可能严重影响到饮用水水源的安全。世界卫生组织(WHO)根据用户反馈和100名国际专家的专业咨询,历时5年修订,利用本届水周作为平台,发布了最新版的《饮用水水质导则》。新版《饮用水水质导则》加入了多项新的检测范围和标准,包括微生物、放射性物质及超过20种新化学物质的检测。

六、体会及建议

新加坡同深圳在资源环境的限制方面有共同之处,面积小,人口多,产业发达,水资源

短缺。通过此次水周对新加坡水务工作的短暂了解,结合深圳的情况,有以下体会和建议:

(1)以水立国。新加坡政府从20世纪六七十年代开始,就将水列为关乎国家生存发展的战略资源,在政策支持、财政投入、科技进步和国民教育等方面进行了持续大量的投入。如今,新加坡在水管理、水科技方面已跃入国际先进行列,成为国际上解决水问题的成功范例。

我们正在贯彻执行中央一号文件和中央水利工作会议精神,进一步深入理解、高度重视、科学安排水在经济社会、城市发展和生态文明建设中的战略地位,科学处理好水在产业结构升级、城市规划建设和提升城市品质及民生幸福水平中的关系,新加坡的成功经验值得我们学习和借鉴。

(2)多元化的水源构成。新加坡长期致力于非传统水资源的开拓,包括雨水收集、海水淡化和再生水利用。如今,雨水收集、再生水利用和海水淡化已分别占到新加坡总需水量的20%、30%和10%,境外引水只占到40%。李显龙总理指出,到2035年,新加坡将实现本地水的自给自足,但不会终止于2061年到期的与马来西亚的供水合同。李显龙总理指出,"重复使用每一滴水",是新加坡政府立足本地水自给自足的持续发展目标。

目前,深圳实行的是"内蓄外调结合,以外调为主,内蓄为辅"的水战略格局,能否通过加快非传统水资源的开发利用,加强雨水收集利用及地下水资源的保护性开发,经过若干年努力,逐步过渡到以"内蓄外调结合,以外调为辅,内蓄为主"的供水格局,依靠外调水而又不依赖于外调水,努力提高本地水资源的供应保障率,是值得我们思考和研究的问题。

(3)重视水情水文化教育。将水情水文化教育融入国民教育的内容,是新加坡政府推行水战略的一项重要措施。新加坡政府PUB推行一项"节约、珍惜、享用"的水教育计划,打破传统将人水隔离的封闭管理模式,而通过亲水、享用水等直接接触的方式,让市民感受到水的珍贵、水的价值,进而自觉珍惜水、节约水,是对传统水管理方式的反思。

现实中,我们也是通过人水隔离的模式实行对水的保护。人水和谐是和谐社会建设的重要内容,通过提升水务设施的亲水功能、合理开发城市滨水空间、强化水文化教育和普及、提高市民的文明素质,使广大市民能认识到水的珍稀和同自身生活、生存的重要关系,达到更加自觉爱惜水、保护水、欣赏水的目的。这是一种主动的、协同的参与性水管理方式,应当是我们努力的方向。

(4)强化水科技研发。新加坡政府十分重视水科技的研究和发展,除自身投入大量人力、物力进行水科技研发外,还积极参与联合国有关组织如WHO和UNDP等的国际合作研究,紧跟水科技发展步伐,从点滴做起,不断积累,及时应用,不断创新,使新加坡的水科技发展始终处于国际前沿。新加坡PUB属下的先进水科技研究中心,正在通过全球性的国际合作,开始用蛋白质结构来研究有机污染物的表征,以寻求新的快速检测方法;用纳米技术研究水分子结构,以应对当今新型纳米材料使用可能成为水体新的污染物的检测需要,具有非常的超前性。同时,新加坡政府还正在推行一项"活跃、优美、清洁——全民共享水源鉴定证书计划",鼓励将雨水花园、生态雨水净化系统、生态净化槽和人工湿地等元素融入建筑设计中,在为社区居民活动场所提供绿化美化环境的同时,还能达到净化雨水水质和加强生态多样化的目的。

对深圳水务而言,科技研发是一个较为薄弱的环节。加大人力财力的投入,积极开展同国内外的水务科技研发合作,全面提升深圳水务科技研发水平,以应对变化城市环境的水安全管理需要,推动水务科技向更高层次发展。

(5)重视流域综合管理。同深圳一样,新加坡也没有大江大河。仅有的几条中小河流如新加坡河、加冷河等,通过流域综合治理和管理,均已辟做集雨区,在流域出口建了拦蓄水坝,将流域下游的感潮河段作为饮用水源水库。目前,新加坡已将2/3的国土面积辟作这样的集雨区,最终的目标是3/4。如果没有流域污染的综合治理、清洁保障和社会的文明管理,这样的饮用水源水库将不可想象。

深圳以河流水污染治理为主的水环境综合治理如火如荼,如果能将深圳的一条或几条中小河流,治理的像新加坡的新加坡河或加冷河,不仅能够提高本地水资源的利用率,还能够提高流域水环境综合治理和管理水平,提高社会的文明管理水平。那将是我们努力的更高层次目标。

七、结语

由于水周活动内容多,信息量大,加之环境不熟悉,文化背景差异,以上报告内容不足以对新加坡国际水周做出全面反映,借此也恳请市政府在干部培训教育方面多向水务系统倾斜,以不断开拓深圳市水务干部国际化视野,为深圳市"叫板新加坡、中国香港"、建设现代化国际化先进城市做出更大贡献。

深圳市水务环境与资源考察团赴美考察报告

应美国土木工程师协会(The American Society of Civil Engineers, ASCE)和美国弗吉尼亚大学的邀请,以深圳市水务局总工程师、深圳市水利学会理事长李长兴为团长的深圳市水务环境与资源考察团一行8人,于2005年6月5~18日赴美国进行了为期14 d的参观学习与考察。考察团访问了美国土木工程师协会(ASCE)总部,参观了位于华盛顿的污染控制与水害治理的BMPs(Best Management Practices)应用研究项目和位于哥伦布的俄亥俄州立大学人工湿地公园等。考察团所到之处,均受到了美方人员的热情接待。

一、访问美国土木工程师协会

考察团首先访问了位于美国首府华盛顿的美国土木工程师协会 ASCE 总部,受到ASCE 环境工程与水资源研究会(EWRI)执行主席 Brian Parsons 及 EWRI 各主要部门负责人的热情接待。双方首先回顾了 2004 年底在中国深圳召开的第四届流域管理与城市供水国际学术研讨会的愉快合作。美方特别强调访问深圳市水务局时,在水源大厦电子屏上看到每位来访者的姓名,感到十分亲切并留下深刻印象。美方介绍了 ASCE 的组织架构、主要职能、运作管理及未来发展展望,并就共同关心的环境控制与水资源问题,介绍了他们的做法与经验。考察团就进一步加强技术合作、交流与培训等同美方进行了会谈。双方一致认为,环境与水资源是人类所面临的共同问题,在环境控制与水资源保护方面加强合作与交流,对双方都是有益的,十分必要。近期,深圳将组织年轻工程技术人员赴美国进行水污染治理与环境保护方面的培训,Brian Parsons 先生表示,EWRI 愿意为此提供必要的协助。同时,ASCE 还可以派专家到中国,根据深圳的需求协助进行有关技术培训工作。

(一) ASCE 概况

ASCE 成立于 1852 年,至今已有 150 余年的历史,是美国历史最悠久的国家专业工程师协会。目前,ASCE 已成为全球土木工程界的领导者,所服务的会员是来自 159 个国家近 14 万名专业技术人员。ASCE 也是全球最大的土木工程出版机构,每年有 5 万多页的出版物,包括 30 种专业技术期刊、图书、回忆录、委员会报告、实践手册、标准和专论等。

ASCE 领导机构是一个 28 人委员会,设主席一人,每届任期一年,属自愿性质,不享受工资,只提供免费办公室及办公设施等。ASCE 下设主要专业机构包括:编码及标准组,建筑工程研究会(AEI),环境工程与水资源研究会(EWRI),海岸、海洋、港口及河流研究会(COPRI),建造研究会(CI),交通与发展研究会(T&DI),结构研究会(SEI),地球与地理研究会(Geo-Institute)和技术活动委员会等。ASCE 涵盖了交通、运输、能源、建筑、给排水、水文学、水力学、水资源、环境学和航空航天等土木工程类的所有学科领域。

ASCE 总部位于美国华盛顿,其分支机构遍布全国各地,并在埃及、泰国、中国香港、印度、日本等多个国家和地区设有国际分部。ASCE 与世界上 66 个土木工程组织保持着密切的联系,如世界工程组织联盟(WFEO)、亚洲土木工程合作会(ACECC)、北美土木工程联盟(NAACE)等。

ASCE 实行会员制,会员可以从 ASCE 得到各种服务,包括参加学术会议、查阅论文等技术资料。会员需要缴纳一定的会费,对于在校学生则提供免费的学生会员服务。ASCE 以帮助会员及其事业经营者、合作伙伴与公众实现基本的价值目标为使命,并通过引导和推广技术进步、倡导终身学习和提升专业技能等具体措施来实现上述使命。

(二) 与政府的关系

ASCE 鼓励其地方机构积极参与各地方的公共及管理事务。同时,ASCE 也为政府机构及国会提供包括环境工程与水处理、危险废物处理、结构等土木工程方面的技术培训和指导,参与一些行业法规与技术标准的制定工作,如建筑结构、环境工程与水处理技术标准等。

(三) 学术会议和继续教育

每年 ASCE 主办 10 多个学术会议,例如 2004 年 12 月在中国深圳与深圳市水务局等单位合作举办的第四届流域管理与城市供水国际学术研讨会等,每年参加各种学术会议的人数超过 1 万。ASCE 一直以来都致力于通过教育来促进土木工程领域科技和工业的发展,通过 AIP(美国物理联合会)的 Scitation 平台来提供 30 种科技期刊的浏览和全文检索服务,其高质量的出版物在世界各地都可以通过网络获得。另外,每年还有超过 200 种的各类学术活动、培训和远程教育活动。

(四)财务

ASCE 为一非营利性的非政府组织,其费用来源主要包括出版物、广告赞助、会费、学术会议、展览、培训和继续教育等。2005 年度 ASCE 的总预算约为 5 000 万美元,其中出版物和广告赞助的收入约占 36%,会费收入约占 34%,其他收入约占 30%。

二、参观华盛顿 BMPs 应用研究项目实例

参观最佳管理措施 BMPs 应用研究项目是本次行程的一项重要内容,由美国弗吉尼亚大学安排具体参观内容。在参观中弗吉尼亚大学余啸雷教授向我们介绍了 BMPs 在美国的研究应用情况和正在华盛顿研究测试的一个 BMPs 实例。

(一)BMPs 概况

水污染与水土流失是我们所面临的重要环境问题。美国在 1972 年通过《污染控制修正案》(Pollution Control Act Amendment)后,开始应用 BMPs 进行非点源污染控制与水害治理的应用研究,取得了大量成功的经验,目前已经成为非点源污染控制与水害治理的一项标准技术。

(二)BMPs 分类

1.从结构上来分

BMPs 可以分为两大类:①非结构化 BMPs,如天然草地、清扫街道等。②结构化 BMPs,如滞留池、草沟等。

2.按照功能来分

BMPs 可以分为以下几类:①建筑地暂时性防污染措施,污染源减少措施。如饲养动物废物收集、绿色屋顶、清扫工作等。②防止水土流失措施,如侵蚀控制毯、植物控制系统等。③径流量控制措施,如滞留池、分流沟、渗透沟。水质处理措施,如渗透带、生物草沟、人工湿地、沉淀池等。

(三)BMPs 应用实例

BMPs 作为非点源污染控制与水害治理的一项标准技术,已经在美国得到广泛应用。实践表明,应用 BMPs 技术设计的废物收集、绿色屋顶、渗透带、过滤净化、减少污染源等措施可以有效减少非点源污染;应用分流沟、滞留池、渗透沟及其他防止水土流失措施,除减少非点源污染外,还能有效控制径流量,从而大大减轻城市防洪的压力。

三、参观俄亥俄州立大学人工湿地公园

湿地(Wetland)是自然界一种包含草、林、水、泥、石和其他水生物的具有控制污染、调节径流、抵御洪水、改善气候、美化环境和维护区域生态平衡作用的独特生态系统。但是,由于人类不合理的开发建设,使得湿地面积不断减少,湿地质量不断下降,已经对人类的生存环境造成重大影响。因此,近年来湿地的保护与人工湿地(constructed wetlands)建设的研究已经逐渐成为国际上的热点。位于哥伦布的俄亥俄州立大学人工湿地公园是美国湿地研究和人工湿地建设的一个典范。考察团认真听取了俄亥俄州立大学张丽教授关于

该湿地公园设计、建造、试验观测和研究分析的专题介绍并实地参观了该湿地公园。

(一)人工湿地概念

人工湿地是一种由人工建造,包含草、林、水、泥、石和其他水生物的模仿自然的生态系统,通过人工对系统中的物理、化学和生物作用的优化组合控制来达到恢复生态环境和进行污水处理的目的。人工湿地主要由基质(土、石等)、植物(草、林等)、水和其他水生物组成,目前一般都作为一种污水处理工艺来设计和建造。

(二)人工湿地分类

(1)水平流人工湿地。包括表面水平流和水平潜流。前者水体在湿地基质表面流动,通过基质、植物和微生物之间的物理、化学和生物作用实现对污水的净化;而后者水体则是在湿地基质层内流动,基质填料的截留作用可以提高处理效果,且不易滋生蚊虫、受气候影响小等。

(2)垂直流人工湿地。水在重力的作用下垂直透过基质并在下部沿一定方向流动汇集后集中排出,具有水平潜流的优点和更大的处理能力。

(三)俄亥俄州立大学人工湿地公园

俄亥俄州立大学人工湿地公园是作为一个研究与教学基地于1993年设计建造的。湿地公园建成以来,每年有十多个教学项目在此进行。学校研究人员还在此开展多项研究,经过十多年的试验、观测和研究分析,进一步证明人工湿地在改善生态环境方面的作用和处理污水的能力,取得了大量成果。另外,每年还有上百个公共团体来此参观和开展研究,目前已经成为美国人工湿地公园设计、建造与研究的典范。

四、几点认识

(1)重视工程建设与自然生态保护。在以往的水利工程与城市建设当中,大量应用混凝土构筑物来实现其单一目标,虽然这种目标可以满足安全性和耐久性的要求,但却在不知不觉中打破了原有的生态平衡,对环境造成了极大的干扰和破坏。引进自然生态工作理念,尊重自然环境原有的多样性,实现人与自然的和谐共处,是今后水利工程与城市建设当中必须充分考虑的问题。

(2)BMPs技术值得推广。在城市治污工作中,应用最佳管理措施(BMPs)的技术进行非点源污染控制,是一项值得推广的经验。BMPs技术可以应用于单一的居民住宅小区、商业区、停车场、广场和建筑工地等,也可应用于小流域的综合治理;可由市、区政府专门机构组织实施,也可由单位甚至个人实施。

(3)加强人工湿地应用研究。通过建造人工湿地来改善生态环境和进行污水处理,具有投资省效果显著的优势,近年来我国多个城市已开展这方面的研究和实践,但和美国相比,其研究深度和实际应用还有较大差距,有待于加强。

花絮:考察团在美期间,会见了曾在我局工作,后赴美攻读博士学位的两位女同事,分别是赵红英博士和吴静博士,欢迎她们回国访问和讲学。

参考文献

[1] 李长兴.深圳市水管理体制改革与研究进展[C]//2004年中国水利学会城市水利专业委员会论文集.2005.

[2] 王若兵.深圳市水务志[M].深圳:海天出版社,2001.

[3] 深圳市规划局,深圳市规划设计研究院.深圳市水战略[R].2006.

[4] 深圳市水务局,深圳市发展和改革委员会.深圳市水务发展"十一五"规划[R].2006.

[5] 深圳市水务局,深圳市发展和改革委员会.深圳市水务发展"十二五"规划[R].2011.

[6] 深圳市水务局,深圳市发展和改革委员会.深圳市水务发展"十三五"规划[R].2016.

[7] 毛如柏,冯之浚.论循环经济[M].北京:经济科学出版社,2003.

[8] 李长兴.中国当代水务1——深圳水务专集[M].北京:中国水利水电出版社,2005.

[9] 李长兴.中国当代水务2——国外与港澳地区水务专集[M].北京:中国水利水电出版社,2005.

[10] 李长兴.水务工程招标投标管理的实践和认识[C]//中国水利学会2008学术年会论文集(上册).北京:中国水利水电出版社,2008.

[11] 李长兴,顾培.香港的水工程建设与管理[J].中国水利,2001(4).

[12] 李长兴.深圳市供水水源工程建设管理[C]//中国水利学会.2006年全国城市水利学术研讨会暨工作年会资料论文集.2006.

[13] 董哲仁.生态水工学的工程理念[J].中国水利,2003,1(42).

[14] 李长兴.治理深圳河工程的管理模式及特点[C]//中国水利学会2005学术年会论文集.北京:中国水利水电出版社,2005.

[15] 何少苓,彭静.与自然协调的水工程建设理念的若干思考[J].中国水利,2003,3(62).

[16] 刘书星,李长兴,符能江.测量监理实践初探[J].人民珠江,1999(4).

[17] 李长兴.浅论深圳市河流治理[J].中国水利,2004(1).

[18] 张传雷,宋军,刘彬彬.深圳水务行业标准体系研究[R].2011.

[19] 深圳市水务局.深圳市水务行业标准化工作(上、下册),2009—2011.

[20] 李长兴.实现水资源可持续利用若干问题的研究与思考[J].深圳城市水务,2000(2).

[21] 李长兴.深圳市雨洪利用潜力及对策研究[J].中国水利水电市场,2006(5).

[22] 陈洋波,李长兴,冯智瑶.深圳市水资源承载能力模糊综合评价[J].水力发电,2004,30(3).

[23] 陈洋波,陈俊合,李长兴,等.基于DPSIR模型的深圳市水资源承载能力评价指标体系[J].水利学报,2004(7).

[24] 朱晓原.世界水资源问题研究趋向[J].中国水利,1999(7).

[25] 姜忠,李昕.城市资源环境承载力研究[M].深圳:海天出版社,2010.

[26] 深圳市水务局.深圳市开展第二水源和应急水源调研报告[R].2007.

[27] 李长兴.城市水文的研究现状与发展趋势[J].人民珠江,1998(4).

[28] 郝明龙.深圳水文特征与影响因素简介[J].人民珠江,1998(4).

[29] 广东省水利电力勘测设计研究院,等.治理深圳河第二期第二阶段工程设计复查报告终稿(中文版)[R].1996.

[30] 水利部长江水利委员会设计院,等.治理深圳河第三期第二阶段工程设计复查报告初稿(中文版)

［R］.1998.

［31］李长兴.深圳河感潮河段潮汐泥沙特性观测研究［C］∥中国科协第三届青年学术年会论文集.北京:中国科学技术出版社,1998.

［32］Yu Wenchou, Cheong Siuyau, Li Changxing, et al. Regulation of Shenzhen river physical modeling and it's design application［C］∥ Proceedings of the seventh international symposium on river sedimentation/Hong Kong/China.1998.

［33］香港渠务署. 暴雨排放手册 Stormwater Drainage Manual［M］.1995.

［34］Li Changxing.Preliminary study of the effects of urbanization on flood and tide and environmental characteristics of Shenzhen river catchment［C］∥ Proceedings of Southeast Asia Regional Workshop on Urban Hydrology.1997.

［35］扬美卿.河流与海岸动力学引论［M］.北京:水利电力出版社,1993.

［36］Li Changxing.Observation and study on the tidal characteristics of Shenzhen river estuary［R］. Symposium on second international conference on the Pearl river estuary in the surrounding area of Macao, Guangzhou and Macao, 1998.

［37］李长兴.论悬移质河道输沙及水沙关系［J］.西北水资源与水工程,1995(2).

［38］黄胜,卢启苗.河口动力学［M］.北京:水利电力出版社,1995.

［39］M·J·霍尔.城市水文学［M］.詹道江,译.南京:河海大学出版社,1989.

［40］陈家琦,张恭肃.小流域暴雨洪水计算［M］.北京:水利电力出版社,1985.

［41］张华,李长兴,卓建民.从"8·23"洪水分析看深圳河治理工程的成效［J］.中国水利,2000(10).

［42］李长兴,张礼卫,卓建民.内地同香港现行设计洪峰流量计算方法的比较［J］.人民珠江,2002(1).

［43］深圳市水务局,武汉水利电力大学.深圳河感潮河段洪潮特性及流域水文特性研究报告［R］.1999.

［44］黄添元.如何使深圳河尽快变清［C］∥2003年全国城市水利学术研讨会论文集.2003.

［45］深圳市治理深圳河办公室,等.真空预压处理软土地基技术的研究及其应用(总报告)［R］.2000.

［46］李长兴.深圳市供水水质管理与发展规划［C］∥2005年中国城市水利学会学术会议论文集.2005.

［47］李长兴,赖举伟,罗宜兵.深圳市供水行业管理的特点及经验［J］.南方论刊,2009(2).

［48］李长兴,赵彬彬,常爱敏.强化政府监督职能,全面提高城市供水水质［J］.水利发展研究,2004(6).

［49］陈庆秋,李长兴,陈筱云.异地取水城市水价政策改革［J］.粤港澳市场与价格,2008(2).

［50］蒋正华.共同努力建设节水型社会［J］.中国水利,2005(13).

［51］钱正英.建设节水型社会是水利工作的一场革命［J］.中国水利,2005(13).

［52］汪恕诚.C模式:自律式发展［J］.中国水利,2005(13).

［53］索丽生.坚持科学发展观,全面推进节水型社会建设［J］.中国水利,2005(13).

［54］矫勇.关于水资源配置与节水型社会建设［J］.中国水利,2005(13).

［55］朱迪·丽丝.自然资源——分配、经济学与政策［M］.蔡运龙,等,译.北京:商务印书馆,2002.

［56］石元春.开拓中的蹊径:生物性节水［J］.科技导报,1999(10).

［57］李长兴.建设项目水土生态保护应坚持的若干原则［J］.中国水土保持,2021(12).

［58］李长兴.水生态文明建设与城市水土保持［J］.风景园林,2013(5).

［59］深圳市水务局课题组.华南岩质边坡工程绿化技术的推广与应用［M］.北京:中国水利水电出版社,2014.

［60］李长兴.践行生态文明理念,落实基本国策,推动深圳城市水土保持取得新进步［J］.深圳水务科技,2014(1).

［61］李长兴,姚丽娟,兰建洪.深港联合治理深圳河工程的水土保持与生态建设［C］∥海峡两岸水土保持学术研讨论文集.2014.

[62] 沈晋,沈冰,李怀恩,等.环境水文学[M].合肥:安徽科学技术出版社,1992.

[63] 世界观察研究所.1996 年世界环境报告[M].扬广俊,等,译.济南:山东人民出版社,1999.

[64] 李长兴.城市河流污染治理的辩证思考[J].中国农村水利水电,2005(11).

[65] 傅慷,张宾,赵海峰.方兴未艾的环境科学[M].济南:山东大学出版社,1999.

[66] 奥·阿·斯品格列尔.H_2O—水[M].北京:海洋出版社,1983.

[67] 陈洋波,李长兴,冯智瑶,等.城市水系生态需水量计算方法研究:以深圳市为例[C]//中国水利学会.中国水利学会 2005 学术年会论文集——水环境保护及生态修复的研究与实践.2005.

[68] 李长兴,成洁,操敬德.深圳市水生态文明建设的实践和认识[J].深圳水务科技,2013(4).

[69] 深圳市人居环境委员.深圳市生态文明建设规划文本(2010—2013).2013.

[70] 陈明忠.明确目标,突出重点,加快推进水生态文明建设[J].中国水利,2013(6).

[71] 许继军,陈进.水生态文明建设的几个问题探讨[J].中国水利,2013(6).

[72] 黄苗.水生态文明建设的指标体系探讨[J].中国水利,2013(6).

[73] 詹卫华,旺升华,李玮,等.水生态文明建设"五位一体"及路径探讨[J].中国水利,2013(9).

[74] 马建华.推进水生态文明建设的对策与思考[J].中国水利,2013(10).

[75] 李晶.我国水生态文明城市建设的政策构想与初步探索[J].水利发展研究,2013(6).

[76] 李长兴.新技术新理论在水科学中的应用土壤侵蚀环境调控与农业持续发展[M].西安:陕西人民出版社,1995.

[77] 中国科学技术协会,中国水利学会.水利学科发展报告[M].北京:中国科学技术出版社,2008.

[78] 李长兴.深圳市水务科技成果汇编[M].深圳:海天出版社,2003.

[79] 深圳市水务局.深圳市水务科技成果汇编(2004—2014)[R].2015.

[80] 李长兴.水务科技的现状与发展趋势[J].深圳城市水务,1998(4).

[81] Li Changxing, Duan Honglei,Zhai Yanyun, et al. Watershed Management Practices for Protecting Xikeng Reservoir Water Quality[C]//Proceedings of the 5th International Conference on Urban Watershed Management and Mountain River protection and Development.

[82] 李长兴.流域管理(Proceedings of the 4th International Conference on Water Management and Urban Water Supply)[C]//第 4 届流域管理和城市供水国际会议论文集.深圳:海天出版社,2004.

[83] 李长兴.城市供水(Proceedings of the 4th International Conference on Water Management and Urban Water Supply)[C]//第 4 届流域管理和城市供水国际会议论文集.深圳:海天出版社,2004.

[84] 刘建彪,李长兴.深圳市水务系统虚拟专用网(VPN)的设计与实现[J].水利水电技术,2003(1).

[85] 李纪人.数字地球与数字水利[J].水利水电科技进展,2000(1).

[86] 深圳市水务局,深圳市第一次全国水利普查领导小组办公室.深圳市第一次全国水利普查成果汇编[R].2013.

[87] 黄添元,盛代林,李长兴.香港水务研究[M].深圳:海天出版社,2000.

致 谢

谨以此书向以下同事(按姓氏笔画排序)致以真诚谢意!

王 丽　　王 燕　　邓 芸　　付巍巍　　乐莫华　　冯智瑶

兰建洪　　成 洁　　刘云华　　刘汇娟　　汤金伟　　宋 军

张 华　　张 顺　　张传雷　　张举成　　陈 凯　　陈 霞

林 军　　罗宜宾　　赵彬彬　　钟石鸣　　段洪雷　　姚丽娟

黄培鸿　　曹广德　　常爱敏　　梁萼清　　赖 静　　赖举伟

操敬德　　薛建华